Egmont R. Koch
Fritz Vahrenholt

Sev… ist überall

Die tödlichen Risiken der Chemie

Vorwort von Erhard Eppler

Kiepenheuer & Witsch

ISBN 3 462 01290 8

Seveso ist überall

Die tödlichen Risiken der Chemie

Inhalt

Schmeicheln wir uns nicht zu sehr mit unseren Siegen über die Natur. Für jeden solchen Sieg rächt sie sich an uns.

Friedrich Engels, »Dialektik der Natur«, 1876

Die Menschen sind nicht mehr bereit, dem Gang des sogenannten Fortschritts, für den im Grunde niemand verantwortlich zeichnet, vorbehaltlos zu vertrauen.

Bundespräsident Walter Scheel, 1977

Vorwort von Erhard Eppler

Seveso ist überall – das könnte klingen nach Reißer, nach Übertreibung, nach Angstmacherei. Das könnte so klingen, als werde hier verteufelt.
Nein, in diesem Stück gibt es keine Helden, etwa die Umweltschützer, auch keine Bösewichter, etwa die Verantwortlichen der chemischen Industrie. Hier wird berichtet, abgewogen und gewertet. Natürlich wird es Einwände geben gegen die Wertungen, und hoffentlich sind diese Einwände dann so gut begründet und dokumentiert wie das Buch, gegen das sie sich richten.
Hier sind keine Maschinenstürmer am Werk, keine Romantiker, die das verlorene Paradies suchen. Hier sprechen Fachleute, die sich Sorgen machen. Sie wissen, daß wir mit Gefahren leben müssen, auch denen, die von der chemischen Industrie ausgehen. Sie bestreiten nicht, daß die chemische Industrie sich Mühe gibt, Risiken auszuschalten oder doch zu mindern. Sie kennen die Behörden, die jene Gesetze auszuführen haben, die uns vor Gefahren schützen sollen.
Aber gerade weil hier keine Anklageschrift entstanden ist, wird dieses Buch seine Wirkung haben. Denn es handelt von dem Rest, der geblieben ist und – wenigstens zum Teil – noch lange bleiben wird. Und dieser Rest bedeutet: niemand kann genau sagen, was Pflanze, Tier und Mensch längerfristig von den chemischen Substanzen verkraften, die heute in unübersehbarer Vielfalt und schwer vorstellbaren Mengen in die natürlichen Kreisläufe eingehen.
Da werden Lücken zu schließen sein in Gesetzen und Ver-

ordnungen. Da wird noch strenger kontrolliert und noch mehr verboten werden müssen. Und dann wird immer noch vieles übrigbleiben, was beunruhigen kann.
Es gibt kein besseres Beispiel als die Chemie, wenn dargelegt werden soll, daß immer mehr nicht immer besser ist. Hier sind wir alle gefordert: wer mit Chemikalien umgeht – und wer tut dies nicht? – muß wissen, daß übertriebene Quantität in negative Qualität umschlägt.
Technischer Fortschritt und Aufklärung gehören zusammen. Deshalb ist noch kein Dunkelmann, wer auf die enormen Kosten solchen Fortschreitens verweist. Wir sind an dem Punkt, wo die Aufklärung sich auch auf die Folgen der Aufklärung richtet; wir werden aufgeklärt über den Preis dessen, was wir Fortschritt zu nennen gewohnt sind. Aber eben dies liegt in der Logik einer Aufklärung, die sich selbst als Gegenstand nicht aussparen kann.
Wer dieses Buch aus der Hand legt, wird sich fragen, ob wir den Eigengesetzlichkeiten eines riesigen wissenschaftlich technischen Apparats, der gewinnträchtigen Verwertung wissenschaftlicher Erkenntnis hilflos ausgeliefert sind oder ob es noch Chancen gibt, technisch-ökonomische Prozesse so zu lenken, daß auch unsere Kinder noch eine gute Zukunft vor sich haben.
Damit führt dieses Buch zu der Frage, an der sich in den nächsten Jahren entscheidet, ob es noch Politik gibt, die diesen Namen verdient.

Juni 1978 Erhard Eppler

Vorwort

Am 10. Juli 1976 kam es in der norditalienischen Kleinstadt Seveso zu einer verheerenden Umweltkatastrophe: Aus den Kesseln einer Chemiefabrik entwich eine Substanz, die Chemiker zu den giftigsten Verbindungen schlechthin zählen.
Wir haben die Folgen des Chemie-Unfalls vorort gesehen: die vom Gift entstellten Kinder, die um die Gesundheit ihrer ungeborenen Babys bangenden Schwangeren, die Menschen, die Haus und Hof verloren – Eindrücke, die man so schnell nicht wieder vergißt.
Hierzulande ist mit den nachlassenden Katastrophenmeldungen auch die Angst vor einem ähnlichen Störfall sehr schnell verdrängt worden, in der Annahme, daß es sich eben um eine typisch italienische Schlamperei handelte. Und Italien ist weit weg – was interessieren uns schon die Giftgaswolken unserer Nachbarn?!
Aber sind nicht die Probleme der chemischen Industrie allgegenwärtig?
Nach dem Unglück von Seveso erhielten wir den Auftrag, die Bedeutung des Chemie-Störfalls für die Bundesrepublik unter die Lupe zu nehmen – jeder von uns aus seinem beruflichen Blickwinkel. Das Ergebnis fand 1977 seinen Niederschlag in zwei Berichten, die sich wohl in ihrer Machart, nicht aber in ihrer Quintessenz unterschieden: einem Fernsehfilm (»Gefahren aus der Retorte«) und einer wissenschaftlichen Analyse des Umweltbundesamtes (»Seveso – Informationen über eine Umweltkatastrophe«).
Danach stellte sich uns die Frage, ob das Thema nicht auch

eine gemeinsame, »wissenschafts-journalistische« Darstellung verlangt, denn eine detaillierte Information der Öffentlichkeit schien uns unverzichtbar (1).
Gewiß, der Bürger ist inzwischen aufgewacht; Bürgerinitiativen nehmen ihre Interessen selbst in die Hand. Doch die Kritik richtet sich nicht nur gegen die Selbstherrlichkeit wissenschaftspolitischer Entscheidungsfindungen, sondern die Sorge der Betroffenen ist gekennzeichnet durch eine gehörige Portion Angst: Angst vor der Katastrophe, vor dem Super-GAU, dem alles zerstörenden nuklearen Unfall oder – neuerdings – einem Chemiedesaster à la Seveso. Doch Angst allein ist keine ausreichende Legitimation. Die Durchsetzung von Umweltzielen und -normen verlangt eine klare Position.
Die beiden am meisten vertretenen Standpunkte müssen dabei als falsch entlarvt werden:
Zum einen ist man, unter Hinweis auf den exponentiellen Anstieg der Bevölkerungszahlen und die rasante Entwicklung der Technik, der Überzeugung, daß nur ein Nullwachstum, ein Verzicht auf eine Weiterentwicklung, einen Ausweg bieten könne, wobei womöglich noch die Drosselung der Wachstumsraten auf die unterentwickelten Länder abgeschoben werden soll. Diese Einschätzung halten wir in der extremen Position der »neuen Romantiker« für falsch.
Zum andern will man uns glauben machen, die Selbstverantwortlichkeit der Unternehmen gewährleiste, daß ständig alle notwendigen Maßnahmen des Umweltschutzes eingeleitet werden, um bedrohliche Risiken in der Zukunft auszuschließen. Unser Buch liefert für diesen Trugschluß vielfältige Beispiele.
Es wird inzwischen immer deutlicher, daß, gerade auch beim Umgang mit hochgiftigen Substanzen, eine Selbstregulierung der Umweltprobleme durch das marktwirtschaftliche System nicht gewährleistet ist. Das Gegenteil sei der Fall, betont der

Schweizer Nationalökonom Professor Karl William Kapp, denn »die Rationalität des Marktes fördert insbesondere unter dem Einfluß und der Anwendung gefährlicher Techniken selbstzerstörerische Tendenzen« (2).

Das Gesetz des Marktes heißt: Maximierung privater Gewinne; Umweltziele sind dem Markt nicht immanent, sie müssen von außen herangetragen werden. Daher ist in der Mitbestimmung der Allgemeinheit eine der wichtigsten Voraussetzungen für die Formulierung und Durchsetzung von Umweltzielen zu sehen. Gerade die betroffene Bevölkerung, deren Gesundheit und Überleben durch die Umweltverseuchung mit chemischen Giftstoffen auf dem Spiel steht, hat bislang kaum Gelegenheit gehabt, bei wirtschaftspolitischen Entscheidungen Umweltkriterien einzubringen. Und betroffen sind wir auf irgendeine Weise mittlerweile alle.

Das freilich setzt mehr als Emotionen, das setzt Kenntnisse voraus. Unser Buch will somit zur Information der Öffentlichkeit beitragen und die Risiken der chemischen Industrie in verständlicher Form, weitgehend losgelöst von einer wissenschaftlichen Terminologie, diskutieren. »Die Gefahr zusätzlicher Krebserkrankungen oder die Geburt von Kindern mit genetischen Defekten läßt sich zwar auf der Basis wissenschaftlich gesammelter und verarbeiteter Daten annäherungsweise schätzen«, sagt Kapp, ob wir uns diesem Risiko aussetzen wollen, sei allerdings keine Frage, »die aufgrund wissenschaftlicher Erwägungen entschieden werden kann« (2). Es handelt sich demnach um eine Sache *öffentlicher* Beurteilung, wobei die unmittelbar Betroffenen (Konsumenten, Anlieger, Arbeiter) ein sehr wohl relevantes Urteil darüber abzugeben vermögen, ob sie eine risikoreiche chemische Produktion, ein umweltgefährdendes Produkt, eine weitere Verschmutzung des Wassers und der Luft hinzunehmen bereit sind oder nicht (3).

Die Bundesregierung sieht das Problem, daß ein Stillstand im Umweltschutz nicht nur einschneidende gesundheitsbezogene und ökonomische Konsequenzen mit sich brächte, sondern womöglich auch zu einer »Radikalisierung der öffentlichen Meinung« führen würde (4). Zu einer solchen Entwicklung trägt vor allem die Informationspolitik der Unternehmen entscheidend bei. Es reiche aber nicht aus, die Gesundheits- und Umweltgefährdung durch chemische Schadstoffe »hinter der vorgehaltenen Hand« zu diskutieren, mahnt Bundespräsident Walter Scheel (5). Die Probleme der Chemie dürfen nicht gegenüber der Öffentlichkeit totgeschwiegen werden, wie es die gängige Politik der Chemieindustrie unter Hinweis auf »Betriebsgeheimnisse« ist.
Wir sind der Überzeugung, daß nicht zuletzt die Chemie den materiellen Fortschritt der letzten zwanzig Jahre ermöglicht hat. Wir glauben allerdings auch, daß die Schattenseiten dieses »chemischen« Fortschritts, nämlich die Einbußen in der Umweltqualität, nunmehr in zunehmendem Maße sichtbar werden. So gesehen war Seveso nicht nur ein schreckliches Szenario der chemischen Industrie, sondern vielleicht auch ein notwendiger Schock.
Und gerade in der Bundesrepublik brennen uns die Probleme unter den Nägeln: hierzulande produzieren drei der größten Chemiekonzerne der Welt auf engstem Raum, sie verfügen zudem über dementsprechend großen ökonomischen und politischen Einfluß, den sie mit dem Hinweis, Arbeitsplätze und Wettbewerbsfähigkeit seien gefährdet, gegen weiterführende Umweltschutzmaßnahmen ausnutzen.
Es gibt in diesem Lande ohne Zweifel strenge Vorschriften für die Chemieindustrie, aber immer wieder tun sich Lücken auf. Gleichwohl wird schon der Unternehmer-Ruf laut, die gesetzlichen Vorschriften nicht fortzuschreiben, sie also gewissermaßen »einzufrieren«. Aber gerade die Gefahren der

Chemie sind so vielfältig, daß ebenso zahlreiche Verordnungen und Bestimmungen notwendig erscheinen.
Auch die Kontrolle der Einhaltung gesetzlicher Regelungen hat sich zum Teil als unzureichend erwiesen. Die zuständigen Überwachungsbehörden sind hoffnungslos überlastet, sie sind mitunter auch überfordert.
In den vielen Gesprächen und Diskussionen, die wir mit unseren Kollegen führten, wurde immer wieder deutlich, daß die Forderungen einer breiteren Beteiligung der Bevölkerung an der Diskussion umweltbezogener Risiken, der Fortschreibung gesetzlicher Bestimmungen und nicht zuletzt des Ausbaus der Genehmigungsbehörden unverzichtbar sind. Man hat uns gerade deswegen immer wieder zu diesem Buch ermutigt. Dafür möchten wir an dieser Stelle Dr. Christiane Markard, insbesondere wegen ihrer wertvollen Anregungen in Fragen der Schwermetall-Problematik, Dr. Wolfgang Wohlleben, Dr. Rolf Sartorius, Dr. Horst Pohle, Wolfgang Wilde, den NDR-Redakteuren Andreas Jacobsen und Detlef Boldt und der Verlags-Lektorin Erika Stegmann danken.

Bremen, Berlin, Juni 1978

Egmont R. Koch
Fritz Vahrenholt

Gift im Griff?

Einführung in die Problematik

Hundert Jahre Chemie – ein Segen für die Menschheit?

Die Einladung kam auf erlesenem Hochglanzpapier. Zum 100jährigen Bestehen bat der Verband der Chemischen Industrie im Oktober 1977 nach Berlin. Und man ließ sich den besonderen Geburtstag auch etwas kosten: Herbert von Karajan dirigierte zu Ehren (und auf Rechnung) der Chemieindustrie und zur Freude der geladenen Gäste das Berliner Philharmonische Orchester.

100 Jahre Verband der Chemischen Industrie (VCI) – diesen Geburtstag durfte man getrost *so* feiern, denn schließlich kann man mit Recht stolz auf das sein, was im letzten, »chemischen« Jahrhundert geleistet wurde. So nahm es auch nicht Wunder, daß in einem zweifellos sehr lobenswerten Buch mit dem hochtrabenden Titel *Aufbruch ins Heute*, den die Chemieindustrie aus Anlaß ihres Jubiläums schreiben ließ, der VCI sich und seinen Oberen gebührend selbst auf die Schulter klopft (1). Und dies sicherlich nicht ohne Berechtigung, denn »kaum ein Industriezweig ist so forschungsintensiv und lebt in ähnlicher Weise von der Wechselwirkung zwischen Wissenschaft und Wirtschaft wie die chemische Industrie; und wohl kein anderer Industriezweig zeigt so unmittelbar und so eindringlich die Umsetzung wissenschaftlicher Erkenntnisse in technische Produktion zum Wohle des Menschen wie die Chemie, die für die wichtigsten Bedarfsbereiche des Menschen, Ernährung, Bekleidung und Gesundheit und

Hygiene, Unersetzliches und Unentbehrliches geschaffen hat«, schreibt Professor Rolf Sammet, seinerzeit Präsident des VCI, im Vorwort des besagten »Jahrhundertbuches«.
In seinem Festvortrag in Berlin nahm Sammet diesen Faden wieder auf: Die Grundlagen der chemischen Industrie bestünden darin, daß die Kenntnis der Stoffe und die Möglichkeit ihrer Umwandlung auf immer neue Gebiete und Ziele auszurichten seien. »Wir haben es in der Vergangenheit erlebt, daß Forschungs- und Entwicklungsarbeiten in Randgebieten von Altbekanntem in Neuland geführt haben. ... Hier ist vieles noch in der Wissenschaft beheimatet, was einmal industrielle Wirklichkeit werden könnte« (2). Sammet appellierte schließlich an das Verantwortungsbewußtsein, den Mut zum Risiko und die Bereitschaft zur Selbstbeschränkung der Chemieindustrie. Bundespräsident Walter Scheel nahm das wörtlich und entschuldigte sich sogleich, daß man von ihm wohl kein Preislied auf die moderne Chemie erwarte. Es störte die Eintracht des Festaktes in der Deutschen Oper erheblich, daß ausgerechnet das Staatsoberhaupt an die Folgen der Contergan- und Sevesokatastrophe erinnern mußte. In Zweifelsfällen gelte die Sicherheit als vorrangig, und wenn die öffentliche Diskussion darüber auch unbequem sei, müsse die chemische Industrie sie in Kauf nehmen. Und dann kam Walter Scheel zur Sache: »Ich habe kürzlich einmal eine offizielle Liste der bei uns verwendeten Giftstoffe in der Hand gehabt. ... Womit hantieren wir da eigentlich? Sind alle die Stoffe unentbehrlich? Kennen wir wirklich alle Gefahren, die von diesen Stoffen ausgehen?« (2).
Die Fragen, die der Bundespräsident da so ungeniert den Chemiemanagern zu deren Jubiläum auftischte, paßten so gar nicht in die Konzeption der Festveranstalter, denn Negatives oder gar Kritik wollte man auf der Geburtstagsfeier eigentlich ausgeklammert wissen.

Gewiß, tags zuvor hatte sich im Rahmen der Veranstaltungen auch ein Arbeitskreis mit dem Thema »Umweltschutz – eine unternehmerische Aufgabe zwischen ökologischen Zielvorstellungen und ökonomischen Grenzen« befaßt. Doch die Kritik kam hier in erster Linie von seiten der Industrie. Man warf der Regierung vor, daß die Gesetzgebung auf dem Sektor des Umweltschutzes die Investitionstätigkeit und Wettbewerbsfähigkeit (damit die Arbeitsplätze) insbesondere der chemischen Industrie erheblich beeinflusse. »Hier zeichnen sich bedenkliche Trends ab. Überzogene Auflagen und zu weitgehende Regelungen drohen die unternehmerische Initiative zu lähmen« (3).

Soweit so gut. Daß aber nun der Bundespräsident auf dem feierlichen Festakt zwischen musikalischer Umrahmung, von farbenfrohen Blumengebinden umgeben, an die düsteren Schreckensbilder der Chemieindustrie, an Contergan und Seveso erinnerte, mag die meisten der vertretenen Chemieindustriellen düpiert haben.

Denn gerade die Erinnerungen an das jüngste Szenario der norditalienischen Chemiekatastrophe mußte den Chemie-Oberen auf den Magen schlagen, ist doch Seveso inzwischen zum Schlagwort für die Risiken der chemischen Industrie geworden, Risiken, die man bislang vernachlässigt, bagatellisiert oder ganz einfach unter den Teppich gekehrt hat. Denn die als Konsequenz von Seveso durchgeführten Untersuchungen zeigten eindeutig: Die Industrie ist weit davon entfernt, das Giftproblem der Chemie vollständig im Griff zu haben.

Der Appell Bundespräsident Scheels war daher mehr als angebracht, ja er war zwingend notwendig auf einer Hundertjahrfeier des Chemieverbandes, auf der man nur zu gerne alle Probleme mit festlicher Musik und schönen Reden übertüncht hätte. Ob seine liberale Forderung nach mehr Selbstkontrolle der Chemieindustrie indes eine Illusion ist, bleibt abzuwarten.

Unbestritten: erst die Chemie hat den Fortschritt des letzten Jahrhunderts ermöglicht. Ebenso wenig wird ernsthaft in Zweifel gezogen, daß es heute allein ökonomische Interessen sind, die das Fortschrittsrad weiterdrehen. Und in Anbetracht dieses »Prinzips Gewinnmaximierung« ist zu befürchten, daß der Fortschritt über den Menschen hinwegrollt, daß der ökonomische Gewinn zum ökologischen Rückschritt wird, daß der »Jubelschrei über irgendeine neue Errungenschaft von einem universalen Entsetzensschrei beantwortet werden könnte« (Bertolt Brecht *Leben des Galilei*) (4). In Berlin hörte man mit der genannten Ausnahme lediglich Jubelschreie über die Errungenschaften des letzten Chemiejahrhunderts (sieht man mal von den Klagen über die schlechte wirtschaftliche Lage und staatliche Eingriffe ab). In der norditalienischen Kleinstadt Seveso stoßen viele Eltern tagtäglich den Entsetzensschrei aus, weil sie mit ihren vom Gift entstellten Kindern, lebenslang gebrandmarkten Opfern der Chemieindustrie, leiden.

Unzureichende Regelungen?

Da die Chemie nunmehr einhundert Jahre alt und »somit den Kinderschuhen längst entwachsen« ist, stelle sich die Frage, »warum die Menschen nicht eher auf die Konsequenzen der Chemie aufmerksam wurden«, schreibt Professor Friedhelm Korte, erster Ordinarius für Ökologische Chemie der Bundesrepublik und Direktor des gleichnamigen Instituts der Gesellschaft für Strahlen- und Umweltforschung in München (5). Und Korte gibt die Antwort sogleich selbst: »Man kann nur aufmerksam werden auf etwas, was in genügender Menge produziert wird. Ferner muß man den Glauben an die unbeschränkte ›Verdauungskapazität‹ dessen, was man Natur nennt, in Zweifel gestellt haben.«

Bis vor noch nicht einmal zehn Jahren war der Glaube an das ungezügelte Wachstum ungebrochen – auch in der Chemie. »Synthetisch« war Trumpf, »aus der Retorte« galt als Gütezeichen. Erst wurde die Kleidung, später die Nahrung »verchemisiert«. Wachstum um jeden Preis auch auf unseren Äkkern: Kunstdünger und Herbizide sorgten für eine maximale Ausbeutung der Getreidefelder – um die chemischen Rückstände freilich hat man sich nie so recht gekümmert. Die Ideologie der fünfziger und sechziger Jahre hieß »künstlich«, und die Chemie machte es möglich. Daß der Fortschritt auch Opfer fordert, ist einer Redensart zufolge ohnehin selbstverständlich: unzählige von Minamata-Toten, Hunderte von Seveso-Geschädigten, zahlreiche krebskranke PVC-Arbeiter – ein Tribut der Chemierevolution. Und wer zählt die Krebstoten, die durch die zunehmende Verseuchung unserer Umwelt ihr Leben ließen?

Seit Anfang der siebziger Jahre entwickelte sich in zunehmendem Maße ein Umweltbewußtsein, das eine Sturm- und Drang-Zeit der Umweltschutz- und Bürgerinitiativen hervorrief. Aber mit den Jahren konzentrierte sich der Zorn und das Engagement der Bürger zunehmend auf die Kernkraftwerke, eine Entwicklung, die man in der Chemieindustrie mit gar nicht so traurigen Augen beobachtet haben mag. Denn das sehr weite Spektrum chemischer Verunreinigungen der Umwelt über die Luft, das Wasser und den Boden geriet, wenn nicht in Vergessenheit, so doch zumindest vorübergehend aus dem Visier von Umweltschützern und engagierten Politikern.

Zwar gab es in einigen Fällen Widerstand gegen die Ansiedlung chemischer Industrie, bei dem auch den Politikern

»Standpunkte« abverlangt wurden, gleichwohl nahm man das Problem der chemischen Belastung unserer Umwelt lange Zeit auf die leichte Schulter. Die Folge: Heute drohen wir alle ein riesiges Versuchsfeld für neue chemische Substanzen zu werden, denn bislang wird bei uns nicht geprüft, welche Brisanz einer neuen Chemikalie innewohnt. Das zeigt sich dann womöglich erst Jahre oder gar Jahrzehnte später. Und das Paradoxe ist, daß die durch Chemiegifte verursachten Krankheiten durch synthetische Produkte der chemischen Industrie, nämlich Medikamente, wieder kuriert werden sollen. Der Gewinn bleibt sozusagen »im Hause«.
Gewiß, ein Teil jener Chemikalien, mit dem wir Einfluß auf unser »Innenleben« nehmen wollen, ist schon länger durch gesetzliche Vorschriften geregelt: Arzneimittel müssen sich einer sehr langwierigen Prüfung unterziehen, bis sie zugelassen werden. Ähnlich ist es mit Pestiziden, die sich in Lebensmitteln anreichern können oder mit Nahrungsmittelzusätzen. Aber auch hier zeigt sich, daß die Kontrolle dieser Chemieprodukte Katastrophen nicht grundsätzlich verhindern kann (Contergan, DDT).
Die Beeinträchtigung des Menschen durch Schadstoffe ist am umfassendsten wohl am Arbeitsplatz geregelt. So soll die sogenannte MAK-Liste (MAK = *M*aximale *A*rbeitsplatz-*K*onzentration), in der zur Zeit für etwa 400 Stoffe höchstzulässige Konzentrationen angegeben sind, einen Schutz vor gefährlichen Giftstoffen gewähren. Diese Liste wird jährlich auf den neuesten Stand gebracht und von vielen europäischen Ländern übernommen (6).
Auf der Seite der Dauerbelastung durch industrielle Abgase (Emission) ist die Lücke im regelungsbedürftigen Bereich schon wesentlich größer: In der Verwaltungsvorschrift TA-Luft (»Technische Anleitung zur Reinhaltung der Luft«), die die zulässige Umweltbelastung durch Industrieanlagen fest-

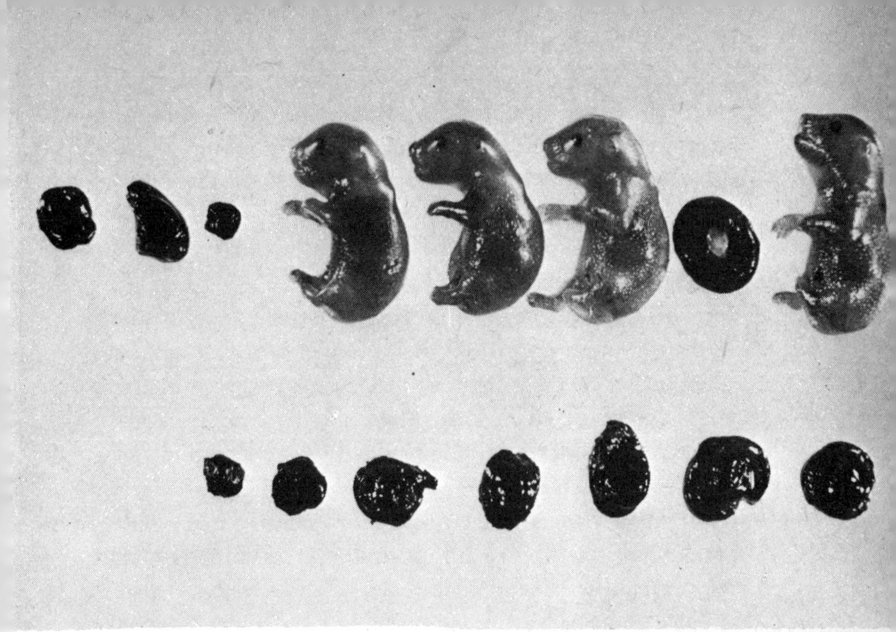

Umweltchemikalien schädigen das ungeborene Leben. In Versuchen mit Mäusen gilt es herauszufinden, welche Substanzen teratogene Eigenschaften besitzen, d. h. zu Mißbildungen des Fötus führen. Eine Standardüberprüfung aller neu auf den Markt kommenden Chemiestoffe ist allerdings bei uns im Gegensatz zu vielen anderen Ländern noch nicht vorgeschrieben.

legt, sind lediglich 180 Schadstoffe aufgeführt. Untersuchungen im Raume Köln ergaben aber, daß mindestens 1000 gefährliche Substanzen in die Luft abgegeben werden und solcher Richtwerte bedürften (6a). Die Schadstoff-Konzentration in der Atemluft (Immission) ist sogar nur für *neun* Substanzen festgelegt.

Noch größer ist der Freiraum schließlich bei der Belastung des Menschen im direkten Umgang mit Chemieprodukten. Für eine geringe Zahl von chemischen Substanzen, zum Beispiel Pestizide, ist durch internationale Übereinkunft ein sogenannter Adi-Wert festgelegt (»acceptable daily intake«, was so viel wie »täglich zumutbare Höchstdosis« heißt). Dennoch wird von der deutschen Chemieindustrie bis heute nicht verlangt, für neu in den Handel kommende chemische Produkte gleich einen Adi-Wert mitzuliefern.

Von entscheidender Bedeutung für die Beurteilung eines neuen Stoffes, von denen alljährlich Hunderttausende synthetisiert werden (man spricht von rund 6000 neuen Substanzen wöchentlich) (7), ist die Dosis – wie schon Paracelsus Anfang des 16. Jahrhunderts wußte (8). Die Dosis wiederum ist von der produzierten Menge des Stoffes abhängig, sowie von dessen Einwirkungsbereich. Es sei für jedermann einsehbar, daß die »gleiche Menge auf einen Quadratkilometer andere ökologisch-biologische Wirkungen haben wird als bei gleichmäßiger globaler Verteilung«, schreibt Professor Friedhelm Korte (5). Von Umweltchemikalien solle man erst dann sprechen, wenn die Jahresproduktion 10000 Tonnen weltweit erreicht – ein zu hoher Richtwert, wie zu Recht andere Umweltchemiker glauben. Arzneimittel fallen auf jeden Fall nicht in diese Klassifizierung, es sei denn, sie erreichen annähernd die genannten Produktionszahlen oder erweisen sich bei regelmäßigem Konsum als biologisch besonders potent, wie zum Beispiel die Antibabypille. Man könne aber sagen, daß früher oder später die meisten produzierten chemischen Stoffe Umweltchemikalien werden. »Wichtig ist offensichtlich, wie schnell dies passiert, . . . wie schnell ein Produkt aus dem Anwendungsbereich diffundiert« (Korte).

Entscheidend für das Kriterium »Umweltchemikalie« bleibt allerdings die Möglichkeit, daß die Substanz oder ihre Folgeprodukte beim Menschen unerwünschte, das heißt biologisch negative Erscheinungen hervorruft.

Diese Effekte können ganz verschiedener Natur sein: Man

unterscheidet dabei akut toxische Auswirkungen, wie zum Beispiel beim Seveso-Gift TCDD, sowie toxische Erscheinungen, die sich nach Aufnahme geringster Mengen oft erst nach Jahren bemerkbar machen, wie beispielsweise bei Schwermetallen. Zu den Spätfolgen, zu denen eine chemische Substanz im menschlichen Körper führen kann, zählt man die Mutagenität, das heißt die Auswirkungen der Substanz auf das Erbgut, die Teratogenität, das heißt die Folgen des chemischen Stoffes für das ungeborene Kind (Mißbildungen) sowie die Kanzerogenität, also die Entstehung von Krebs durch Einwirkung dieser Umweltchemikalie (9).
Von ganz entscheidender Bedeutung ist in diesem Zusammenhang auch die Persistenz, das heißt die chemische Stabilität eines Schadstoffes. Einmal auf Wiesen und Felder, Wälder und Flüsse ausgesprühte Insektizide beispielsweise verbleiben jahre-, nicht selten jahrzehntelang in der Umwelt und fangen an, sich in die sogenannten Nahrungsketten »einzuklinken«. Auf dem Weg über die Fleisch- und Milchherstellung gelangen die chemischen Gifte schließlich, von Stufe zu

Gesamtproduktion organischer Chemikalien z. Z. ca. 120 Mill. Jahrestonnen

Verteilung nur auf die gesamte Landoberfläche	70 mg/m^2
Bei Eindringen in 10 cm Tiefe	0,25 ppm
Verteilung nur in Ozeanen in 1 m Tiefe	0,03 ppm
Im gesamten Volumen	$0{,}8 \times 10^{-5}$ ppm
Verteilung in der Atmosphäre	0,002 ppm

Ein Gedankenexperiment macht die Chemiekalienflut deutlich: Würde man die Jahresproduktion organischer Substanzen gleichmäßig auf der Erde, in den Ozeanen oder in der Luft verteilen, wären die zulässigen Grenzwerte für manche Substanzen schon überschritten (5).

Stufe stärker konzentriert, ins Fettgewebe des Allesfressers Mensch (Bioakkumulation).
Aber auch das Zusammenwirken mehrerer Umweltchemikalien und -faktoren (Synergismus) ist bislang unterschätzt worden: »Die Tatsache, daß Arznei- und Genußmittel, hier vor allem Tabak und Alkohol, selbst in Mengen, welche an sich nicht gesundheitsschädigend wirken, Störungen hervorrufen können, wenn sie im menschlichen Organismus mit normalerweise harmlosen Dosen von Schadstoffen, die aus der Umwelt aufgenommen werden, zusammentreffen«, sei bislang wenig bekannt, betonen Experten einer Toxikologen-Kommission der Deutschen Forschungsgemeinschaft (DFG), weswegen die Erforschung solcher Wechselwirkungen noch ganz am Anfang stehe (10).
In verstärktem Maße wird die Toxikologie mit Fragen nach der Verträglichkeit oftmals wiederholter und langfristiger Einwirkungen von geringen Fremdstoff-Dosen konfrontiert. Diese Fragestellung erfordert Untersuchungen der chemischen Umwandlung und der Ursachen für die Giftigkeit einer Substanz bis in den zellulären und molekularen Bereich hinein. »Diese Arbeitsrichtungen erhalten steigende Bedeutung, seit bewußt geworden ist, daß von Chemikalien (vor allem Schädlingsbekämpfungsmitteln, Nahrungsmittelzusätzen, Stoffen am Arbeitsplatz, Luft-, Boden- und Wasserverunreinigungen) schädigende Wirkungen für Menschen, Tiere und Pflanzen ausgehen können, die nicht so kontrollierbar und nicht so leicht in vertretbaren Grenzen zu halten sind wie die der Arzneimittel« (10).
Dementsprechend zählt zum Beispiel die Ergänzung der jährlich neu erscheinenden MAK-Liste zu den herausragenden Aufgaben der modernen Giftforschung.

Warum sind Gifte giftig?

Ob eine chemische Substanz toxisch ist oder nicht, hängt im wesentlichen von der Art, der Molekularstruktur und der zugeführten Menge pro Zeiteinheit, dem Ort des ersten Kontaktes und dem Wirkungsort ab. Zwar ist der menschliche Organismus auf das ständige Eindringen von Fremdstoffen vorbereitet, »die Reaktionsmuster sind jedoch durch die phylogenetische ... Entwicklung geprägt und auf die natürlich vorkommenden Fremdstoffe ausgerichtet. Diese Situation änderte sich, als mit der Industrialisierung eine Unzahl von neuen chemischen Substanzen zu möglichen Kontaktstoffen wurden« (11).

Jährlich kommen Hunderte neuer chemischer Substanzen auf den Markt (7). Entsprechend nimmt auch die Zahl der Allergene, der eine Allergie auslösenden Stoffe, zu. Schon reagiert jeder zehnte Deutsche auf irgendeinen dieser Fremdstoffe aus seiner Umwelt mit unerklärlicher Überempfindlichkeit: mit triefender Nase, tränenden Augen, geschwollenen Schleimhäuten, mit Atemnot, Hustenanfällen, abgeschlafftem Blutdruck oder auch »nur« mit geröteter Haut. Zwar wähnen sich Immunforscher seit einigen Jahren dem Geheimnis der rätselhaften Erkrankungen auf der Spur, es ist jedoch kaum zu erwarten, daß dabei über kurz oder lang eine Universaltherapie zur Heilung der Überempfindlichkeit gegenüber unerwünschten chemischen Eindringlingen erzielt wird.

Der Körper versucht in erster Linie in der Leber, gefährliche chemische Verbindungen zu harmlosen Substanzen umzuwandeln (9), aber auch in den Talgdrüsen der Haut beispielsweise können Spuren von Fremdstoffen auf diese Weise bereits lokal unschädlich gemacht werden. Gelingt dies nicht und wird schließlich auch die Leber durch die Giftverbindungen überstrapaziert, sind in der Regel Schäden dieses Organs die Folge. Neben der Niere, die für die Blutentgiftung zu sorgen hat, sind dementsprechend Le-

ber und Haut auch die in erster Linie von Giftstoffen betroffenen Organe (10). Das zeigte sich auch bei den durch Hautakne entstellten Seveso-Kindern, bei denen sich später teilweise Leberschädigungen nachweisen ließen.
Fortschritte auf dem Gebiet der Biochemie haben es möglich gemacht, toxikologisch bedeutsame Prozesse nicht nur an isolierten Organen, sondern auch an einzelnen Zellen genauer unter die Lupe zu nehmen. Das Hauptaugenmerk gilt dabei eben den enzymatischen Systemen, mit denen der Körper in der Lage ist, die Fremdstoffe zu entschärfen. Die Resultate dieser toxikologischen Untersuchungen über entgiftende Vorgänge auf der Ebene einzelner Zellen eröffnen dabei die Möglichkeit einer besseren Quantifizierung des Risikos toxischer Substanzen in unserer Umwelt.
Aber die »gleichen Enzymsysteme, die einerseits den menschlichen und tierischen Organismus vor Schadstoffen schützen, können andererseits an der Umwandlung von Fremdstoffen zu hochreaktiven toxischen Metaboliten«, also Stoffwechsel-Verbindungen, beteiligt sein. »Sie sind von besonderer Bedeutung bei der Beurteilung teratogener, karzinogener und mutagener Wirkungen von Umweltgiften« (10).
Eine Stoffgruppe, die in letzter Zeit in zunehmendem Maße als kritisch angesehen wird, sind die sogenannten chlorierten Kohlenwasserstoffe.
Besonders unter Beschuß geriet das Vinylchlorid (VC), das seit mehr als vier Jahrzehnten als Ausgangssubstanz bei der Herstellung des Kunststoffs PVC (Polyvinylchlorid) benutzt wird, das aber erst 1974 als krebserregend erkannt wurde.
»Dieses alarmierende Ereignis rückte die Grenzen toxikologischer Prüfmöglichkeiten schlagartig ins Bewußtsein nicht nur der Wissenschaftler, sondern auch einer breiten Öffentlichkeit. Zugleich wurde große Besorgnis geäußert«, schreibt der Würzburger Toxikologe Professor Dietrich

Henschler, »daß diese schwerwiegende toxische Wirkung nicht auf Vinylchlorid beschränkt sein könne, sondern noch vielen anderen, wenn nicht allen Vertretern der großen Gruppe chlorierter aliphatischer Kohlenwasserstoffe zu eigen sei« (12).
Nicht zuletzt durch das VC-Dilemma aufgeschreckt, haben die Toxikologen die Mutagenität und Kanzerogenität von chlorierten Kohlenwasserstoffen analysiert und versucht, bestimmte Gesetzmäßigkeiten herauszufinden. So stellte Dietrich Henschler fest, daß es einen Zusammenhang zwischen der chemischen »Reaktionsbereitwilligkeit«, das heißt in gewissem Sinne zwischen der Struktur einer Verbindung dieses Typs, und deren toxischer Wirkung gibt. So nimmt bei bestimmten Substanzgruppen die Giftigkeit mit steigender Anzahl der Chloratome im Molekül zu (9).
Auch die Mutagenität und Kanzerogenität einiger Verbindungen wie der chlorierten Äthylene läßt sich aus der Molekularstruktur ablesen: Ist das Molekül symmetrisch aufgebaut, wird keine mutagene Wirkung beobachtet, ist es dagegen unsymmetrisch strukturiert, erzeugen diese Substanzen wie eben zum Beispiel Vinylchlorid Mutationen, Änderungen im Erbgut. Struktur-Wirkungs-Beziehungen, wie sie hier sichtbar werden, sind in der Pharmakologie wie auch in der Toxikologie bislang die Ausnahme und keineswegs immer aus der Anordnung verschiedener Atome in einem Molekül abzuleiten. Ein Beispiel dafür stellen die Dioxine dar, jene Gruppe hochgiftiger Verbindungen, zu der auch das Seveso-Gift TCDD gehört. Das TCDD ist nur bei einer ganz bestimmten Konfiguration der Atome untereinander ein Supergift, das gleiche Molekül mit einer anderen Struktur rund zehntausendmal ungiftiger!
Es ist daher schwerlich möglich, aus der Struktur und Zusammensetzung einer chemischen Substanz immer auf deren Giftigkeit zu schließen, zumal zur »Toxizität der Molekülanordnung« in vielen Fällen die »Toxizität der Stoffgruppen«, der sogenannten Substituenten, hinzukommt.

Mit anderen Worten: So günstige Verhältnisse wie bei den chlorierten aliphatischen Kohlenwasserstoffen »liegen sicherlich bei der Mehrzahl toxikologisch interessanter Verbindungsklassen nicht vor«, resümiert auch Dietrich Henschler, wenngleich sich hier die Möglichkeit für ein grundsätzliches Vorgehen zeige bei dem Versuch, das Risiko chemisch und toxikologisch bedeutsamer Stoffklassen zu ermitteln (13).

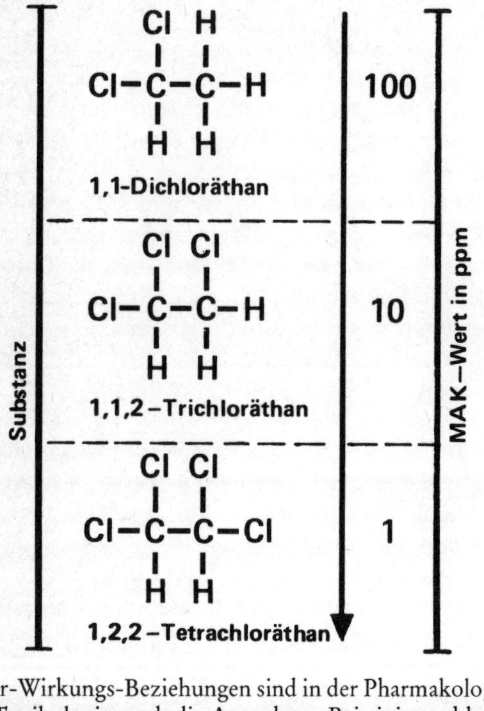

Struktur-Wirkungs-Beziehungen sind in der Pharmakologie wie in der Toxikologie noch die Ausnahme. Bei einigen chlorierten Kohlenwasserstoffen hat man allerdings eine Gesetzmäßigkeit zwischen dem Aufbau der Substanz und ihrer Giftigkeit (d. h. auch ihrem MAK-Wert) nachweisen können: Die Toxizität steigt mit der Anzahl der Chloratome im Molekül.

Vorläufig müßte demnach noch jede neue chemische Substanz in intensiven Untersuchungen unter die Lupe genommen werden. Und da gibt es erhebliche Probleme: Über 3000 Stoffe sind heute bekannt, die Erbschäden auslösen können. Die tatsächliche Zahl der mutagenen und kanzerogenen Stoffe ist sicherlich noch höher, da nach diesen Substanzen bislang nicht systematisch gesucht wurde. So benötigt das US-National Cancer Institute für eine Substanz, die im Langzeitversuch an Hunderten von Tieren getestet wird, etwa 100000 Dollar. Von den neuen Chemikalien, die jährlich in den USA auf den Markt kommen, können deshalb maximal 150 untersucht werden (14).

Chemie(-industrie) und Umwelt(-schutz)

Während sich in der pharmazeutischen Industrie die Toxikologie als einer der wichtigsten Forschungsbereiche darstellt, spielte sie in der Chemie bislang eher eine untergeordnete Rolle. Zwar werden Giftigkeitsuntersuchungen in zunehmendem Maße auch bei Chemieprodukten vorgenommen, diese Forschungen haben aber bei weitem nicht den Standard der Toxikologie in der Arzneimittelforschung, weil gesetzliche Auflagen in diesem Bereich lediglich bei Pestiziden existieren. (10)

Ein Umweltchemikaliengesetz, das diesem offensichtlichen Manko entgegenwirken könnte, gibt es hierzulande im Gegensatz zu vielen anderen Chemie-Nationen bislang nicht. Daß die Bundesrepublik das einzige große Chemie-Land ohne eine solche Regelung ist, hängt nicht zuletzt mit der wirtschaftlichen Bedeutung der hiesigen Chemieindustrie und der entsprechend starken Chemie-Lobby zusammen.

Unter den Chemiegiganten der Welt nehmen die deutschen

Konzerne die führenden Positionen ein: Unter den ersten fünf Unternehmen lagen 1976 weltweit nach dem Umsatz berechnet mit HOECHST (1. Platz), BASF (2. Platz) und BAYER (4. Platz) die »großen Drei« der deutschen Chemieindustrie (15).

Betrachtet man den Umsatz der einzelnen Länder, so liegen wir im selben Jahr nach den USA (255 Milliarden Mark), der UdSSR (120 Milliarden Mark) und Japan (102 Milliarden Mark) mit insgesamt 85 Milliarden Mark auf dem vierten Platz (16). Aus diesen Zahlen ergibt sich eindeutig, daß in der Bundesrepublik die Konzentration des »chemischen Kapitals« am weitesten fortgeschritten ist, zumal im Herbst 1977 durch die Übernahme des Aktienpaketes der CHEMISCHEN WERKE HÜLS (CHW) durch den VEBA-Konzern ein neuer deutscher Chemiegigant entstand.

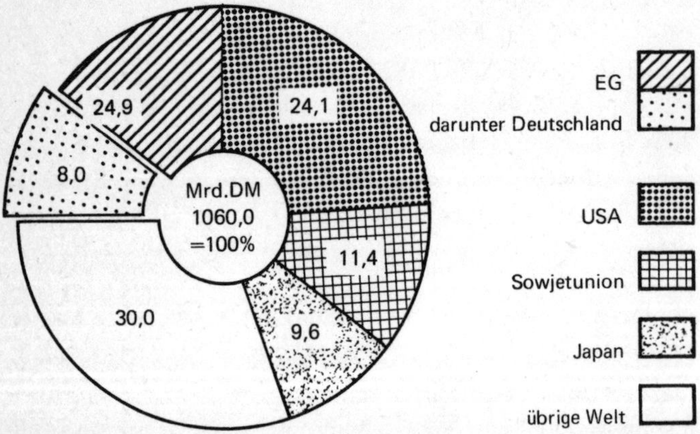

Beim Weltchemieumsatz nimmt die Bundesrepublik einen der vorderen Plätze ein: 1976 betrug ihr Anteil nach Angaben des Verbandes der Chemischen Industrie rund 8 % (16).

Interessant ist ein Vergleich dieser Umsatzzahlen mit den Aufwendungen für den Bereich des Umweltschutzes. Kritiker werfen der deutschen Chemieindustrie vor, immer noch ein gestörtes Verhältnis zum Umweltschutz zu haben. Der Verband der Chemischen Industrie sieht das anders: Sein ehemaliger Präsident Professor Rolf Sammet betonte im Jahre 1976, daß Umweltschutz selbstverständlich notwendig sei, »die chemische Industrie hat das immer anerkannt und auch immer aktiv Umweltschutz betrieben. Wir sollten aber nicht vergessen«, führte Sammet aus, daß nur der sinnvolle Verbund von Ökologie und Ökonomie auf die Dauer eine kontinuierliche und damit erfolgreiche Umweltpolitik sichern könne. »Die Umweltschutzgesetze und die aus ihnen folgernden Maßnahmen müssen erfüllbar sein, technisch und wirtschaftlich« (17). Daß das Streben der Industrie nach wirtschaftlichem Erfolg oftmals dem Anliegen des Umweltschutzes widerspricht, es zumindest beeinträchtigt, glauben dagegen die Schweizer Innovationsforscher Dr. Dieter Altenpohl und Dr. Wilfried Blum, die selbst in Diensten der Industrie, nämlich des Züricher Unternehmens ALUSUISSE stehen. »Die zur Reinigung der Luft und Abwässer sowie zur Abfallbeseitigung erforderlichen Maßnahmen«, so schreiben die Industrie-Wissenschaftler, »bedingen fast immer höhere Investitionen und Betriebskosten und beeinträchtigen so die Wirtschaftlichkeit eines Unternehmens«. Dennoch »wird sich die Industrie immer stärker an den Bedürfnissen der Ökologie orientieren müssen«. Diese Umorientierung erfordere eine allmähliche Entwicklung und Anpassung (18).
Für die chemische Industrie, so führen Altenpohl und Blum aus, ergeben sich daraus die folgenden Notwendigkeiten:
- Überprüfung des vorhandenen Produktsortiments,
- Erfindung neuer, umweltgerechter Produkte,
- umweltgerechte Herstellungsverfahren,

– vermehrte Entwicklungsarbeiten,
– besserer Kundendienst,
– vermehrte Öffentlichkeitsarbeit.

Eine ausgewogene Umorientierung der Industrie ist nach Meinung der Schweizer Industrieforscher auch für die Einstellung gegenüber einem »technology assessment« notwendig, das heißt der vorherigen Abschätzung möglicher Auswirkungen zum Beispiel von neuen chemischen Verfahrenstechniken für die Umwelt. »Wir vertreten ... die Auffassung, daß die Industrie im Rahmen der Gesamtplanung des Unternehmens mit dem technologischen Assessment vorangehen ... und dies nicht den Behörden und der Öffentlichkeit überlassen sollte« (18).

Dies sind für Industriebedienstete zweifellos sehr weitgehende Forderungen, denn vorderhand argumentiert die Chemieindustrie noch immer, daß Umweltschutzmaßnahmen oftmals Arbeitsplätze gefährdeten. Man müsse sich daher vor »überschießenden Reaktionen hüten, die in der Lage wären, den Produktionsbeginn neuer Substanzen unverhältnismäßig zu verzögern und damit Arbeitsplatzsituationen zu gefährden«, betont beispielsweise der BASF-Toxikologe Professor Alfred M. Thiess (19).

Nach eigenem Bekunden gibt die Chemieindustrie in der Bundesrepublik jährlich rund zwei Milliarden Mark für den Umweltschutz aus. Davon gehen ein Drittel, über 700 Millionen Mark (das sind etwa 12 % der Gesamtinvestitionen), in den Bau neuer Umweltschutzanlagen, zwei Drittel in den Betrieb und die Erhaltung schon bestehender Einrichtungen. Bis 1980 rechnet die Chemieindustrie mit einem Aufwand von vier bis sogar sechs Milliarden Mark. »Derart hohe Kosten lassen sich nicht mit gleichbleibenden Preisen erwirtschaften. Umweltschutz dient jedermann – er kostet auch jedermanns Geld. Eine

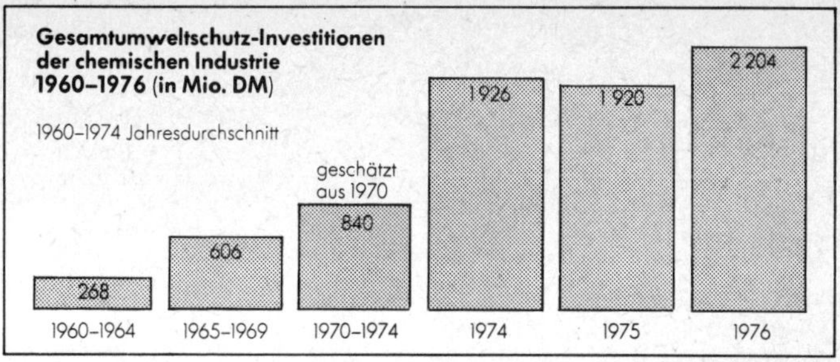

Die Aufwendungen der bundesdeutschen Chemieindustrie sind nach Angaben dessen Verbandes in den letzten fünfzehn Jahren (mit Ausnahme des Rezessionsjahres 1975) kräftig angestiegen. Bis 1980 rechnet man sogar mit einem Aufwand von vier bis sechs Milliarden Mark.

volkswirtschaftliche Tatsache, die auch Politiker zunehmend in ihre Umwelt-Überlegungen einbeziehen«, glaubt der Verband der Chemischen Industrie (20).
Die Aufwendungen für den Umweltschutz werden damit früher oder später auf die Preise abgewälzt, damit die Gewinnspanne nicht kleiner wird.
Der Vergleich der privaten Umweltschutz-Aufwendungen in den einzelnen Chemie-Nationen gibt noch keine Auskunft über die tatsächlichen Bedürfnisse, denn die notwendigen Maßnahmen dürfen nicht nur mit den Umsätzen, sondern müssen auch mit den Risiken verglichen werden, die die chemische Industrie in dem jeweiligen Land beinhaltet. Mit anderen Worten: In einem kaum besiedelten Gebiet müssen die Vorkehrungen zum Beispiel für einen Störfall nicht so aufwendig sein wie in einer von vielen Menschen bewohnten Region.
Setzt man das Industriepotential (berechnet als Jahresumsatz) mit der Bevölkerungsdichte in ein Verhältnis, dann zeigt sich, daß wir hierzulande nach Japan die größte »chemische Dich-

te« aufweisen, rund viermal soviel wie in den USA und sechzehnmal soviel wie in der UdSSR (21).
Aus diesem Vergleich läßt sich auch eindeutig das statistische Risiko eines Störfalls für die Bevölkerung ableiten: Ein chemischer Unfall gleichen Ausmaßes in den USA und im Ruhrgebiet würde denn auch zwischen Recklinghausen, Düsseldorf und Wuppertal weit mehr Menschen betreffen als in vielen Industrieregionen der Vereinigten Staaten. Auch die Sevesokatastrophe, die bei über 600 Menschen zu Gesundheitsschäden führte, hätte im Ruhrgebiet womöglich eine erheblich größere Zahl von Opfern gefordert.

»Chemische Dichte«

Land	Umsatz 1976 (in Mio. DM)	Durchschnittliche Bevölkerungsdichte (Einwohner/km²)	»Chemische Dichte«
USA	255	22	5,6
UdSSR	120	11	1,3
Japan	102	280	28,6
Bundesrepublik	85	247	21,1
Ruhrgebiet (NRW)	37*	1134	43,0

* 1976 betrug der NRW-Chemieumsatz 42,8 % des Bundes-Chemieumsatzes.

Setzt man den Umsatz der chemischen Industrie der Chemienationen mit deren durchschnittlicher Bevölkerungsdichte in Beziehung, dann ergibt sich daraus, daß wir in der Bundesrepublik nach Japan das größte »Chemiepotential« auf engstem Raum haben. Die »chemische Dichte« des Ruhrgebietes und des Raumes Köln übertrifft nicht nur den japanischen Wert, sondern auch die Verhältnisse in zum Beispiel industriellen Ballungszonen der USA.

Private Aufwendungen für den Umweltschutz im internationalen Vergleich

	Umsatz (in Mio. DM)[1]	Umweltschutz-Aufwendungen der Chemieindustrie[2]	Umweltschutz-Aufwendungen im Verhältnis zur »chemischen Dichte«[3]
USA[5]	255	9,6	1,7
Japan[6]	102	19,8[4]	0,7
Bundesrepublik Deutschland[7]	85	11,1	0,5

Aus dieser Übersicht ergibt sich zwar, daß die USA im Verhältnis zu ihrem Gesamtumsatz die geringsten Umweltschutzaufwendungen betreibt, daß diese aber gemessen an der »chemischen Dichte« der USA relativ hoch zu bewerten sind. Bei diesem Vergleich schneidet die Bundesrepublik wegen ihrer hohen »chemischen Dichte« am schlechtesten ab, zumal die Umweltschutzaufwendungen der japanischen Chemieindustrie bei weitem am höchsten liegen.

1 berechnet für 1976
2 in % der Gesamtinvestitionen für 1971–1975
3 Berechnung der »chemischen Dichte« siehe Tabelle S. 38
4 Chemische und petrochemische Industrie ohne pharmazeutische Industrie
5 Nur produktionsbezogene Umweltschutzinvestitionen, von 1971–1973 nur für Luftreinhaltung und Gewässerschutz, 1974 und 1975 einschließlich Abfallbehandlung
6 Nur produktionsbezogene Umweltschutzinvestitionen
7 Produktions- und produktbezogene Umweltschutzinvestitionen für Luftreinhaltung, Gewässerschutz, Abfallbehandlung und Lärmbekämpfung.

Quellen: ifo-schnelldienst 8/77, Chemiewirtschaft in Zahlen, VCI 1977

Private und öffentliche Mittelaufwendungen für den Umweltschutz (Anteile des *B*rutto*s*ozial*p*rodukts 1973 bzw. 1974):

bis zu 0,9 % des BSP	Polen, UdSSR, DDR
bis zu 1,8 % des BSP	Frankreich, Dänemark, Norwegen, Österreich, Bundesrepublik Deutschland
über 1,8 % des BSP	USA, Schweiz, Schweden, Japan, Großbritannien

Im Verhältnis zu den anderen großen Industrienationen ist der Anteil der Umweltschutzaufwendungen hierzulande eher als gering einzustufen. Das bestätigt auch der Sachverständigenrat für Umweltfragen in seinem neuesten Gutachten. Die jährliche Belastung von 1,5 % (ohne Zinsen 1,1 %) des BSPs liegen nicht höher als beispielsweise die Ausgaben für Hochschulen (1,3 %).

Quellen: Jänicke, M. »Zum Stande der Umweltpolitik entwickelter Industriestaaten«, in *Umwelt und Gesellschaft*, Wien 1977; Gerau, J. »Zur politischen Ökologie der Industrialisierung des Umweltschutzes«, Forschungsbericht 8/76 der FU Berlin; »Umweltgutachten 1978« des Rates von Sachverständigen für Umweltfragen.

Diese Zahlen und Statistiken haben sicherlich nur einen begrenzten Aussagewert, denn niemand bezweifelt, daß die bundesdeutsche Chemieindustrie hinsichtlich der in den letzten dreißig Jahren aufgetretenen Umweltkatastrophen im internationalen Vergleich durchaus gut abschneidet. Dennoch nimmt das Risiko ebenso zweifellos zu, weil in der chemischen Industrie die steigenden Produktionseinheiten und die

Legt man die Jahresproduktion der wichtigsten organischen Chemikalien zugrunde, kommt man für die Bundesrepublik im wesentlichen zu zwei »chemischen Ballungsgebieten«: dem Ruhrpott einschließlich des Kölner Raums und dem Rhein-Main-Gebiet Frankfurt/Ludwigshafen. In diesen Regionen ist nicht nur das Risiko eines Chemie-Störfalls beträchtlich höher, sondern auch die Dauerbelastung mit Schadstoffen hat in diesen Regionen erhebliche gesundheitliche Konsequenzen (ausgewertet nach »Chemfacts – Federal Republic of Germany«, London 1976).

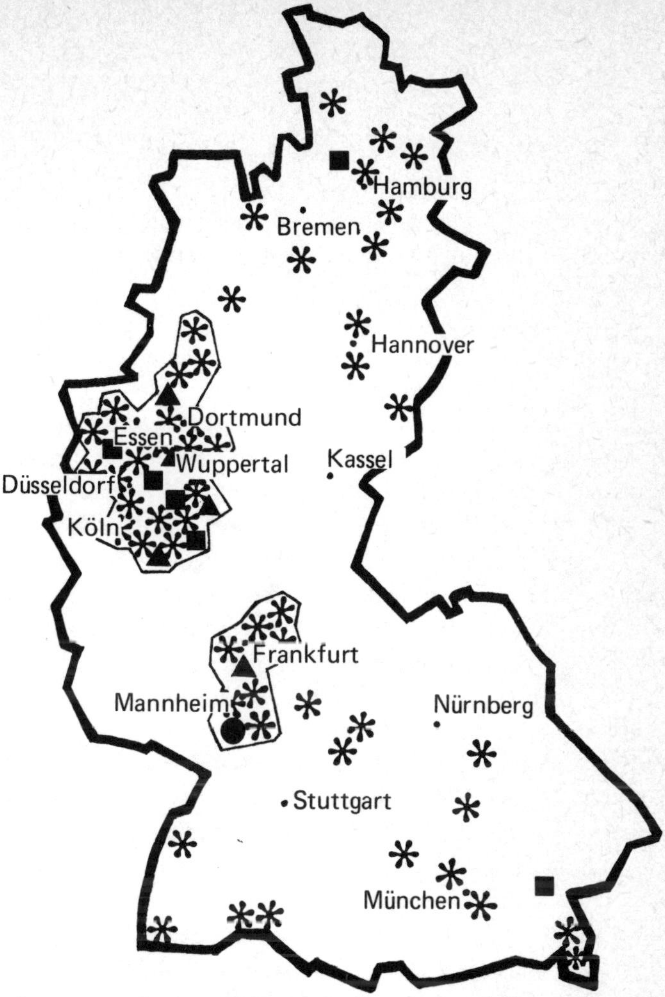

Chemische Ballungsgebiete der Bundesrepublik
(Produktion der wichtigsten organischen Chemikalien
in Jahrestonnen)

bis 1.000.000 * bis 5.000.000 ▲
bis 2.000.000 ■ über 5.000.000 ●

rasant anwachsende Zahl neuer Stoffe dem Ausbau der Aufsichtsbehörden davonläuft. Für die Überwachung eines Großkonzerns wie der BASF mit rund 350 Einzelbetrieben sind nicht mehr als sechs Gewerbeaufsichtsbeamte zuständig, die neben Umweltschutz- auch Arbeitsplatzbedingungen kontrollieren sollen. Die Gefahr von Störfällen steigt also an, und zwar besonders in den »chemischen Ballungsgebieten« der Bundesrepublik (die eben auch dichtbesiedelte Regionen sind).
Die bundesdeutschen »Chemie-Zentren«, also vornehmlich das Rhein-Main-Gebiet zwischen Ludwigshafen und Frankfurt, der Raum Köln und der Ruhrpott, beinhalten aber nicht nur ein größeres Störfall-Risiko, sondern sind vermutlich auch von einer höheren Krebssterblichkeit durch die Daueremissionen der Chemie und anderer Industrien betroffen. Die Bundesbürger im Ruhrgebiet sterben zum Beispiel rund 1,6 mal so häufig an Lungenkrebs wie in Reinluftregionen (22).
Sowohl dieses Dauerbelastungsrisiko als auch die erhöhte Gefahr von Zwischenfällen der Chemieindustrie sind bei dem auch politisch sehr engagierten Kampf gegen die Kernenergie bislang übersehen worden. Gewiß, Widerstand gegen die Ansiedlung chemischer Industrien gibt es seit jeher. Auch Bürgerinitiativen gegen Chemieunternehmen sind nicht neu (23). Aber erst neuerdings scheint der »Risikofaktor Chemie«, der einem Vergleich mit dem der Atomenergie durchaus standhält, wieder eine entscheidendere Rolle im Rahmen der Umweltdiskussionen zu spielen. Dazu mag sicherlich auch die Katastrophe von Seveso beigetragen haben, ebenso wie die sich in den letzten Jahren häufenden Meldungen über Zwischenfälle in der chemischen Industrie.

Interessant ist in diesem Zusammenhang sicherlich das Ergebnis einer im Auftrage des Bundesinnenministeriums im

Mai 1977 durchgeführten infas-Umfrage, bei der einem Drittel der Befragten die Gefährdung durch Kernkraftwerke mehr Sorge bereitete als andere Industrien. Knapp zwei Drittel hingegen, darunter insbesondere die über Umweltschutzbelange sehr gut Informierten, fühlten sich eher durch andere Industrien, also auch durch die Großchemie, bedroht (24).

Umweltgefährdung durch Kernkraftwerke und andere Industrien

	Mehr Sorge bereitet die Gefährdung durch ...		
	Kernkraftwerke %	andere Industrien %	Weiß nicht, Keine Angabe %
Befragte insgesamt	33	59	8
Über Umweltschutz ...			
sehr gut informiert	28	69	3
etwas informiert	34	60	6
gar nicht informiert	36	47	17

Eine Umfrage von infas im Auftrage des Bundesinnenministeriums ergab im Mai 1977, daß ein Großteil der Befragten andere Industrien als gefährlicher einstuft als Kernkraftwerke. Diese Beurteilung hat sich freilich noch nicht in Bemühungen der Politiker niedergeschlagen, zum Beispiel Chemieanlagen nach den gleichen Sicherheitskriterien wie für Atommeiler unter die Lupe zu nehmen.

Zwischen der öffentlichen Einschätzung der Risiken und den industriellen Vorsorgemaßnahmen, diesen Risiken entgegenzuwirken, liegt also eine offensichtliche Diskrepanz.
Für Kernkraftwerke sind Risikoanalysen seit langem üblich, nicht aber für die Chemieindustrie.
Kurzum: Die Chemie kann ohne Zweifel sicherer gemacht werden. Wir sind weiter denn je davon entfernt, das Gift im Griff zu haben. Umweltchemikalien, die – weil hierzulande

bislang nicht gesetzlich geregelt – eine Gefährdung eines jeden bedeuten können, Störfälle, die in ihren Folgen einem Vergleich mit Zwischenfällen in Kernreaktoren durchaus standhalten und schließlich Daueremissionen, die eine deutlich höhere Krebsmortalität nicht nur unter den Betriebsangehörigen, sondern auch unter den Bewohnern in der Nachbarschaft zur Großchemie zur Folge haben – diese Gefahren der chemischen Industrie bedürfen einer umfassenden Risikoanalyse.

»Wo ... begründete Anhaltspunkte für eine Gefährdung vorliegen«, betonte Bundespräsident Walter Scheel aus Anlaß des 100-jährigen Bestehens des Chemie-Verbandes, »ist eine Diskussion hinter vorgehaltener Hand nicht ausreichend«. Und »offensichtlich sind die Risiken heute weitaus größer als früher, zumindest aber – und das ist auch wichtig – werden sie von der Öffentlichkeit klarer gesehen und dementsprechend mehr gefürchtet. Die Menschen sind nicht mehr bereit, dem Gang des sogenannten Fortschritts, für den im Grunde niemand verantwortlich zeichnet, vorbehaltlos zu vertrauen« (25).

Man kann nur begrüßen, daß solche Wahrheiten ausgesprochen werden, zumal, wenn sich der angebliche Fortschritt so eklatant gegen den Menschen richtet wie beispielsweise bei den Kindern von Seveso.

Seveso – und was sonst noch?

Störfälle in der chemischen Industrie

Eine ungeheuerliche Schlamperei

Überall in der Gegend tauchte eine seltsame schleichende Seuche auf, und unter ihrem Pesthauch begann sich alles zu verwandeln. Irgendein böser Zauberbann war über die Siedlung verhängt worden: Rätselhafte Krankheiten rafften die Kükenscharen dahin; Rinder und Schafe wurden siech und verendeten. Über allem lag der Schatten des Todes . . .
Es herrschte eine ungewöhnliche Stille. Wohin waren die Vögel verschwunden? . . . Die einst so anziehenden Landstraßen waren nun von braun und welk gewordenen Pflanzen eingesäumt. . . . In den Rinnsteinen, unter den Traufen und zwischen den Schindeln der Dächer zeigten sich noch ein paar Fleckchen eines weißen körnigen Pulvers; es war vor einigen Wochen wie Schnee auf die Dächer und Rasen, auf die Felder und Flüsse gerieselt.
Mit diesem »Zukunftsmärchen« – wie sie schrieb – begann die amerikanische Biologin und Schriftstellerin Rachel Carson im Jahre 1962 ihr berühmt gewordenes Buch *Der stumme Frühling*, in dem sie Anklage erhob gegen den Pesthauch der modernen Chemie, gegen die zunehmende Verseuchung der Umwelt durch Insektizide und Herbizide. Damals schloß die Autorin ihre Schreckensvision mit den Worten: »Diese Stadt gibt es in Wirklichkeit nicht« (1).
Seit dem 10. Juli 1976 gibt es sie.
An diesem Tag ereignet sich in der norditalienischen Kleinstadt Seveso, knapp 30 Kilometer nördlich der Millionenstadt

Mailand, eine Explosion in einem Chemiewerk, von dem selbst die Betriebsangehörigen kaum mehr wissen, als daß sie dort einen »Ausgangsstoff für Deosprays« produzieren. Aus dem Kessel quillt eine Rauchwolke, die wenig später wie ein weißer Schleier auf der Umgebung der Fabrik niedergeht. Es ist Samstag morgen. Von der Explosion hat man in der Stadt fast nichts gehört und so nimmt auch kaum jemand von dem schneeweißen »Staub« Notiz, der auf die Häuser und Straßen niederrieselt. Keiner denkt daran, die Fenster zu schließen oder die zum Teil mit nacktem Oberkörper im Garten spielenden Kinder ins Haus zu rufen – denn es ist heiß an jenem Samstag in Seveso (2).
Doch was bei der Explosion im kleinen Chemiewerk ICMESA in die Luft entweicht, ist eine der giftigsten Substanzen, die Chemiker überhaupt kennen. Ihr wissenschaftlicher Name: 2,3,7,8-Tetrachlordibenzo-p-dioxin, kurz TCDD genannt (3). Und TCDD sollte für Seveso zu einer Hieroglyphe des Schreckens werden. Aber davon ahnt an jenem Samstag noch niemand etwas (3a).
Noch am gleichen Tag erfährt die Polizei von dem Störfall bei der ICMESA; aber die weiß eigentlich gar nicht so recht, was überhaupt in der Chemiefabrik produziert wird und läßt die Sache zunächst einmal auf sich beruhen. Am Sonntag morgen beschließt man dann doch, den Bürgermeister zu informieren. Der setzt sich sogleich mit der Werksleitung in Verbindung, erhält von dort aber auch keine Angaben, die ihm weiter helfen könnten – und mit chemischen Fachausdrücken kann er natürlich ohnehin nichts anfangen.

Erst am Montagmorgen unterrichtet die ICMESA-Werksleitung die Behörden über das tatsächliche Ausmaß des Unfalls. Eine Giftwolke sei über der Kleinstadt niedergegangen, und man müsse besondere Sorgfalt walten lassen. Aber eine konkrete Gefahr für die Bevölkerung – so bekunden die Chemiker – bestünde nicht. Auf jeden Fall sei es aber besser, Früchte und Gemüse aus der Umgebung des Chemiewerks nicht zu essen.

Zu dieser Zeit hat man bei der Genfer Kosmetikfirma GIVAUDAN (einem Tochterunternehmen des Schweizer Chemiegiganten HOFFMANN-LA ROCHE), der die ICMESA gehört, den Hergang des Unglücks bereits rekonstruiert und ahnt wohl auch schon das Ausmaß der Katastrophe (4). Beim letzten Schichtwechsel, ca. 6 1/2 Stunden vor dem Störfall, so ergeben die innerbetrieblichen Recherchen der GIVAUDAN-Fachleute, muß das Rührwerk in der Trichlorphenol-Kesselanlage (jene Verbindung, die man in Genf zu Deodorants weiterverarbeitet) abgestellt worden sein – wahrscheinlich, weil ein Chemiewerker einen Knopf falsch betätigte. Als Folge des menschlichen Versagens kam es im Kessel zu einer Überhitzung und Druckerhöhung. Das Reaktionsgemisch »schaukelte sich auf«, schließlich hielt die Berstscheibe – eine Art Überdruckventil – dem Druck nicht mehr stand, flog in die Luft und der Inhalt des Chemiereaktors, neben Trichlorphenol auch etwas mehr als zwei Kilogramm des hochgiftigen TCDDs verpufften ins Freie (5).

Diesen Sachverhalt muß man bei der ICMESA, bei GIVAUDAN und bei der Muttergesellschaft HOFFMANN-LA ROCHE spätestens seit Montag, dem 12. Juli 1976, gekannt haben, an jenem Tag also, als der Bürgermeister von Seveso noch immer über die mögliche Verseuchungsgefahr für seine Gemeinde rätselt. Selbst als am fünften Tag nach dem Unfall die ersten Tiere verenden und sich bei den Kindern, die zur Zeit der Explosion im Freien spielten, erste Hautausschläge zeigen, hüllt sich das Genfer Unternehmen noch in Schweigen. Erst am 23. Juli – inzwischen weisen über dreißig Personen schlimme Hautschäden auf – analysiert man in einem italienischen Provinzlabor das hochgiftige TCDD, als Ursache der Verseuchung. Es dauert noch mal drei Tage, bis Givaudan das Ergebnis bestätigt. Am 17. Tag nach der Explosion bestehen bei allen Betroffenen keine Zweifel mehr, in welchem Ausmaß Seveso verseucht ist. In aller Eile beginnt man mit der Evakuierung zunächst der Kinder.

Der Woge öffentlicher Empörung versucht der Schweizer Chemiekonzern Hoffmann-La Roche auch nach Bekanntwerden des Ausmaßes des Chemie-Störfalls in der norditalienischen Kleinstadt weiterhin mit Beschwichtigungen zu begegnen. Es sei ein, wenn auch bedauerlicher »Vorfall«, was da in Seveso passierte, im übrigen sei man aber gegen dessen materielle Folgen »auch versichert«. (6)

Die Menschen in Seveso und den benachbarten Städten Meda, Cesano, Maderno und Desio sehen es anders: »Unser kleines Hiroshima«, nennt es Vittorio Rivolta, oberster Gesundheitsbeamter der Region, als er Seveso besucht.

Derweil gehen, drei Wochen nach dem Störfall bei der Icmesa, die Evakuierungsmaßnahmen weiter. Eine A-Zone, in der man die höchsten TCDD-Werte mißt, wird vollständig geräumt, in der B-Zone jeder Bewohner medizinisch untersucht. Männer, vermummt in weißen Schutzanzügen, beginnen damit, die unzähligen Kadaver der verendeten Katzen, Kaninchen und Hunde einzusammeln. Insgesamt 50000 Tiere müssen getötet werden (7). Betroffen vom Gift sind vorwiegend Kinder, weil viele zur Zeit der Explosion in den Gärten und auf der Straße spielten. Sichtbare Spuren, die das TCDD in Form einer Art Akne auf ihrer Haut hinterließ, haben diese Kinder fürs Leben gebrandmarkt – als Opfer der chemischen Industrie, mehr noch als Opfer eines Chemiekonzerns, der die gefährliche Produktion von der Schweiz nach Italien aussiedelte, bei der Inbetriebnahme des Werkes Erfahrungen und Sicherheitsvorkehrungen ignorierte und

Erst drei Wochen nach dem Ausbruch einer Giftwolke im italienischen Seveso konnte man mit Evakuierungsmaßnahmen in der vergifteten Region beginnen. Bis zu diesem Zeitpunkt hatte das zuständige Chemie-Unternehmen GIVAUDAN in Genf die Gefährlichkeit des verpufften Stoffes herunterzuspielen versucht.

dann zunächst sogar noch die Katastrophe verharmlosen wollte (7a).

Insgesamt werden über 700 Personen aus dem am schwersten verseuchten Gebiet evakuiert; in der weniger betroffenen aber immer noch gefährdeten B-Zone leben zwischen vier- und fünftausend Menschen. Die von dem Gift gekennzeichneten Kinder zeigen mittlerweile am ganzen Körper Hautausschläge, ihre Zehen- und Fingernägel haben sich schwarz gefärbt. Und die TCDD-Krankheit ist langwierig und hartnäckig, die Langzeitschäden sind grausam: Noch 25 Jahre nachdem er bei der BASF Opfer einer Vergiftung mit TCDD wurde, leidet ein Ludwigshafener Chemiewerker an den Folgen der Verseuchung: zahllosen Operationen hat er sich unterziehen müssen, bei denen ihm haselnußgroße Geschwulste aus dem Körper geschnitten wurden. Noch immer ist der Körper von Geschwüren übersät, die einen penetranten Geruch absondern (7b). Sind das die Zukunftsaussichten der Seveso-Kinder? Schon zeigen sich unter den Betroffenen Leberschädigungen (8), und Fachleute befürchten, daß langfristig auch mit einer Zunahme der Krebserkrankungen gerechnet werden muß (9).

Neben drei Todesfällen, die manche Mediziner auf das Gift zurückführen, nahm in der verseuchten Region vor allen Dingen die Zahl der Totgeburten drastisch zu. Zum Zeitpunkt der Umweltkatastrophe waren 170 Frauen des betroffenen Gebietes schwanger: Einige Neugeborene kamen mißgebildet zur Welt, mehr als in den Jahren zuvor, die Zahl der spontanen Aborte hat sich nach dem Unfall verdoppelt (10).

Und längst ist der gefährdete Bereich nicht mehr auf Seveso beschränkt. Zwar ist TCDD so gut wie wasserunlöslich, dennoch hat es sich durch Staubverwehungen und winterliche Überschwemmungen des Seveso-Flusses als sehr mobil erwiesen (11).

Auch zwei Jahre nach der Katastrophe gibt es noch immer kein endgültiges Entgiftungskonzept (12). Da das TCDD

Die Kinder von Seveso waren von der TCDD-Wolke am meisten betroffen, weil viele von ihnen zur Zeit des Unfalls im Freien spielten. Neben den entstellenden Hautschäden, die die Kinder ihr Leben lang als Opfer der chemischen Industrie brandmarken werden, befürchten Toxikologen vor allem auch langfristige Folgen: Leberstörungen, möglicherweise Krebs.

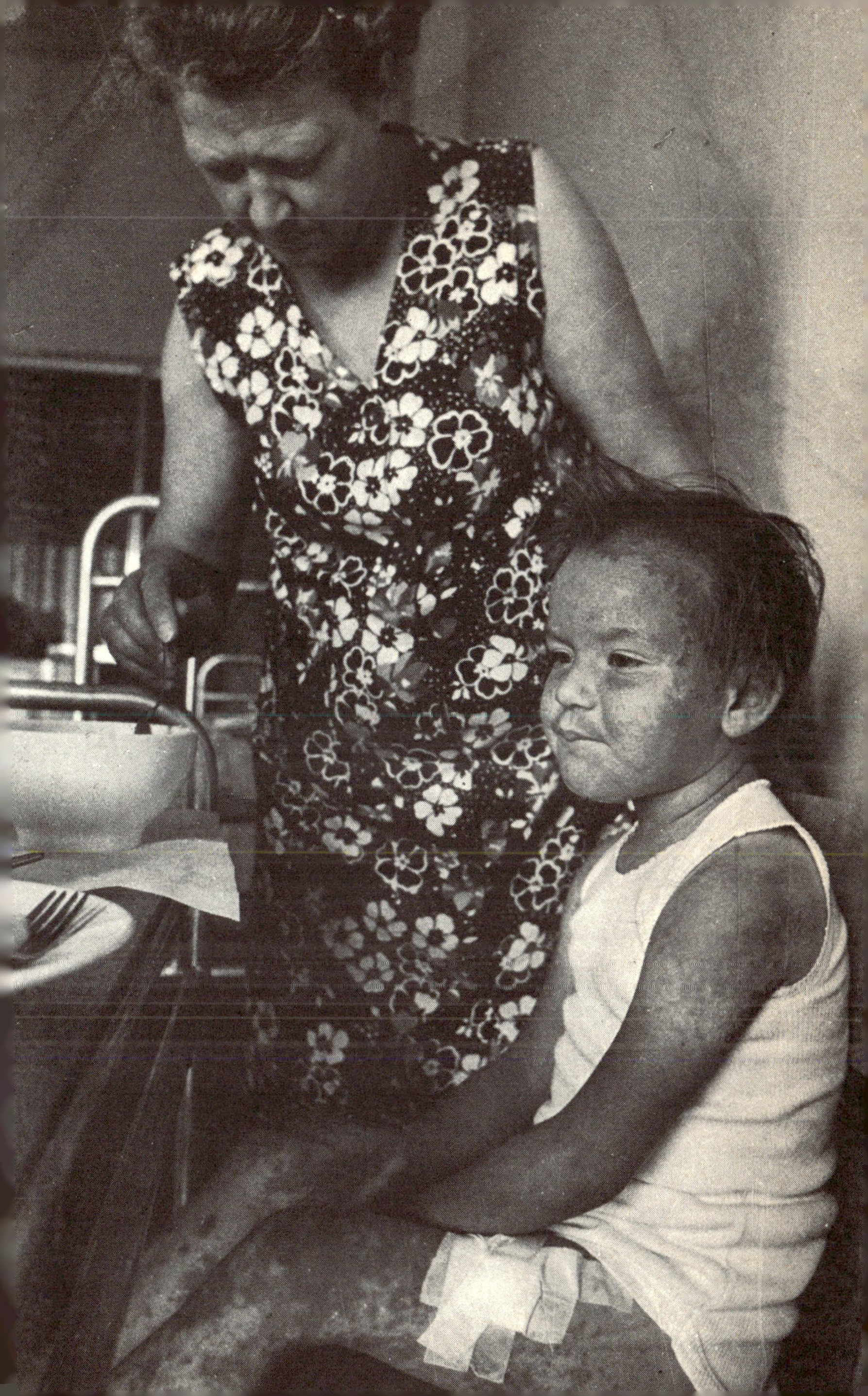

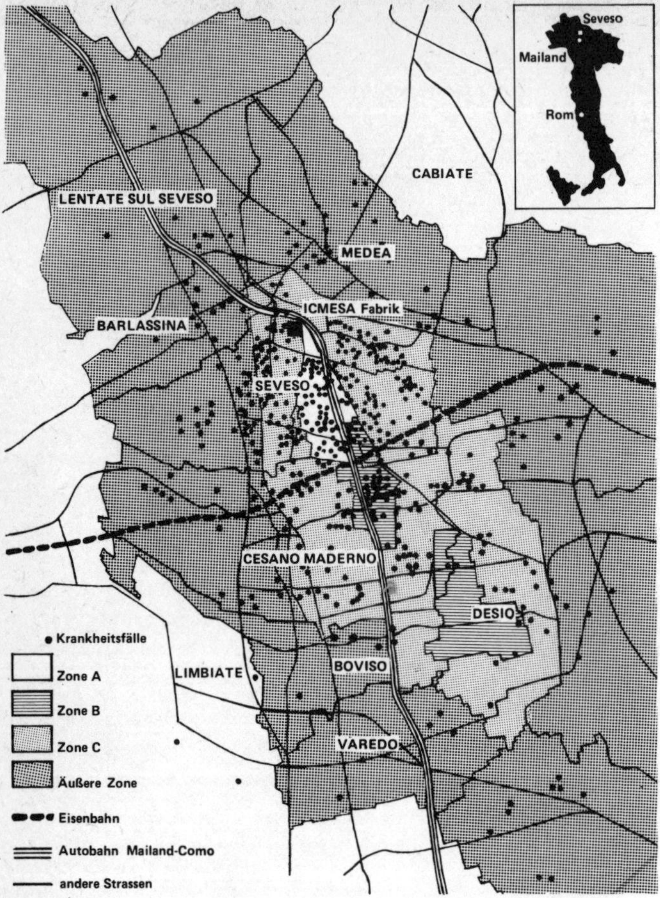

Wie eine Seuche verbreitete sich die TCDD-Vergiftung durch Berührungskontakte, womöglich aber auch durch Staubverwehungen in der ganzen Umgebung von Seveso.
Hunderte von Erkrankungsfällen wurden in der gesamten Provinz nördlich von Mailand registriert. Tausende von Tieren verendeten oder mußten getötet werden. (Quelle: *Hospital Practice* 11/1976, S. 43).

eine außerordentlich stabile chemische Substanz ist, wird sich das Problem aber kaum von selbst oder mit der Zeit lösen. Zwar sind noch immer Entseuchungstrupps damit beschäftigt, die obersten zwanzig Zentimeter des Erdreiches abzutragen. Aber wohin mit dem verseuchten Boden?

Ein Projekt der Regionalregierung der Lombardei sah vor, die TCDD-haltige Erde in eigens dafür erbauten Verbrennungsanlagen zu vernichten. Doch um das Seveso-Gift zu zerstören, müßten Temperaturen über 1000 Grad Celsius erreicht werden – wofür wiederum niemand die Garantie übernehmen wollte. Auf Intervention der Nachbargemeinden legte man diesen Plan dann wieder zu den Akten (13). Statt dessen verlud man den Giftdreck auf Lastwagen und karrte ihn auf bereits entseuchtes Gebiet, kaum hundert Meter von den nächsten Wohnhäusern der Nachbargemeinde Cesano-Maderno entfernt. Folge der Giftverteilerei: Auch in dieser Region mußten nun Schulen geschlossen werden, weil man unerwartet hohe Dioxinkonzentrationen gemessen hatte.

Überhaupt: Dilletantismus wurde groß geschrieben. Die Entgiftungstrupps arbeiteten, als handele es sich lediglich um ein Großreinemachen: TCDD-vergiftetes Wasser wurde zum Beispiel kurzerhand in den Abfluß gegossen. Auch an die Vorschrift, ständig Gasmasken zu tragen, hielt sich insbesondere in der sommerlichen Hitze kaum jemand. Folge: Bald klagten auch die GIVAUDAN-Entseucher über Vergiftungssymptome.

Es ist also zu befürchten, daß sich in den nächsten Jahren in Seveso wenig ändern wird und die Umgebung des Chemiewerkes ICMESA eine Art Giftenklave bleibt, deren Betreten tödliche Gefahr bedeuten kann (14).

Ignorierte Empfehlungen

Bis zu jenem Zeitpunkt, als man TCDD als Ursache der Verseuchung entlarvt hatte, glaubte man allerorts, daß die Umweltkatastrophe ein unvorhersehbarer und einzigartiger Störfall der Chemieindustrie gewesen sei. Und die Verantwortlichen bei GIVAUDAN in Genf und HOFFMANN-LA ROCHE in Basel hatten guten Grund, diesen Eindruck der Öffentlichkeit gegenüber zu festigen. Was man sich in Seveso geleistet hat, ist mit »Schlamperei« noch sehr zurückhaltend charakterisiert. Denn seit über 25 Jahren hat es bei der Trichlorphenol-Produktion insgesamt 16 Zwischenfälle mit TCDD gegeben mit einer Reihe von Toten und unzähligen Schwerverletzten (15).

TCDD-Unfälle – eine Bilanz des Schreckens

Das Seveso-Dioxin ist keineswegs ein so exotischer Giftstoff wie man gemeinhin annimmt. Man hat reichlich Erfahrungen mit dem Gift – die Liste der TCDD-Unfälle ist lang (15):

1949 MONSANTO CHEMICAL COMPANY in Nitro/West Virginia (USA):
In einer 2,4,5-T produzierenden Fabrik kam es durch eine exotherme Reaktion zur kontrollierten Bildung von TCDD. 228 Personen mußten nach der Explosion gegen Chlorakne, Muskelschmerzen, Müdigkeit, Nervosität und Kälteempfindlichkeit behandelt werden.

1953 BASF in Ludwigshafen:
Durch einen Unfall wurden 55 Personen dem Giftstoff TCDD ausgesetzt – alle erkrankten an Chlorakne, 42 wurden bis zur Unkenntlichkeit entstellt. Bei 21 dieser Betroffenen führte der Kontakt mit Dioxin neben Störungen der Herztätigkeit, des Atemtraktes

und des zentralen Nervensystems zu Schädigungen der Leber, der Nieren und der Milz.
Der Sohn eines Betroffenen erkrankte an Chlorakne, nachdem er den Schal des Vaters zeitweilig benutzt hatte.
Fünf Jahre später erlitt ein Schlosser eine Dioxin-Vergiftung beim Versuch, den Reaktor erneut in Betrieb zu nehmen. Neun Monate nach dem ersten Auftreten von Vergiftungserscheinungen starb der Arbeiter an einer Entzündung der Bauchspeicheldrüse.
Der Betrieb wurde geschlossen und in Abständen von Monaten mit Kaninchen als »Sonden« überprüft, ob ein Wiederbetreten des Gebäudes in Betracht gezogen werden konnte. Bis 1968 liefen die Versuche, aber die Kaninchen überlebten nie.
Der Betrieb wurde daraufhin im gleichen Jahre unter besonderen Vorkehrungen, wie dauernder Wasserberieselung und Schutzanzüge für Arbeiter, abgerissen. Die Gebäudeteile wurden in luftdichte Kisten verpackt und in stillgelegten Salzbergwerken gelagert. Die metallischen Teile wurden in Hochhöfen verschmolzen.

1954 BOEHRINGER INGELHEIM in Hamburg:
Nach Änderungen im Produktionsprozeß bei der Herstellung von 2,4,5-T traten im Verlauf einiger Monate 31 Fälle von Chlorakne auf. Es wurde herausgefunden, daß für die Chlorakne-Ausbrüche die Verunreinigung des technisch reinen Trichlorphenols, nämlich das TCDD, verantwortlich ist. Die Chlorakne war äußerlich sichtbares Erscheinungsbild einer systemischen Vergiftung, die zu Muskelschwäche, Appetit- und Gewichtsverlust, Schlafstörungen, Bauchschmerzen und Leberschäden führte. Diese Krankheitserscheinungen gingen mit psychopathologischen Veränderungen einher, die als spezifisches Syndrom für TCDD-Vergiftungen angesehen wurden.

1956 Boehringer-Ingelheim in Hamburg:
Mehrere Arbeiter der Trichlorphenol (TCP)-Produktion wurden mit Chlorakne-Befall verschiedener Stadien in der Universitätsklinik Hamburg-Eppendorf behandelt.
Dies führte zur Umstellung vom Hochtemperatur- auf das sogenannte Niedertemperaturverfahren. Seitdem sind keine neuen Fälle von Chlorakne bekannt geworden.

1956 Frankreich:
17 Arbeiter in einer Trichlorphenol (TCP)-Fabrik wiesen Chlorakne und Blutveränderungen auf.

1962 Italien:
Nach einem Unfall in einer TCP-Anlage wurden 5 Fälle von Chlorakne bekannt.

1963 Philips-Duphar in Amsterdam:
Nach einer Explosion traten 30 g bis 200 g Dioxin in die Fabrikhalle aus. 50 Arbeiter waren betroffen, von denen mindestens zehn noch heute – nach 15 Jahren – an Hautbeschwerden leiden. Bei Aufräumungsarbeiten wurden neun von 18 Arbeitern mit Dioxin vergiftet; von diesen starben vier innerhalb von zwei Jahren – ihr Tod kann allerdings nicht mit letzter Sicherheit auf die Dioxin-Vergiftung zurückgeführt werden. Nach dem vergeblichen Versuch, die Fabrikwände von Dioxin zu reinigen, wurde die Trichlorphenol-Anlage für zehn Jahre geschlossen und versiegelt. Später riß man die gesamte Fabrikanlage ab, goß sie teilweise in Beton ein und versenkte sie schließlich im Atlantischen Ozean.

1964 Dow Chemical Company in Midland/Michigan (USA):
In einer 2,4,5-T-Fabrik führte ein ähnlicher Chlorakne-Ausbruch zu Erkrankungen bei 60 Arbeitern.

1964 Diamond Alkali Company in Newark/New Jersey (USA):
In einer 2,4-D und 2,4,5-T produzierenden Fabrik traten bei 29 Arbeitern die charakteristischen Merkma-

le von Chlorakne auf und bei elf dieser Personen zusätzlich erhöhte Uroporphyrin-Ausscheidungen (Blutveränderungen).

1966 bei Grenoble (Frankreich):
Nach einem Unfall in einer TCP-Fabrik traten 21 Chlorakne-Fälle auf. Die Betroffenen klagten lange Zeit über Schmerzen unter dem rechten Rippenbogen.

1968 Coalite and Chemical Products Ltd. in Bolsover, Derbyshire (England):
Nach einer Explosion bei der Trichlorphenol-Produktion erlitten zunächst 14 Arbeiter Haut- und Leberschädigungen. Nach der Wiedereröffnung der Produktionsanlage erkrankten insgesamt 79 Personen an Chlorakne. Sie wurden mit Oxytetracyclin, Zinksulfitlösungen und UV-Bestrahlungen behandelt. Bei einigen Betroffenen konnte auch nach vierjähriger Behandlung keine Besserung erzielt werden. Nach Säuberung der Fabrik und erneuter Inbetriebnahme erkrankten zwei Jahre später erneut zwei Arbeiter an Chlorakne. Die Hauterkrankungen waren äußerst hartnäckig, obgleich die beiden Arbeiter nur ein oder zwei Tage mit Arbeiten an einem Tank beschäftigt waren, der nach dem Störfall einer äußerst gründlichen Reinigung unterzogen worden war. Einige Monate später erkrankten der Sohn des einen und die Ehefrau des anderen Betroffenen an Chlorakne. Die Produktion wurde am 6. August 1976 gestoppt.

1968 Tschechoslowakei:
Zwischen 1965 und 1968 wurden in einer Herbizid-Fabrik bei der Produktion von Trichlorphenoxyessigsäure (2,4,5-T) 78 Arbeiter durch TCDD vergiftet, von denen zwei verstarben. Die übrigen litten an typischen Erkrankungen, wie Chlorakne, Leberschäden, Stoffwechselstörungen und Herabsetzung

der psychischen Belastbarkeit. 55 dieser Patienten mußten sich über fünf Jahre lang ärztlicher Behandlung unterziehen.

1970 Sowjetunion:
1964 nahm man in einer Fabrik die Produktion von 2,4,5-T auf. In einem Bericht über Berufskrankheiten wurden später aus dieser Fabrik 128 Fälle von Hautschäden beschrieben, von denen sich 69 als Chlorakne erwiesen. Die schwereren Hautveränderungen waren von Leberschäden begleitet.

1973 CHEMIE-LINZ in Österreich:
Mehrere Chlorakne-Fälle wurden bekannt. Die Trichlorphenol-Produktion erfolgte ebenfalls nach dem veralteten Hochtemperaturverfahren. Das Niedertemperaturverfahren der Firma BOEHRINGER wurde 1975 in Lizenz übernommen.

1974 BAYER-UERDINGEN:
Im August traten nach dem Abbau und dem Neuaufbau einer Rektifizier-Kolonne, die dem Abdestillieren von Methanol bei der TCP-Produktion dient, auf Chlorakne zurückzuführende Hautveränderungen bei den dort beschäftigten Schlossern und Chemiearbeitern auf (6 Erkrankungen). Zur Vermeidung weiterer Erkrankungen wurde bei Reparaturen Schutzkleidung und bei besonders kritischen Anlageteilen Vollschutzanzug mit Sauerstoffversorgung vorgeschrieben.

1975 Großbritannien:
Drei Wissenschaftler kamen bei Experimenten zur Herstellung von TCDD mit dem Giftstoff in Berührung. Sechs bzw. acht Wochen nach der Exposition entwickelte sich bei zwei der Betroffenen Chlorakne. Im Verlauf der nächsten zwei Jahre beobachtete man bei zwei dieser Wissenschaftler Persönlichkeitsveränderungen, Verlust an Energie und Tatkraft, Sehstörungen, Schlaflosigkeit, Muskelschwä-

che, Magen- und andere Beschwerden und bei allen drei Patienten Blutveränderungen.
1976 Seveso

Es ist bemerkenswert, daß einige dieser Unfälle trotz Warnungen erfolgen konnten: Die Firma Boehringer, die seit 1957 das relativ sichere Niedertemperaturverfahren einführte, hat im gleichen Jahr die anderen Hersteller von Trichlorphenol, die nach dem Hochtemperaturverfahren produzieren, auf die Risiken hingewiesen und Vorschläge zu ihrer Vermeidung gemacht.

Die meisten dieser Unfälle hätten dabei vermieden werden können, wenn man nämlich die Warnung eines Produzenten beherzigt hätte, der schon früh die Gefährlichkeit der Trichlorphenol-Herstellung zu spüren bekam: Die in Hamburg produzierende Firma Boehringer–Ingelheim hatte nämlich nach Vergiftungsfällen im Jahre 1956, bei dem erstmals das TCDD von den Toxikologen Professor Karl Heinz Schulz und Professor Josef Kimmig sowie dem Holzchemiker Professor Wilhelm Sandermann als Supergift identifiziert worden war, das Produktionsverfahren geändert, um das Wiederholungsrisiko von Zwischenfällen zu reduzieren. Anstatt nach dem Hochtemperaturverfahren weiterzuarbeiten, entschied man sich für das Niedertemperaturverfahren, das zwar eine geringere Ausbeute bringt, dafür aber als relativ sicher anzusehen ist (16).
Boehringer publizierte das neuentwickelte Verfahren in allen einschlägigen Fachzeitschriften und wies die anderen Hersteller außerdem noch durch ein Rundschreiben auf das reduzierte Risiko der neuen Herstellungsmethode hin (17). Doch die meisten Trichlorphenol-Produzenten ignorierten die Empfehlung, wohl weniger weil sie sich von der Konkurrenz nichts sagen lassen wollten, sondern weil das risikorei-

chere Verfahren größere Gewinne versprach. Auch bei GIVAUDAN in Genf entschied man sich für das kostengünstigere Verfahren und damit gegen die höhere Sicherheit, denn neben der höheren Ausbeute des Hochtemperaturverfahrens waren hier auch geringe Anfangs-Investitionen erforderlich, weil die Produktion drucklos, das heißt ohne aufwendige Anlage »gefahren« werden konnte (18).

Kurzum: Mehr Wärme heißt mehr Gewinn. Und so begann man im Jahre 1974 bei der ICMESA in Seveso mit der Herstellung von Trichlorphenol. 350 Tonnen stieß die Anlage jährlich aus und machte dabei keinerlei Probleme, wie sich der GIVAUDAN-Sicherheitschef Dr. Rudolf Rupp später erinnert – das sei »so einfach wie Wasserkochen« gewesen und wurde daher »als absolut sicher angesehen« (19). Und nach dieser Einschätzung verfuhr man auch bei der ICMESA. Zwar ist nach übereinstimmender Meinung von Verfahrenstechnikern unverzichtbar, bei dem in Seveso gehandhabten Hochtemperaturverfahren die Reaktionskessel ständig zu kühlen, damit sich das Reaktionsgemisch im Kesselinnern nicht »aufschaukeln« und »durchgehen« kann (20). Aber die Kühlwasseranlage war am 10. Juli gar nicht eingeschaltet, sie hätte ohnehin nicht ausgereicht, eine durchgehende Reaktion in Schach zu halten. Üblich ist bei so brisanten chemischen Umsetzungen zudem eine Temperaturregelung – aber auch die hielten die Genfer Kosmetikchefs offenbar nicht für notwendig. An den Kesseln war lediglich ein Temperaturanzeiger installiert, dessen Zeiger bei der Explosion am 10. Juli 1976 über die Begrenzung des Anzeigeblattes weit hinausschoß – er war nur für maximal 200 Grad ausgelegt.

Als wohl schlimmste Nachlässigkeit muß allerdings das fehlende Auffanggerät für entweichende Giftgase angesehen werden. Natürlich wußten die Techniker der ICMESA, daß selbst bei normalem Betrieb jährlich 70 Kilogramm TCDD

anfallen, rein rechnerisch genug, um über 100 Millionen Menschen zu vergiften. Und natürlich war man sich auch darüber im klaren, daß bei einem einzigen Störfall, wenn die Reaktion unkontrollierbar wird, mehrere Kilogramm des Supergifts in die Luft entweichen würden. Und dennoch sah man es nicht als notwendig an, für einen solchen Eventualfall Vorsorge zu treffen und hinter dem Überdruckventil (Berstscheibe) eine Auffangvorrichtung zu installieren.
Die Katastrophe war also vorprogrammiert, denn es bedurfte schließlich nur noch eines einzigen (menschlichen) Fehlers, um durch versehentliches Ausschalten des Rührwerks zum »Eventualfall« zu führen: das Reaktionsgemisch »kochte über« – um im Jargon des GIVAUDAN-Chemikers Rudolf Rupp zu bleiben – etwas mehr als zwei Kilogramm des Supergiftes TCDD entwichen in die Luft und vergifteten ein Areal von mehreren Quadratkilometern.

Seveso – auch im Ruhrgebiet?

Aber auch andernorts wurden nach der Seveso-Katastrophe Befürchtungen laut. Sind die Trichlorphenol-Produktionen in der Bundesrepublik als sicher genug anzusehen?
Bei BOEHRINGER in Hamburg gibt es trotz des ungefährlicheren Verfahrens noch unvergleichbar schärfere Sicherheitsmaßnahmen als in Seveso; sie sind dem Risiko dieses chemischen Prozesses angemessen: Temperaturüberschreitungen führen automatisch zu aktiven Eingriffen in den Produktionsablauf, die ein umgehendes Absinken der Temperatur bewirken. Zusätzlich ist eine viertelstündliche Überwachung durch das Bedienungspersonal üblich.
Außer von der Firma BOEHRINGER wurde Trichlorphenol hierzulande nur noch von der BAYER AG in ihren Werken

Dormagen und Uerdingen produziert (21). In Dormagen stellte man im Februar 1976 die Herstellung ein, weil – wie es hieß – der Bedarf an Trichlorphenol gesunken sei. In Uerdingen stoppte man auf Vorstandsbeschluß im August 1976 die Produktion, »weil Seveso sich ereignet hatte, und wir in unserem Hause keine Übersicht hatten, welche apparativen Voraussetzungen, vor allem welche verfahrenstechnischen Voraussetzungen dort bestanden«, betonte Dr. Heinz-Adolf Dortmann, Chef der Sparte »Organische Chemikalien« des Chemiekonzerns (22). Ein sicherheitstechnischer Vergleich dürfte den BAYER-Fachleuten indes nicht schwergefallen sein, denn wie die ICMESA produzierte auch BAYER bei hohen Temperaturen.
Auch in der Leverkusener Zentrale war nämlich die Empfehlung der norddeutschen Konkurrenz BOEHRINGER, auf das sicherere Niedertemperaturverfahren umzusteigen, in den Wind geschlagen worden, weil man davon ausging, »daß unser Verfahren als ebenso sicher zu betrachten ist« (22). Zwei Jahre nach dem Verzicht auf die Weiterproduktion von Trichlorphenol hat man die Herstellung indes noch immer nicht wieder aufgenommen.
Auch andere Hinweise legen die Vermutung nahe, daß auch die Produktion in Uerdingen (und zuvor in Dormagen) ein Risiko ersten Ranges war. Denn das Chemieunternehmen wies auch die zuständige Gewerbeaufsicht nicht auf die Risiken des Verfahrens hin. Dort war man nach der italienischen Katastrophe sichtbar überrascht, daß Ähnliches »auch im eigenen Zuständigkeitsbereich hätte passieren können«, wie Ludwig Reimers vom Gewerbeaufsichtsamt Köln feststellte. Es sei tatsächlich so, »daß erstmals nach Seveso Kenntnis über TCDD erhalten wurde« (23). Dies illustriert vor allem die Informationsunwilligkeit der Unternehmer (24). Denn nach dem Bundesimmissionsschutzgesetz ist der Betreiber einer

genehmigungspflichtigen Anlage schon seit jeher verpflichtet, die Genehmigungsbehörde lückenlos über die Risiken aufzuklären: Die Genehmigung darf nur erteilt werden, wenn aus den Unterlagen hervorgeht, daß keine »schädlichen Umwelteinwirkungen und *sonstige Gefahren* . . . für die Allgemeinheit und die Nachbarschaft hervorgerufen werden *können*« (25). Demgegenüber macht BAYER geltend, daß »die prophylaktische Beschreibung von eventuellen Nebenreaktionen . . . seinerzeit nicht üblich« gewesen sei (26).
Im nachhinein betrachtet erweist sich durch solche Geheimniskrämerei der Industrie auch die Kontrolltätigkeit der Gewerbeaufsicht als Farce, denn wer nicht weiß, nach welchen Gesichtspunkten er eine Anlage überprüfen soll, zieht gegenüber den Fachleuten der Chemieindustrie allemal am kürzeren Strick. Hätte Seveso also auch in Nordrhein-Westfalen liegen können, mit den gleichen katastrophalen Auswirkungen?
Zwar müssen die Sicherungsvorkehrungen, beispielsweise in Form von Auffangbehältern, in die die hochgiftige Substanz im Falle einer Explosion entweichen kann, in den *beiden* deutschen Betrieben als sehr viel besser angesehen werden. Dennoch bleiben in solchen Fällen gravierende Bedenken: Denn die Verharmlosung mancher Betreiber gegenüber den Behörden, die man am besten in Unkenntnis läßt, zudem unzureichende Katastrophen- und Entgiftungspläne – das alles erinnert fatal an die Einstellung der GIVAUDAN- und ICMESA-Verantwortlichen (27).
Nach den bitteren Erfahrungen hat sich inzwischen auch die Gewerbeaufsicht intensiver mit diesem und ähnlichen chemischen Produktionsverfahren vertraut gemacht, nicht zuletzt initiiert durch politische Entscheidungen (28). Dabei stellte man sehr schnell fest, daß TCDD keineswegs ein so exotischer Giftstoff der Chemieindustrie ist, wie man gemeinhin

annimmt. Es gibt nämlich eine Reihe anderer Prozesse, bei denen ebenfalls Dioxine, sozusagen gefährliche Geschwisterverbindungen des Seveso-Giftes, auftreten können.
Und automatisch stellte sich nunmehr auch die Frage, ob das Sicherheitsniveau bei diesen Produktionsanlagen ausreichend ist oder ob sich auch hier die Chemieindustrie womöglich erst durch eine weitere Serie von Störfällen zu entsprechenden Sicherheitsmaßnahmen veranlaßt fühlt. Ein Hauptaugenmerk muß man zum Beispiel auch der Pentachlorphenol-Produktion schenken, denn diese Verbindung, die in erster Linie in Holzschutzmitteln Einsatz findet, unterscheidet sich nur geringfügig von der des Trichlorphenols (29). Tatsächlich entstehen bei diesem Produktionsprozeß nämlich ebenfalls Dioxine, wenn auch nicht das TCDD selbst.
Aber auch sogenannte Dibenzfurane, die den Dioxinen in ihrer Giftigkeit nicht nachstehen, fand man in Pentachlorphenolproben (siehe seite 248) (30). Wenn es also bei der Herstellung dieser Chemikalie zu einem mit Seveso vergleichbaren Störfall käme, könnte dies ebenso katastrophale Folgen haben wie in Norditalien (31).
Als Quelle einer möglichen Dioxin-Verseuchung muß auch die Chlor-Bleichung in holzverarbeitenden Betrieben gesehen werden. Nach Meinung des Holzchemikers Professor Wilhelm Sandermann können nämlich die Abbauprodukte bei der Verbrennung der Ablauge zur Bildung von TCDD führen (32).
Die Dibenzfurane, gefährliche chemische Geschwister der Dioxine, können auch bei der Herstellung der sogenannten PCBs auftreten, die wegen ihrer allgemeinen Umweltgefährdung heute überhaupt nur noch von ganz wenigen Unternehmen produziert werden, darunter der BAYER AG. Bis 1972 enthielt denn auch das BAYER-Produkt »Clophen« einen der höchsten Dibenzfuran-Gehalte. Erst danach änderte das Un-

ternehmen das Herstellungsverfahren, so daß diese giftigen Verbindungen nunmehr im Normalfall nicht anfallen. Allerdings: Bei einem Störfall kann auch hier die Bildung gefährlicher Giftstoffe nicht ganz ausgeschlossen werden (siehe Seite 188) (33).

Nicht zuletzt bei der Herstellung von Pflanzenschutzmitteln besteht die Gefahr, daß hochtoxische Dioxine-Verwandte entstehen. So erkrankten in einer Herbizidfabrik 41 Arbeiter an einer mit der Seveso-Symptomatik vergleichbaren Hautakne, weil sie mit sogenanntem TCAOB (Tetrachlorazoxybenzol) in Berührung gekommen waren (34).

Aber die Untersuchungen der zuständigen Behörden und Gewerbeaufsichtsämter beschränkten sich nicht nur auf folgenschwere Störfälle mit Dioxinen oder deren gefährliche Geschwister. Die Aufmerksamkeit galt auch anderen gefährlichen Giftstoffen der chemischen Industrie, mit denen man sich bis dahin im Hinblick auf einen Störfall eigentlich nie intensiv befaßt hatte. Und für eine der Substanzen, auf die sich die Tätigkeit konzentrierte, gab es einen konkreten Anlaß: einen Unfall, wiederum im südlichen Nachbarland Italien.

Manfredonia – eine neue Umweltverseuchung

Am 26. September 1976 kam erneut schreckliche Kunde aus Italien: In Manfredonia sei nach einer Explosion in einer Düngemittelfabrik ein Giftregen über das Land niedergegangen. Und diesmal war es ein altbekannter Giftstoff, der zu einer Verseuchung führte: Arsenik oder – wie die Chemiker sagen – Arsentrioxid. Bereits ein halbes Gramm reicht bequem aus, einen gestandenen Mann ins Jenseits zu befördern, denn eine Dosis von etwa einem Milligramm pro kg Körpergewicht kann schon tödlich sein. Und viele Zeitgenossen des

vergangenen Jahrhunderts, denen man Arsenik unters Essen mischte, sind auf diese Weise nach einigen Tagen durch Atemstillstand qualvoll zu Tode gekommen.
Während der Arsen-Giftmord vornehmlich wegen der verbesserten kriminaltechnischen Nachweisbarkeit des Giftes »aus der Mode« geriet, findet der Giftstoff in der Chemieindustrie seit vielen Jahren gleich im Tonnenmaßstab Anwendung. Denn Arsentrioxid wird in der ganzen Welt in Hunderten von Chemieanlagen beispielsweise im Rahmen der Herstellung von Ammoniak eingesetzt (Giammarco-Vetrocoke-Verfahren) (35).
Nach diesem Verfahren produzierte auch die Düngemittelfirma ANIC in Manfredonia täglich etwa 1000 Tonnen Ammoniak; das 1971 in Betrieb genommene Werk zählt zu den modernsten Anlagen seiner Art in der ganzen Welt.
Durch eine mangelhafte Schweißnaht im sogenannten Waschturm – so rekonstruierte man später – kam es dann an besagtem Septembertag 1976 zu einer verheerenden Katastrophe: Ein Ventil verstopfte, es entstand ein Überdruck, schließlich explodierte dieser Teil der Anlage, der obere Teil des Waschturms wurde etwa dreihundert Meter weit weggeschleudert. Nach Angaben der Werksleitung verpufften zehn Tonnen arsenikhaltiger Waschlösung in die Luft – der Betriebsrat sprach von 30 bis 35 Tonnen (36). Zwanzig Arbeiter erlitten Arsenvergiftungen. Sehr viel Glück hatten die Bewohner von Manfredonia, denn die Giftwolke wurde vom Wind in ein unbewohntes Gebiet getrieben. Dennoch: die gesamte Ernte mußte vernichtet werden, Haustiere und Kleinvieh verendeten jämmerlich, und die Kühe gaben keine Milch mehr. In der Nähe des direkt an der Küste liegenden Chemiewerkes wurde zeitweise der Fischfang untersagt, es war – wie Manfredonias Bürgermeister befand – »wie in Seveso« (37).

Im Spetember 1976 entwichen im italienischen Manfredonia nach einer Explosion in einem Chemiewerk mehrere Tonnen hochgiftigen Arsentrioxids und verseuchten ein Areal von rund zehn Quadratkilometer – glücklicherweise ein weitgehend unbewohntes Gebiet. Um weitere Störungen zu vermeiden, legten Techniker die Anlage zunächst einmal still.

Wenn auch bei der Bevölkerung keine akuten Vergiftungssymptome zu verzeichnen waren, drohen langzeitige Auswirkungen wie Hautschäden oder Störungen des Nervensystems, womöglich sogar Krebs, denn Arsen ist als krebserregendes Gift bekannt (38).
In Rom nahm man derweil den Manfredonia-Unfall auf die leichte Schulter – nach Seveso konnte es schlimmer schon gar nicht mehr kommen. Professor Guido Sartori, Leiter einer gerade erst ins Leben gerufenen Umweltkommission der italienischen Regierung, gab sogar unbekümmert Unwissenheit zu: Was da aus der ANIC-Fabrik ausgetreten sei, könne doch eigentlich gar kein Arsenik sein, meinte Sartori, denn er habe sich »sofort nach Bekanntwerden des Unglücks gefragt, wozu eine Ammoniakfabrik Arsentrioxid brauchen soll« (39).
Freilich, auch hierzulande hatte man sich mit den Problemen der Arsenwäsche in Ammoniakanlagen vor dem Manfredonia-Unfall nicht sonderlich beschäftigt. Aber gerade die in der Bundesrepublik nach dem Arsen-Verfahren produzierenden Anlagen bedürften dringend einer sicherheitstechnischen Analyse, weil alle hiesigen Werke vor 1965 gebaut wurden (40). Die nach dieser Zeit neu in Betrieb genommenen Ammoniakfabriken haben auf andere Waschlösungen umgestellt, jedoch nicht vornehmlich aus Gründen der Sicherheit, sondern wegen der seit dieser Zeit zu verzeichnenden Verteuerung des Betriebsmittels Arsenik.
Obwohl Arsentrioxid-Lösungen »aus Umweltgesichtspunkten ein nicht akzeptables Risiko« darstellen (so ein Hersteller neuer Ammoniakanlagen) und eine Umstellung der alten Anlagen durchaus möglich ist (41), können sich die Betreiber dennoch nicht zu einer relativ aufwendigen Änderung der Verfahrenstechnik entschließen. Statt dessen haben nach dem Unfall von Manfredonia »alle in Frage kommenden deutschen Firmen ihre Anlagen unter allen Aspekten nochmals

sorgfältig geprüft«, wie der zuständige Stickstoff-Verband betont (41).

Ob dies ausreicht, mögen sich im August 1977 die mit Arsenik arbeitenden Ammoniakproduzenten selbst gefragt haben, denn zu jenem Zeitpunkt legte der amerikanische Industriechemiker Dr. Gerald Williams vom Chemiekonzern ALLIED CHEMICALS eine Analyse vor (42), die das Risiko von Ammoniak-Betrieben nicht beschönigt, sondern beim Namen nennt.

In den amerikanischen und kanadischen Ammoniakwerken – so ermittelte Williams – müssen die Anlagen durchschnittlich elfmal im Jahr abgeschaltet werden, weil durch Ausfall einzelner Aggregate der Prozeß außer Kontrolle zu geraten droht und eine Sicherheit der Anlage nicht mehr gewährleistet ist (»safety related failures«). Mehr als 50 Tage im Jahr stünden die Ammoniakanlagen aus diesem Grunde still. Mehr als 20 % der Störfälle seien auf ausgefallene Kompressoren, fast ebenso viel auf Leckagen zurückzuführen (43). Sicherheitsexperte Williams hatte außerdem herausgefunden, daß solche Anlagen auch besonders brandanfällig sind, es »angesichts dieser Erhebungen daher zahlreiche Möglichkeiten zur weiteren Verbesserung der Sicherheit in der Ammoniakindustrie« gäbe (44)*.

Brände und Explosionen bedeuten nicht zuletzt deshalb eine Gefahr, weil dadurch nicht selten benachbarte Anlagen mit womöglich hochtoxischen Chemikalien in Mitleidenschaft gezogen werden können (Domino-Effekt). Gerade deshalb darf also auch das Problem von Explosionen in der Chemieindustrie gegenüber der Gefahr von großflächigen Verseuchungen wie in Seveso oder Manfredonia nicht vernachlässigt werden (45).

* Am 3. 8. 1978 war es in Manfredonia wieder soweit: 10000 Menschen verließen aufgrund eines Ammoniak-Austritts bei der ANIC fluchtartig die Stadt (Frankf. Rundschau v. 5. 8. 1978).

Wenn Chemieanlagen in die Luft fliegen

Zahllose Explosionsunglücke der chemischen Industrie sind in die Geschichte der Chemie eingegangen, die beiden größten spielten sich dabei auf deutschem Boden ab: Im September 1921 forderte eine Ammoniumnitrat-Explosion im Werk Oppau der BASF 561 Todesopfer. Im Juli 1948 knallte es wiederum bei der BASF, diesmal in Ludwigshafen. Durch ein Leck in einem Kesselwagen hatten sich 30 Tonnen Dimethyläther (ein Ausgangsprodukt zur Herstellung von Farbstoffen) verflüchtigt und dann »an einer der zahlreichen im Werk vorhandenen Zündquellen« entzündet. Mehr als 200 Todesopfer, 3800 teilweise schwer Verletzte und ein Sachschaden von etwa 50 Millionen Mark – das war die Bilanz der Explosionskatastrophe. Selbst Teile der Stadt Mannheim auf der anderen Rheinseite wurde damals in Mitleidenschaft gezogen (46).

Von solchen Großunfällen abgesehen, ist die Zahl der Explosionen in der Chemieindustrie deutlich ansteigend, was nicht zuletzt auf die immer größer werdenden Anlagen zurückzuführen ist (47).

Eins der schlimmsten Explosionsunglücke traf im Sommer 1974 das britische Chemieunternehmen NYPRO in Flixborough. Am 1. Juni des Jahres flog fast das gesamte Werk in die Luft – rund 18 000 Tonnen hochexplosiver Flüssigkeiten hatten sich entzündet. 28 Tote und über einhundert zum Teil schwerverletzte Chemiearbeiter waren hernach zu beklagen (48). Das Unglück ging von der Cyclohexanonanlage des Unternehmens aus, bei der sechs chemische Reaktoren zu einem System zusammengeschlossen waren. Als Ende März 1974 einer der Reaktionskessel stillgelegt werden mußte, entschloß man sich, »den defekten Reaktor auszubauen, durch ein Überbrückungsrohr zu ersetzen und die Anlage so rasch

wie möglich wieder in Betrieb zu nehmen« (wie es in einem späteren Untersuchungsbericht des britischen Arbeitsministeriums heißt) (49).
Am 1. Juni gegen 16.53 Uhr brach das Rohr plötzlich ohne erkennbaren Grund, aus den Kesseln strömten ca. 50 Tonnen überhitzten Cyclohexans, es bildete sich eine Gaswolke, die wenige Minuten später explodierte. Zum Glück geschah der Unfall an einem Samstag, denn »wäre die Explosion während der normalen Arbeitszeit an einem Wochentag passiert, hätte es zweifellos weit mehr Opfer gegeben« (49).
Als eine Expertenkommission den Hergang der Katastrophe in einem Modellversuch rekonstruierte, zeigte sich, daß ein solcher Versuch – vor Installierung der Rohrleitung – schon die konkreten Gefahren der Überbrückung deutlich gemacht hätte (50). Eine solche Nachlässigkeit seitens des Produzenten ist um so unverständlicher, als es schon 1971 in Pensacola im amerikanischen Bundesstaat Florida zu einem Cyclohexan-Unfall gekommen war, eine Explosion aber vermieden werden konnte, weil die Wolke umgehend mit automatischen Wassersprühern abgeregnet wurde (51).
So sehr die Fahrlässigkeit der NYPRO-Verantwortlichen zu kritisieren ist, so sehr war die britische Regierung und hier insbesondere der engagierte Labour-Arbeitsminister Michael Foot bemüht, Konsequenzen aus dem Flixborough-Desaster zu ziehen. Schon vier Wochen nach der Explosionskatastrophe legte Foot einen umfangreichen Untersuchungsbericht mit präzisen Angaben vor und setzte durch, daß eine umfassende Analyse der Betriebsgefahren chemischer Großanlagen »zum Schutze der Mitarbeiter und der Umgebung durchgeführt wird« (52).
Die Ende 1974 eingesetzte Experten-Kommission kam schließlich nach zweijährigen Recherchen zu dem Ergebnis, daß in Großbritannien mehr als tausend Anlagen in der che-

Im Sommer 1974 kam es im britischen Flixborough zu einem der verheerendsten Explosionsunglücke der Chemieindustrie: Etwa 18000 Tonnen hochexplosiver Flüssigkeiten hatten sich entzündet. In dem Chemiewerk blieb kein Stein auf dem anderen. Zum Glück geschah der Unfall an einem Samstag, sonst wären weit mehr als 28 Opfer zu beklagen gewesen.

mischen Industrie störfallanfällig sind; bei 10% der Anlagen geben – so der Bericht – die Sicherheitsstandards zur Besorgnis Anlaß. Neben Explosionsunglücken sahen die Untersucher vor allem den Ausbruch von hochgiftigen Gasen als Gefahrenquelle an: erstere wegen des »Domino-Effekts, das heißt des Überspringens der Explosion auf andere Werksteile, was jedesmal zu Desastern wie in Flixborough führen« könne, letztere, weil das Freiwerden toxischer Substanzen womöglich noch in zwanzig Meilen Entfernung verheerende Folgen hätte (53). Doch das gilt nicht nur für England: 600 Beinaheunfälle jährlich in der Bundesrepublik Deutschland sprechen eine deutliche Sprache (53 a).

Das Explosionsrisiko muß besonders einkalkuliert werden, wenn in der Nähe des Chemiewerks ein Atomreaktor steht. Denn zweifellos sei das Risiko der Chemie gegenüber dem der Kernenergie als größer anzusehen, meint Professor Paul Voigtsberger von der Berliner Bundesanstalt für Materialprüfung. Ein Grund dafür liege vor allem in der nur sporadisch durchgeführten Überprüfung von Chemieanlagen, wohingegen der Atommeiler laufend überwacht werde (54). Deshalb müsse man auch für die Möglichkeit kombinierter Störfälle besondere Vorsorge tragen, betont Voigtsberger. Für die chemische Industrie bedeutet dies: Wenn Chemiewerk und Kernreaktor eng beieinander liegen, seien ganz besonders sorgfältige Explosionsschutzmaßnahmen in Form des primären Explosionsschutzes erforderlich, das heißt »zum Beispiel ausreichend festes Einschließen brennbarer Gase und Flüssigkeiten, die in unmittelbarer Umgebung des Kernkraftwerkes gehandhabt werden« (54).

In Brunsbüttel an der Unterelbe beträgt der Abstand zwischen einem neuen Zweigwerk der BAYER AG und dem Kernreaktor keine zweihundert Meter. Das Chemie-Unternehmen bekam daher die Auflage, gefährliche Stoffe so fest einzuschließen, daß große Leckagen auch bei Unfällen nicht auftreten können, eine Vermischung mit Sauerstoff und die daraus resultierende Explosionsgefahr also nicht möglich ist (55).

Dennoch kam es bei BAYER in Brunsbüttel schon während der

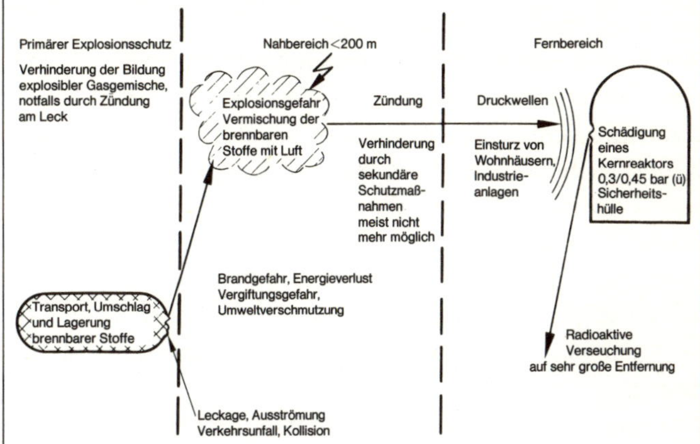

Wenn Chemiewerk und Kernreaktor in unmittelbarer Nachbarschaft angesiedelt sind, besteht die Gefahr, daß eine Explosion in der chemischen Anlage zur Schädigung des Atommeilers führt. In solchen Fällen sind zur Vermeidung eines solchen »Domino-Effekts« strenge Sicherheitsvorkehrungen für die Chemieanlage (primäre und sekundäre Schutzmaßnahmen) erforderlich (Quelle: *Umschau*, Nr. 18/1076, S. 592).

Erprobung der ersten Ausbaustufe trotz primärem Explosionsschutz zu einem Explosionsunglück (4. 8. 1977), bei dem ein Arbeiter tödlich verunglückte, zwei weitere schwer verletzt wurden. Zwar blieben die Auswirkungen des Störfalles auf das Chemiewerk beschränkt, das heißt der zu jener Zeit im Probelauf befindliche Kernreaktor war nicht gefährdet, dennoch zeigt sich hier, welches potentielle Risiko gerade chemischen Unternehmen in unmittelbarer Nachbarschaft zu Kernkraftwerken innewohnt. Und in Brunsbüttel sind weitere Chemiewerke in der Planung.

Wenn aber aufwendige Maßnahmen des primären Explosionsschutzes prinzipiell machbar und von den Industrieunternehmen unter dem Anreiz des Standortes (wie in Brunsbüttel) auch offenbar wirtschaftlich zu verkraften sind, stellt sich die Frage, ob nicht alle brisanten chemischen Fabrikationsstätten sich auf einem ähnlich hohen Sicherheitsniveau bewegen müßten (56). Denn eine Erhöhung des Explosionsschutz dieser Art würde auch einen zusätzlichen Schutz vor weitgehender Verseuchung der Umwelt mit Giftstoffen bedeuten.

Die Industrie gibt nämlich – zumindest intern – zu, daß ihr das Problem toxischer Substanzen viel mehr unter den Nägeln brennt als das eines Explosionsunglücks: »Der Schutz vor toxischen Substanzen kann in vielen Fällen sehr viel wichtiger sein als die Angst vor einer vielleicht theoretisch möglichen aber nicht sehr wahrscheinlichen Explosion«, betonte Dr. Hans K. Schäfer, Chef des Bereichs »Sicherheit und Umweltschutz« bei der Firma HOECHST, im Sommer 1976 auf dem »Internationalen Kolloquium für die Verhütung von Arbeitsunfällen und Berufskrankheiten in der chemischen Industrie«. Schäfer wehrte sich vor allem gegen zu strenge Vorschriften: »Wir wären mit Blickrichtung auf die Betriebspraxis sehr dankbar, wenn die Anforderungen in dieser Beziehung nicht übertrieben würden durch die Behörden und die Berufsgenossenschaft, zumal es Länder gibt, die mit durchaus niedrigem Niveau an Anforderungen bisher recht gute Erfahrungen gemacht haben«. Auf jeden Fall müsse man

den toxischen Substanzen gegenüber den hochexplosiven mehr Aufmerksamkeit widmen, ließ Schäfer seine Kollegen aus den anderen Chemieländern wissen. »Sicherlich ist der Ausbruch größeren Ausmaßes immer möglich. Aber der Austritt kleiner Mengen, die gesundheitsgefährlich aber noch nicht explosionsgefährlich sind, ist ein echtes Problem!« (57).
Drei Wochen nach Schäfers Ausführungen über das Giftproblem der Chemieindustrie fand der Sicherheitsexperte in diesem Punkt nachträgliche Bestätigung, sein Plädoyer für niedrige Anforderungen allerdings erwies sich als Trugschluß: In Seveso wurden bei einem Störfall zwei Kilogramm eines Supergifts in die Luft geblasen. Die Folgen sind bekannt.

Gefährlicher als Kernenergie?

Am 10. Februar 1977 drehte ein Fernsehteam des NDR im Werk Dormagen des Chemiekonzerns BAYER einen Film über die Gefahren und Risiken der chemischen Industrie (Titel: »Gift im Griff?«) (58), als plötzlich ein unvorhersehbarer Ernstfall eintrat: Die Alarmsirene in der Anlage, in der man gerade filmte, heulte plötzlich auf – kein Probealarm, wie sich später herausstellte, sondern ein Störfall, ein eher alltäglicher Zwischenfall, so versicherten die irritierten Pressesprecher (59).
Sitzen wir auf einem chemischen Pulverfaß? Sind die Risiken der chemischen Industrie vielleicht im allgemeinen Spektakel der Diskussionen um die Sicherheit von Kernkraftwerken unterschätzt, übersehen oder gar bewußt verniedlicht worden?
Vier Wochen später, am 12. März 1977, kam es in Dormagen wieder zu einem kleineren Störfall. Beim Aufwärmen von Schwefelsäure-Chlorid, das für Vorprodukte eines Pflanzen-

schutzmittels gebraucht wird, hatte sich die gefährliche Flüssigkeit zersetzt und eine Rohrleitung zerfressen. Schwefeldioxid, Chlor und Chlorwasserstoff (Salzsäure) wurden frei und bildeten eine Gaswolke, die über das Werksgelände hinweg auf den Rhein zutrieb. Dank glücklicher Umstände und einer optimalen Wetterlage erlitten »lediglich« acht Werksangehörige leichte Verletzungen, meist Verätzungen der Atemwege.
Störfälle wie diese sind in der chemischen Industrie nicht selten; eine sicherlich unvollständige Zusammenstellung von Berichten aus der Tagespresse macht dies deutlich. Und was bleibt alles hinter den Werkstoren verborgen (60)?

Bundesdeutsche Chemie-Störfälle 1977

- Köln, den 4. Januar 1977:
  Durch einen Reifenschaden eines LKWs riß der auf der Ladefläche montierte Tank und ca. 600 Liter einer Formaldehyd-Harnstoff-Lösung liefen aus.
- Bremerhaven, den 11. Januar 1977:
  Nach einer Explosion von Natriumperoxid auf dem Schiff Burgenstein war die Ladung mit organischen und stickstoffhaltigen Chemikalien in Brand geraten. Dadurch entstanden Cyanwasserstoffdämpfe, die sich über den Hafen verbreiteten; es gab drei Tote und zwei Schwerverletzte.
- Stolberg, den 20. Januar 1977:
  In einer Metallwarenfabrik wurden 1000 Liter Salpetersäure versehentlich in einen Behälter geschüttet, in dem sich bereits Schwefelsäure befand. Die dabei entstehenden stark ätzenden Nitrose-Giftgase gefährdeten eine ganze Wohngegend; 45 Personen mußten vorsorglich ambulant behandelt werden.
- Dormagen, den 12. März 1977:
  Bei einem Unfall im Werk Dormagen der Bayer AG barst

im Pflanzenschutzbetrieb eine Rohrleitung. Acht Betriebsangehörige erlitten durch die freiwerdenden Gase Schwefeldioxid, Chlor und Chlorwasserstoff-Verätzungen.

- Ludwigshafen, 22. März 1977:
  Bei einer Explosion bei der BASF wurde ein Arbeiter getötet, zwei weitere schwer verletzt.
- Lampertheim, 3. Mai 1977:
  In einem Pflanzenschutzmittelwerk bei Lampertheim an der Bergstraße entwichen gefährliche Chemikaliendämpfe. Sieben in den Anlagen arbeitende Arbeiter mußten ambulant behandelt werden.
- Amberg, 11. Mai 1977:
  Eine Ammoniakwolke zog über die Stadt und führte bei der Bevölkerung zu Atembeschwerden und starkem Hustenreiz.
- Lünen, 13. Juli 1977:
  Beim Umfüllen von Flußsäure gelangten ca. 18 Tonnen der toxischen Substanz in die Luft und führten in einer benachbarten Siedlung zu schweren Verätzungen bei Pflanzen aber auch bei Anwohnern.
- Brunsbüttel, 4. August 1977:
  Ein Todesopfer und zwei Schwerverletzte forderte eine Explosion in der Polyurethan-Produktion des neuen Chemiewerks der BAYER AG an der Unterelbe.
- Usingen, 7. August 1977:
  Ein Todesopfer und zwei Verletzte: Das war auch die Bilanz des Ausbruchs von Perchloräthylen in der chemischen Fabrik HEFRA in Usingen. Das ausströmende Gas wandelte sich an heißen Dampfrohren teilweise zum hochgiftigen Phosgen um.
- Krefeld, 24. November 1977:
  Nachdem ein Kugelbehälter mit 500 Liter Flüssigchlor geplatzt war, mußten mindestens 50 Menschen mit Verletzungen in die umliegenden Krankenhäuser eingeliefert werden.

Die Aufstellung illustriert, daß es tagtäglich und nahezu überall zu chemischen Störfällen kommen kann und daß es oftmals nur glückliche Umstände sind, wie zum Beispiel günstige Witterungsverhältnisse, die eine Eskalation zur Katastrophe verhindern.

Gewiß, Chemie läßt sich nicht ohne jedes Risiko betreiben, und zwar weder im Labor- noch im industriellen Maßstab. Neben solchen Störfällen wie in Dormagen – so ist zu befürchten – wird es auch immer wieder zu Explosions- und Emissionskatastrophen kommen wie in Flixborough oder in Seveso. Denn für Chemieanlagen sind Risikoanalysen vergleichbar denen für Kernkraftwerke bislang nicht vorgenommen worden. Die Chemiekonzerne haben die Notwendigkeit solcher Untersuchungen bislang immer geleugnet, denn »trotz der sehr konzentriert auftretenden, potentiellen Gefährlichkeit« sei die chemische Industrie »mit geringerem Risiko behaftet als manche andere Industriezweige ... und zudem weniger gefährlich, als der Laie in der Öffentlichkeit annimmt«, versichern die beiden BASF-Chemiker Dr. Hubert Suter und Dr. Hans-Ingo Joschek (61). Deshalb sei das »diesbezügliche Bild der chemischen Industrie in der Öffentlichkeit ... schlechter als sich die Wirklichkeit darstellt«.

Ihre These begründen die beiden Wissenschaftler mit der Tatsache, daß das Berufsrisiko in der Chemieindustrie geringer sei als in anderen Branchen. Unter den insgesamt 36 Berufsgenossenschaften rangiert die Chemie bei den gemeldeten Arbeitsunfällen tatsächlich an 24. Stelle, »ein guter Platz in der Sicherheitsstatistik«, wie der Verband der Chemischen Industrie findet, »aber gewiß kein Platz, um sich darauf auszuruhen« (62). Nach Untersuchungen des Bundesverbandes der Betriebskrankenkassen freilich treten in der Chemie mit die meisten Krankheitsfälle auf – ein Widerspruch zur Statistik der Berufsgenossenschaften? (63).

Fachleute sind sich allerdings einig – das war im übrigen auch die Quintessenz der britischen Flixborough-Kommission –, daß die Chemieindustrie für die Betriebsangehörigen in den letzten Jahren sicherer geworden ist, wohingegen das Risiko für die Allgemeinheit, insbesondere für die in Nachbarschaft zur Großchemie lebende Bevölkerung, zugenommen hat. Diese scheinbar paradoxe Situation hänge mit der zunehmenden Größe und Kapazität chemischer Produktionsstätten zusammen, betonen die englischen Experten (53). Kein Zweifel also: Umfassende, akribische Störfallanalysen chemischer Anlagen sind unumgänglich, denn ganz sicherlich muß die Großchemie als mindestens ebenso risikoreich angesehen werden wie die Atomenergie – wenn dies auch die Chemieindustrie nicht wahrhaben will.

Zu diesem Ergebnis kam auch eine 1975 von dem amerikanischen Wissenschaftler Professor Norman C. Rasmussen vom Massachusetts Institute of Technology in Cambridge/USA vorgelegte, mehr als 3000 Seiten umfassende Studie über die Risiken der Kernenergie (64, 65). Im Auftrage der Atomenergie-Kommission (USAEC) hatten insgesamt 60 Experten die Reaktorsicherheit unter die Lupe genommen und das Risiko der nuklearen Energie mit dem von Naturkatastrophen, aber auch von Chemieanlagen, verglichen. So ist nach dem Ergebnis des Rasmussen-Reports für die etwa 15 Millionen in der Nähe von Kernkraftwerken wohnenden Menschen die Wahrscheinlichkeit, an einem Blitzschlag zu sterben, viermal größer als durch einen Unfall in einem Leichtwasser-Reaktor zu Tode zu kommen (65a). Oder: Die Gefahr, daß 1000 Amerikaner durch die freiwerdende Strahlung eines Super-GAUs (66) ihr Leben lassen, ist ebenso groß wie das Risiko, daß diese Menschen durch den Einsturz eines Riesenmeteoriten in einer der amerikanischen Milionenstädte umkommen (67).

Norman Rasmussen bezifferte in seinem offiziellen Bericht der Atomenergie-Kommission die Zahl der möglichen Soforttoten beim Super-GAU auf 2300, korrigierte sie später auf 3300 (68), bezogen auf die durchschnittliche amerikanische Bevölkerungsdichte. Eine von der American Physical Society gebildete Studiengruppe unter Leitung von Professor Harold W. Lewis von der University of California kam demgegenüber zu der Schätzung von vermutlich 10000 bis 20000 Sofort-Opfern (69).

Der Rasmussen-Bericht in seiner ursprünglichen Form (Sommer 1974) ist sicherlich nicht ganz zu Unrecht kritisiert worden. Eine überarbeitete zweite Version (Winter 1975) berücksichtigte allerdings auch die in der ersten Studie weitgehend vernachlässigten langfristigen Folgen (Krebs) einer radioaktiven Verseuchung (45 000 Tote in 30 Jahren nach dem Super-GAU) (70).

Nach der Rasmussen-Expertise darf man an der relativ größeren Gefahr der Chemie gegenüber der Atomenergie nicht zweifeln. Danach ist nämlich das Risiko, durch ein Explosionsunglück oder einen Chlorgas-Ausbruch ums Leben zu kommen, vielfach höher als das, durch einen Störfall in einem Atommeiler tödlich zu verunglücken. Ein solcher Risikovergleich darf nun keineswegs zu einer Verharmlosung der Kernenergie führen, gleichwohl bestätigt er, daß das in der chemischen Industrie steckende Gefahrenpotential bislang unterschätzt worden ist. Und das gilt nicht nur für Chlor – wie im Rasmussen-Bericht beschrieben –, das gilt ganz besonders für jene hochgiftigen Verbindungen, die in vielen Produktionsprozessen als oftmals unerwünschte Neben-, Zwischen- mitunter auch Endprodukte anfallen.

Zu dieser Erkenntnis gelangten auch eine Reihe von Kommissionen, die nach dem Seveso-Unglück die Chemieindustrie der Bundesrepublik in dieser Hinsicht unter die Lupe nah-

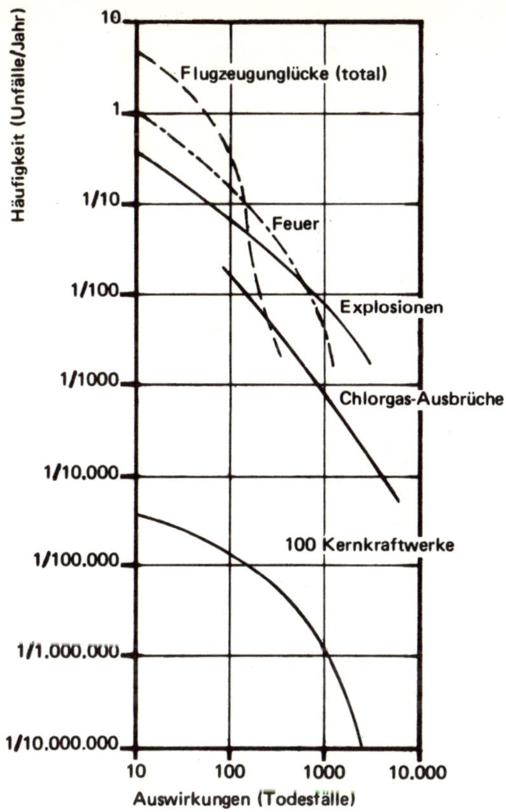

Nach Untersuchungen des amerikanischen Wissenschaftlers Prof. Norman Rasmussen ist das Risiko von Explosionsunglücken oder Chlorgas-Ausbrüchen, also das Risiko der Chemie, als weitaus höher zu bewerten als jenes der Kernenergie. Die der Rasmussen-Studie entnommene Grafik macht deutlich, daß zum Beispiel ein Unfall mit einhundert Toten durch einen Chlorgas-Ausbruch etwa alle 60 Jahre, durch einen Super-GAU in einem Kernkraftwerk nur alle sieben Millionen Jahre zu erwarten ist.

men. Denn nach der italienischen Umweltkatastrophe tat sich etwas in bundesdeutschen Behörden.

Giftlisten geben erste Anhaltspunkte

Die Frage, wie viele der gegenwärtig weltweit verwendeten chemischen Substanzen giftig sind, ist schwer zu beantworten (71). Die »Toxic Substance List« des amerikanischen National Institute of Occupational Health umfaßt etwa 26000 Verbindungen, die nicht alle akut toxisch, sondern zum Teil krebserregend und erbschädigend sind oder beim ungeborenen Kind im Mutterleib zu Mißbildungen führen (Teratogenität). Aber längst nicht alle dieser Verbindungen spielen in der Chemieindustrie eine Rolle, denn in der Liste sind zum Beispiel u. a. auch exotische Kröten- und Schlangengifte verzeichnet.

In der chemischen Großindustrie findet heute *eine* von 3000 neu erforschten Substanzen großtechnische Anwendung. Läßt man die im Labormaßstab produzierten Substanzen also außer Betracht (auch was ihre Toxizität angeht), verbleiben etwa 10000 chemische Stoffe, die in Mengen von mehr als 500 Kilogramm pro Jahr hergestellt werden (72).

Wieviele dieser Verbindungen sind nun in ihrer Giftigkeit mit dem Seveso-TCDD vergleichbar? Professor Werner Brocke, lange Zeit stellvertretender Abteilungsleiter im Umweltbundesamt, ist sicher, »daß in der Bundesrepublik Deutschland eine Reihe von Anlagen betrieben werden, deren Risiko nicht kleiner ist als das der Trichlorphenol-Produktion«. Dabei komme es ja nicht allein auf die Giftigkeit eines Stoffes an, sondern auch auf die von dieser Verbindung produzierte Menge, außerdem »auf die Relation zwischen möglichen Störfällen und getroffenen Sicherheitsmaßnahmen«. Und

hier sieht Brocke das Hauptproblem, denn »offensichtlich hat man im Bereich der Behörden hierüber noch keine ausreichenden Unterlagen« (73).
Aber nach der Katastrophe von Seveso zogen insbesondere die Politiker Nordrhein-Westfalens Konsequenzen, da man sich von seiten der Behörden bislang um das Giftrisiko der Großchemie zu wenig gekümmert habe. So bekannte NRW-Arbeits- und Sozialminister Professor Friedhelm Farthmann, daß »das schreckliche Unglück von Seveso ... uns hier im Ministerium zu Überlegungen« veranlaßte, um zu klären, wie man »den Umgang mit hochtoxischen Stoffen – sei es ihre Produktion oder ihre Verarbeitung – noch sicherer machen kann« (74). Wenige Monate nach dem italienischen Chemie-Desaster, am 20. September 1976, gab Farthmann einen Erlaß zum Umgang mit hochgiftigen Stoffen und eine Liste mit 721 toxischen Substanzen heraus, die in der Chemie eine Rolle spielen; damit sollten »gewisse Lücken« geschlossen werden – so der Minister (75).
Parallel zu Nordrhein-Westfalen wies auch die Landesregierung von Baden-Württemberg die Aufsichtsbehörden an, systematisch nach den in der Großchemie des Landes auftretenden Giftstoffen zu fahnden (76). Doch Baden-Württembergs Chemieinspekteure listeten nur 134 Giftstoffe auf, weil sie von einer anderen Grenzdosis ausgingen (77), eine Diskrepanz – so findet Werner Brocke – die doch »eine erhebliche Unsicherheit« gegenüber dem Giftproblem offenbare.
Brockes Abteilung im Umweltbundesamt legte alsbald eine eigene Liste mit insgesamt 103 hochtoxischen Substanzen vor, die nach strengen Kriterien zusammengestellt worden war (78).
Die im Zugzwang nach der Seveso-Katastrophe von einzelnen Bundesländern aufgestellten Giftstoff-Kataloge erwiesen sich dabei zum großen Teil als unbrauchbar, da fast Dreivier-

tel der aufgeführten Gifte nie in Produktionsprozessen anfallen können – es handelt sich um toxische Naturstoffe, darunter Pilz – und Krötengifte (79).

Allerdings stockte auch das Umweltbundesamt später die Zusammenstellung um weitere 50 Giftstoffe auf. Diese damit insgesamt genau 154 toxische Substanzen umfassende Liste machte man fortan zur Basis von Risikobetrachtungen der Chemieindustrie.

Angesichts solcher Aktivität auf seiten der Behörden konnte auch die Chemieindustrie ihrerseits nicht länger schweigen. Bei ihren Überlegungen stand freilich die Sorge wirtschaftlicher Einbußen durch strengere staatliche Vorschriften im Mittelpunkt (»Werden bestehende Auflagen für die Produktion und Sicherheitsvorschriften verschärft, neue Anordnungen erlassen? Ergeben sich Konsequenzen für die Unternehmenspolitik, vor allem hinsichtlich Fragen der Imagepflege, des Verhältnis Unternehmer–Öffentlichkeit?«) (80). Für strengere behördliche Vorschriften sah man zudem keinen Anlaß, da die Genehmigungsverfahren »infolge des Bundes-Immissionsschutzgesetzes so scharf geworden sind, daß nach menschlichem Ermessen von der apparativen Seite her Unfallquellen auf ein Minimum reduziert« wurden (81).

Nur: Das dürften die GIVAUDAN-Verantwortlichen vor dem Unfall von Seveso mit dem gleichen Nachdruck gesagt haben. Im Rahmen des Giftlisten-Wirrwarrs des Bundes und der Länder sah sich im Frühjahr 1977 auch der Verband der chemischen Industrie veranlaßt, eine Reihe giftiger Verbindungen, insgesamt 60 an der Zahl, zusammenzustellen (die alle im übrigen auch in der Liste des Umweltbundesamtes aufgeführt sind).

Dabei handele es sich um Substanzen »die in den Produktionsbetrieben der chemischen Industrie als Ausgangsstoffe, Zwischenprodukte, Nebenprodukte oder Endprodukte auf-

Liste hochtoxischer Substanzen

Genau 154 chemische Verbindungen umfaßt die Liste hochgiftiger Stoffe, die im Umweltbundesamt erstellt wurde (siehe dazu Anm. 106a, S. 351). Dabei gelten nachfolgende Kriterien:

Kriterium	Aufnahme-Versuchstier	Wert	Stoffe	Toxizitätsgrenzen (a) normal	(b) bei technisch bedeutsamen Mengen
1.	Erfahrungen beim Menschen				
2.	orl-rat	LD_{50}	feste u. flüssige	5 mg/kg	10 mg/kg
3.	ihl-rat	LC_{50}/1H	Dämpfe	50 ppm	100 ppm
4.	ihl-rat	LC_{50}/1H	Stäube u. Nebel	0.5 mg/l	1 mg/l
5.	skn-rbt	LD_{50}	alle	40 mg/kg	80 mg/kg
6.	Substanz beinhaltet kanzerogenes, teratogenes oder mutagenes Risiko				

Nach diesen sechs Kriterien setzte man nachfolgende Substanzen auf den Gift-Index:

Acetoncyanhydrin
Acrolein
Acrylnitril
Äthyldecaboran
Äthyliden-cyclohexan
Aldicarb
Allylamin
Aluminiumphosphid
4-Amino-diphenyl
Anabasin
Antimonwasserstoff
ANTU (Naphthylthioharnstoff)
Arsenpentoxid
Arsen (III)-säure
Arsen (V)-säure
Arsentrioxid
Arsenwasserstoff
Asbest
Azinphos-äthyl
Azinphos-methyl
Benzidin
Benzol
Benzopyren
Beryllium
Berylliumoxid
Berylliumsulfat
Biphenyle, polychlorierte, polybromierte
Bis-(2-chloräthyl)methylamin

Bis-(2-chloräthyl)-
sulfid (Lost)
Bis-chlormethyläther
O,O-Bis-(p-chlorphenyl)
-acetimidoylphosphor-
amidthioat (= Phosazetin)
Bleichromat
Bleitetraäthyl
Bortrichlorid
Bromcyan
Bromxylole
Cadmiumoxid
Cadmiumstearat
Calciumchromat
Calciumphosphid
Carbofuran
Carbophenothion
Chlorcyan
Chlordioxid
Chlorfenvinphos
Chlormethyl-methyläther
Chlortrifluorid
2-Chlorvinyldichlorarsin
(Lewisit 1)
Crimidin
Cyanphosphorsäure-
dimethylamid
Cyanthoate
Cyanwasserstoff
Cycloheximid (Actidion)
Decaboran
Demeton (Systox)
Diäthylchlorphosphat
O,O-Diäthyl-S- (...)-
thiophosphat
...– (äthylsulfonylmethyl) –
(...)
...– (äthylthiomethyl) –...
...– (äthylthionyl-methyl) –...
...– (2-diäthylamino-äthyl) –
thiolphosphat (Amiton)
...– (isopropylthiomethyl) –
dithiophosphat
...– (propylthiomethyl) –
dithiophosphat
Dialiphor
Diazomethan
1,2-Dibromäthan
Dichloräthylarsin
3,4-Dichloranilin
3,3'-Dichlorbenzidin
Dichlorbenzylidenimin
Dichlordimethyläther
Dichlorphenylarsin
Dicyan
Diethion
Dimefox
Dimethylaminocyanphos-
phorsäureäthylester
(Tabun)
Dimethylcarbamoylchlorid
N,N'-Dimethylhydrazin
N,N-Dimethylnitrosamin
N,N-Dimethyl-p-phenylen-
diamin
Dimethylsulfat
Diphacinone
Disulfoton (Disyston)
Endo-Isodrin
Endrin
EPN
Fensulfothion
Fluenethyl (Fluenetril)
Fluor

Fluoracetamid
Fluorbuttersäure-chloräthylester
4-Fluorcrotonsäure-methylester
Fluoressigsäure, sowie Alkali- u. Erdalkalisalze
Fluoressigsäurefluor-äthylester
Fluorhydroxybuttersäuren, Ester, Salze, Amide
Fluorwasserstoff
Glykolsäurenitril
1,2,3,7,8,9-Hexachlor-dibenzo-p-dioxin
HMPT (Hexamethylphos-phorsäuretriamid)
Hydrazin
5-Hydroxy-1,4-naphtho-chinon
Isopropyl-methyl-fluorphosphat (Sarin)
Kaliumcyanid
Kobalt
Lindan
Methoxyäthyl-quecksilber (II)-chlorid
4,4'-Methylen-bis (2-chlor-anilin)
Methylfluorphosphor-säurepinakolylester (Soman)
Methylisocyanat
Methyl-parathion
Methylvinylsulfon
Mevinphos
2-Naphthylamin
Natriumcyanid
Natriumselenit
Nickel
Nickeltetracarbonyl
Nickelsulfid
Oxydisulfoton
Ozon
Paraoxon
Parathion
Pentaboran
Phorat
Phosgen
Phosphamidon
Phosphorwasserstoff
Promurit
1,3-Propansulton
1-Propen-2-chlor-1,3-diol-diacetat
β-Propiolacton
Propylenimin
Pyrazoxon
Quecksilber (II) – oxid
Sauerstoffdifluorid
Schwefeldichlorid
Schwefelpentafluorid
Selenhexafluorid
Selenwasserstoff
Strontiumchromat
Sulfotepp
Tellurhexafluorid
Telodrin
TEPP (Tetraäthylpyro-phosphat)
2,3,7,8,-Tetrachlordibenzo-p-dioxin

Tetramin	Trichlormethylsulfenylchlorid
Thionazin	Trikresylphosphat-orthoester
Tirpate	Vinylchlorid
Toluylendiisocyanat (TDI)	Warfarin
Triamphos	

treten können und die als besonders giftig angesehen werden müssen« (82).

Doch bei der offiziellen Industrie-Auflistung passierte den Verbandschemikern eine Panne. Es waren auch Substanzen aufgeführt, die man eigentlich unter den Tisch fallen lassen wollte, denn ihre Bezeichnung weckt Emotionen: chemische Kampfstoffe, Kriegsgifte, die nach internationaler Übereinkunft nicht produziert werden dürfen (83).

Zwar waren die sechs Kriegsgifte Amiton, Lost, Lewisit, Sarin, Soman und Tabun mit einer Fußnote versehen (»Kampfstoffe, die in der Bundesrepublik Deutschland nicht hergestellt werden dürfen«), gleichwohl schloß der Verband damit nicht aus, daß diese extrem gefährlichen Verbindungen womöglich als Neben- oder Zwischenprodukte auftreten können. Dr. Hans Schäfer, Sicherheits-Chef bei HOECHST und im Chemie-Verband für diesen Bereich zuständig, verneinte denn auch nur das Auftreten solcher Kampfstoffe als Zwischenprodukte, nicht aber als Nebenprodukte (84).

Das Umweltbundesamt hat zwar keine Anhaltspunkte für eine Herstellung der chemischen Kriegswaffen in der Bundesrepublik, geht aber davon aus, »daß sie . . . u. U. als ungewollte Nebenprodukte bei der Produktion artverwandter Pestizide auftreten können« (85).

Tatsächlich ist die chemische Verwandtschaft zwischen einigen Pestiziden und den Kampfstoffen so eng, daß bei einem Störfall solche chemischen Kriegsgifte in erhöhtem Maße entstehen könnten. Vor dem Zweiten Weltkrieg erhielt nämlich der Chemiker Dr. Gerhard Schrader (IG-Farben in Leverkusen) von seinem Chef Professor Otto Bayer den Auftrag, synthetische Insektizide auf der Basis von Fluor- und Phosphorverbindungen zu entwickeln, die auch als tödliche Nervengase Verwendung finden könnten. 1937 synthetisierte Schrader das Nervengas Tabun (Trilon 83), 1939 Sarin (Trilon 46) und 1944 Soman. Von den über 2000 Verbindungen, die er dabei unter die Lupe nahm, sind noch heute eine Vielzahl als Insektenvernichtungsmittel im Einsatz (86).

Hans Schäfer gesteht allerdings zu, daß diese Kampfstoffe »einen Anhaltspunkt dafür geben, wie giftig die Substanzen sein können, ... die in dieser Liste drinstehen« (85). Die Grenzen zum Seveso-Gift TCDD, das im übrigen auch beim Kampfstoff-Einsatz im Vietnamkrieg Anwendung fand (siehe Seite 231 ff), verlaufen jedenfalls fließend (86 a).

Im Ersten Weltkrieg erlangten drei andere Giftstoffe traurige Berühmtheit: Chlor, Blausäure und Phosgen (87).

Diese Gase konnten allerdings wegen ihrer industriellen Bedeutung nicht verboten werden. Sie müssen insbesondere deshalb als ein besonderer Risikofaktor der Großchemie gesehen werden, weil man sie in großem Maßstab produziert und in Dutzenden von Anlagen einsetzt.

Chlor ist dabei noch nicht einmal in der 154er Giftliste des Umweltbundesamtes aufgeführt (was die Giftigkeit dieser Verbindungen in der Liste illustriert), obschon zum Beispiel Chlorgasunfälle (wie auch der Rasmussen-Report gezeigt hat) weltweit die mit Abstand häufigsten Störfälle der Chemieindustrie darstellen. Zu einem solchen Chlorgas-Ausbruch kam es in der Bundesrepublik beispielsweise im Jahre 1973 bei der Firma ALUSUISSE in Wilhelmshaven: In der Anlage, in der das ätzende Gas vernichtet werden sollte, war eine Rohrleitung defekt geworden. Eine riesige Gaswolke

Übersicht über wichtige Kampfstoffe

	U. S. Army Code	Trivialnamen	Chemische Formel	Aggregatzustand bei 25° C	Geruch	Anwendungsform	Vergiftungssymptome
Tödliche Kampfstoffe	CG	Phosgen	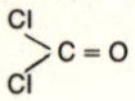	farbloses Gas	frischgemähtes Heu, verleiht Tabakrauch metallischen Geschmack	Gas	tödlich ausgehender Husten, Cyanose (Blauanlaufen), Atemnot; Lungenentzündungen
	AC	Blausäure	HCN	farblose Flüssigkeit	Bittermandeln	Dampf	tödlich, Schwindel, Krämpfe, Bewußtlosigkeit, Atemnot
	HD	Yperit, Senfgas, Lost	$S(CH_2CH_2Cl)_2$	farblose bis dunkle ölige Flüssigkeit	schwach	Dampf, Flüssigkeit	belästigend, Augen: entzündet, Lichtscheuigkeit, Erblinden
	T		$O(CH_2CH_2SCH_2CH_2Cl)_2$	ölige Flüssigkeit	fehlt	flüssiges Aerosol	Haut: Rötung, Reizung, Schrammen
	Q		$CH_2SCH_2CH_2Cl$ | $CH_2SCH_2CH_2Cl$	fest	fehlt	Aerosol	tödlich, Ähnlich CG in der Wirkung auf die Lunge
	HN3		$N(CH_2CH_2Cl)_3$	farblose bis dunkle ölige Flüssigkeit	schwach nach Geranien	Dampf, flüssiges Aerosol	
Nervengase	GA	Tabun	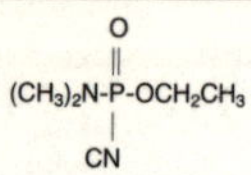	farblose bis dunkelbraune Flüssigkeit	fehlt, allenfalls leichter Fruchtgeruch	Dampf, flüssiges Aerosol	belästigend, Augen: Pupillen verengen sich, Sehvermögen beeinträchtigt, Augäpfel schmerzen, Atmung: Beschwerden beim Einatmen
	GB	Sarin	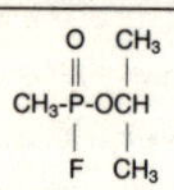	farblose Flüssigkeit	kaum wahrnehmbar	Dampf, Flüssigkeit	
	GD	Soman	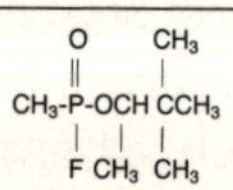	flüssig	schwach nach Früchten bis Kampher	Dampf flüssiges Aerosol	
	GE			flüssig		Dampf, flüssiges Aerosol	tödlich, Schwitzen, Nasenbluten, Erbrechen, Krämpfe, unwillkürliches Urinieren und Kotabgang, Zittern am ganzen Leib, Kopfweh, Benommenheit, Bewußtlosigkeit, Erbrechen, Atemnot
	GF	CMF	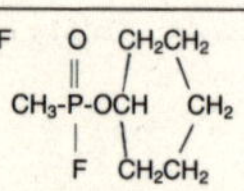	flüssig		Dampf, flüssiges Aerosol	
	VE		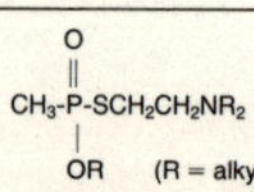 (R = alkyl)	flüssig		flüssiges Aerosol	

Latenzzeit (Zeit zwischen Aufnahme des Stoffes und Manifestierung der Symptome	LD_{50} Halbletale Dosis bei Absorption des Stoffes durch die Haut (mg pro Individuum)	LCt_{50} bei Einatmen in mg x min/m^3	LCt_{50} bei Aufnahme durch die Haut	Wirksame Dosis (mg x min/m^3)	Erster Einsatz oder entwickelndes Land	Bemerkungen
normalerweise mehrere Stunden	–	3200	–	–	Deutschland 1915	verantwortlich für 80 % der Gastoten des 1. Weltkriegs; ausgedehnte Vorräte im 2. Weltkrieg
sofort	–	5000	200 000 bis 1 000 000	–	Frankreich, um 1865, Französische Armee 1916	Vorräte in den USA seit 1942
1 bis 48 Stunden	(offene Haut: 0,032)	1000	über 10 000	für 7tägiges Erblinden: für 2wöchige Hautverbrennungen: 1000	Deutschland 1917	das in den größten Vorräten während des 2. Weltkriegs gelagerte Kampfgas (siehe auch S. 299 ff.)
verzögert	(offene Haut: 0,004)	rund 400	–	–	Großbritannien, USA vor dem 2. Weltkrieg	als Mischung mit Yperit verwendet, derartige Mischungen fallen in der Produktion von Yperit an, England hortete etwa 40 bis 60 t während des des 2. Weltkriegs
verzögert	(offene Hautpartien: 0,0003)	rund	–	–	Großbritannien, USA, Deutschland vor dem 2. Weltkrieg	
verzögert	offene Partien: 0,06)	rund	–	für 7tägiges Erblinden: 200, für 2wöchige Hautverbrennungen: 1000	Großbritannien, USA, Deutschland vor dem 2. Weltkrieg	weniger Geruch als HD, daher schwer feststellbar
bis 10 Min. nach Einatmen	1500 (30 Tropfen)	150	–	20 (ohne Gasmaske)	Deutschland 1937	das deutsche Standard-Tabun enthielt 20 % Chlorbenzol zur Verwendung als Aerosol
bis 30 Min. bei Aufnahme durch die Haut	2000 (40 Tropfen)	70	15 000	über 20 (ohne Gasmaske)	Deutschland 1939	die Deutschen horteten beträchtliche Mengen an Zwischenprodukten, jedoch nur ½ t des Endproduktes
–	rund 1250	rund 70	–	–	Deutschland 1944	hoher Widerstand gegen die Oximtherapie
	–	–	–	–	Großbritannien, USA, Kanada späte 1940er oder frühe 1950er Jahre	–
	–	–	–	–		schwierigere Therapie als GB
	klein	–	–	–		–

Quelle: Rose, S., »Gefahr aus der Retorte«, Freiburg 1969.

trieb auf die Häuser hinter dem Deich zu und »binnen kürzester Zeit wurden Sträucher und Blumen welk und richtig faulig«, wie sich eine Anwohnerin erinnert. Auch Menschen waren betroffen: Das Chlorgas führte zu Verätzungen der Atemwege, starken Kopfschmerzen und Übelkeit (88, 88 a).
Eines der größten Blausäure-Lager in der Bundesrepublik hat die Firma DEGUSSA in Wesseling in der Nähe von Köln. Über 300 Tonnen der giftigen Flüssigkeit warten dort auf Weiterverarbeitung zum Beispiel zu Herbizidvorprodukten oder Acrylglas. Entsprechend dem Risiko sind die Sicherheitsmaßnahmen umfassend: Bei einem größeren Ausbruch würde man die Blausäure »mit einer Leuchtpistole in Brand schießen und abbrennen lassen«, das sei die sicherste Art, den gefährlichen Giftstoff zu vernichten (89).
Bei Phosgen, dem ebenfalls militärchemisch »vorbelasteten« Giftstoff, hätte ein Gasausbruch mit Sicherheit weit schlimmere Folgen als ein Chlor- oder Blausäure-Störfall, (obwohl es auch bei diesen Giftgasen schon zu Katastrophen gekommen ist) (88 a). Was aber passiert, wenn ein Phosgentank platzt oder eine Rohrleitung defekt wird, darüber konnte man bislang nur spekulieren, denn niemand hatte für diese wohl mit gefährlichste (weil extrem giftige und in großem Maßstab produzierte) Chemikalie eine Risikoanalyse durchgeführt, obschon die zuständigen Behörden hier nicht erst seit gestern ein herausragendes Problem sehen (89 a). Die Phosgentanks, erinnert sich der früher für BAYER-Dormagen zuständige Gewerbeaufsichtsbeamte Ludwig Reimers, hätten ihn schon manche schlaflose Nacht gekostet (90).

Die Lagerung, die Abfüllung und der Transport von Blausäure (wie hier bei der Firma DEGUSSA) gehören zu den herausragenden Gefahrenquellen der Chemieindustrie. Wenn auch die Vorsichtsmaßnahmen dem Risiko entsprechend beachtlich sind, bleibt doch die Möglichkeit eines Zwischenfalls. Wichtig ist deshalb auch, daß man auf einen möglichen Eventualfall vorbereitet ist.

Angst vor dem chemischen Super-GAU

»Risikobeladen ist besonders das Austreten von . . . toxischem Material, das in den Anlagen gelagert und verarbeitet wird«, bekennen die BASF-Sicherheitsexperten Dr. Hubert Suter und Dr. Hans-Ingo Joschek, denn »dies kann durch eine trotz aller sicherheitstechnischen Maßnahmen durchgehende, gefährliche, chemische Reaktion erfolgen. . . .Toxische Gaswolken drohen besonders von den Substanzen Chlor, Phosgen und Blausäure« (91). Zwar ist man heute in der Lage, die chemischen Reaktionsprozesse mit solchen hochgiftigen Verbindungen genau zu überschauen und zu kontrollieren, dennoch sind Störfälle damit keineswegs grundsätzlich ausgeschlossen. Denn in vielen Betrieben der chemischen Industrie reiche oft »ein kritischer erster Fehler« aus, um zu einer Katastrophe zu führen, betonte die britische Untersuchungskommission nach dem Unglück in Flixborough (92). In der Regel freilich kommt es wohl erst dann zu einem Störfall, wenn sich mehrere, eigentlich relativ harmlose Störungen addieren. Jedes einzelne Glied einer solchen Störkette, sei es nun menschliches Versagen oder ein technischer Fehler, kann somit letztlich für die Folgen entscheidend sein: Zwischenfall ohne Auswirkungen – oder Katastrophe.

Aus dieser Erkenntnis hat man bei Kernkraftwerken längst die notwendigen Schlußfolgerungen gezogen und pedantische Risikoanalysen aufgrund von Fehlerbäumen, die die Gefahren kalkulierbarer machen sollen, durchgeführt. Solche Untersuchungen sind auch für eine Reihe chemischer Produktionsanlagen unverzichtbar, zum Beispiel eben für Phosgen. Dies bestätigt eine Anfang 1978 vom TÜV Rheinland im Auftrage des Umweltbundesamtes abgeschlossene Störfallanalyse für diese chemische Substanz (93).

Phosgen ist ein gängiges Ausgangsprodukt beispielsweise für die Herstellung von Kunststoffen (z. B. Polyurethane), Farbstoffen sowie Pestiziden; Phosgentanks gibt es daher in vielen größeren Chemiefabriken (93 a).

Als Beispiel für ihre Untersuchung wählten die TÜV-Fachleute einen kleineren Zwischentank mit einem Fassungsvermögen von 30000 Liter. Geht man davon aus, daß – zum Beispiel durch eine Explosion im Tank oder in dessen unmittelbarer Umgebung – diese Phosgenmenge schlagartig (das

heißt definitionsgemäß innerhalb einer Sekunde) freigesetzt wird, hätte dies katastrophale Auswirkungen zur Folge: innerhalb der ersten zehn Sekunden nach dem Unfall würde jedes Lebewesen im Umkreis von einhundert Metern augenblicklich getötet (ca. 50fache tödliche Dosis) (94).
Da sich aber die Phosgenwolke sehr schnell über das Werksgelände hinaus ausbreiten würde, hätte der Gasausbruch auch für weite Teile der Bevölkerung tödliche Folgen: Innerhalb von einer halben Stunde – so die TÜV-Studie – wäre in einem Areal von 1,7 Quadratkilometern (Zone A) jeder Mensch einer Dosis ausgesetzt, die bei jedem Zweiten zum Tode führt –, das sind bei einer mittleren Bevölkerungsdichte wie zum Beispiel im Raume Köln über 2100 Personen (95). In der zweiten, sogenannten B-Zone, einem Gebiet von 6,75 Quadratkilometern, wären die Bewohner, »ca. 17000 Personen einer Dosisbelastung ausgesetzt . . ., die zumindest im Einzelfall bereits zum Tode eines Menschen geführt hat«, schreiben die TÜV-Experten. Die Folgen für die Betroffenen in dieser Region: anfänglich Hustenreiz, Brennen der Augen, Kopfschmerzen, Erbrechen, nach einigen Stunden dann Lungenödem (Ansammlung von Flüssigkeit in der Lunge) (96).
Zwar weisen die Untersucher darauf hin, daß die der Risikoanalyse zugrunde liegende Ausbreitungsrechnung mit erheblichen Unsicherheitsfaktoren behaftet sei, sie daher nur eine größenordnungsmäßige Abschätzung der Auswirkungen erlaube. Diese Feststellung ist indes nicht als Beruhigung gedacht, denn die Konsequenzen eines Phosgen-Ausbruches sind eher zu *positiv* dargestellt, weil ideale Ausbreitungsbedingungen vorausgesetzt wurden. Kommt es dagegen durch die meteorologischen Verhältnisse dazu, daß sich die Phosgenwolke gleichsam am Boden entlangwälzt, wären wahrscheinlich sehr viel mehr Tote zu beklagen.
Und durch die große Ausdehnung der Zone B sind fast aller-

orts große Städte mit hohen Bevölkerungsdichten gefährdet: Köln, Frankfurt, Ludwigshafen und Mannheim liegen zum Beispiel innerhalb der beiden Risikobereiche.

Das Ausmaß einer solchen Katastrophe mit weit über 2000 Soforttoten und fast 20000 zum Teil schwer Verletzten wäre also durchaus mit dem nach Rasmussen schlimmsten Super-GAU in einem Atomreaktor vergleichbar.

Eine Risikoanalyse beinhaltet aber nicht nur eine Aussage über die denkbaren Folgen eines Störfalles, sie soll auch Aufschluß darüber geben, wie selten oder häufig ein solcher Unfall nach der Statistik zu erwarten ist – ähnlich wie es Norman Rasmussen für Atomkraftwerke zu berechnen versuchte (97).

Das Risiko der Industrie muß dabei mit dem Risiko natürlicher Ereignisse, zum Beispiel von Flutkatastrophen, Erdbeben oder Blitzschlägen verglichen werden. »Ist die zahlenmäßige Größe des Risikos, das von Industriebetrieben verursacht wird, kleiner als dieser *Risikostandardwert*, so sollte es akzeptiert werden, da die Menschen mit den von der Natur vorgegebenen Risiken seit jeher leben«, so der Sicherheitsexperte Dr. G. Bambynek. Dieses Risiko »liegt für einen Menschen in dem Zeitraum von einem Jahr bei etwa 1 zu 1 Million (oder 10^{-6})« (98).

Dabei müsse allerdings berücksichtigt werden, daß dies zwar in vergangenen Zeiten eine konstante Größe gewesen sein mag, Naturkatastrophen »inzwischen . . . jedoch durch die

Nach Untersuchungen des TÜV hätte der Ausbruch von Phosgen katastrophale Folgen für die Umgebung der Anlage. In einer sogenannten A-Zone (über 400 Meter breit und etwa 4,6 Kilometer lang) würde jeder zweite Mensch innerhalb weniger Minuten sterben. In der B-Zone (fast einen Kilometer breit und über 10 Kilometer lang) wären immer noch Tausende von Schwerverletzten zu beklagen.

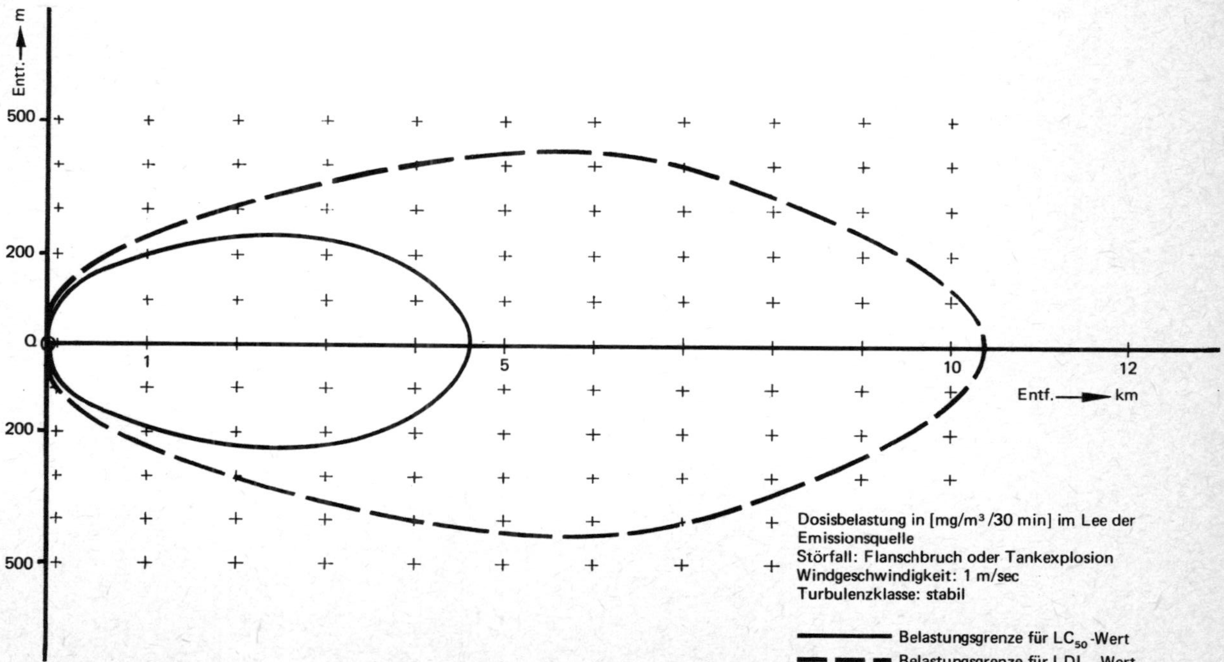

Entt. m
500
200
Q
200
500
1
5
10
12
Entf. km
Dosisbelastung in [mg/m³ /30 min] im Lee der Emissionsquelle
Störfall: Flanschbruch oder Tankexplosion
Windgeschwindigkeit: 1 m/sec
Turbulenzklasse: stabil
Belastungsgrenze für LC_{50}-Wert
Belastungsgrenze für LDL_{o}-Wert

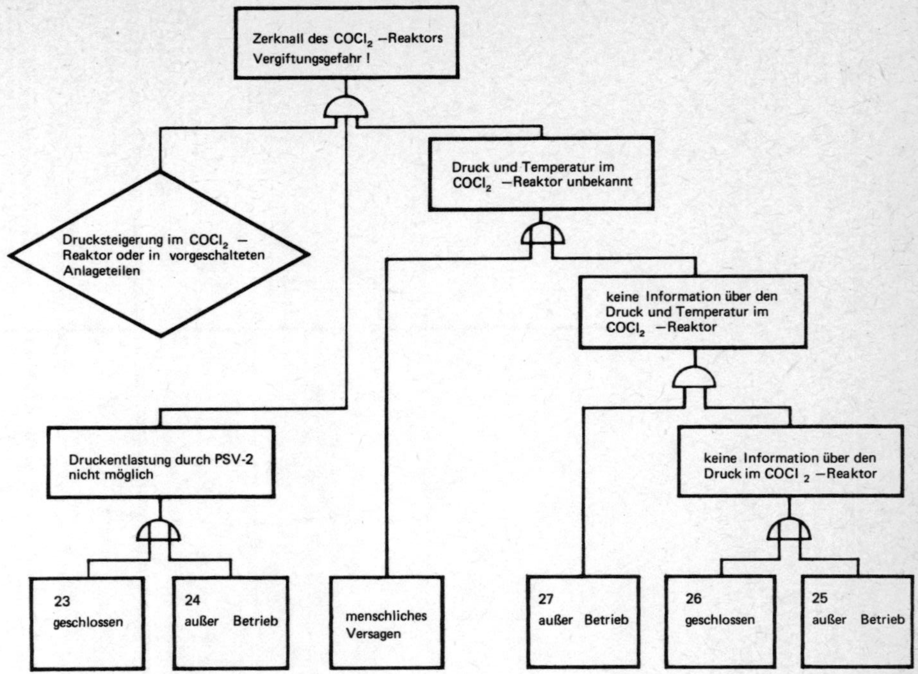
Zerknall des $COCl_2$ –Reaktors
Vergiftungsgefahr !
Drucksteigerung im $COCl_2$ – Reaktor oder in vorgeschalteten Anlageteilen
Druck und Temperatur im $COCl_2$ –Reaktor unbekannt
keine Information über den Druck und Temperatur im $COCl_2$ –Reaktor
keine Information über den Druck im $COCl_2$ –Reaktor
Druckentlastung durch PSV-2 nicht möglich
23 geschlossen
24 außer Betrieb
menschliches Versagen
27 außer Betrieb
26 geschlossen
25 außer Betrieb

Ausfallart- und Fehlereffektanalyse (AFEA)-System: Anlage zur Herstellung von Phosgen (Auszug)

Nr.	Name des Bauteils	Betriebs-zustand	Ausfallart	Ausfall-ursache	Ausfall-rate $\lambda/10^{-6}\,h^{-1}$	Auswirkungen auf das System
23	Entlastungsleitung des PSV-2 nach dem $COCl_2$-Reaktor	offen	verstopft	mechanischer Fehler		Entlastung der $COCl_2$-Leitung und der vor-/nachgeschalteten Anlagenteile nicht möglich
24	Sicherheitsventil PSV-2 nach dem $COCl_2$-Reaktor	in Betrieb	spricht nicht an	mechanischer Fehler	2,39	Entlastung der $COCl_2$-Leitung und der vor-/nachgeschalteten Anlagenteile nicht möglich
25	Druckanzeiger-Registrierer und Alarmgeber bei hohem PRIAH am $COCl_2$-Reaktor	in Betrieb	außer Betrieb keine/falsche Anzeige u/o Alarm	mechanischer Fehler, menschliches Fehlverhalten	200,00 624,00	keine Information über den Druck im $COCl_2$-Reaktor
26	Absperrarmatur am PDIAH am $COCl_2$-Reaktor	offen	geschlossen	mechanischer Fehler, Bedienungsfehler	10,20 624,00	keine Information über den Druck im $COCl_2$-Reaktor
27	Temperaturanzeiger, Registrierer und Alarmgeber bei hoher Temperatur TIRAH am $COCl_2$-Reaktor	in Betrieb	außer Betrieb keine/falsche Anzeige u/o Alarm	mechanischer Fehler, menschliches Fehlverhalten	50,00 624,00	keine Information über die Temperatur im $COCl_2$-Reaktor

Die Fehlerbaumanalyse des TÜV macht deutlich, welche alternativen Fehlermöglichkeiten bestehen, die bei einem Zusammentreffen zum Bersten des Phosgen-Reaktors oder -Tanks führen. Ersichtlich wird auch, in welch hohem Maße »menschliches Versagen« in die Betrachtung eingeht. Aufgrund einer solchen Analyse läßt sich die Ausfallwahrscheinlichkeit einer Anlage berechnen.

Anwendung von Technik und Wissenschaft ... in ihren Auswirkungen auf die Menschheit teilweise zu kontrollieren« sind, schreibt Dipl.-Ing. Wilhelm Grein von der Firma HOECHST (98 a). Tatsächlich kommt man nach neueren Daten für die Bundesrepublik zu einem Risikostandardwert von etwa 5×10^{-7}, also nur der Hälfte (98 b).
Auch nach Meinung des BAYER-Sicherheitsfachmannes Dr. Peter R. Lingen darf der Risikowert chemischer Anlagen den des alltäglichen Lebens nicht überschreiten, sonst müsse »die Anlagekonzeption geändert oder wenn dies nicht möglich ist, die Anlage an einem anderen Standort gebaut werden« (99).

Um nun zu einem Risikowert für das Bersten eines Phosgentanks und -reaktors zu gelangen, führten die Fachleute vom TÜV-Rheinland in ihrer Studie eine Fehlerbaum-Analyse durch, die deutlich macht, welche Folgen der Ausfall eines oder mehrerer Systeme haben kann. (93)
In ihrer Studie gelangten die Wissenschaftler durch eine Modellrechnung zu der Erkenntnis, daß die Ausfallwahrscheinlichkeit, das heißt das Berstrisiko eines Phosgen-Tanks (Super-GAU) mit 5×10^{-5} »als erster Richtgröße« angegeben werden kann.
Dieses Risiko ist damit im Vergleich zu dem einer Naturkatastrophe, das die Industrieexperten ja zur Grundlage einer Bewertung gemacht wissen wollten, rund fünfzig mal größer (100). Mit anderen Worten: Würde man die von dem Industriemann Lingen aufgestellte Forderung ernst nehmen, müßten Phosgenanlagen, die ein solches Risiko aufweisen, sicherer gemacht oder abgerissen und an unbewohnten Standorten wieder aufgebaut werden (101).
Diese Zahlen geben natürlich nur Anhaltspunkte für das Risiko für jene Menschen, die – ohne es zu wissen – in der Nähe von Phosgentanks wohnen. Sie machen jedoch deutlich, daß selbst nach den Industrie-eigenen Kriterien solche Anlagen

Die Hauptwindrichtungen im Raum der drei größten Chemieproduzenten der Bundesrepublik machen die Risikozonen für die benachbarten Großstädte und deren Randzonen sichtbar. Wenn in den Werken eine Giftgaswolke frei würde (Chlor, Phosgen usw.), könnte dies verheerende Auswirkungen unter der Bevölkerung zur Folge haben. Die Risikoanalyse des TÜV-Rheinland hat das beispielhaft für Phosgen analysiert (siehe Grafik S. 99): nach der Ausbreitungsrechnung wären weite Teile der Städte Frankfurt, Mannheim, Ludwigshafen und Köln betroffen.

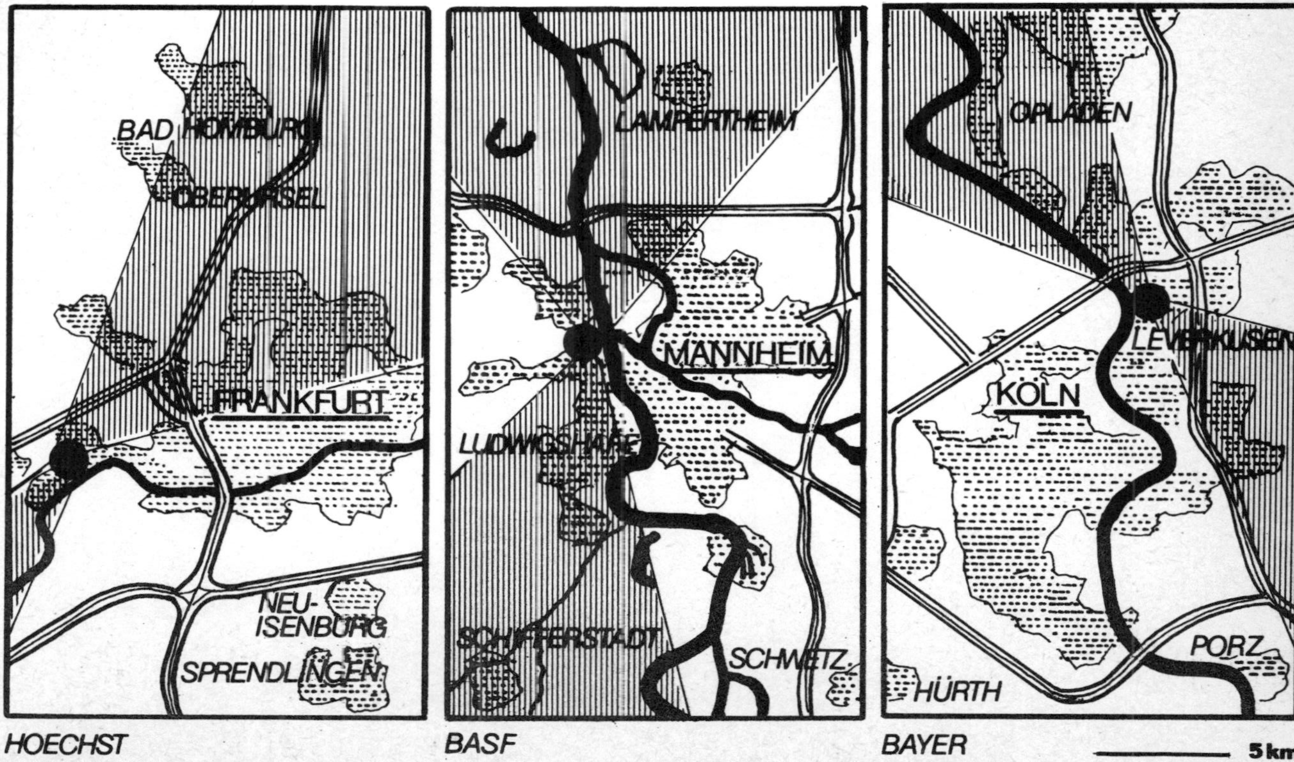
BAD HOMBURG
OBERURSEL
FRANKFURT
NEU-
ISENBURG
SPRENDLINGEN
HOECHST
LAMPERTHEIM
MANNHEIM
LUDWIGSHA
SCHIFFERSTADT
SCHWETZ.
BASF
OPLADEN
LEVERKUSEN
KÖLN
PORZ
HÜRTH
BAYER
5 km

als unzulässige Gefahrenquellen in unmittelbarer Nähe großstädtischer Ballungsgebiete zu sehen sind, denn »die Größe des technisch bedingten Risikos für die Bevölkerung in der Nachbarschaft« könne man nur »als tragbar ansehen, wenn sie kleiner als der Risikostandardwert ist« (Lingen) (99).
Und was für Phosgen exemplarisch durchgerechnet wurde, kann bei jeder der 154 hochtoxischen Verbindungen der Giftliste des Umweltbundesamtes zu ähnlichen Ergebnissen führen. Daraus ergibt sich, daß allein das Giftstoff-Risiko der Chemieindustrie ein bislang ungeahntes Ausmaß besitzt. Und wenn man nicht so burschikos wie der BAYER-Sicherheitsexperte Dr. Peter Lingen »unter Ausklammerung tiefergehender ethischer Überlegungen« zu der Auffassung gelangt, daß man »wahrscheinlich zwei größere Unfälle pro Jahr mit jeweils zehn Toten ertragen würde, ohne einen schärferen gesetzlichen Eingriff vorzunehmen« (99), dann stellt sich sehr wohl die Frage nach Konsequenzen. Zudem: »Die technische Entwicklung führt zu immer größeren Tankanlagen, Einzelbehältern, Anlagen, Reaktionen bei höheren Drucken und Temperaturen; hierin liegt die Tendenz zum größeren Risiko« (Suter/Joschek) (91).

Risikominderung in der Chemie

Inzwischen mehren sich auch die Anzeichen, daß die Gefahr eines Störfalls in der chemischen Industrie von seiten der Betreiber verharmlost und von seiten der überwachenden Behörden übersehen oder zumindest falsch eingeschätzt wurde. Es darf nicht angehen, daß sich der vor Ort tätige Aufsichtsbeamte auch nächtens um die von einem Phosgentank ausgehenden Gefahren sorgen muß (wie Ludwig Reimers vom Kölner Gewerbeaufsichtsamt), sondern hier sind detaillierte Risikoanalysen und danach gegebenenfalls Konsequenzen erforderlich. Schon berichtet man aus den USA, daß es in den dortigen Chemiebetrieben fast jede Woche einmal knallt. Sollte man diesen Zahlen glauben, so betont der Chemiker Dr. Wilfried Gallmeyer von der Gewerbeaufsicht Nordrhein-Westfalen, müsse man daraus folgern, »daß abnorme Reaktionsabläufe in der chemischen Industrie an der Tagesordnung sind«. In der Regel würden diese zwar »von den vorhandenen Sicherheitseinrichtungen aufgefangen ... oder sich nach außen höchstens in Form harmloser Verpuffungen manifestieren«, ein Außenstehender erführe aber niemals etwas davon, »solange es sich nicht um TCDD oder ähnliches handelt« (102).

Diese eher alltäglichen Störungen im Betrieb einer Anlage führen die BASF-Experten Suter und Joschek vornehmlich auf »fehlerhafte Planung und Konstruktion, fehlerhafte Ausführung, mangelnde Schulung und zu geringe Übung, mangelnde Hinweise auf Unfallverhütung, mangelhafte Arbeitsbedingungen, ungeeigneten Arbeitsmethoden, schlechte direkte Überwachung und menschliches Versagen« zurück (91). Dennoch kommen die beiden Fachleute nahezu im gleichen Atemzug zu der Meinung, »daß die Industrie ihrer Verpflichtung nachkommt, ihr gesamtes technisches und organisatorisches Wissen und Können einzusetzen, um ein Werk so zu führen, daß das Risiko für Mitarbeiter und Umgebung möglichst klein ist« (91).

Nicht anders sieht es der Chemie Verband: »Sicherheit beginnt in der chemischen Industrie bei den Fabrikationsanlagen. Die erste Stufe ist das behördliche Genehmigungsverfahren. Solange nicht alle Bedingungen erfüllt sind, gibt es weder eine Bau- noch Betriebserlaubnis. Auch Änderungs- und Erweiterungsvorhaben sind genehmigungspflichtig« (103). Das

klingt gut, könnte aber leicht als Lippenbekenntnis entlarvt werden, denn nicht immer hält sich die Industrie an dieses Prozedere: Mitunter wird auch gebaut und betrieben, was noch gar nicht genehmigt wurde.
So war jahrelang eine vom Gewerbeaufsichtsamt vorgeschriebene Verbrennungsanlage in einem Pflanzenschutzmittel-Betrieb der BAYER AG gar nicht vorhanden. Das Unternehmen hatte die Auflage der Behörde nicht erfüllt und ohne umfassende Abgasreinigung die Produktion aufgenommen, erinnert sich Ministerialrat Elmar Pielow, zuständig für den Bereich Umweltschutz im nordrhein-westfälischen Arbeits- und Sozialministerium (104). Lakonische Antwort des Chemiekonzerns: »Die Abluftbehandlung von Betrieben ist laufend Diskussionsstoff mit der Gewerbeaufsicht« (105). Ausnahme von der Regel oder symptomatische Mentalität der Industrie, die Behördenauflagen zu umgehen?
Dies Beispiel zeigt auch, daß die Gewerbeaufsichtsbeamten mitunter der industriellen Kooperationswilligkeit ausgeliefert sind: Dem BAYER-Verstoß kam man erst nach Jahren und auch nur zufällig auf die Spur (104). Trotz mannigfaltiger Möglichkeiten, zum Beispiel überfallartiger Nacht-und-Nebel-Aktionen in Chemiewerken, scheitert eine sinnvolle Kontrolle vornehmlich an dem naturgemäß fehlenden Interesse der Industrie, sich kontrollieren zu lassen.
Zugleich läßt dies aber auch die Lücken in den Durchführungsbestimmungen zum Bundesimmissionsschutzgesetz deutlich werden. Auch der für den Umweltschutz zuständige Staatsekretär des Innenministeriums, Dr. Günter Hartkopf, sieht hier durchaus ein Manko und gibt zu, daß ausreichende Durchführungsvorschriften bislang noch fehlen. »Aus diesem Grunde wurde inzwischen der Entwurf einer Rechtsverordnung vorbereitet. ... Sie verlangt die Vorlage eines Sicherheitsberichts, der neben Stoffdaten vor allem eine Anla-

ge- und Verfahrensbeschreibung sowie eine Störfallanalyse enthalten muß. Diese bietet die Möglichkeit, die denkbaren Auswirkungen des größtmöglichen Störfalles auf die Umgebung der Anlage zu beurteilen, und die erforderlichen Gegenmaßnahmen (zum Beispiel Katastrophenabwehrplan) im vornherein festzulegen«. Auf jeden Fall genieße die Abwehr von Gefahren bei Störfällen höchste Priorität, denn mit der Steigerung der Kapazitäten wachse auch das Gefahrenpotential (106, 106a).

Ähnlich sieht man es im Bundesministerium für Forschung und Technologie. Dessen Parlamentarischer Staatssekretär Erwin Stahl glaubt nämlich erkannt zu haben, »welches Risikopotential in den entsprechenden Produktionsanlagen verborgen sein kann.« Es werde deshalb sinnvoll sein, »daß man der Risikoanalyse für technische Anlagen weit mehr Beachtung schenkt als bisher« (107).

Wenn auch die Chemieindustrie solchen Bestrebungen des Gesetzgebers ablehnend gegenübersteht, signalisiert man dennoch Bereitschaft zur Zusammenarbeit. So sollten nach Ansicht des Hauptgeschaftsfuhrers des Verbandes der Chemischen Industrie, Dr. Wolfgang Munde, »die staatlichen Genehmigungs- und Aufsichtsbehörden in die Lage versetzt werden, Anlagen, in denen solche Stoffe auftreten können, festzustellen und durch Auflagen, Kontrollen und gegebenenfalls Einzelanordnungen den Schutz der Belegschaften und der Bevölkerung vor dem Austritt größerer Mengen solcher Stoffe in Zusammenarbeit mit der Industrie zu gewährleisten« (82). Auch bei der technischen Verbesserung der Sicherungsvorkehrungen läßt die Industrie mit sich reden: »Besondere Fragen, zum Beispiel die Ausgestaltung von Druckbegrenzungseinrichtung, können im Einzelfall zur Diskussion stehen« (82).

Nach Meinung von Professor Werner Brocke, lange Zeit

beim Umweltbundesamt für diesen Bereich verantwortlich, reichen solche Maßnahmen bei Prozessen von der Gefährlichkeit der Trichlorphenol-Herstellung, von denen es hierzulande eine ganz Reihe gibt, nicht aus, sondern da müsse man wohl, »wie bei der Kernenergie, in diesem oder ähnlichen Fällen mit technischen Maßnahmen weitere Risikominderung treiben . . . bis zur totalen Abkapselung des kritischen Bereiches, wie es bei kleinsten Atomreaktoren ja längst selbstverständlich ist« (108).

Solcherlei Perspektiven schrecken freilich die Chemieindustriellen: So gaben Nordrhein-Westfalens Chemieunternehmen den zuständigen Beamten des Düsseldorfers Arbeits-, Gesundheits- und Sozialministeriums zu verstehen, daß man an einer beabsichtigten Untersuchung der Risiken von Chemie-Anlagen nicht mitzuarbeiten gedenke. Da ein gemeinsames Projekt scheiterte, muß nunmehr das Ministerium allein mit den ihm zugänglichen Informationen diese Risiken unter die Lupe nehmen (108a). Endet hier also die Kooperationsbereitschaft der Industrie?

Evakuieren – nicht nur im Notfall?

Auch die Frage des Katastrophenschutzes muß in diesem Zusammenhang gestellt werden, denn »in manchen Chemiewerken halten wir einen Löwen, der eines starken Käfigs bedarf, und dieser Käfig heißt Katastrophenschutz« – so charakterisierte es ein Sicherheitsexperte der britischen Flixborough-Kommission Ende 1976.

Zum Bereich des Katastrophenschutz gehören eine ganze Reihe vorbeugender (primärer) Sicherheitsmaßnahmen, von zum Beispiel Sicherheitsberichten, Auffangbehältern bei Druckkesseln, zusätzlicher Energieeinspeisung durch mehre-

Katastrophenschutzübungen werden in der Chemieindustrie wie hier bei den CHEMISCHEN WERKEN HÜLS in regelmäßigen Abständen vorgenommen. Die Schnelligkeit und die Ausrüstung der Werksfeuerwehren sind dabei die entscheidenden Faktoren, um zum Beispiel in einer brennenden Anlage rechtzeitig einen Schaumteppich legen zu können.

re Notaggregate, falls die Hauptversorgung ausfällt (109), bishin zur speziellen Ausbildung und Schulung des Bedienungspersonals und der Aufstellung von Alarmplänen. Solche Pläne sind zum Beispiel bei der BASF »für die größten Gefahren, Chlor, Blausäure, Phosgen, Flüssiggas und Düngemittel . . . aufgestellt worden« (91).

Wie ist die Industrie auf den Ernstfall vorbereitet?

Auszüge aus dem Chlor-Alarmplan der Firma BASF (91): Hausalarm wird gegeben bei Undichtheiten, die auf den Betrieb allein beschränkt sind. Der Alarm erfolgt durch den Meister oder den Schichtführer an alle im Betrieb.

Der Betriebsalarm tritt in Aktion, wenn die Betriebe der roten Zone gewarnt werden. Dieser Plan enthält folgende Angaben: Wie wird die Gesamtbelegschaft alarmiert, wer gehört zur Notbelegschaft, welche Aufgaben hat diese Notbelegschaft, welche Maßnahmen müssen durchgeführt werden. Selbstschutz und Abfahren der Anlage, welche Verständigungsmöglichkeiten bestehen innerhalb der Notbelegschaft, Fluchtwege, wo sammelt sich die übrige Belegschaft (2 Standorte).

Werksteilalarm wird vom Einsatzleiter der Feuerwehr bei einer Gefährdung der Betriebe der 2. Zone gegeben. Bei einer Chlor-Konzentration > 5 ppm wird der entsprechende Sektor alarmiert. Folgende Texte sind vorbereitet:

1. Text der telefonischen Warnung der Betriebe der roten Zone durch die Feuerwehr: »Chlor-Ausbruch im Bau XYZ. Ergreifen Sie die in Ihrem Betriebsalarmplan festgelegten Maßnahmen.«
2. Text der Lautsprecher-Durchsage der Feuerwehr zur Räumung der besonders gefährdeten roten Zone: »Achtung, Achtung, Chlor-Ausbruch im Bau XYZ. Chlor-Wolke zieht in Richtung Süden (Norden, Westen, Osten). Räumen Sie diese Zone quer zur Chlor-Wolke, Gasmaske aufsetzen oder feuchtes Tuch vor Mund und Nase.«
3. Text der Lautsprecherdurchsage der Feuerwehr zur Warnung der Betriebe der 2. Zone (auf Band): »Achtung, Achtung, Chlor-Ausbruch. Verlassen Sie sofort Kellerräume und Straßen. Suchen Sie die oberen Stockwerke auf. Gasmaske aufsetzen oder feuchtes Tuch vor Mund und Nase. Türen und Fenster schließen. Baubelüftung abschalten.«

Großalarm wird gegeben bei Gefährdung von Personen außerhalb des Werksbereiches (3. Zone).
Jeder Alarmplan wird zweimal pro Jahr geübt, wobei jeweils der Werksteilalarm (zweithöchste Alarmstufe) simuliert wird.

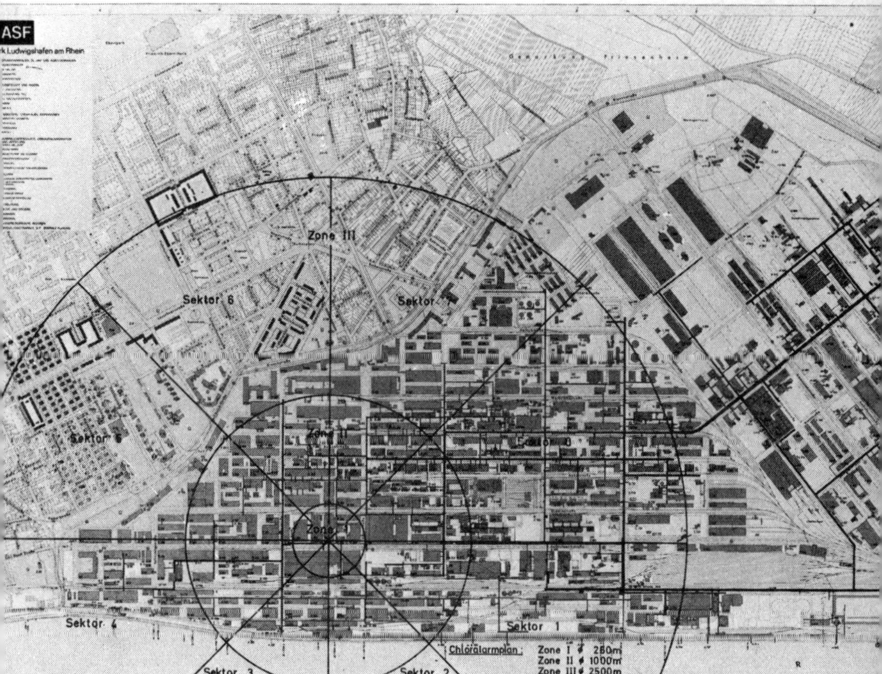

Für einen möglichen Chlorgas-Ausbruch hat man bei der BASF vorgesorgt. Im Chlor-Alarmplan sind die genauen Maßnahmen für den Fall einer Katastrophe festgelegt. Sollte die dritte Zone und damit Wohngegenden gefährdet sein, wird Großalarm gegeben.

Im Rahmen der sogenannten sekundären Katastrophenschutzmaßnahmen, also der Bemühungen, das Ausmaß eines Störfalls möglichst gering zu halten, spielen neben beispielsweise Besprühungsanlagen zur Eindämmung von Giftgaswolken (110) die Werksfeuerwehren eine entscheidende Rolle, wobei »die Schnelligkeit des Katastropheneinsatzes und seine umfassende Form ... entscheidend zur erfolgreichen Bekämpfung des Schadensfalls« beitragen (91), betonen die Sicherheitsfachleute Dr. Hubert Suter und Dr. Hans-Ingo Joschek. Übungen »in regelmäßigen Zeitabständen und mit wachsendem Aufwand« seien daher unverzichtbar (111).
Nicht minder wichtig wie eine gut funktionierende Werksfeuerwehr sind Alarm- und Evakuierungspläne für die Bevölkerung.
Wichtigste Konsequenz aus der Seveso-Katastrophe, so teilte der Chemie-Verband seinen Mitgliedern denn auch mit, sei, daß man mit einer Verschärfung der Vorschriften für Alarmpläne zu rechnen habe. Zwar verfügten wohl die meisten Chemieunternehmen, die mit gefährlichen Stoffen hantieren, über solche Alarmpläne, bekundet der Verband – mithin aber nicht alle (112). Das Schwergewicht bei der erwarteten behördlichen Kontrolle solcher Unterlagen – so ließ man die Mitglieder wissen – dürfte »nach den Erfahrungen von Seveso vermutlich bei einer Verfeinerung der Evakuierungspläne für die den Unternehmen benachbarten Ansiedlungen liegen« (113). Bislang hat man seitens der Industrie und der zuständigen Behörden aus solchen Evakuierungsmaßnahmen ein großes Geheimnis gemacht. Der neue Leiter der Abteilung »Umweltschutz« im Bundesministerium des Innern, Dr. Peter Menke-Glückert, plädiert allerdings dafür, »die allgemeinen Maßnahmen der Katastrophenabwehrpläne, für Kernkraftwerke, für alle anderen Arten von Störfällen, zu veröffentlichen. Wir können Panik und Angst am besten dadurch ver-

meiden, daß wir ehrlich und klar sagen, welche Gefahr besteht und was man dagegen tun kann ... Das wird jeden mehr beruhigen, als ein Gefühl der völligen Hilflosigkeit« (113a). Man darf allerdings davon ausgehen, daß niemand bislang eine echte Störfallanalyse für hochtoxische Substanzen zur Basis eines solchen Evakuierungsplanes gemacht hat, denn dies würde konkret am Beispiel des Phosgens bedeuten, daß innerhalb einer Stunde weite Teile zum Beispiel der Kölner Innenstadt geräumt werden müßten – was ohnehin illusionär erscheint. Solange also nicht für die 154 in der Giftliste des Umweltbundesamtes zusammengestellte Stoffe analog zum Phosgen Risikostudien durchgeführt werden, sind die bisherigen Evakuierungspläne der Chemieunternehmen wohl kaum mehr als eine Befriedigung behördlicher Auflagen. Im Ernstfall dürften sie wahrscheinlich wertlos sein.
Das auch aus einem anderen Grund: Evakuierungspläne setzten Ausbreitungsberechnungen voraus. Im Störfall haben aber alle Ausbreitungsmodelle für Daueremissionen nur eine begrenzte Aussagekraft, weil diese von anderen Voraussetzungen ausgehen, so daß über das Ausmaß solcher Störfälle »allenfalls größenordnungsmäßige Abschätzungen möglich sind, die zudem im allgemeinen Abschätzungen zur unsicheren Seite darstellen«, wie der Berliner Meteorologe Professor Bernd Gutsche betont. Solche Modellrechnungen müssen also weiterentwickelt werden, damit sich für jeden Standort individuell bei jeder Wetterlage ermitteln läßt, wann eine Giftgaswolke zum Beispiel dicht besiedelte Gebiete erreicht. Diese Rechnungen seien besonders wichtig, »wenn Störungen bei Windstille oder Windschwäche auftreten, da dann eine etwaige Vergiftungsgefahr am größten ist«, findet auch der Hamburger Meteorologe Dr. Martin Dunst. Natürlich könne man mit einem meteorologischen Modell deshalb auch ermessen, ob ein Industriebetrieb, der im Störfall Giftstoffe in

einer bestimmten Größenordnung ausstößt, in Nachbarschaft zu bewohnten Stadtgebieten überhaupt zumutbar erscheint (114). Das führt zu einem Kernproblem: Dürfen neue Anlagen von extremer Brisanz überhaupt noch in dicht besiedelten Regionen genehmigt werden?
In einer Reihe von Fällen – wie zum Beispiel beim Phosgen – wird sich eine Evakuierung der Bevölkerung in der notwendigen Zeit schlechthin als undurchführbar erweisen. Selbst unter Mitwirkung des zivilen Katastrophenschutzes bei der Aufstellung akribischer Katastrophenpläne erscheint eine Räumung von rund 8,5 Quadratkilometern dichtbesiedelter Wohngegend (Beispiel Phosgen/Köln) innerhalb von einer Stunde nicht möglich (114a). Dies bestätigt auch eine Untersuchung aus dem holländischen Arbeitsministerium, die im Auftrage der zuständigen EG-Kommission erstellt wurde. Dabei gelangt der Chemie-Experte Dr. A. W. M. Balemans zu der Erkenntnis, »daß die Evakuierungszeit (als Evakuierungszeit wird hier die Zeit zwischen dem Störfall und der Räumung des betroffenen Gebietes verstanden, *d. Verf.*) mindestens zwei, in der Regel aber ungefähr fünf Stunden in Anspruch nimmt« (114b).

Zu fragen wäre demnach vielmehr, ob nicht Chemieanlagen mit einem derartig hohen Gefährdungspotential für die Bevölkerung erkennbar gemacht oder sogar aus den Ballungsgebieten verbannt werden müssen.
Auch Professor Albert Kuhlmann, Leiter des TÜV Rheinland, sieht das Problem. Er glaubt, daß die Maßstäbe der Technikbewertung gerade in Hinsicht auf die Chemie überdacht werden müssen. Bei großtechnischen Anlagen wie Kernkraftwerken aber eben auch Chemiebetrieben mit einem hohen Gefährdungspotential, das zum Tode vieler Menschen führen könne, sei es erforderlich, den »Risikogrenzwert« zu

senken. Die mit dem Bau von Kernkraftwerken ins Wanken geratene »fatalistische Sicherheitsphilosophie« müsse nunmehr durch eine Festlegung klarer Risikogrenzwerte und eine entsprechende Aufklärung der Bevölkerung abgelöst werden. Kuhlmann hält deshalb für die Nachbarschaft von großtechnischen Anlagen wie Kernkraftwerke, Stauseen und Chemieindustrien »Risikokataster« für sinnvoll, damit an Hand von Linien gleicher Gefährdung auf den Landkarten jeder Bewohner ablesen könne, in welche Risikozone er sein Haus baue (115). In den Niederlanden wurden solche Risikogrenzwerte mittlerweile von einer »Kommission zur Vermeidung von Katastrophen durch gefährliche Substanzen« festgelegt. Bei Überschreitung solcher Störfall-Konzentrationen sind nach Meinung der Kommission entsprechende Maßnahmen zu treffen, wie gezielte Aufrufe an die Bevölkerung, und die Einleitung der Evakuierung (115a).

Es kann jeden Tag passieren *oder* Seveso in Bayern?

Daß das Störfallrisiko der Chemieindustrie nicht abstrakter Natur, sondern sehr konkret ist, macht das Beispiel des Unfalls in der Esso-Raffinerie in Ingolstadt am 18. Februar 1978 deutlich. In eindrucksvoller Weise war es nämlich gewissermaßen zu einer Anhäufung von Unwahrscheinlichkeiten gekommen, die schließlich zu einer Umweltkatastrophe eskalierten. Diejenigen in der Chemieindustrie, die grundsätzlich eine Gefährdung durch Chemieanlagen aufgrund mehrfacher Absicherungsmaßnahmen ausschließen, wurden in Ingolstadt eines Besseren belehrt: Als an besagtem »schwarzen Februar-Freitag« um 9,45 Uhr das Relais für ein Luftgebläse verschmorte, das für den Umlauf eines chemischen Hilfsmittels (Katalysatorstaub) in der Krackanlage der Raffinerie verantwortlich ist, mußte dies noch niemand beunruhigen (116). In der Krackanlage hilft der vorwiegend aus Aluminiumsilikat bestehende Katalysatorstaub das schwere Heizöl zu veredeln.

Als die zirkulierende Luft wegblieb, sprang die Ventilation (wie vorgesehen) automatisch auf Wasserdampf um. Aber in der Dampfleitung hatte sich aufgrund der winterlichen Witterung verstärkt Kondensatwasser gebildet – anscheinend war sie dementsprechend nicht oft genug kontrolliert worden. Anstelle des Wasserdampfes gelangte ein Schwall flüssigen Wassers in die 600 Grad heiße Anlage. Die dort explosionsartig verdampfende Flüssigkeit führte zu einer erheblichen Erhöhung des Drucks im Reaktionskessel und drückte den Katalysatorstaub über den Schornstein in die Luft. Insgesamt etwa 45 bis 50 Tonnen eines schwarzen Staubs rieselten hernach auf die Umgebung nieder. Doch das war nur der erste Schub (117).

Denn inzwischen versuchten die Esso-Chemiker die Situation wieder unter Kontrolle zu bringen, indem sie das inzwischen sehr stark abgekühlte Reaktionsgemisch durch die Verbrennung zugeführten Öls wieder aufzuheizen versuchten. Doch nun versagte die Kühlung des Systems, weil eine Sicherung immer wieder heraussprang. Infolgedessen geriet die Temperatur in der Krackanlage außer Kontrolle. Wieder wurde eine riesige Staubwolke aus dem Schlot der Anlage gepustet – diesmal rund 20 Tonnen.

Doch damit nicht genug: Derweil waren die in Panik geratenen Esso-Leute damit beschäftigt, den inzwischen »verlorengegangenen« Katalysator nachzufüllen – auf den Gedanken, daß er über den Schornstein emittiert sein könnte, kam zu jenem Zeitpunkt offenbar keiner. Auch jene dreißig Tonnen Katalysatorstaub, die man in die Anlage pumpte, verpufften

über den Schlot in die Umwelt. Auf diese Weise wurden insgesamt etwa 90 Tonnen des Staubs auf etwa 40 Quadratkilometern in der Umgebung der Raffinerie »verteilt«.
Aber erst besorgte Nachbarn machten die Polizei auf den dunkelgrauen Schleier aufmerksam, der die ganze Gegend eingehüllt und den Schnee aschfal gefärbt hatte (117). Als das sofort verständigte Bayerische Landesamt für Umweltschutz gegen 14.00 Uhr mit einem ersten Meßtrupp anrückte, wußte man bei der Esso angeblich immer noch nicht, »daß wir den Katalysatorstaub über den Zaun der Anlage geblasen haben« (118). Erst jetzt schaltete man die Krackanlage ab.
Die Esso-Bezirksleitung in München bestritt zunächst sogar, daß man überhaupt verpflichtet gewesen sei, den zudem nicht vorhersehbaren Störfall zu melden. Raffinerie-Chef Rolf Kolb wollte zwar melden, aber erst als man das Ausmaß hätte absehen können. So naiv, die schwarze Staubwolke vertuschen zu wollen, werden die Esso-Verantwortlichen kaum gewesen sein, so daß hier der Verdacht naheliegt, man war mit dem außer Kontrolle geratenen Chemieprozeß so sehr beschäftigt um Schlimmeres zu verhindern, daß man für die Benachrichtigung der Behörden keine Zeit fand.
Der Fall illustriert nicht nur, wie schnell sich trotz eingebauter Sicherungen aus einer kleinen Störung ein gravierender Störfall entwickeln kann. Vorbeugende Katastrophenschutzmaßnahmen haben hier versagt, ja selbst nach dem ersten Katalysatorverlust zeigte kein Instrument die Emission des Staubs an. Der Ingolstädter Esso-Störfall hat offenbart, daß die Chemie noch sehr viel sicherer gemacht werden kann – und muß, denn diesmal war es »nur« Katalysatorstaub, mit dem die Umgebung verseucht wurde, beim nächsten Mal zeigen sich womöglich »in den Rinnsteinen, unter den Traufen und zwischen den Schindeln der Dächer ... ein paar Fleckchen« eines weitaus giftigeren Pulvers, das »wie Schnee

auf die Dächer und Rasen, auf die Felder und Flüsse« rieselte (Rachel Carson).
Im übrigen muß auch der in Ingolstadt in die Luft entwichene Katalysatorstaub als langfristiges Giftrisiko gesehen werden: Neben dem toxischen Vanadinpentoxid enthielt das körnige Pulver auch Nickelverbindungen aus dem Öl, und die sind bekanntermaßen krebserregend (119).

SO_2-Ausbruch in Duisburg, Chlorgas über dem Hamburger Hafen – und wenn es Phosgen gewesen wäre?

Noch während der Drucklegung des Buches ereigneten sich zwei Chemie-Unfälle, die das Störfallrisiko erneut deutlich machen:
In der Schwefelsäurefabrik Curtius in Wanheim, einem Vorort Duisburgs, kam es am 19. 6. 1978 beim »Anfahren« einer Anlage, die drei Wochen nicht in Betrieb gewesen war, zu einem plötzlichen Schwefeldioxid-Ausbruch mit extrem gefährlichen Konzentrationen in der Luft. Kurze Zeit nach dem Unfall waren die von einem Passanten verständigten Feuerwehren Duisburgs und wenig später auch die Gewerbeaufsichtsbeamten zur Stelle (der Betreiber hatte die unmittelbar zuständigen Behörden nicht verständigt). Freilich hätte eine automatische Alarmierung erfolgen können, wenn die zwei Kilometer vom Unfallort entfernte Dauermeßstelle für Schwefeldioxid im Rahmen des Smog-Alarmplans für solch hohe SO_2-Konzentrationen ausgelegt gewesen wäre. So meldete die Sonde lediglich eine Störung an das Landesamt für Immissionsschutz. Auch der Einsatz eines Hubschraubers, der die Katastrophenschutzmaßnahmen koordinieren sollte, mußte wegen fehlender Atemschutzgeräte der Piloten abgebrochen werden. Da zudem die Firma Curtius für derartige Fälle auch keinen Alarmplan besaß, muß es als großes Glück im

Unglück betrachtet werden, daß unter den Anwohnern des Werkes lediglich einige Personen wegen Atembeschwerden und Verätzungen der Schleimhäute in die Krankenhäuser eingeliefert werden mußten (120).
Durch einen Ausbruch von Chlorgas aus einem 1000-Liter-Tank im Hamburger Hafen erlitten am 1. 7. 1978, keine zwei Wochen nach dem Unfall von Duisburg, 34 Arbeiter zum Teil schwere Verletzungen. Lediglich durch das beherzte Eingreifen eines Arbeiters, der den leckgeschlagenen Behälter mit einem Kran im Hafenbecken versenkte, konnte Schlimmeres verhindert werden, denn Chlorgas-Ausbrüche zählen zu den häufigsten und gravierendsten Störfällen der chemischen Industrie (121).

Alles rieselt wieder hernieder

Die Dauerbelastung mit langlebigen Giftstoffen

Mehr Krebs in chemischen Ballungsgebieten

Während man noch in den 60iger Jahren in der Bundesrepublik das Hauptaugenmerk auf die Belastung der Umwelt durch Schadstoffe wie Schwefeldioxid und Staub richtete, verlagerten sich die Aktivitäten des Immissionsschutzes der 70iger Jahre immer mehr auf eine Vielzahl anorganischer und organischer Substanzen, von deren Auftreten in unserer Atemluft vormals kaum jemand Notiz genommen hatte. Das Problem der Umweltverschmutzung durch »gängige« Schadstoffe hat sich dagegen in Industrieregionen ein wenig entspannt: So nahm der Schwefeldioxid-Gehalt in der Luft einiger bundesdeutscher Städte vor allen Dingen durch Umstellungen auf dem Hausbrandsektor um über 50 % ab. Daß aber ein erheblicher Teil der Schadstoffemission in Ballungsgebieten durch den Einsatz höherer Industrie-Schornsteine lediglich in höhere Atmosphärenschichten verlagert wurde, zeigt die Zunahme der Schwefeldioxid-Konzentrationen in klassischen Reinluftgebieten (zum Beispiel im Schwarzwald und an der Nordseeküste), die auf meteorologisch großräumige Luftströmungen über den Problemgebieten zurückgeführt wird (1).

Der demnach vorübergehend verbesserten (seit Mitte der 70er Jahre ist wieder ein Anstieg der SO_2 – Gesamtemission zu verzeichnen), zum Teil auch nur verteilten Schwefeldioxid-Problematik steht auf jeden Fall eine zunehmende Bedrohung durch eine ganze Palette von weit gefährlicheren

Rückgang der Schwefeldioxid-Immission bis 1970

Ort	Zeitraum	Gesamtabnahme der SO_2-Immission in %
Bottrop	1964–1970	55
Dortmund	1964–1970	38
Duisburg	1964–1970	20
Essen	1964–1970	56
Frankfurt	1963–1970	43
Gelsenkirchen	1963–1970	29
Hamburg	1961–1970	55
München	1965–1970	69
Oberhausen	1964–1970	42
Recklinghausen	1964–1970	24

Bis 1970 nahm die Schwefeldioxid-Belastung in den Großstädten, vornehmlich in den industriellen Ballungszonen, erheblich ab – und damit auch die Smog-Gefahr. Seit Mitte des Jahrzehnts ist die Entwicklung allerdings wieder rückläufig.

Substanzen entgegen. So wurden 1972 in einer beispielhaften Erhebung im Raum Köln ca. 1000 luftverunreinigende Substanzen ermittelt, die allesamt aus industriellen und gewerblichen Quellen stammen (2). Neben äußerst giftigen aber auch leicht abbaubaren Verbindungen (wie 112 Tonnen Blausäure pro Jahr) oder geruchsbelästigenden aber relativ harmlosen Stoffen (wie 320 Tonnen Phenole jährlich) fand man in der nordrhein-westfälischen Luft eine Unzahl langlebiger Chemikalien, darunter bedenkliche Giftstoffe wie Schwermetalle, Benzol und chlorierte Kohlenwasserstoffe. Und die Untersuchung machte noch etwas anderes sehr deutlich. Durch die Daueremission ist die Nachbarschaft von Anlagen, die diese Stoffe in die Luft pusten, besonders gefährdet, und zwar auf zwei Wegen: einerseits durch die direkte Aufnahme über die Atemluft, zum anderen aber auch durch den zunehmenden Gehalt solcher Schadstoffe in Boden, Pflanzen und Tieren,

Noch kein endgültiger Rückgang der wichtigsten Schadstoff-Emissionen:

Die Gesamtemissionen von Schwefeldioxid sind im wesentlichen seit langem konstant:

1965	ca. 4	Millionen t
1970	ca. 4,3	Millionen t
1975	ca. 3,6	Millionen t
1980	ca. 4,15	Millionen t (geschätzt)

Die Gesamtemissionen von Stickoxiden wachsen stetig an:

1965	1,3 Millionen t
1970	1,6 Millionen t
1975	1,8 Millionen t
1980	2,3 Millionen t (geschätzt)

Die Gesamtemissionen von Kohlenwasserstoffen, die als gefährliche, krebserregende Substanzen gelten, stiegen bis 1970 stark an, blieben dann jedoch konstant:

1965	1,5 Millionen t
1970	1,8 Millionen t
1975	1,8 Millionen t
1980	1,8 Millionen t (geschätzt)

Quelle: Feldhaus, G., »Gute Fortschritte bei der Luftreinhaltung«, *Das Parlament* Nr. 21 v. 27. 5. 1978, S. 3.

Nach neueren Untersuchungen muß in den nächsten Jahren mit einer weiteren Zunahme der Belastung mit Schwefeldioxid und Stickoxiden gerechnet werden, während sich bei den Kohlenwasserstoffen die Situation wenn auch nicht entkrampfen, so jedoch auch nicht verschlechtern dürfte.

denn damit finden diese Gifte Eingang in die Nahrungskette. Es verwundert also gar nicht, daß inzwischen auch etliche Studien eine eindeutig höhere Krebssterblichkeit in chemischen Ballungsgebieten ergeben haben. Ein direkter Zusammenhang zwischen der Umweltbelastung durch chemische Schadstoffe und bestimmten Krebserkrankungen der Organe wird heute nicht mehr ernsthaft bestritten (3). Während

schon länger bekannt war, daß Krebsfälle in stark industrialisierten Zonen ungleich häufiger vorkommen (4), ergaben Untersuchungen des amerikanischen National Cancer Institute im Auftrage der Weltgesundheitsorganisation (WHO) schließlich auch genauere Zusammenhänge über die Häufigkeit von Krebserkrankungen in der Nähe *chemischer* Produktionszentren. Eine im Jahre 1975 beendete Studie der beiden Epidemiologen Dr. Robert Hoover und Dr. Joseph F. Fraumeni Jr. offenbarte, daß in 139 Bezirken der USA, in denen die chemische Industrie überproportional vertreten ist, bei Männern eine überdurchschnittliche Häufigkeit von u. a. Blasen-, Lungen- und Leberkrebs zu registrieren ist. Dieses Ergebnis kann nicht durch andere Faktoren als die chronische Schadstoff-Emission erklärt werden. Eine deutliche Korrelation ergab sich beispielsweise zwischen bösartigen Blasengeschwülsten und der Produktion von Farben, Arzneimitteln, Parfüms und anderen Kosmetika. Auffallend hoch – so befanden die beiden Krebsepidemiologen – sei auch die Beziehung zwischen Lungenkrebs und der industriellen Herstellung von chemischen Gasen, Seifen, Reinigungsmitteln, Farbstoffen und synthetischem Gummi. Leberkrebs schließlich tritt vermehrt in jenen Industrieregionen auf, in denen vorwiegend organische Chemikalien, Kosmetika und Lösungsmittel produziert werden. Nach Aussagen von Joseph Fraumeni ist dieser enge Zusammenhang zwischen der chemischen Industrie und erhöhter Krebsanfälligkeit nicht allein auf die Tatsache zurückzuführen, daß in den genannten Gebieten in erster Linie direkt betroffene Arbeiter dieser Chemiefirmen wohnen, sondern man müsse davon ausgehen, daß es sich hierbei vielmehr um das generelle Emissions-Problem eines chemischen Ballungsgebietes handele (5).
Zu ähnlichen Befunden kam auch ein Team unter Leitung des amerikanischen Sozialmediziners Dr. William J. Blot vom

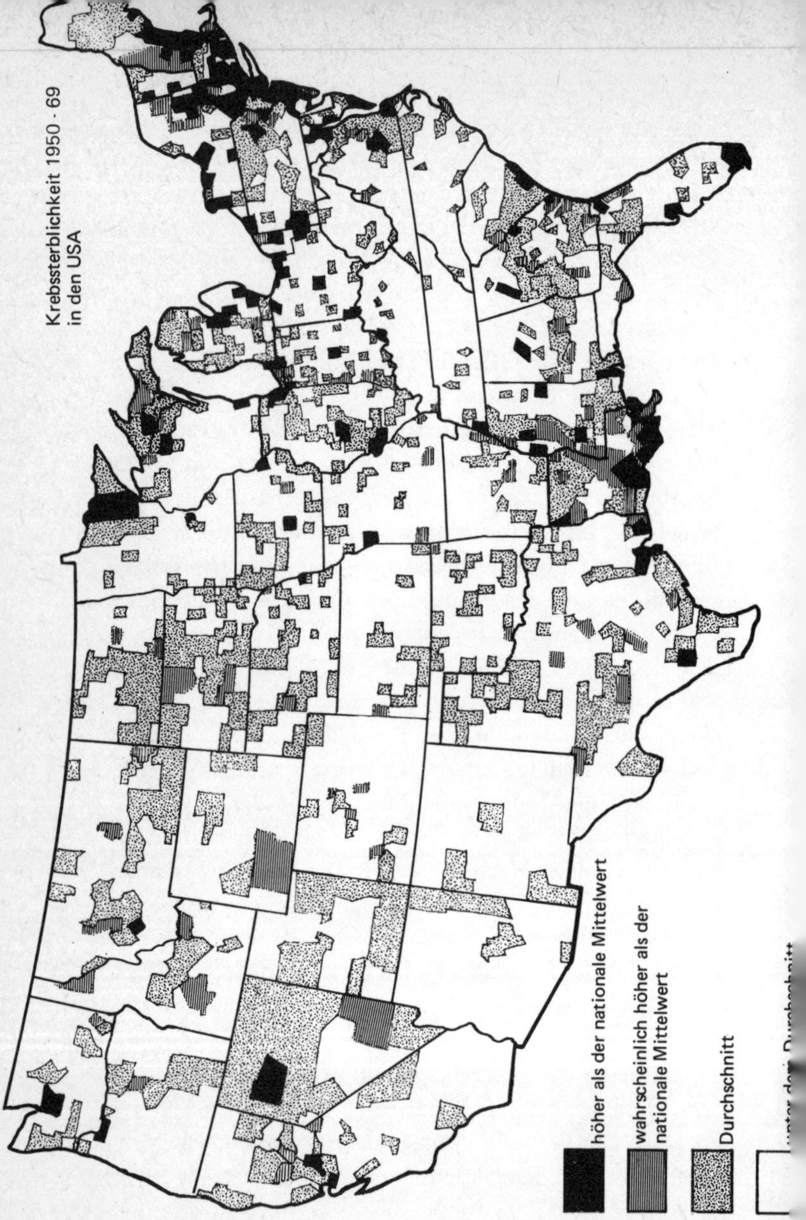

Nach Untersuchungen des National Cancer Institute ist die regionale Krebssterblichkeit in den USA sehr unterschiedlich. Die auffällige Korrelation der Regionen mit hoher Krebsmortalität mit den chemischen Ballungszentren der Vereinigten Staaten ist dabei nach Meinung der Epidemiologen nicht zufällig: Der Schadstoffgehalt der von der Chemieindustrie emittierten Luft – so glauben sie – ist für

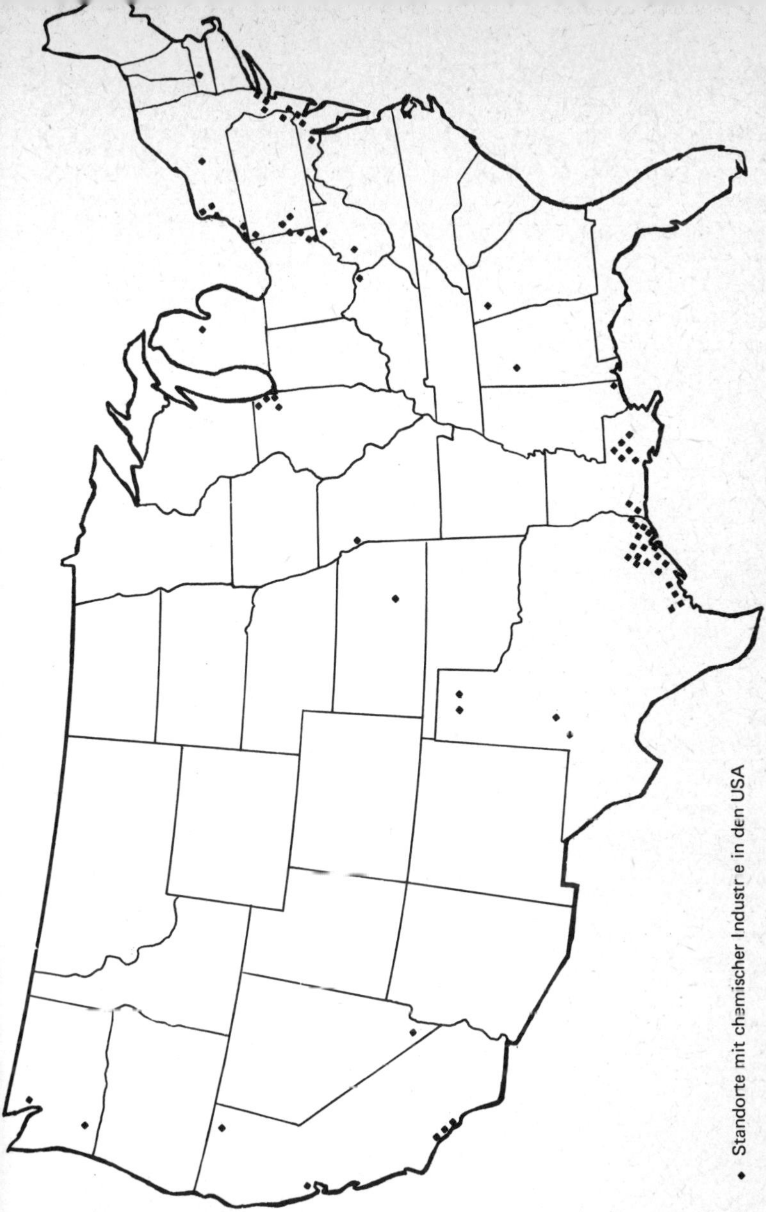

diese erhöhte Krebssterblichkeit mit verantwortlich. Es gibt keinen Grund, diese Erkenntnisse nicht auf die Bundesrepublik mit ihren »chemischen Ballungsgebieten« zu übertragen (siehe S. 41); (Quelle: Krebsatlas des National Cancer Institute, Bethesda).

National Cancer Institute in Bethesda (6). In elf Bezirken mit chemischer Industrie – so ermittelte Blot – ist die Sterberate für Krebs der Nasenhöhlen besonders hoch. Auch die Zahl der Todesfälle durch Lungen- und Hautkrebs liegt in diesen Gebieten deutlich höher.

Diese Erkenntnisse waren neu. Bislang wußte man lediglich, daß Chemiearbeiter und Chemiker einem erheblich größeren Krebsrisiko unterliegen als Nichtchemiker, was schon 1969 eine Untersuchung an Mitgliedern der American Chemical Society ergeben hatte. Bestätigt wurde diese Erkenntnis später durch eine epidemiologische Studie des schwedischen Chemikers Professor Robert Olin. Die Gefahr, an Nieren- oder Blasenkrebs zu sterben, ist seinen Ergebnissen zufolge bei Chemikern doppelt so hoch wie bei einer Berufsgruppe, die mit Chemie nichts zu tun hat (7).

Zu ganz ähnlichen Resultaten kam eine Untersuchung an Arbeitern des Chemiekombinats Leuna in der DDR, die im Durchschnitt zehnmal häufiger an Krebs der Atemwege erkrankten als ihre Kollegen einer Stahlgießerei in derselben Gegend (8).

Eine arbeitsmedizinische Studie, an der Werksärzte aus zehn Unternehmen der chemischen und der Automobilindustrie der Bundesrepublik teilnahmen, machte einige Zusammenhänge auch für die Bundesrepublik deutlich: Erfaßt wurden dabei – im Gegensatz zur Untersuchung in Leuna – nur männliche Krebstodesfälle »von aktiven und pensionierten Mitarbeitern ... in dem Zeitraum 1950 bis 1968« (9). Bei

Allein der Bau höherer Schornsteine wird – wie schon beim Schwefeldioxid – nur zu einer Verteilung des Schadstoff-Problems führen, nicht aber zu dessen Beseitigung. Viel wichtiger sind daher strengere Begrenzungen der Emission. Nur dadurch lassen sich die gesundheitlichen Beeinträchtigungen der Bewohner industrieller Ballungszentren vermindern.

einem Vergleich mit den Krebstoten der bundesdeutschen Gesamtbevölkerung fiel den Werksärzten u. a. auf, daß »Krebs an den ableitenden Harnwegen und in der Lunge ... bei denjenigen Personen, die chemischen Stoffen exponiert waren, deutlich häufiger« auftrat als bei Nichtexponierten und bei der Gesamtbevölkerung. Die Zuordnung der Krebsarten zu bestimmten chemischen Stoffgruppen gelang dagegen nur in wenigen Fällen, weil im Laufe eines Berufslebens meist mehrere chemische Stoffe als Expositionsfaktoren auftreten. Immerhin fand man bestätigt, was schon seit langem bekannt war, »daß nämlich Krebs der ableitenden Harnwege gehäuft bei Exposition mit aromatischen Aminen (Zwischenprodukt der Farbenindustrie) auftreten. Es finden sich darüber hinaus Zusammenhänge zwischen Lungenkrebs und Elementen wie Schwefel, Selen, Tellur. Weiterhin finden sich Zusammenhänge von Zwischenprodukten der Pflanzenschutzmittel sowie Zwischenprodukten für Kautschuk und Harnwegekrebs« (9).
Kein Zweifel: Der Chemiearbeiter ist in erhöhtem Maße krebsgefährdet (9a) – eine Tatsache, die von den Unternehmern oft bagatellisiert oder gar geleugnet wurde. Das Beispiel des Vinylchlorids hat dies sichtbar gemacht (siehe S. 210ff).
Aufsehen erregte in diesem Zusammenhang vor einigen Jahren der Fall eines italienischen Chemiewerkes:
Der Inhaber einer Farbenfabrik in der Nähe von Turin hatte jahrelang seine Arbeiter überdurchschnittlich hoch entlohnt, um ihren Unmut gegenüber der steigenden Zahl von Blasenkrebstoten zu besänftigen. Alle wußten von der extremen Krebs-Gefährlichkeit des Giftstoffs Naphtylamin – nicht nur der Inhaber, sondern auch der lokale Bürgermeister, die Behörden und eben die Beteiligten selbst. Insgesamt 140 Beschäftigte (davon im Jahre 1972 allein 54) starben an Blasenkrebs, bis 1973 der Turiner Staatsanwalt die Fabrik schließen ließ (10).

Die Unternehmer-Mentalität, nicht die Ursache zu beseitigen, sondern mitunter sogar die Gesundheitsschäden des Arbeiters ins Kalkül zu ziehen, wird auch darin deutlich, daß man bei Produktionsprozessen, bei denen krebserzeugende Stoffe auftreten können, vornehmlich Arbeiter über 45 Jahren einsetzen will. Der HOECHST-Toxikologe Dr. H. Loskant glaubt zum Beispiel, daß die älteren Industriewerker wegen der meist langen Latenzzeit von Krebserkrankungen deren Ausbruch dann ohnehin nicht mehr erleben würden (11). So einfach ist das.

Aber das Krebsproblem der chemischen Industrie brennt nicht nur den Chemiewerkern unter den Nägeln, denn gewissermaßen sind die Arbeiter auch »Sensoren« für eine allgemeine Krebsbedrohung der Umgebung chemischer Ballungsgebiete.

Die hohe Belastung mit aromatischen Aminen im Raume Köln z. B. stellt somit einen Risikofaktor für die gesamte Bevölkerung dar, an Krebs der Harnwege zu erkranken (12). Und da es keineswegs immer (wie in der amerikanischen Studie) möglich ist, Zusammenhänge zwischen den Schadstoffen und den erst nach Jahren zum Ausbruch gelangenden Krebserkrankungen festzustellen, zumal oft mehrere Umweltfaktoren beteiligt sind, läßt sich lediglich statistisch über Jahre hinweg das Krebsrisiko chemischer Ballungsgebiete ermitteln (13). Und tatsächlich erkranken und sterben zum Beispiel die Menschen im Ruhrgebiet bei Bochum rund 1,6 mal so häufig an Lungenkrebs wie in Landstrichen ohne Industrie, im Sauerland, in Ostfriesland oder im Bayerischen Wald. Zu diesem Ergebnis kam der Bochumer Umweltmediziner Professor Wolfgang Ulmer (14). Durch die Luftverschmutzung ist auch die Lebenserwartung erheblich reduziert (15). Die daraus gezogene Konsequenz, im Ruhrgebiet höhere Schornsteine zu bauen, wird hingegen wie beim

Schwefeldioxid lediglich eine Verteilung nicht dagegen eine Beseitigung des Emissionsproblems bewirken.
Erfolgversprechender sind demgegenüber sicherlich die Bemühungen, eine tatsächliche Emissionsverminderung zum Beispiel durch Änderung der Produktionsverfahren und eine

Prognostizierte Emissionsveränderung bis zum Jahre 1981 für die Emittentengruppe Industrie, Rheinschiene Süd (Köln)

Stoffkomponenten	Emissionszunahme t/a bei unbeeinflußter Entwicklung	geplante Emissionsminderung t/a bis 31. 12. 1981	Emissionsveränderung t/a bei Durchführung der Maßnahmenplans; Zunahme (+); Abnahme (−)
Anorganische Gase	*28919*	*59456*	*−30537*
Schwefeloxide (als SO_2)	14787	8615	+ 6172
Stickoxide (als NO_2)	13902	1073	+12829
Kohlenmonoxid	72	45743	−45671
Ammoniak	46	1038	− 992
Schwefelwasserstoff	30	201,9	− 171,9
Chlor	15	248	− 233
Organische Gase und Dämpfe	*3782*	*54143*	*− 50361*
Vinylchlorid	682	2340	− 1658
Aromaten	469	2765	− 2296
Äthen (Äthylen)	60,7	5688	− 5627,3
Phenole	0,3	162	− 161,7
Halogen-Kohlenwasserstoffe	8	536	− 528
Übrige Kohlenwasserstoffe	1562	38507	−40090

Quelle: Luftreinhalteplan Rheinschiene Süd (Köln), MAGS, Düsseldorf 1976.

In Nordrhein-Westfalen plant man, durch Änderung der Produktionsverfahren und höhere Anforderungen an die Abgasreinigungen die Emissionswerte zum Teil erheblich zu reduzieren.

den Anforderungen entsprechende Abgasreinigung zu erzielen. So wurde vom Lande Nordrhein-Westfalen ein Luftreinhalte-Plan erstellt, der eine drastische Reduzierung des Schadstoff-Ausstoßes bis Ende 1981 vorsieht.
Unverzichtbar für die Beurteilung der Krebsrisiken in chemischen Ballungsgebieten ist auf jeden Fall eine Registrierung aller Todesfälle durch Krebs. Auch der Sachverständigenrat für Umweltfragen hat in seinem »Umweltgutachten 1978« auf diese Notwendigkeit hingewiesen und empfohlen, »ein zentrales Krebsregister für die Bundesrepublik oder zumindest für zwei größere Flächenstaaten mit unterschiedlicher ökonomischer Struktur (zum Beispiel Nordrhein-Westfalen und Bayern) einzurichten.« Es gibt freilich keinen Grund, anzunehmen, daß eine Auswertung solcher »Krebsatlanten« in Hinsicht auf das Problem der Chemieindustrie zu anderen Ergebnissen führen würde als die Studie des National Cancer Institute in den USA (15 a).
Aber nicht nur die Krebsrisiken, sondern auch die toxischen, mutagenen und teratogenen Auswirkungen einer zunehmenden Dauerbelastung durch chemische Schadstoffe machen Problemlösungen unverzichtbar (16).
In Japan hat man mit der Dauerberieselung hochgiftiger, persistenter und krebserregender Stoffe (Quecksilber, Cadmium, PCBs) seit Jahren die größten »Erfahrungen«. In japanischen Krankenhäusern lagen 1974 annähernd 20000 Patienten, die durch Luft- und Wasserverunreinigungen Gesundheitsschäden erlitten hatten (17). Industrielle Expansion ohne jegliche Kontrolle, Naivität, Unwissenheit, Verharmlosungspolitik und Ignoranz von Industrie und Regierung haben Japan den traurigen Ruhm eingebracht, der Welt beispielhaft gezeigt zu haben, zu welchen Katastrophen unkontrolliertes Wachstum ohne Berücksichtigung des Umweltschutzes zu führen vermag (18). Kein Zweifel: Im Land der aufgehenden

Sonne hat man sich das »industrielle Wunder« teuer erkauft: »Minamata« und »Itai-Itai« sind Schlagworte für chemische Massenvergiftungen geworden wie später nur »Seveso«. Aber wer glaubt, das Risiko chronischer Schadstoffbelastungen sei auf Japan beschränkt, wer meint, uns könnten Katastrophen oder schleichende Verseuchungen nicht widerfahren, muß sich eines Besseren belehren lassen.

Teuflisches Blei

Wer einmal das Panorama der 50000-Seelen-Gemeinde Stolberg bei Aachen gesehen hat, wird den Anblick kaum so schnell wieder vergessen. Es hat den Anschein, als habe der Bleistaub aus den Industriebetrieben die ganze Stadt und ihre Umgebung unter einen aschgrauen Schleier gelegt. Selbst die Wiesen erscheinen grau-grün. Stolberg mit einem Dutzend Bleihütten und anderen Schwermetall-Fabrikationsstätten gilt schon seit Jahren als Paradefall einer bleiverseuchten Stadt.
Die ersten Auswirkungen zeigten sich schon Anfang der 60iger Jahre: die »Gressenicher Kuhkrankheit« ging um. So nannten die Landwirte in Stolberg eine geheimnisvolle Tierseuche, die jahrelang zu einem umfangreichen Viehsterben führte. Kurz nach dem ersten Weideaustrieb im Frühjahr erblindeten zunächst viele Tiere, bekamen dann Gehstörungen und verendeten schließlich hilflos oder mußten notgeschlachtet werden. Nachdem sich das Rindersterben einige Jahre wiederholt hatte, fanden Veterinärärzte die Ursache der Seuche: der extrem hohe Bleigehalt im Gras der Weiden (19).
Nach jahrhundertelangem Erzbergbau hatten sich in Stolberg eine Vielzahl mehr oder weniger großer metallverarbeitender Industriebetriebe angesiedelt, die – wie das größte Unterneh-

men am Platze, die Bleihütte Binsfeldhammer (Berzelius Metallhütten KG) – bedenkenlos ihre hochtoxischen Metallstäube in großem Stil in die Luft pusteten, die hernach herniederrieselten – jährlich 250 Tonnen auf Äcker, Wälder, Weiden und Wiesen. Messungen des Bleistaub-Niederschlages ergaben, daß hier im Vergleich zu anderen Städten etwa die zehnfache Menge Blei niederging. Der Schwermetallgehalt des Ackerbodens erreichte mitunter Werte, die eine weitere landwirtschaftliche Nutzung überhaupt fraglich werden ließen (19). Die andauernde Verschmutzung der Umwelt hat in Stolberg zu einer Bleiverseuchung geführt, die noch Jahrzehnte spürbar sein wird. Stolberg wird »nie bleifrei leben« können, schrieb denn auch Nordrhein-Westfalens Arbeitsminister Professor Friedhelm Farthmann in einem Anfang 1976 veröffentlichten Rechenschaftsbericht über die Umweltproblematik der Bleistadt nahe Aachen (20).
Selbst wenn die Emission drastisch gesenkt würde, bleiben die über sechzig Halden mit einem Bleigehalt von bis zu 12 % eine ständige Gefahrenquelle für die Umwelt, insbesondere aber für die Kinder, die sich die künstlichen Berge als Spielplätze auserkoren haben.
Stolbergs Kinder sind überhaupt am meisten betroffen. Denn das bleihaltige Schlackenmaterial wurde seit jeher nicht nur zum Straßenbau, sondern auch zum Abdecken von Sportplätzen, Schulhöfen und Spielplätzen benutzt. Es war somit für die Fachleute auch keine Überraschung, daß viele Kinder extrem hohe Bleiwerte im Blut aufweisen, zudem andere typische Symptome einer chronischen Bleivergiftung zeigen: Bauchschmerzen, Kolliken, sogenannten »Bleibänder« in den Wachstumszonen der Röhrenknochen, »Bleisaum« an den Zahnhälsen und Veränderungen im Blutbild (21).
Auch in Nordenham in der Wesermarsch gelten Kinder als die größte Risikogruppe. Seit Anfang des Jahrhunderts wer-

den dort Nichteisenmetalle verhüttet, insbesondere Zink und Blei.
Zu einer Verseuchung kam es im Frühjahr 1972, als durch Korrosion Schäden an einem Hauptfilter (der Bleierz-Drucksinteranlage) im Hüttenwerk der Preussag-AG auftraten und das Blei ungehindert aus dem Schornstein strömte. Ein stundenlanger Bleiregen ging auf die hauptsächlich landwirtschaftlich genutzten Flächen in der Umgebung des Werkes nieder. Als man den Schaden bemerkte, war die Katastrophe nicht mehr aufzuhalten: Innerhalb weniger Tage verendeten 130 Rinder oder mußten notgeschlachtet werden (22). Aber auch heute noch sterben sporadisch Kühe in der Wesermarsch an dem gefährlichen Blei. Zwar ist der Filterschaden sofort behoben worden, geblieben ist allerdings die chronische Schwermetall-Belastung der Umwelt (23).
Kaum mehr als 300 Einwohner leben in Krautscheid, einem weitgehend landwirtschaftlich geprägten Dorf, das ebenfalls durch Bleivergiftungen zu traurigem Ruhm gelangte. Nach jahrzehntelangem Erzbergbau wurde zur Jahrhundertwende in Krautscheid eine Bleihütte errichtet, die inzwischen zum Batterieproduzenten Varta AG gehört. Das Unternehmen verarbeitet auf dem Gelände heute nur noch Blei-Schrott, vor allem alte Autobatterien (24). In den sechziger Jahren waren auch hier Kühe durch Bleivergiftungen verendet – für den entstandenen Schaden kam denn auch in nahezu allen Fällen die Varta AG auf, womit sie aber keinerlei Schuldeingeständnis verknüpft wissen wollte. Dennoch stellt die Varta AG die Bleibelastung auch der Bewohner von Krautscheid nicht in Abrede; sie betont allerdings, daß die Gefährdung von zunächst 24 % der Gesamtbevölkerung seit 1974 rückläufig sei (25). Aber so leicht lassen sich die Sorgen der Bürger nicht zerstreuen.
Denn nicht erst seit Stolberg, Nordenham und Krautscheid

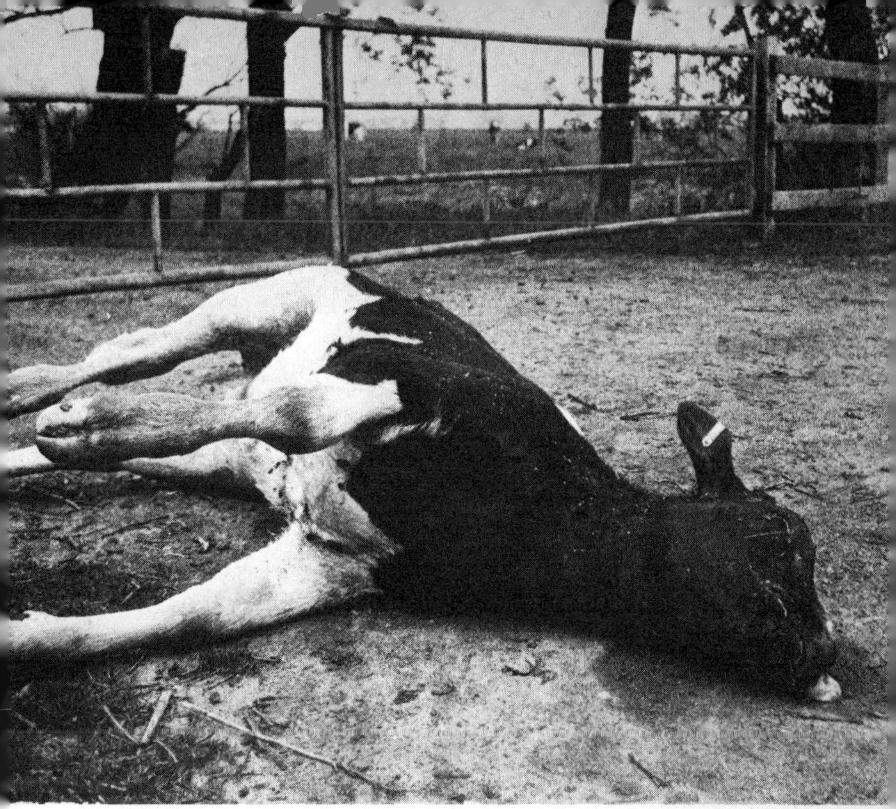

Im Frühjahr 1972 kam es in Nordenham in der Wesermarsch zu einem großen Kuhsterben. Der Grund: im lokalen Hüttenwerk war ein Filter ausgefallen, so daß große Mengen des Schwermetalls Blei ungehindert aus dem Schornstein strömten.

weiß man von der Gefährlichkeit des Giftes Blei: In der Astrologie wie auch in der Alchemie wurde das heimtückische Schwermetall dem Planeten Saturn, dem Satanischen, zugeordnet. Eine Bleivergiftung nannte man damals »Saturnismus«, und nicht zu Unrecht spricht man noch heute vom teuflischem Blei. Bleihaltige Artikel aus dem Alltagsleben,

Bestecke, Geschirr, Farben, Schminke, sogar Arzneien führten schon im Altertum zu umfangreichen Bleiseuchen (26).
Der amerikanische Bundesausschuß für Umweltqualität ging sogar soweit, den Untergang Roms samt Unfruchtbarkeit und mählichem geistigen Verfall als Folge einer chronischen Bleivergiftung zu interpretieren, weil die Römer ihre kupfernen Weingefäße innen mit Blei auskleideten und außerdem Bleirohre als Wasserleitungen benutzten (27).
Neue Aufmerksamkeit schenkte man dem Umweltgift Blei 1952 nach Untersuchungen eines Ärzteteams der Johns-Hopkins-School of Medicine in Baltimore/Maryland. Die Mediziner kamen nämlich zu dem Ergebnis, daß Kinder in den ersten drei Lebensjahren relativ häufig unter chronischen Bleivergiftungen leiden, die mitunter sogar tödlichen Ausgang haben: In einem Zeitraum von 14 Jahren – so ermittelte das Team – wurden in Philadelphia 804 Bleivergiftungen und darunter 76 Todesfälle registriert; 82 % der Opfer waren zwischen einem und drei Jahre alt (28). Die damaligen Ergebnisse sind mittlerweile oftmals bestätigt worden: Heute gehen die National Institutes of Health, eine Art oberster Gesundheitsbehörde der USA, davon aus, daß etwa 3200 amerikanischer Kinder infolge chronischer Bleivergiftungen an mittleren bis schweren Gehirnschäden leiden. Gefährdet sind nach Meinung des Sozialmediziners Dr. Philip Landrigan insbesondere Kinder aus Ballungsgebieten der Schwerindustrie, sowie aus alten Wohngegenden, in denen an verkommenen Häusern die Bleifarben vergangener Jahrzehnte abbröckeln. Da kleine Kinder die Angewohnheit haben, alles in den Mund zu nehmen, muß man hierin neben der bleihaltigen Atemluft eine entscheidende Quelle für die Vergiftungen sehen. Landrigan fand auch heraus, daß bereits relativ geringfügige Bleiwerte im Blut zu einer Beeinträchtigung der Gehirntätigkeit führen können. Es war ganz eindeutig, resümiert der Epide-

miologe seine Befunde, daß die bleibelasteten Kinder in Intelligenztests signifikant schlechter abschnitten als solche aus bleifreien Regionen (29).
Steigt der Bleispiegel im Körper weiter an, so sind sogar oftmals psychische Störungen, Persönlichkeitsveränderungen und Lähmungen, Symptome der sogenannten Bleiencephalopathie, die Folge (29). Experten schätzen, daß rund 40 % aller chronisch bleibelasteter Kinder bleibende neurologische Schäden davontragen, geistige Retardierung und periodisch wiederkehrende epileptische Anfälle zeigen (30).
Aber Blei zerstört nicht nur das Nervensystem, der Metallstaub führt auch zu einer Zerstörung der sogenannten Lungenschutzzellen, die sonst die in der Luft vorkommenden Fremdstoffe abbauen. »So werden von nur drei Mikrogramm, das sind drei Millionstel Gramm, mehr als eine Millionen dieser Schutzzellen vernichtet«, somit die Abwehrreaktionen des menschlichen Organismus geschädigt, betont der Düsseldorfer Lufthygieniker und Toxikologe Professor Hans W. Schlipköter (31). Geäußert wurde derweil auch die Vermutung, daß Blei erbschädigend sei (32). Besonders bedrohlich ist das Schwermetall aber für das Kind im Mutterleib. Untersuchungen eines Ärzteteams an der University of Bristol legen sogar den Verdacht nahe, daß Blei wesentlichen Anteil an der Säuglingssterblichkeit hat. In den Zähnen von Totgeburten und früh verstorbenen Säuglingen fand man gegenüber den früher als »normal« anzusehenden Bleikonzentrationen von 10 ppm seit 1957 einen Anstieg auf etwa 38 ppm (33). Neben der embryotoxikologischen Problematik des Bleis zeigt sich hieran auch deutlich eine zunehmende Bleiverseuchung in den letzten beiden Jahrzehnten (34).
Kurzum: Die medizinischen Untersuchungen chronischer Bleibelastungen haben offenbart, daß nicht nur Bleiwerker ein enormes Berufsrisiko haben (Preussag-Werksarzt Dr.

Gerhard Kohlmann schätzt, daß »jeder fünfte Arbeiter der Hütte früher oder später an Bleivergiftung erkrankt«) (35), sondern daß bei Kindern schon Blutbleiwerte als äußerst bedenklich anzusehen sind, die noch vor kurzem als harmlos galten (36).
Nach Bekanntwerden des Ausmaßes der Blei-Dauerbelastung in Stolberg, Nordenham und Krautscheid gingen die Einwohner denn auch auf die Barrikaden. Unter dem Druck von Bürgerinitiativen liefen Untersuchungsprogramme an, die schon sehr bald bestätigten, daß vornehmlich für die Kleinsten eine durchaus konkrete gesundheitliche Gefährdung zu sehen ist.

Geheimniskrämerei um Bleikinder

Um verläßlich Daten über das Ausmaß der Verseuchung zu erhalten, ließ das Berliner Bundesgesundheitsamt unter Leitung von Professor Karl Aurand insgesamt 2000 Nordenhamer aller Altersstufen seit 1972 zum Teil mehrere Male von Ärzten untersuchen. Man nahm Blut- und Urinproben, röntgte Lungen und Knochen und überprüfte die Nervenleitfähigkeit. Während sich bei den Erwachsenen keine bedenklichen Werte ergaben, fanden die Berliner Gesundheitswächter im Blut von über einhundert Kindern der sogenannten A-Zone (im Umkreis von einem Kilometer um die Bleihütte) durchschnittlich 22 Mikrogramm Blei pro 100 Milliliter, mithin fast doppelt so viel wie bei gleichaltrigen Kindern in Helgoland oder Berlin. Sechs Kinder überschritten sogar die von der Europäischen Gemeinschaft als gerade noch tolerierbar festgesetzten Höchstbelastung von 35 Mikrogramm; jedes fünfte A-Zonen-Kind kam mit über 30 Mikrogramm Blei in 100 Milliliter Blut dem EG-Limit bedenklich nahe (35).
Ähnliche Resultate ergaben sich auch in Stolberg: Hier stellte

man bei Kindern unter sechs Jahren die höchsten Blutbleiwerte fest. Überraschenderweise war allerdings von »krankhaften Befunden« nie die Rede, obschon man dies nach ausländischen Untersuchungen eigentlich hätte erwarten müssen. Inzwischen ist denn auch ziemlich sicher, daß auch die deutschen Bleikinder längst bleibende Schäden davongetragen haben. So hat man offensichtlich bei einem Kind in Stolberg Störungen des Nervensystems erkannt, die mit einem extrem hohen Bleigehalt im Blut einhergingen. Diese Erkenntnisse wurden jedoch ebenso wenig publiziert wie abnorme Gehirnstrombilder (EEGs) bei drei Kindern aus der Blei-Metropole bei Aachen (37).

Eine Reihe jener Kinder, bei denen stark überhöhte Blutbleispiegel diagnostiziert wurden, schickte man zur Erholung an die Nordsee. Dort jedoch lösten sich wahrscheinlich durch das ungewohnte Reizklima die Bleidepots in den Knochen auf, was zu einer Ausschüttung des Schwermetalls ins Blut und damit zu beängstigenden Blutbleiwerten führte – die Kur mußte vorzeitig abgebrochen werden (38).

Von seiten der medizinischen Untersucher wurde auch geflissentlich darüber geschwiegen, daß 1975 sieben Bleikinder aus Krautscheid in der Kinderklinik St. Augustin stationär behandelt werden mußten. Den Eltern eines neunjährigen Jungen, bei dem unklare Gelenkbeschwerden zu dem Verdacht einer Bleivergiftung geführt hatten, empfahl das zuständige Gesundheitsamt lakonisch, das Kind aus dem gefährdeten Bereich herauszunehmen (25).

Grafik S. 140/141: Nach Untersuchungen der LUFA/Oldenburg sind Gemüse und tierische Organe in einem Umkreis von etwa zweieinhalb Kilometer zur Bleihütte so sehr mit dem Schwermetall verseucht, daß der Genuß von aus dieser Region gewonnenen Nahrungsmitteln als äußerst problematisch angesehen werden muß. Der Bleigehalt überschreitet nämlich die Risikoschwelle für den Menschen.

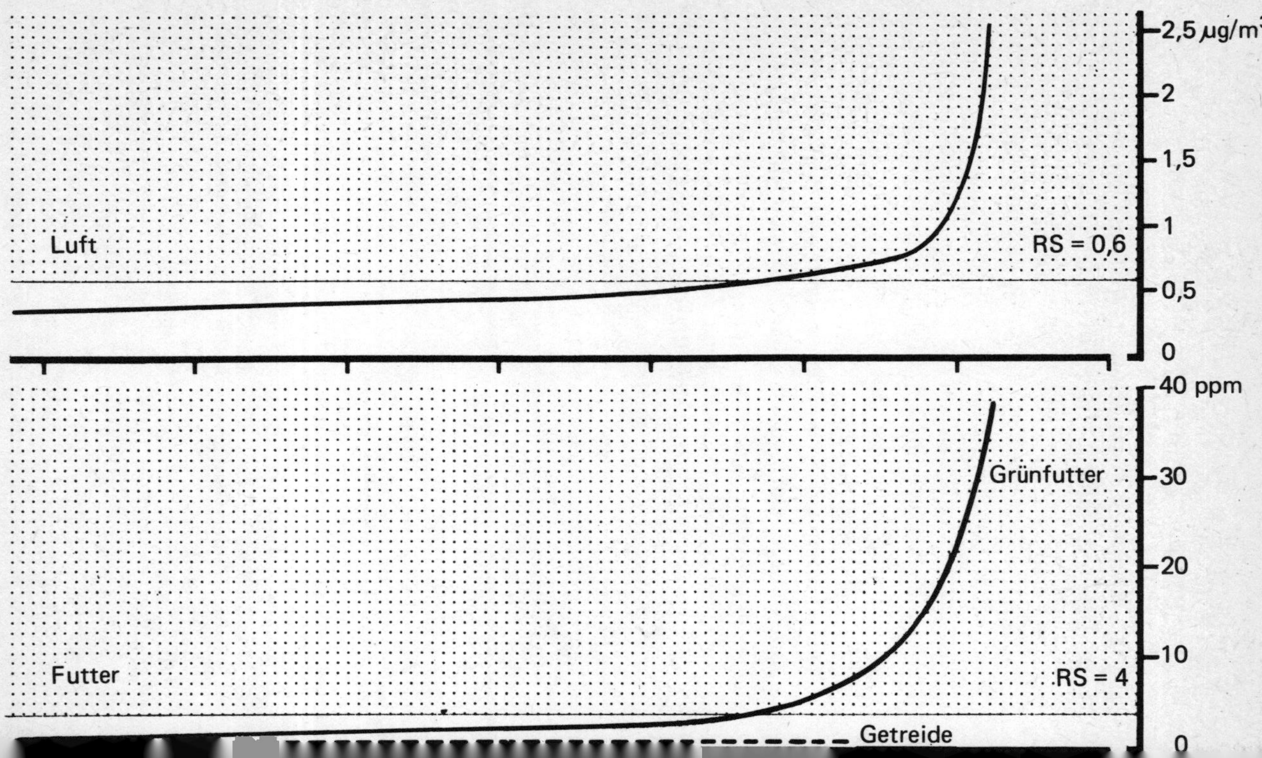
2,5 µg/m³
2
1,5
1
0,5
0
RS = 0,6
Luft
40 ppm
30
20
10
0
Grünfutter
RS = 4
Futter
Getreide

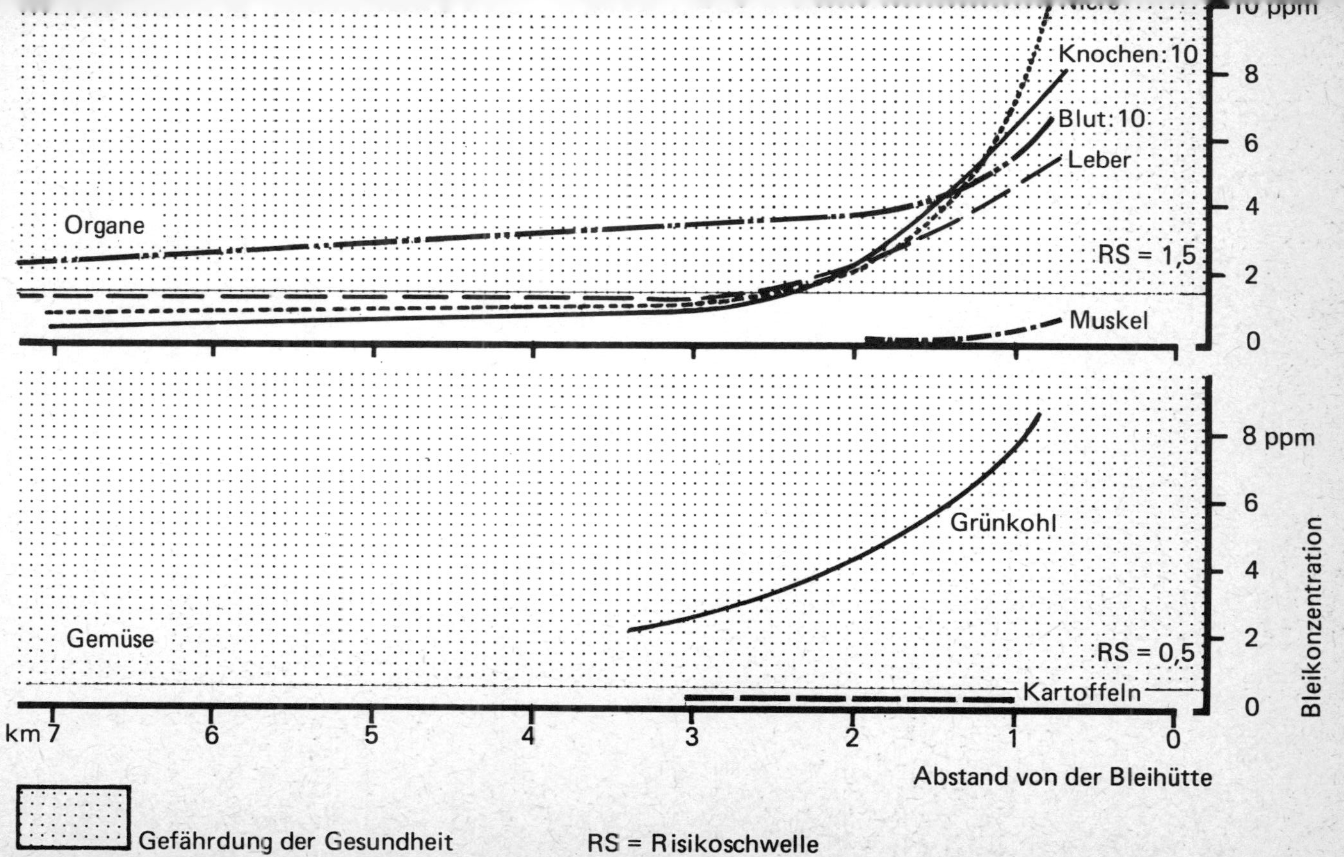
Niere
10 ppm
Knochen: 10
Blut: 10
Leber
Organe
RS = 1,5
Muskel
8
6
4
2
0
8 ppm
Grünkohl
Gemüse
RS = 0,5
Kartoffeln
Bleikonzentration
km 7
6
5
4
3
2
1
0
Abstand von der Bleihütte
Gefährdung der Gesundheit
RS = Risikoschwelle

Tatsächlich zogen einige Eltern ihrer Kinder zuliebe aus den bleikontaminierten Regionen fort. Doch wer schützt die Familien, die bleiben müssen?
In Nordenham beschränkt man sich darauf, den Hausfrauen der A-Zone zu raten, Kartoffeln gut zu schälen und auf die Aufzucht von Grünkohl und Spinat im eigenen Garten zu verzichten (38a). Die »Aufzucht« von Kindern dagegen ist in Hüttennähe nach wie vor erlaubt: Noch nach der Katastrophe des Jahres 1972 wurden in unmittelbarer Nachbarschaft zur PREUSSAG zwei Kindergärten eröffnet. In der Johannastraße, kaum 100 Schritte von den Blei ausstoßenden Schloten des Hüttenwerkes entfernt, leben kinderreiche türkische Gastarbeiterfamilien in abbruchreifen Häusern, aus denen die Deutschen längst ausgezogen sind. Dennoch – alle sind zufrieden: die PREUSSAG, weil ihre Arbeitskräfte in unmittelbarer Nachbarschaft untergebracht sind; die Türken selbst, weil sie ein billiges Dach über dem Kopf haben und womöglich auch die Stadt Nordenham, weil sich so das Wohnproblem der Gastarbeiter auf einfache Weise gelöst hat. Die Kinder jedoch müssen nach Meinung von Professor Karl Aurand mit einer dreifachen Bleibelastung fertig werden – aus der Luft, vom Boden und durch die Väter, die den Metallstaub auf Schuhen und Arbeitskleidung aus der Hütte ins Haus schleppen. Professor Hans-Ludwig Thron, Mitarbeiter im Berliner Bleifahnder-Team, sieht denn für Nordenham auch nur eine »radikale« Lösung: Die Johannastraße, besser aber noch die gesamte Zone-A, so fordert Thron, sollte für Wohnzwecke nicht mehr genutzt werden (35, 39). Diese Forderung ist freilich ebenso illusorisch wie jene, die PREUSSAG aus Nordenham zu verbannen, denn die Stadt an der Weser existiert von der Bleihütte. Die Kinder Nordenhams werden demnach mit dem Blei leben müssen, zumal auch das Unternehmen selbst keine Lösung parat hat: Zwar konnte die Emission

Direkt am Werksgelände der Preussag liegt die Johannastraße, in der fast ausschließlich kinderreiche, türkische Gastarbeiterfamilien auf Tuchfühlung mit dem gefährlichen Schwermetall Blei leben, das über den Schornstein der Hütte in die Luft geblasen wird und hernach wieder niederrieselt. Nach den Erfahrungen aus dem belgischen »Bleiort« Hoboken drohen auch diesen Kindern schwere gesundheitliche Schäden.

stark gesenkt werden, »Durchschlagendes«, gesteht Preussag-Verwaltungsdirektor Friedrich Knöppler zu, »ist uns auf diesem Gebiet bisher noch nicht eingefallen. Wir können den Boden ja nicht metertief abgraben!« (40).

So beschränkt man sich denn mit »Bleikosmetik«: Die Sandkästen der Kinderspielplätze in der A-Zone werden regelmäßig frisch gefüllt.

Welche Folgen eine andauernde Bleiverseuchung insbeson-

dere bei Kindern haben kann, illustriert der Fall einer Blei-emittierenden Fabrik im Antwerpener Vorort Hoboken. Im Frühjahr 1978 mußten mehr als 30 Kinder mit schweren Bleivergiftungen klinisch behandelt werden. Nach Angaben der Behörden war bei Untersuchungen bei rund 1000 Kindern in Schulen nahe dem Industriewerk ein Bleigehalt von 30 Mikrogramm (auf 100 Milliliter Blut) festgestellt worden (wie auch bei einigen Kindern Nordenhams). Offensichtlich im Gegensatz zu den Verhältnissen in der Stadt an der Weser hatten die Mediziner in Hoboken allerdings auch Krankheitssymptome festgestellt, und sie befürchteten bleibende Nervenschädigungen durch das Schwermetall.
Die Geschäftsleitung des Unternehmens unterstrich, daß der Betrieb in den vergangenen Jahren rund 250 Millionen Belgische Franc zur Bekämpfung schädlicher Emissionen aufgewendet habe. Die Beschäftigten würden alle drei Monate ärztlich untersucht. Im übrigen müßten die Kinder in der Umgebung der Fabrik eben mehr für die Hygiene tun und sich entsprechend öfter die Hände waschen. Das belgische Gesundheitsministerium meinte zunächst, durch Evakuierung aller Kinder unter zwölf Jahren aus dem entsprechenden Arbeiterviertel seien alle Probleme gelöst.
Die Bevölkerung der 30000 Einwohner zählenden Stadt ist aber nicht gewillt, die Luftverschmutzung weiter hinzunehmen, selbst wenn durch die vom Bürgermeister angedrohte Schließung des Werkes 2000 Arbeitsplätze verloren gingen (40a).

Schleichende Verseuchung

Gefährlich ist das Schwermetall aber längst nicht mehr nur für die Bewohner der Bleistädte. Als ernstes Problem muß zweifellos auch die schleichende Bleivergiftung der allgemeinen

Bevölkerung gesehen werden (40, 41). Der durchschnittliche Bleigehalt im Blut ist durch die Verarbeitung von heute weltweit über zwei Millionen Tonnen Blei jährlich und dem daraus folgenden Niederschlag um fast das Hundertfache angestiegen, wobei das Nahrungs-Blei stärker zu Buche schlägt als die direkte Aufnahme des Schwermetalls aus Auto- und Industrieabgasen (34).

Gewiß, erste Ansätze zur Bekämpfung des Bleiproblems sind gemacht worden: Am 5. 8. 1971 trat das »Gesetz zum Schutz vor Luftverunreinigungen durch den Bleigehalt des Benzins« in Kraft. Ab 1. 1. 1972 wurde der Bleianteil des Benzins, das dem Kraftstoff als Antiklopfmittel zugesetzt ist, von 600 Milligramm/Liter auf 400 Milligram/Liter, am 1. 1. 1976

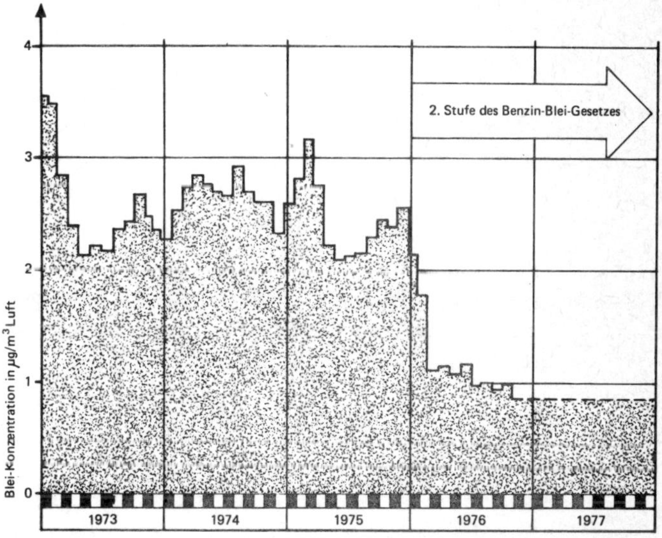

Die Reduzierung des Bleigehalts im Benzin 1972 (1. Stufe) und 1976 (2. Stufe) hat sicherlich zu einer Entlastung der Umwelt beigetragen, denn seit 1976 ist die Bleikonzentration insbesondere in den Großstädten erheblich gesunken.

erneut auf nunmehr 150 Milligramm pro Liter Benzin reduziert. Tatsächlich sank an vielbefahrenen Straßen der Bleigehalt der Luft ganz entscheidend, beispielsweise in der Frankfurter Innenstadt um 60 % (42). Ob diese Maßnahme, zweifellos der für Blei notwendige Schritt in die richtige Richtung, allerdings zur gesamten Umweltentlastung beiträgt, muß sich erst noch zeigen (43).

Zur Besserung der Bleisituation unternahm die Bundesregierung im Dezember 1976 einen weiteren Schritt, indem sie sich einem vierjährigen Untersuchungsprogramm der Europäischen Gemeinschaft anschloß. In zwei Reihenuntersuchungen soll dabei ab Frühjahr 1979 die Bleibelastung der Bevölkerung in den EG-Ländern ermittelt werden. Überschreiten die dabei gefundenen Meßwerte die festgesetzten EG-Limits, verpflichten sich die Staaten, entsprechende Gegenmaßnahmen in die Wege zu leiten (44).

Dies scheint um so dringlicher, als Untersuchungen des Hannoveraner Sozialmediziners Professor Manfred Pflanz eine doppelt so hohe Lungenkrebssterblichkeit bei Frauen in der bleibelasteten Region des Landkreises Wesermarsch wie im Bundesdurchschnitt ergaben (44 a).

Weitaus schlechter sieht es hingegen bei der Gesetzgebung über die Begrenzung des Bleigehalts in Nahrungsmitteln aus, und hier liegt sicherlich ein weit größeres Problem (45): Denn der Mensch ist nicht nur direkt durch die von Industriedreck oder Autoabgasen verpestete Luft gefährdet, sondern rund 5/6 des vom Menschen aufgenommenen Bleis gelangen über die Ernährung in den Körper.

Nach unzähligen Entwürfen mit ständig steigenden Bleibelastungsgrenzen ist man bei der Diskussion über das Stadium der »Richtwerte« für Lebensmittel bei den Behörden allerdings noch nicht hinausgekommen. Dabei weiß man seit langem, daß unsere tägliche Bleiaufnahme in der Bundesrepu-

blik sich in dem Bereich befindet, der von WHO und FAO als »maximal acceptable intake« festgelegt wurde (3 Milligramm pro Woche) (45 a). Experten sind der Ansicht, daß wir bei der Bleiaufnahme über die Nahrung bereits die duldbare Toleranzgrenze erreicht haben (45). Tatsächlich drängt das Problem – Lebensmittelchemiker ermittelten in Nahrungsmitteln geradezu exotische Bleiwerte: in Petersilie zum Beispiel fast zwei Milligramm je Kilo, in Gemüsekonserven gar bis zu 4,2 Milligramm pro Kilo. Professor Georges Fülgraff, Präsident des Bundesgesundheitsamtes, geht davon aus, »daß ca. 5 % der heute in der Bundesrepublik gehandelten Lebensmittel vermutlich vom Verkehr auszuschließen wären« (46).
Hinzu kommt noch eine zweite Bleiquelle: Farbige Porzellan-Dekors, Keramik-Geschirr, Emailletöpfe und -pfannen können bleihaltige Mittel und Bleipigmente enthalten (47), die von sauren Speisen und Fruchtsäften womöglich langsam ausgewaschen werden (48).
Schon im Jahre 1973 kamen Lebensmittelchemiker in einer grundlegenden Untersuchung daher zu dem Ergebnis, daß man zum Schutze des Verbrauchers eine Höchstmengen-Regelung für den Bleigehalt in Lebensmitteln fordern müsse, wie sie für Pflanzenschutz- und Schädlingsbekämpfungsmittel und seit vielen Jahren auch im Ausland existiere (45). Aber bislang ist in diesem Bereich wenig geschehen.
Lösungen des Problems sind nicht in Sicht, wenn auch der Vorschlag gemacht wurde, zumindest in der Nähe von Autobahnen angebautes Obst, Gemüse und Wein, die vor Inkrafttreten des Benzin-Bleigesetzes mitunter einen Bleigehalt von bis zu 3000 ppm aufwiesen (49), mit bestimmten chemischen Substanzen, sogenannten Chelaten, gleichsam gegen eine Bleiverseuchung zu versiegeln (50).
Nach Berechnungen der Biologischen Bundesanstalt sind etwa sieben Prozent der landwirtschaftlichen Nutzflächen

durch Schwermetalle beeinträchtigt und kämen also für eine solche Behandlung in Betracht. Und dennoch ist diese, zudem nicht unumstrittene Methode sicherlich keine befriedigende Lösung für das Bleiproblem in Nahrungsmitteln. Für die Randgebiete von Autobahnen empfielt sich eher, einen 50 Meter breiten Streifen nicht landwirtschaftlich zu nutzen (49).

Daß es noch lange dauert, bis erste ernsthafte Krankheitssymptome in der Bevölkerung auftreten, mag man somit bezweifeln, denn Schwermetalle, die einmal in die Umwelt gelangt sind, lassen sich nicht wieder entfernen, werden auch nicht abgebaut, sondern reichern sich immer mehr an (40, 41). Auch die deutschen Gewässer konnten mit der Schwermetallschwemme lange Zeit kaum noch fertig werden: Ungefähr 60 Tonnen Quecksilber, 100 Tonnen Cadmium und 2500 Tonnen Blei gelangten noch vor einigen Jahren in unsere Flüsse, davon allein Dreiviertel in den Rhein (51). Offensichtlich vertraute man hierzulande lange Zeit auf die biologische Selbstreinigungskräfte der Gewässer und die Anpassungsfähigkeit des menschlichen Organismus. Sicherlich wird unser Körper lernen müssen, mit dem Gift Blei zu leben, aber das ist bestimmt nur bis zu einem gewissen Grad möglich: die Gegenwart in Stolberg, Nordenham und Krautscheid macht deutlich, daß schon jetzt ein Teil der Risikogruppen der Gesellschaft, Kinder und Schwangere, Kranke und Alte, durch das teuflische Schwermetall gefährdet sind. Und es ist ja nicht das Blei allein, das Sorgen bereitet, andere metallische Umweltgifte verschärfen die Problematik.

Quecksilber – heimtückisches Schwermetall

Am Tage der Urteilsverkündigung erhielt sie ihren Sonderschulabschluß. Aber weder die ihr vom Gericht zugesprochene Entschädigungssumme noch die erfolgreiche Beendigung ihrer Ausbildung vermochte sie froh zu stimmen: mit ihren 16 Jahren war Shinobo Sakamoto ein körperliches und geistiges Wrack, das sich zeitlebens nur mühsam und unter starken Schmerzen fortzubewegen in der Lage sein würde (52). Shinobo Sakamoto ist ein Opfer der japanischen Chemieindustrie, genauer: einiger skrupelloser Unternehmer in der Hafenstadt Minamata.

Seit Anfang des Jahrhunderts war die CHIN-NISHON CHISSO HIRYO COMPANY das vorherrschende Industrieunternehmen der Küstenstadt im Südwesten der japanischen Insel Kyushu. Wer nicht bei CHISSO sein Geld verdiente, lebte vom Fischfang in der Bucht von Minamata, und er lebte mehr schlecht als recht. 1949 stellte das Chemieunternehmen seine Produktion von Düngemitteln auf einen Grundstoff für die Plastikherstellung (Acetaldehyd) um, wobei sich die Firmenleitung für ein in aller Welt gängiges Herstellungsverfahren (mit einer Quecksilberverbindung als Katalysator) entschied. Aus Gründen der Kostenersparnis wurden die Abwässer aus der Katalysator-Rückgewinnung ohne weitere Reinigung in einen nahegelegenen Fluß geleitet, der in die Minamata-Bucht mündete. Rund ein Prozent Quecksilber enthielt die CHISSO-Ablauge – ein unvorstellbar hoher Wert, wenn man beispielsweise die Emissionsstandards für die deutsche Industrie zugrunde legt, die um den Faktor 100000 kleiner sind (52). Und Quecksilber wird von Bakterien im Schlamm des Meeresgrundes in das noch weitaus giftigere Methylquecksilber umgewandelt (53).

Vier Jahre nach Aufnahme der Acetaldehyd-Produktion, En-

de 1953, brach eine geheimnisvolle Krankheit unter der Bevölkerung Minamatas aus. Zuerst waren Haustiere und Kleinkinder betroffen, dann aber zeigten auch die Erwachsenen erste Symptome neurologischer Störungen: Taubheitsgefühl in den Extremitäten, dadurch unkoordinierte Bewegungen, verwirrte, unverständliche Sprache, leichte Erregbarkeit, schließlich Lethargie. Frauen, die selbst bis dahin keine sichtbaren Schäden zeigten, gebaren plötzlich geistig gestörte und verkrüppelte Kinder. Die wildesten Gerüchte kamen auf: War es eine radioaktive Verseuchung, die die Menschen mehr und mehr dahinraffte? Schließlich erinnerte man sich noch gut an die nicht einmal zehn Jahre zuvor über Hiroshima und Nagasaki abgeworfenen Atombomben. Aber sehr bald kam man der rätselhaften Epidemie auf die Spur: Ursache waren die Quecksilber-Abwässer des Chemiewerkes CHISSO. Das heimtückische Schwermetall hatte sich als Methylquecksilber in den Meeres-Bakterien angesammelt, die Kleinstlebewesen waren von den Fischen gefressen und diese wiederum von den Bewohnern Minamatas konsumiert worden. Auf diese Weise gelangte das Quecksilber in den menschlichen Organismus. Da die giftigen Quecksilberverbindungen nicht wieder vom Körper ausgeschieden, sondern gespeichert werden, sind gravierende gesundheitliche Störungen und Schäden, vor allem auch des Fötus. Die Folge: Zwischen 1955 und 1959 wurde in Minamata nahezu jedes dritte Kind mit geistigen oder körperlichen Schäden geboren (54).
Als sich 1956 die Seuche ausbreitete, nahm sich schließlich ein Ärzteteam der nahegelegenen Kumamoto-Universität des Problems an. Aber noch bevor die Universitätsmediziner mit ihren Untersuchungen begannen, sah CHISSO-Werksarzt Dr. Hosokowa nach eigenen Versuchen an Katzen seinen Verdacht bestätigt, daß die krankheitserregenden Giftstoffe aus den Abwässern des eigenen Unternehmens stammen. Hoso-

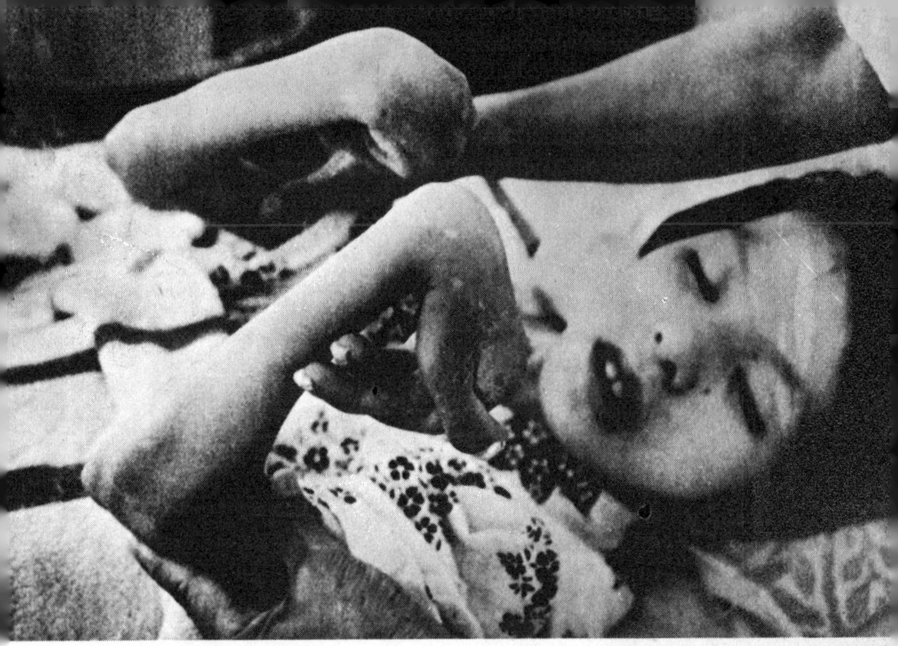

Die chemische Verseuchung der Meeresbucht von Minamata (Japan) führte bei unzähligen Bewohnern der Hafenstadt zu schwerem Siechtum bis hin zum Tod. Zwischen 1955 und 1959 wurde jedes dritte Kind wie dieses Mädchen mit schweren körperlichen und geistigen Schäden geboren. Das Quecksilber hatte das Nervensystem fast völlig zerstört: Die Minamata-Kinder können nicht sehen, nicht sprechen und sind unfähig, ihre Bewegungen zu koordinieren.

kowa wurde daraufhin versetzt, CHISSO bestellte gegenteilige Gutachten (55) und verhinderte die Arbeit des Ärzteteams bewußt, in dem man beispielsweise falsche Angaben über das Produktionsverfahren machte. Über die Folgen der Quecksilberverseuchung kümmerte sich das Chemieunternehmen derweil wenig. Im Gegenteil: Zeitweise lenkte man die Abwässer ins Flußdelta auf der anderen Seite der Stadt, bis auch die dortige Bevölkerung die gleichen Symptome zeigte (56).

1959 legten die Fachleute der Kumamoto-Universität ihren Bericht vor, in dem sie zu dem eindeutigen Ergebnis kamen, daß als Ursache der Nerven-Erkrankungen nur eine Anreicherung von Methylquecksilber im Gehirn in Betracht komme. Das aber könne nur über die Ernährung von Meerestieren aus der quecksilberverseuchten Minamata-Bucht stammen.
Doch die Firmenleitung des Chemiewerkes weigerte sich weiterhin hartnäckig, auch nur die Einleitung der Abwässer in die Minamata-Bucht einzustellen (57). Statt dessen fand man die am schwersten Betroffenen mit geringen Schmerzensgeldern ab, sofern sie bereit waren, damit auf alle weitergehenden Ansprüche zu verzichten. Und die meisten Fischer und Fabrikarbeiter wagten nicht, sich gerichtlich gegen den starken Gegner zur Wehr zu setzen, denn fast alle waren von Chisso abhängig. Das Unternehmen hatte zudem gedroht, daß niemand auch nur einen Yen erhalte, der sein Recht einzuklagen versuche (58).
Obwohl die wissenschaftlichen Gutachten über jeden Zweifel erhaben waren und vor allem deutlich machten, daß sich Quecksilber auch in den Körpern der bis dahin noch nicht betroffenen Menschen schließlich zu gefährlichem Ausmaß ansammeln wird, geschah zehn Jahre lang so gut wie nichts. Im Laufe der Jahre spielten sich wahre menschliche Tragödien ab, zu denen Schwerfälligkeit und Korruption bei den Behörden ebenso beigetragen haben wie die Vertuschungsmanöver des Chemieunternehmens (54). Trotz der weiter steigenden Zahl der Opfer unternahm auch die japanische Regierung bis 1968 keinen Versuch, dem Treiben von Chisso Einhalt zu gebieten (59).
1969 schloß sich eine Gruppe von Betroffenen und Hinterbliebenen zusammen und klagte gegen das Chemieunternehmen. Mehr als drei Jahre brauchte das Gericht, um sich ein Bild zu machen, um Gutachter und Gegengutachter zu Wort

kommen zu lassen. Schließlich verurteilte es die Firma CHISSO zu Schadensersatzzahlungen in Höhe von 9,8 Millionen Mark (die höchste Einzel-Entschädigungssumme betrug 188 000 Mark). Die Begründung des vorsitzenden Richters Jiro Saito klagt nicht zuletzt auch die Behörden an, die mehr als zwölf Jahre nichts unternommen hatten, die Umweltverseuchung durch die Chemiefabrik zu stoppen. »Die Chemiefirmen sollten bei der Beseitigung ihrer Abfälle stets die modernsten technologischen Methoden anwenden und strikteste Sicherheitsvorkehrungen treffen«, schrieb Saito ins Urteil und dazu gehörte auch, »daß sie beim geringsten Zweifel unter Umständen sofort die Produktion einstellen« (60).
Doch das Kapitel Minamata war damit noch längst nicht abgeschlossen. Die meisten der Ende 1974 offiziell »anerkannten« Minamata-Opfer – 107 Menschen waren zu jenem Zeitpunkt schon an der Quecksilberseuche gestorben (59) –, werden niemals mehr in der Lage sein, sich ihren Unterhalt selbst zu verdienen. Für sie bedeutet jedes Jahr, das sie länger leben, Angst um die durch Inflation und Geldentwertung schrumpfende kleine Entschädigung, die ihnen das Gericht zugesprochen hat.
Doch die Einwohner Minamatas wollten nicht nur Genugtuung, sie wollten die Hauptschuldigen hinter Gittern sehen: Über 100 Geschädigte erstatteten daher 1975 Strafanzeige gegen den Vorstand und die Verantwortlichen der Chemiefabrik CHISSO wegen Körperverletzung, Körperverletzung mit Todesfolge und Totschlag (55).
1968 hatte CHISSO das Produktionsverfahren geändert, allerdings nicht etwa, um dem öffentlichen Druck nachzugeben, sondern, wie man betonte, weil es inzwischen veraltet war (54).
Dennoch werden die Auswirkungen noch mindestens zehn, womöglich aber auch hundert Jahre spürbar sein, bis sich die

hochgiftige Schwermetallverbindung Methylquecksilber in der Meeresbucht zu ungefährlichen Konzentrationen verdünnt haben wird (61). Die Regierung der Provinz Toyama plant daher, die Minamata-Bucht trockenzulegen. Die Kosten der Beseitigung von über 1,5 Millionen Kubikmeter vergifteten Schlamms vom Meeresgrund in Höhe von etwa 180 Millionen Mark muß zu 60% die CHISSO-COMPANY tragen. Doch offen bleibt, ob das Unternehmen überhaupt noch in der Lage ist, diese Summe aufzubringen, denn die Schulden betragen bereits das Doppelte des Grundkapitals. Die japanische Regierung sieht sich daher genötigt, mit Krediten (also mit Steuergeldern auch der Bürger Minamatas) einzuspringen – eine absurde Form des »Verursacherprinzips«, das eigentlich den Umweltverschmutzer, nicht aber über Umwege den Betroffenen zur Kasse bitten sollte (62).
Schon im Jahre 1964 – also lange nach Aufklärung der Ursachen der Minamata-Krankheit – kam es auch in einer anderen japanischen Stadt, Niigata, zu einer Umweltverseuchung durch das heimtückische Metall: Die CHOWA DENKO CHEMICAL CORPORATION hatte ebenfalls bei der Acetaldehydproduktion anfallende ungereinigte, quecksilberhaltige Abwässer in den nächstliegenden Fluß, den Agano, geleitet. Wie in Minamata machte auch hier die Geschäftsleitung widersprüchliche Angaben über die Ursachen, spielte die Regierung die Affäre herunter. Sechs Menschen starben nach offiziellen Berichten in Niigata an der Verseuchung, 46 erkrankten, davon die Hälfte durch eine Vergiftung noch vor der Geburt im Mutterleib. Spätere Untersuchungen ergaben jedoch, daß die tatsächliche Zahl der Opfer weitaus höher lag (63).
Quecksilber und seine Verbindungen dürfen zweifellos zu den heimtückischsten chemischen Substanzen gezählt werden, die es überhaupt gibt, denn Quecksilberverbindungen

können neben der akut toxischen Wirkung bei der dauernden Aufnahme selbst kleinster Mengen nach einiger Zeit zu Erkrankungssymptomen führen, weil die Verbindungen vom Körper weder abgebaut noch ausgeschieden, sondern gewissermaßen gespeichert werden und erst zu einem nicht vorhersehbaren Zeitpunkt bei Erreichen der kritischen Konzentration die Krankheit auslösen (64); zum anderen führen solche Vergiftungen nicht nur zu Mißbildungen des ungeborenen Kindes, sondern auch zur Zerstörung der weißen Blutkörperchen, das heißt des Immun-Abwehrsystems (in Minamata starben daher viele Menschen, die auch nicht in der »Quecksilber-Seuchenstatistik« auftauchen, an mitunter banalen Infektionen) (65). Entscheidend ist aber die besondere Anfälligkeit der Gehirn- und Nervenzellen gegenüber quecksilberhaltigen Substanzen: Psychische Störungen, Idiotie und Nervenschädigungen sind die Folge. Und am meisten betroffen sind die Kinder (66). Anhaltspunkte gibt es heute auch für die Zusammenhänge zwischen Quecksilbervergiftungen und Schizophrenie: In den Haaren einiger schizophrener Patienten fanden amerikanische Toxikologen einen erhöhten Anteil des Schwermetalls. Von 200 ambulanten Schizophrenie-Patienten werden etwa vier einer Quecksilberintoxikation zugeschrieben (67).

Aus dem 19. Jahrhundert gibt es sehr anschauliche Zeugnisse von Bergleuten aus Quecksilberminen und Hutmachern, die nach Jahren sprichwörtlich »verrückt« wurden: ihre Hände fingen an zu zittern, sie hatten Schwierigkeiten mit der Artikulation und zeigten Angstzustände bishin zur Persönlichkeitsveränderung. Denn wie die Bergleute kamen auch die Hutmacher tagtäglich mit Quecksilber in Berührung, weil sie z. B. zur Herstellung von Fellmützen eine quecksilberhaltige Substanz verwendeten (68).

Obwohl die Zusammenhänge längst bekannt waren, wurden

Quecksilberverbindungen bis in unsere Zeit zur Herstellung von Heilmitteln benutzt und dienen auch heute noch als Augen-Make-up und vereinzelt als Bleichmittel für lästige Sommersprossen. Letztere sind zwar nach der neuen Kosmetikverordnung verboten, bei einigen Verbrauchern aber womöglich aus Unkenntnis noch immer in Gebrauch (68 a). Bis zu sechs Prozent Quecksilber enthielten diese Kosmetika, die vor Inkrafttreten der Kosmetikverordnung ohne entsprechende Hinweise auf die Risiken rezeptfrei verkauft werden durften. Der Dermatologe Professor Constantin E. Orfanos von der Kölner Hautklinik stellte bei Untersuchungen an Konsumentinnen solcher Präparate fest, daß sie einen gegenüber Vergleichspersonen 500fach erhöhten Quecksilbergehalt aufweisen. Gravierende Schäden bleiben denn oft auch nicht aus: eine grau-schwarze Nagelverfärbung, Entzündung der Mundschleimhaut, Haarausfall sowie Konzentrations- und Gedächtnisstörungen wurden von dem Kölner Hautarzt beobachtet (69). Und im Gegensatz zu den Bleichmitteln sind quecksilberhaltige Augen-Make-ups noch zugelassen, müssen aber einen Warnhinweis (. . . »enthält Phenyl-Quecksilberverbindungen«) aufweisen (68 a).
Selbst quecksilberhaltige Mundwässer werden angeboten: So stellten belgische Forscher nach Anwendung des auch in der BRD zugelassenen Produkts »Hydro-Merfen« einen bis zu 50fachen Quecksilbergehalt im Urin und eine bis bis zu sechsfache Konzentration im Blut fest (70). Auch Amalgamzahnfüllungen werden in diesem Zusammenhang mitunter als problematisch angesehen, da hier neben Kupfer und Silber unter bestimmten Umständen auch Quecksilber in Lösung gehen kann (70 a).
Aber auch in anderen Bereichen finden Quecksilber und dessen Verbindungen vielfältige Anwendung: in der chemischen Industrie zum Beispiel bei der Chlorherstellung und

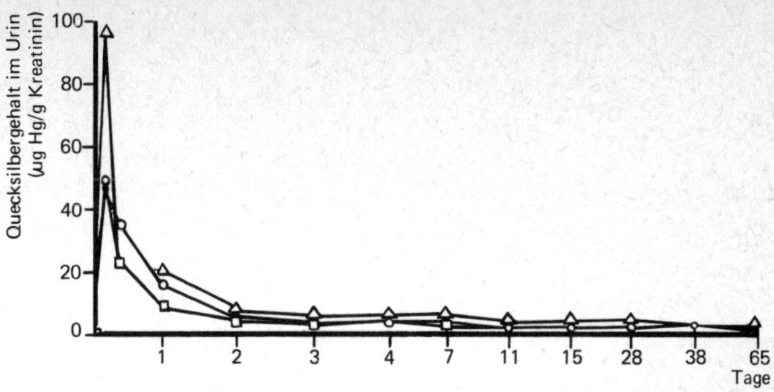

Bereits nach einmaligem Gebrauch eines auch in der Bundesrepublik zugelassenen Mundwassers steigt nach Untersuchungen belgischer Wissenschaftler der Quecksilbergehalt im Urin auf bedrohliche Werte, der erst nach einigen Tagen wieder abklingt. Bei *ständigem* Gebrauch dieses Produkts sind demnach gesundheitliche Schäden nicht auszuschließen (70).

der Papier- und Zellstoffgewinnung. In den letzten zwei Jahrzehnten ist die Weltproduktion von Quecksilber denn auch von etwa 5000 auf mindestens 10000 Tonnen gestiegen (71). Organische Quecksilberverbindungen wurden und werden als pilztötende Mittel (Fungizide) in der Landwirtschaft zur Behandlung von Saatgut eingesetzt (Beizen). Noch im Jahre 1965 »schützte« man im Weltdurchschnitt das Saatgut rund jedes zweiten Getreidefeldes mit Quecksilberfungiziden (72). Auch hier kam es wiederholt zu schweren Verseuchungen:
Anfang 1972 brach im Irak die größte Epidemie aus, die durch Quecksilbervergiftungen jemals hervorgerufen worden ist. 6530 Personen, täglich mehrere Hundert, mußten in Krankenhäuser eingeliefert werden. Ursache der Schwermetallverseuchung war ein infolge der Getreideknappheit aus Mexiko importiertes Saatgetreide, das mit quecksilberhaltigen Fungiziden behandelt worden war. Die irakischen Landwirte

konnten die vor dem Verzehr warnenden Hinweise, die in spanischer Sprache auf die Säcke gedruckt waren, nicht lesen und verwendeten das Getreide zum Brotbacken, nachdem sie es zuvor bei ihren Hühnern auf seine Verträglichkeit getestet hatten. Man wartete allerdings nicht lange genug. Als man die Wirkung bei den Tieren sah, war es bereits zu spät: Insgesamt 459 Menschen starben an dem vergifteten Brot, wobei besonders wiederum Kinder betroffen waren – jedes dritte Opfer war jünger als neun Jahre (73). Quecksilberhaltiges Getreide führte auch in Pakistan und Guatemala zu Massenvergiftungen wie im Irak. Aber auch die USA und Europa blieben von Verseuchungen nicht verschont, denn auch hier kamen gefährliche Quecksilber-Fungizide zum Einsatz. Noch Ende der sechziger Jahre führte das amtliche Pflanzenschutzmittel-Verzeichnis der Bundesrepublik etwa 50 quecksilberhaltige Mittel auf, die ohne Ausnahme der höchsten Giftklasse zugeordnet waren. Noch 1974 wurde eine Quecksilbermenge von etwa 34 Tonnen auf deutsche Getreidefelder ausgebracht (74).
Probleme hatte man vor allem in Schweden, wo 1940 quecksilberhaltige Saatbeizmittel auf den Markt kamen, die sich auch wegen ihrer hohen Wirksamkeit schnell eine Vorrangstellung eroberten. Doch bald zeigten sich auch die Nachteile. Zunächst war in erster Linie die Fauna betroffen: Das quecksilberhaltige Getreide rief ein Massensterben in der Vogelwelt hervor. Anfang der sechziger Jahre klagten die Naturschützer über eine drastische Dezimierung des Vogelbestandes in Schweden. Hinzu kam jedoch, daß auch das aus dem behandelten Saatgut gewonnene Futtergetreide beachtliche Quecksilberrückstände aufwies, die wiederum durch Anreicherung in der Nahrungskette zu Rückständen in Fleisch und Eiern führten (75). Die Quecksilbergehalte lagen in schwedischen Eiern und Fleischprodukten um ein Mehrfaches höher als in

anderen europäischen Ländern. Durch diese Meldungen alarmiert, verboten die zuständigen schwedischen Behörden 1966 die weitere Verwendung von Quecksilberverbindungen in der Landwirtschaft. Detektivischer Spürsinn war notwendig gewesen, um die Ursache der Quecksilberverseuchung zu lokalisieren. Die schwedischen Umweltchemiker Dr. A. G. Johuds und Dr. T. Westemark hatten den Quecksilbergehalt in den Federn mehrerer Vogelarten ermittelt, wobei sie auf Museumsexemplare zurückgriffen, um die Konzentrationen bis 1860 zurückverfolgen zu können. In den Federn des weiblichen Hühnerhabichts, der von kleinen körnerfressenden Vögeln lebt, blieb der Quecksilbergehalt von 1863 bis 1946 bis etwa 2,2 mg/kg konstant. Danach wurde bis 1966 ein dramatischer Anstieg bis zu 29 mg/kg festgestellt, etwa parallel verlaufend mit der Einführung des Methylquecksilbers als Saatbeizmittel. Ab 1966, dem Zeitpunkt des Verbotes, ging der Gehalt nach und nach zurück und hat heute wieder den Standard von vor 1940 erreicht.

Doch einmal auf das Problem aufmerksam gemacht, wurde auch in anderen Bereichen nach dem gefährlichen Chemiegift Quecksilber gefahndet. Dabei zeigte eine Paralleluntersuchung der Federn des Fischadlers, der sich von Meeresgetier ernährt, einen stetigen Anstieg der Quecksilberkonzentration seit dem Jahr 1900, als in Schweden die Chlorherstellung nach dem Amalgamverfahren eingeführt wurde. Die Konzentrationen des Schwermetalls in den Federn des Fischadlers, die man gleichsam als Umweltsonden für die Quecksilberverseuchung des Meeres benutzte, ging bis heute nicht zurück.

Aufgrund der beängstigenden Meldungen und den Erfahrungen aus Japan plädierten die Wissenschaftler für eine sofortige Begrenzung des Quecksilbergehalts im Fisch auf 0,5 Milligramm pro Kilo, ein Wert, den man für den menschlichen

Verzehr als unbedenklich ansah. Doch die offizielle Empfehlung lag doppelt so hoch, denn man wußte, daß in weiten Teilen des Landes sonst Fischfang schlechthin unmöglich gemacht wurde. Dennoch: In vierzig schwedischen Seen und Flüssen, in denen der Quecksilbergehalt der Fische über 1 mg/kg lag, sah man keine andere Lösung als den Fischfang generell zu untersagen. Zusätzlich empfahl die Gesundheitsbehörde der Bevölkerung, nicht mehr als einmal in der Woche Fisch zu essen (61) – die Lebensgewohnheiten mußten sich also dem Ausmaß der chemischen Verseuchung anpassen.
Ähnlich reagierten kanadische und amerikanische Behörden. So ordnete zum Beispiel der Gouverneur des US-Staates Michigan im April 1970 an, den Fischfang auf dem St. Clair See und dem Eriesee umgehend einzustellen. Chloralkaliwerke entlang der in die beiden Seen mündenden Flüsse pumpten täglich etwa 90 Kilogramm Quecksilber in die Gewässer, so daß Hechte aus dem Eriesee schließlich die lebensbedrohliche Quecksilberdosis von 5 mg/kg aufwiesen (76).
Auch hierzulande war Quecksilber in Fischen längst zu einem Problem ersten Ranges geworden, und das nicht nur wegen des aus Japan importierten Thunfisches (77.)
Auch die Anreicherung des Schwermetalls in der Nahrungskette unserer Flüsse nahm ein bedrohliches Ausmaß an: So diagnostizierten Fachleute im Jahre 1971 für die Donau »einen bis zu zwei Meter dicken quecksilberverseuchten Schlamm« (78). Die in Fischen gefundenen Höchstdosen überschritten 1973 die hierzulande gültige Grenzbelastung um das Fünffache. Im Frühjahr 1975 fanden Geochemiker im Rhein bei Mainz gar »japanische Konzentrationen«, die an Minamata erinnerten: In einem Kilogramm Schlamm steckten bis zu 110 Milligramm Quecksilber und 95 Milligramm Cadmium (79).
Hierbei handelt es sich um eine Hypothek der Vergangenheit,

denn mittlerweile hat sich durch die Abwasserreinigung die Situation gebessert. Heute wird jährlich nur noch etwa eine Tonne Quecksilber vom Rhein transportiert.
Dennoch stellt sich insbesondere die Frage, ob die hierzulande gültigen Begrenzungen für den Quecksilbergehalt industrieller Abgase und Abwässer dem heutigen Erkenntnisstand über die Gefährlichkeit des silbrig glitzernden, heimtückischen Metalls entsprechen. Schweden jedenfalls hat seit 1976 die schärfsten Vorschriften für die Quecksilber-Emissionsberenzung zum Beispiel bei der Chlorherstellung: Pro Tonne Chlor darf nur noch ein Gramm Quecksilber in die Luft geblasen werden. Im Gegensatz dazu sind die bei diesem Verfahren in der Bundesrepublik auftretenden Emissionen trotz vorhandener Regelungen für Neuanlagen (3 g/Tonne Chlor) bei bestehenden Chlorfabriken noch bedenklich: So wurden 1974 127 Tonnen Quecksilber von den deutschen Chlorproduzenten in die Umwelt abgegeben, ca. 30 Tonnen allein in die Luft (weitere 30 Tonnen sind als Verunreinigungen in den Produkten Chlor, Natronlauge und Wasserstoff »versteckt« und gelangen nach und nach in die Umwelt) (80). Pro Tonne produzierten Chlors entspricht das einem Ausstoß von durchschnittlich zehn Gramm Quecksilber, also das zehnfache des »schwedischen Werts«. Besonders gravierend ist das Quecksilberproblem in der unmittelbaren Umgebung von Chlor produzierenden Fabriken. Während man in 15 km Entfernung in Moosen lediglich einen Quecksilbergehalt von 0,01 Milligramm nachweisen konnte, wurde in einem Kilometer Entfernung die 400fache Menge ermittelt (81). In der Nachbarschaft solcher Werke weidende Kühe könnten demnach mit Quecksilber verseuchte Milch liefern, denn »unter den toxisch wirkenden Metallen stellt Quecksilber in der Umgebung der Milchtiere möglicherweise eine latente Gefahr dar, da Quecksilber als Alkylverbindung aus anorgani-

schen Verbindungen in der Natur bzw. im Wiederkäuer-Pansen gebildet werden und dabei in die Milch übergehen« könne, heißt es dazu in einer von der DFG initiierten Untersuchung (82). Auch reichert sich das gefährliche Schwermetall womöglich im Fleisch der Kühe an (83). Diese Gefahr besteht auch im Einwirkungsbereich von Kraftwerken: Jährlich werden 105 Tonnen Quecksilber bei der Verbrennung fossiler Brennstoffe (Kohle, Gas, Öl) emittiert (84). Breite Untersuchungen über die Quecksilbergehalte unserer Lebensmittel erscheinen daher dringend notwendig, wenngleich Nahrungsmittel mit über 0,5 mg/kg von der Lebensmittelüberwachung ohnehin aus dem Verkehr gezogen werden sollten (83). Solche Analysen sind nicht zuletzt deswegen geboten, weil nach den USA und Großbritannien die Bundesrepublik an dritter Stelle der Nationen mit dem größten Quecksilberverbrauch steht (85). Japan und Schweden haben ihre Quecksilberkatastrophen inzwischen erlebt – und entsprechende Konsequenzen gezogen: der Verbrauch ist drastisch gesenkt worden. Zu hoffen bleibt demnach, daß wir in der Bundesrepublik aus den japanischen und schwedischen Erfahrungen *rechtzeitig* Konsequenzen ziehen werden.

Cadmium – ungeahntes Risiko

Neben Blei und Quecksilber zählt auch das Cadmium zu der Gruppe der gefährlichen Metalle, und auch hier kamen die ersten Katastrophenmeldungen aus Japan. Schon im Jahre 1947 berichteten Ärzte aus dem Bezirk Toyama erstmals über das Auftreten einer merkwürdigen, scheinbar rheumatischen Erkrankung, die von unsagbaren Schmerzen begleitet wurde. Itai-Itai-byo (wörtlich: Aua-Aua-Krankheit) nannte die Bevölkerung der Provinz um die Stadt Fuchu das Leiden, über

Vornehmlich Frauen zwischen vierzig und siebzig Jahren wurden von der sogenannten Itai-Itai-Krankheit befallen, die auf eine chronische Cadmium-Verseuchung zurückzuführen ist. Über Jahre hinweg schrumpfte bei den betroffenen Menschen das Skelett um bis zu 30 Zentimeter. Viele Itai-Itai-Kranke starben nach oftmals jahrelangem, qualvollem Leiden.

deren Ursachen man so gut wie nichts wußte. Erst als in den fünfziger Jahren immer mehr Menschen von den Symptomen befallen wurden und über unerträgliche Schmerzen in der Lendengegend und in den Beinen klagten, das Leiden aber in keinem Lehrbuch beschrieben war, begann der Landarzt Dr. Noburo Hagino damit, die Itai-Itai-Krankheit systematischer zu untersuchen. Dabei stellte er fest, daß sich das Calcium aus den Knochen löste, sich dadurch das Skelett verformte und die Betroffenen um bis zu 30 Zentimeter schrumpften (86). Oft führten schon leichte Erschütterungen wie zum Beispiel Husten zu Rippenbrüchen. Viele Patienten starben schließlich qualvoll durch Nierenversagen oder durch Infektionen, gegen die sie keine Immunität mehr besaßen, weil auch die körpereigene Abwehr versagte (87). Nicht selten waren die Itai-Itai-Kranken auch der psychischen Belastung durch die andauernden Schmerzen nicht gewachsen, wie die 28jährige Takako Nakamura, die sich schließlich aus einem Zug stürzte. In einem Abschiedsbrief schrieb sie, daß sie mit den Folgen der unheimlichen Krankheit nicht mehr fertig werde. »Die Schmerzen fangen an, mich aufzuzehren. Am liebsten möchte ich meinen Magen und meine Eingeweide wegwerfen« (88).

In erster Linie wurden Frauen von dem rätselhaften Leiden befallen, der Großteil von ihnen im Alter von vierzig bis siebzig Jahren. Und unter den Frauen waren wiederum jene besonders »anfällig«, die bereits mehrere Kinder zur Welt gebracht hatten. Aber die Ursachen der Epidemie lagen auch weiterhin im dunkeln.

Während des Zweiten Weltkrieges waren die Bauern aus Fuchu schon mehrfach gegen die Mitsui Mining and Smelting Company aktiv geworden, denn das Bergwerk pumpte seine Abwässer in den Jintsu-Fluß, aus dem die Reisbauern ihre Felder bewässerten, was oftmals zu erheblichen Einbußen bei der Reisernte führte. Freilich, der Anlaß für die Schäden wurde damals nicht erkannt (89). Als sich die Erkrankungsfälle später häuften, glaubte man eine Erklärung für die Krankheit zu haben: das Leiden sei Folge eines Vitaminmangels durch die Fehlernährung – ließen die untersuchenden Ärzte verlauten – eine Rachitis-Epidemie gleichsam (90).

Es dauerte über zehn Jahre bis Mediziner Mitte der sechziger Jahre die Vitaminmangel-Legende in Zweifel zogen und schließlich der tatsächlichen Ursache der Itai-Itai-Krankheit

auf die Spur kamen: Der Reis in Fuchu wies einen zehnmal höheren Cadmiumgehalt auf als anderswo in Japan. Plötzlich erinnerte man sich wieder an die Verschmutzung des Jintsu durch die MITSUI-Mine, gegen die die Reisbauern schon zwanzig Jahre zuvor protestiert hatten. Und tatsächlich stammte das gefährliche Cadmium aus den Abwässern der Hütte. Jahrzehntelang hatten die Bewohner aus Fuchu und der Umgebung verseuchten Reis gegessen, das gefährliche Metall Cadmium war vom Körper gespeichert worden bis schließlich die Krankheit zum Ausbruch kam.
Doch wie schon in Minamata sah sich die japanische Regierung auch in Fuchu erst im Jahre 1968 veranlaßt, Zusammenhänge zwischen den Massenvergiftungen und der Umweltverschmutzung durch ein Industrieunternehmen offiziell zu bestätigen (87). Zu jener Zeit waren bereits über einhundert Menschen an den Folgen der Cadmium-Seuche gestorben, 50 Itai-Itai-Patienten vegetierten dahin und weitere 184 Menschen zeigten mehr oder weniger starke Anzeichen einer Erkrankung. Dabei hatte man noch nicht einmal jene Kranken berücksichtigt, die durch die jahrelange Cadmiumvergiftung schwere Nierenschäden aufwiesen. Betroffen waren in Fuchu vor allem die Alten – nahezu jeder zweite über 60 Jahre (87).
Erst 1971 gingen die Betroffenen vor Gericht, von denen die Urteilsverkündung indes nur die Hälfte noch erlebte: Der Bergwerks- und Hüttenbetrieb wurde zu einer Schadensersatzzahlung von 57 Millionen Yen (rund 570000 Mark) verurteilt (91). Dennoch versuchte die MITSUI-Mine durch Bestechungen und gekaufte Gutachten, Zusammenhänge der Itai-Itai-Krankheit mit der Cadmiumverseuchung zu leugnen. Der Arzt Dr. Noburo Hagino, der den Stein ins Rollen gebracht hatte, wurde weltweit als »geisteskrank« diffamiert (92).

Wissenschaftlich haltbare Einwände gab es allerdings nicht, denn die Itai-Itai-Krankheit in Fuchu war auch kein Einzelfall: Nachdem man im Cadmium die Ursache der Massenvergiftung entdeckt hatte, war man auch anderswo aktiv und fündig geworden: In Ikuno, Tsushima, Kakehashi, Bandai, Annaka, Omuta und Uguisuz hatten Erzbergwerke ebenfalls Luft und Gewässer mit Cadmium verseucht, und auch hier wies der Großteil der älteren Bevölkerung bereits irreparable Nierenschäden auf.

Doch eine Cadmium-Verseuchung ist nicht nur ein Schreckensgespenst des Landes der aufgehenden Sonne, in dem bis vor wenigen Jahren die Industrialisierung ohne Rücksicht auf die Umwelt vorangetrieben wurde, um das »japanische Wunder« zu sichern. Sicherlich ist die Itai-Itai-Krankheit in dieser Form ein Extremfall, der hierzulande wohl nicht mehr möglich wäre, obwohl wir noch keine gesetzlich vorgeschriebenen Höchstwerte für Cadmium beispielsweise in der Luft besitzen. Der Gesetzgeber darf aber das Problem des gefährlichen Giftstoffes Cadmium nicht ignorieren, wie es bisher geschehen ist. Denn zum einen gilt die Bundesrepublik nach den USA und Japan als drittgrößter Cadmium-Verbraucher der westlichen Welt, zum anderen beträgt die akut tödliche Dosis des Schwermetalls lediglich 30 bis 50 Milligramm (93); Cadmium ist zudem wahrscheinlich krebserzeugend und erbschädigend (94), mit Sicherheit lebensverkürzend (95) und teratogen, es ruft also Schäden des Embryos hervor (96). Alles in allem darf man das Cadmium sicherlich als eines der gefährlichsten Metalle ansehen (97), denn auch die Persistenz des Giftes trägt dafür Sorge, daß es über Jahrzehnte nicht aus der Nahrungskette verschwindet, und sich auch winzige Mengen über Jahre hinweg schließlich zu gefährlichem Ausmaß im Körper ansammeln können: Bis die Krankheit nach zwanzig bis dreißig Jahren zum Ausbruch kommt, bedarf es nur täglicher Mikrogramm-Dosen. Tag für Tag hält die Niere einen Teil des Giftes zurück, bis sie ungefähr 40 Milligramm enthält und der Speicher – bildlich gesprochen – voll ist. Dann beginnt das Gift die Niere lahmzulegen, die schließlich die Entgiftung des Organismus nicht mehr leisten kann (98).

Ziemlich sicher ist auch, daß Cadmium im menschlichen Organismus eine gravierende Erhöhung des Blutdrucks bewirkt. Man stellte bei Menschen, die an Folgen der Hypertonie starben, ungewöhnlich hohe Cadmiummengen in der Niere fest. Um der Sache auf den Grund zu gehen, gaben Forscher Ratten und Mäusen Spuren des Schwermetalls ins Trinkwasser. Auch bei den Versuchstieren beobachtete man einen deutlichen Anstieg des Blutdrucks. Ist die Zunahme der Hypertonie-Kranken somit womöglich u. a. auf eine eskalierende Cadmiumverseuchung zurückzuführen? (99, 100).

Überraschend wäre eine solche Erkenntnis für die Umweltchemiker sicherlich nicht, denn Cadmium ist ein mittlerweile allgegenwärtiges Gift: Es steckt in Farbstoffen, Lacken, Kunststoffen, Keramik, Batterien, Rostschutzmitteln, Plastiktüten, Lötmitteln und Zahnplomben. Auch Eisenerze, Kohle und Erdöl enthalten das toxische Schwermetall, so daß im Stahlwerk, wie im Privathaus, im Kraftwerk wie in der Müllverbrennungsanlage Cadmium ständig in die Luft geblasen wird und hernach zu einem Großteil wieder niederregnet. Auf diese Weise gelangen hierzulande jährlich 83 Tonnen Cadmium in die Luft, wie das Umweltbundesamt ermittelte (101). Hinzu kommen weitere 100 Tonnen, die jährlich in unsere Flüsse wandern (88).

Kein Wunder, daß die Luft vornehmlich in den industriellen Ballungszonen inzwischen bedrohlich mit Cadmium verseucht ist: Im Ruhrgebiet enthält ein Kubikmeter Luft heute schon zwischen 0,01 und 0,03 Mikrogramm, das ist teilweise mehr als das von den Umweltchemikern als gerade noch tolerierbar eingestufte Limit von 0,02 Mikrogramm Cadmium/m^3. In der Londoner Innenstadt stellte man in einem Kubikmeter Luft sogar schon bis zu einem Mikrogramm Cadmium fest, die 50fache Menge des empfohlenen Grenzwertes (95).

Dabei macht das durch Atmung aus der Luft aufgenommene Cadmium nur einen Bruchteil der durch die Nahrungsaufnahme und den Zigarettenkonsum in den Organismus gelangenden Menge aus. Aber die Luft ist in der Regel erstes Glied der Verseuchungskette, denn der Giftstoff rieselt auf die Erde und sammelt sich somit im Boden, in Weiden und Wiesen an. Man schätzt, daß etwa 7 % aller landwirtschaftlichen Nutzflächen in erster Linie betroffen sind und das toxische Schwermetall speichern (102, 103). Über das Weidevieh und das Grundwasser sowie über das ebenfalls verseuchte Flußwasser gelangt das Gift schließlich in den Menschen (104). Hieraus wird ersichtlich, daß in allererster Linie die Festlegung von Cadmiumkonzentrationen in der Luft erforderlich ist, um der weiteren Verbreitung des Schwermetalls Einhalt zu gebieten (105).

In der Bundesrepublik existiert zur Zeit kein gesetzlich vorgeschriebener Immissionswert für Cadmium, eine entsprechende Regelung ist allerdings in Vorbereitung (106). Dies ist von entscheidender Bedeutung, weil sich das giftige Metall nach und nach in Nahrungsmittel anreichern kann, zu mittlerweile gefährlich hohen Konzentrationen, wie das Bundesgesundheitsamt ermittelte: Bis zu 68 Mikrogramm Cadmium nimmt heute jeder Deutsche täglich mit der Nahrung auf, das sind maximal 476 Mikrogramm in der Woche (107). Damit wird die von der WHO als Höchstwert angesehene Cadmiumaufnahme von wöchentlich maximal 400–500 Mikrogramm erreicht bzw. überschritten (108).

Zu ähnlichen Erkenntnissen gelangte auch der Gießener Ernährungswissenschaftler Professor Karl-Heinz Wagner. Ihm wurde allerdings vorgeworfen, sich bei seinen Berechnungen an einem durchschnittlichen Körpergewicht von 60 Kilogramm und nicht, wie üblich, von 70 Kilogramm orientiert zu haben, ein nicht nur falsches, sondern vor allem auch nicht eben bedeutungsvolles Argument: Denn was machen die zahlreichen Menschen in der Bundesrepublik, die 60 Kilo und weniger wiegen? Opfer der Statistik? (109).

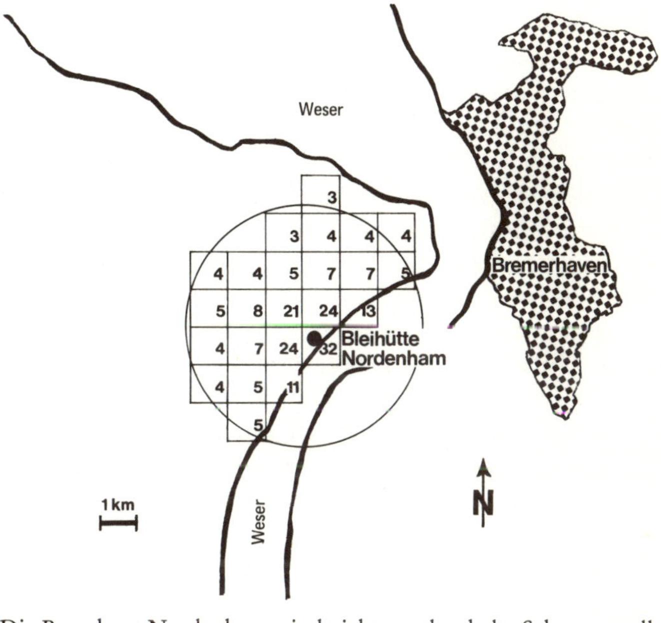

Die Bewohner Nordenhams sind nicht nur durch das Schwermetall Blei belastet, sondern über die Schornsteine der PREUSSAG werden auch große Mengen Cadmium emittiert, die sich dann in der Umgebung der Hütte niederschlagen. Die dabei gefundenen täglichen Niederschlagsmengen (in µg/m²) lassen für die Bewohner langfristig vor allem Nierenschädigungen erwarten.

»Der Sicherheitsabstand vor Gesundheitsschäden ist damit nicht mehr vorhanden«, befindet denn auch die Umweltchemikerin Dr. Christiane Markard vom Umweltbundesamt. Und selbst die WHO-Werte sind als Toleranzgrenze für eine chronische Belastung kaum noch geeignet: Bereits 60 Mikrogramm tagtäglich vom Körper aufgenommen führen bei einem Prozent aller 50jährigen zu Nierenschäden, bei 100 Mikrogramm pro Tag gar sind fünf Prozent betroffen (103). Dies ist ein für die Bundesrepublik keineswegs abstraktes Risiko: In den Cadmium-belasteten Regionen (bis zu 60 $\mu g/m^3$ Luft) Duisburg-Hochfeld, Duisburg-Wanheim, Nordenham, Stolberg, Gelsenkirchen und Datteln ist bei annähernd 2 % dieser Altersgruppe mit chronischen Nierenschäden zu rechnen (109 a).
Und immer wieder werden die Lebensmittelämter fündig: Alarmierende Meldungen über beängstigend hohe Cadmiumwerte in Nahrungsmitteln waren in den letzten Jahren an der Tagesordnung: So bestimmte beispielsweise das Chemische Untersuchungsamt Saarbrücken pro Kilo Champignons einen Cadmiumgehalt im Milligrammbereich (110).
Doch Höchstwerte für Lebensmittel sind bis heute nicht in Sicht: Zwar wurde bereits im Jahre 1972 im Bonner Gesundheitsministerium eine Rechtsvorschrift ausgearbeitet, die den Schwermetallgehalt in Nahrungsmitteln drastisch begrenzen sollte und sicherlich dafür gesorgt hätte, daß etliche Lebensmittel aus deutschen Landen nicht mehr gehandelt werden dürften (103). Aber seitdem hat man an dem Entwurf ständig herumexperimentiert und die Grenzwerte schrittweise heraufgesetzt. Doch selbst der verwässerte Entwurf ist noch kein Gesetz. Wann er Rechtskraft erlangen könnte, steht in den Sternen. Lakonische Antwort aus dem Bundesgesundheitsamt: »Wir warten ab, was die EG macht« (103). Dabei: Im Augenblick steht bei der Europäischen Gemeinschaft eine

Richtlinie zur Begrenzung von Cadmium in Lebensmitteln gar nicht auf der Tagesordnung.
In Schweden ist man im Interesse des Schutzes der Bevölkerung rigoroser: Während man sich hier noch über Belastungsgrenzen streitet, befürwortet der Toxikologe Professor Magnus Piscator vom Stockholmer Karolinska-Institut eine Radikallösung. Da Cadmium nahezu in allen Fällen durch harmlosere Stoffe ersetzt werden könne, solle man das giftige Schwermetall als Industriestoff schlichtweg verbieten (103).

Bedrohliche Dämpfe

Bislang weitgehend unbemerkt hat sich ein Giftstoff als ständiger Begleiter in unsere Atemluft geschlichen, von dem jeder Chemiker weiß, daß im Labor aufwendige Sicherheitsvorkehrungen notwendig sind, um gesundheitliche Schäden durch diese Verbindung zu vermeiden. Aber erst 1977 schlugen das Umweltbundesamt und nahezu gleichzeitig die amerikanische Umweltbehörde EPA Alarm: Benzol, eine der gefährlichsten unter den krebserzeugenden Substanzen hat sich in den Ballungszentren inzwischen in bedrohlichem Ausmaß in der Luft angereichert (111, 113).
Etwa 275 000 Tonnen Benzol werden in den USA jährlich in die Luft geblasen, der größte Teil, nämlich 200000 Tonnen, durch den Kraftfahrzeugverkehr, denn Benzin enthält im Durchschnitt etwa 2,5 % der giftigen Verbindung. Zwar soll durch die sehr strengen Abgasvorschriften der Amerikaner der Anteil des Sprit-Benzols an der Gesamtbelastung drastisch um mehr als Dreiviertel reduziert werden, in Ländern ohne so weitgehende Auspuffreglementierungen wie beispielsweise in der Bundesrepublik, vor allem aber beim Transport und Lagern des Treibstoffes sowie in der Nähe von

Immissionsmessungen gasförmiger organischer Verbindungen (in ppb)

	Frankfurt			Gr. Feldberg/Taunus	
	4.30 h	8.30 h	14.00 h	10.00 h	12.00 h
Toluol	1,6	10,3	65,5	0,7	0,9
Benzol	1,8	6,8	51,6	0,4	0,4
n-Pentan	1,7	6,1	51,2	0,6	0,5
1.1 Dichloräthan	3,8	0,4	3,8	n. n.	n. n.
Trichloräthylen	0,3	2,0	1,4	0,2	0,1
Vinylchlorid	0,8	n. n.	0,8	n. n.	n. n.

n. n. = nicht nachweisbar

Quelle: Materialienband zum Immissionsschutzbericht 1977, Umweltbundesamt 1977.

Die Belastung unserer Großstädte durch gefährliche Kohlenwasserstoffe aus den Autoabgasen sowohl als auch durch die chemische Industrie muß im Vergleich zu den Werten aus Reinluftgebieten als äußerst bedenklich eingestuft werden.

Benzol-Fabriken dürfte die Luftverunreinigung mit dieser Substanz dagegen noch zu einem herausragenden Umweltproblem werden.

Fast 13 000 Tonnen Benzol dampfen jährlich allein beim Umschlag der reinen Flüssigkeit oder von Kraftstoff in die Umwelt ab. Kein Wunder also, daß die in diesem Bereich tätigen Arbeiter und Tankwagenfahrer besonders gefährdet sind: In einem Extremfall fand man in der ausgeatmeten Atemluft eines Arbeiters bis zu 2,5 Milligramm Benzol, eine erschreckend hohe Konzentration, wenn man bedenkt, daß dieser Wert im Bereich der Emission von Abgasfahnen der Chemieindustrie liegt (112).

Ebenso gravierend ist das Problem in Autoreparaturwerkstätten, nicht zuletzt, weil man benzolhaltiges Benzin dort

auch noch als Fleckenentferner oder sogar Reinigungsmittel für die Haut benutzt.
Aber Benzol ist auch zu einem Umweltproblem für jedermann geworden – durch die Auspuffabgase. Noch 1971 gelangte der Hauptverband der gewerblichen Berufsgenossenschaften in einem internen Papier zu der Einschätzung, daß man dem Benzol-Problem zwar große Aufmerksamkeit schenken solle, aber alles tun müsse, »damit dieses Thema nicht auch in der Art des hochgespielten Umweltschutzes behandelt wird«. In der Öffentlichkeit dargestellt wurden die Benzolgefahren des Benzins erstmals 1977 vom Umweltbundesamt, das in seinem Immissionsschutz-Bericht auf die Gefährdung des Autofahrers durch Benzoldämpfe hinwies: Bereits nach dreißigminütiger Autofahrt steigt die Konzentration im Wageninnern auf mehr als das Doppelte an (113). Als besonders kritisch anzusehen ist ein Verkehrsstau, wenn die Abgase des Vordermanns vom Ventilator angesaugt werden. Kaum überraschte auch die Erkenntnis, daß auch die Fußgänger in den Innenstädten in erheblichem Maße von Benzoldämpfen gefährdet sind.
Daß Tankwagenfahrer durch ihren alltäglichen Umgang mit der gefährlichen Flüssigkeit sehr viel häufiger an Leukämie sterben, weiß man seit einigen Jahren. Auch Tankwarte sind vermutlich diesem Berufsrisiko ausgesetzt; jedenfalls ließ sich in einer Reihenuntersuchung eine bis zu zwanzigfach erhöhte Ausscheidung des Benzolabbauprodukts Phenol im Urin der Benzinverkäufer nachweisen. Zwischen fünf und zehnmal höher als in der Bevölkerung ist auch unter den Arbeitern von Benzolfabriken das Risiko, an Blutkrebs zu erkranken (114). Kein Wunder, denn schon die »chronische Einwirkung kleiner und kleinster Benzolmengen erzeugt Schädigungen des Knochenmarks«. Zu diesem Ergebnis kam 1976 eine Toxikologen-Kommission der Deutschen Forschungsgemeinschaft,

deren Aufgabe die Prüfung gesundheitsschädlicher Arbeitsstoffe ist. Und was für die »Benzol-Berufe« gilt, muß in zunehmendem Maße auch als Gefahr für die Bewohner in der Umgebung von chemischen Werken gesehen werden, die die Chemikalie herstellen. Das Ausmaß der durch Benzol verursachten Leukämie-Erkrankungen in der Bevölkerung sei nicht kalkulierbar, betonten die DFG-Experten, »da die Zahl aller Benzolexponierten auch nicht annähernd zuverlässig ermittelt werden kann«. Ein Risiko für die Ballungsgebiete ist unstrittig, denn »eine *un*bedenkliche Konzentration kann zur Zeit nicht genannt werden« (115).

Gefahrenzonen sind in der Bundesrepublik das westliche Ruhrgebiet und der Kölner Raum. Denn dort entweichen jährlich aus Chemieanlagen mehr als 2000 Tonnen Benzol in die Luft (116).

Kein Zweifel: Die Umweltbelastung durch die Luftverschmutzung der Chemieindustrie gewinnt gegenüber der Emission durch den Kraftstoffverbrauch zunehmend an Bedeutung. Dies vor allem auch deshalb, weil längerfristig eine Abnahme dieser Benzolemission zu erwarten ist. Anders ausgedrückt: Die Gesamtbelastung dürfte sinken, die Verunreinigung durch chemische und petrochemische Anlagen wird bleiben. Keine Entwarnung also beispielsweise für die Bewohner des Kölner Raums.

Hieraus müßte eigentlich die Konsequenz gezogen werden, den Einsatz von Benzol in der Chemieindustrie einzuschränken. In vielen Fällen ist dies ohne weiteres möglich, da es für seine Anwendung als Lösungs- und Extraktionsmittel ungefährliche Alternativen gibt (117). Dort wo die Chemikalie unverzichtbar ist, muß mit modernisierten Abgasreinigungsanlagen eine Reduzierung des Benzolausstoßes erzielt werden.

Schon 1967 trat die internationale Arbeitnehmerorganisation

ILO mit der Forderung an die Chemieindustrie heran, harmlose und weniger gefährliche Ersatzprodukte für Benzol einzusetzen (118, 119). Aber wie später andere Fachleute stieß auch die ILO bei der Industrie weitgehend auf taube Ohren – dies vor allem aus wirtschaftlichen Gründen. So ließ die Konzernspitze der Chemiegiganten BASF noch 1975 in einer Mitteilung ihre entsprechenden Abteilungen wissen, daß Benzol als Extraktionsmittel zwar »im Prinzip in den meisten Fällen durch Toluol zu ersetzen« sei, »der Umbau der Extraktions- bzw. Destillationsanlagen ... aber zu erheblichen Kosten führen« würde. Immerhin: »*Ein* Betrieb konnte ohne Mehrkosten auf Benzol verzichten«. Nur: Die BASF hatte zu diesem Zeitpunkt insgesamt 14 Anlagen mit Benzol laufen.
Es ist somit anzunehmen, daß – sofern nicht die Emissionswerte drastisch verschärft oder Produktionsverfahren umgestellt werden – die Bewohner in der Nachbarschaft von Benzol verarbeitenden Chemiewerken mit dem Giftstoff leben müssen (120). Bestätigt hat sich diese Befürchtung mittlerweile für die Bewohner der pfälzischen Stadt Frankenthal. Im Jahre 1968 waren aufgrund eines Störfalls bei der SAAR-FERNGAS AG erhebliche Mengen Benzol im Erdreich versickert. Als im Jahre 1973 die Verseuchung bekannt wurde, pumpte man zwar Grundwasser ab, doch erst im April 1978 verbot man den Bewohnern der Nachbarsiedlung die Benutzung von Brunnenwasser. Dort hatte man sich jahrelang gewundert, daß in den Gärten Pflanzen und Bäume absterben und die Fische in den Teichen eingehen. Untersuchungen im Juli 1978 machten dann das ganze Ausmaß der Verseuchung deutlich: Vereidigte Gutachter fanden im Grundwasser bis zu 150 mg Benzol/Liter. Fazit: Seit zehn Jahren ist man in dieser Siedlung einer Vergiftung mit dem krebserzeugenden Benzol ausgesetzt – die Folgen für die Bewohner sind ungewiß.

PCB – eine globale Umweltseuche

Das Gift war überall nachweisbar: Man fand es in Seeadlern, in Muttermilch, im Fettgewebe arktischer Seehunde und im Plankton der Meere. Das Insektizid DDT, dessen weltweite Verseuchung die Öffentlichkeit erstmals Anfang der sechziger Jahre alarmierte, ist inzwischen in vielen Ländern verboten (121). Doch Anfang der siebziger Jahre entlarvte man eine neue ökologische Zeitbombe, die das DDT noch bei weitem in den Schatten stellt: die sogenannten polychlorierten Biphenyle, kurz PCBs genannt. Dieses Gemisch chemisch sehr ähnlicher Verbindungen ist mittlerweile zum Inbegriff für die Gefahren einer globalen Umweltverseuchung geworden. Denn auch polychlorierte Biphenyle sind heute allgegenwärtig: Man findet sie in Muscheln und Fischen, in Vögeln, Eiern, Margarine und Muttermilch – inzwischen, wie weiland beim DDT – auch schon in arktischen Pinguinen und Seehunden (122). PCBs wurden erstmals im Jahre 1930 industriell produziert, und obwohl schon damals Gesundheitsschäden unter den PCB-Arbeitern die Giftigkeit der Substanz deutlich machten, interessierte man sich ausschließlich für die Vorzüge, das heißt die Vermarktung der Substanz: Die PCBs besitzen nämlich – wie man damals erkannte – äußerst bemerkenswerte physikalische und chemische Eigenschaften, auf deren Anwendung niemand verzichten wollte (123). So fanden PCBs seitdem in Kunststoffen als Weichmacher, beispielsweise als Kabelisolierung, als Kühl- und Isolationsmaterial in Transformatoren und in vielfältiger Form in Farbstoffen und Lacken Verwendung (124). Seit Einführung der Substanz sind weltweit schätzungsweise eine Million Tonnen PCBs hergestellt worden, und da es sich bei diesem Stoff nicht nur um eine giftige, sondern auch chemisch sehr stabile Substanz handelt, dürfte ein Großteil der Weltproduktion von fünf

Jahrzehnten auch heute noch auf diesem Planeten »umhergeistern« (125).

Die Öffentlichkeit wurde erstmals durch spektakuläre Vergiftungs- und Todesfälle wiederum in Japan auf das PCB-Problem aufmerksam. Im Herbst 1968 war bei der lebensmittelverarbeitenden Fabrik KANEMI SOKO KABUSHIKIGAISHA der Metallmantel einer Kühlanlage durchgerostet und ihr Inhalt – flüssiges PCB, das als Wärmeübertragungsmittel diente – in einen großen Reisöltank geflossen (126). Niemand bemerkte das Leck im Kühlsystem, und so gelangte das mit PCBs vergiftete Reisöl in den Handel. Als plötzlich 700000 Hühner auf rätselhafte Weise eingingen, schöpfte man den ersten Verdacht. Zu spät. Schon nach wenigen Tagen zeigten sich bei ungefähr tausend Reisölkonsumenten erste Vergiftungssymptome, zunächst Hautveränderungen, Chlorakne und eine Dunkelung der Pigmente (Yusho-Krankheit), später kam es zu gravierenden Schädigungen von Leber, Milz und Nieren, Schwellungen der Lymphknoten und des Herzbeutels, Jahre danach schließlich zu Krebs. Das PCB-vergiftete Reisöl hatte auch Schädigungen des Fötus im Mutterleib zur Folge: 90 % der Lebendgeborenen waren durch Hautschäden nach der Geburt als »schwarze Babies« zu Außenseitern gestempelt. Noch heute scheuen sich die inzwischen zehnjährigen Yusho-Kinder, ihr zerstörtes Gesicht in der Öffentlichkeit zu zeigen (122).

Aber die Yusho-Krankheit blieb kein Einzelfall. Allein zwischen 1969 und 1971 kam es in den USA zu neun PCB-Verseuchungen, mit allerdings nicht immer so gravierenden Folgen wie in Japan. Aufgrund eines Lecks in einem Kühlaggregat mußten zum Beispiel 50000 vergiftete Puter und 80000 verseuchte Hühner getötet sowie umfangreiche Eierbestände vernichtet werden, da man beim Hersteller die Verseuchung des Geflügelfutters – wie so oft – erst Wochen später festgestellt hatte. In einem anderen Fall war von einem Tierfutterproduzenten Hühnerfutter in PCB-haltigen Plastikbeuteln versandt worden. Die betroffenen Geflügelfarmen erhielten daraufhin die Auflage, insgesamt 141 000 Hühner in einer Spezialanlage zu verbrennen, da die Zerstörung des Giftstoffes erst oberhalb von 1000 Grad Celsius vollständig erfolgt. 1973 mußten 75 000 Eier, die zum Teil bereits den Verbraucher erreicht hatten, beschlagnahmt werden, da zum Füttern der Legehennen PCB-haltiges Fischmehl verwendet worden war. Quelle der Vergiftung auch hier ein korrodiertes Heizsystem in der Fischmehlfabrik.

Solche Störfälle haben freilich zur allgemeinen, weltweiten Verseuchung durch die PCBs kaum beigetragen. Die indes nahm im Laufe der letzten Jahre so beängstigende Formen an, daß man wegen der Persistenz und der Anreicherung des Giftes in der Nahrungskette über kurz oder lang auch unter der Bevölkerung besonders bedrohter Länder mit ersten Symptomen der Yusho-Erkrankung rechnen muß (127).

Einige fleischfressende Vogelarten sind durch das Umweltgift sogar schon vom Aussterben bedroht (128). Zu diesem Ergebnis kam der Biologe Dr. Bernhard Conrad, nachdem er zwischen 1974 und 1976 insgesamt 557 Vogeleier wildlebender Greifvögel untersucht und dabei neben dem noch immer vorhandenen DDT auch enorme PCB-Gehalte ermittelt hatte. Einige Sperbereier waren zum Beispiel mit PCB geradezu verseucht. Als Conrad die Dicke der Eierschalen mit der von Museumsstücken aus der Zeit der Jahrhundertwende verglich, zeigte sich eine Abnahme von bis zu 12,5 %. Fast fühle man sich an das Aussterben der Saurier erinnert, deren Eierschalen ebenfalls zu dünn geworden waren, betont Bernd Conrad, und er hat für seine Befürchtung auch konkrete Anhaltspunkte: Die Zahl der westdeutschen Wanderfalken ging seit 1950 von 400 auf nunmehr 50 zurück. Ohne Chancen sind bereits die Seeadler, von denen es an der Ostseeküste nur noch vier bis fünf brütende Paare gibt, »und die sind kaum in der Lage, Junge hochzubringen«, klagt der Vogelforscher (129).

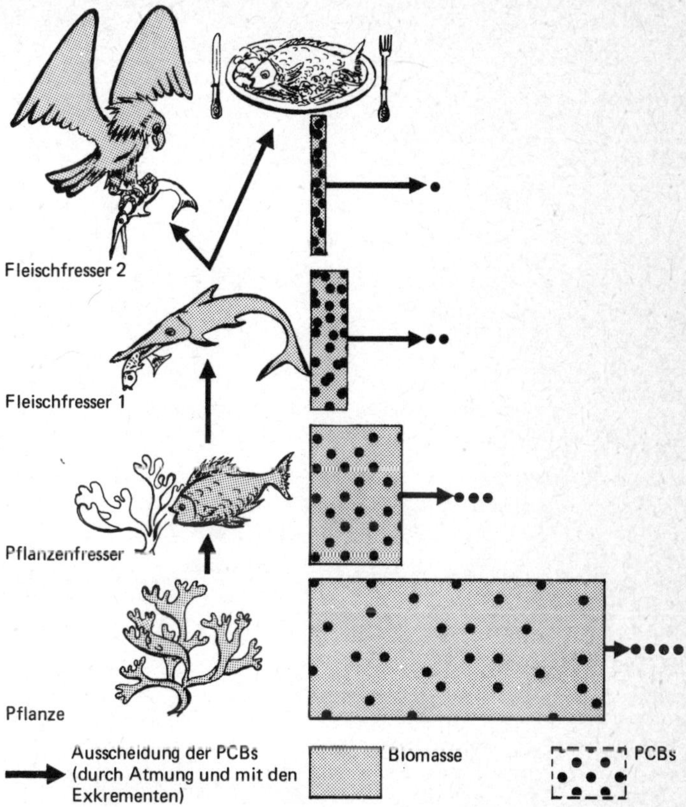

In der Nahrungskette kommt es zu einer deutlichen Anreicherung der PCBs (Bioakkulumation). Ende der Nahrungskette ist der Mensch (oder sogar der Säugling, der an der Mutterbrust ernährt wird). Er bekommt somit die größte Dosis der Giftstoffe ab.

PCB-Vorkommen in der Luft

Objekt	Fundort	Konzentration
Luft	Bermudas	0,30–0,65 ng/m³ als Aroclor 1248
Luft	Bermudas	0,22–0,44 ng/m³ als Aroclor 1254
Luft	Schweden	0,80–12,50 ng/m³
Luft – Niederschlag	Island – Spätsommer 1972	1050,00 ng/m² Monat
Luft – Niederschlag	Island – Winter 1972/1973	50,00 ng/m² Monat
Luft – Niederschlag	Schweden	550,00–10510,00 ng/m² Monat
Müllverbrennung – Abgas	Japan	0,16–0,54 µg/m³
Müllverbrennung – Feinanteil	USA	positiv
Müllverbrennung – Flugasche	USA	positiv

Quelle: Dobbertin, S. und Arndt, U., WHO Environmental Health Criteria Programme, Review of work in the Federal Republic of Germany, 1975.

Die PCBs sind ein deutliches Beispiel dafür, wie sich chemisch stabile, sogenannte persistente Substanzen, über die ganze Welt verteilen können. Diese Giftstoffe sind heute allgegenwärtig, in der Luft, im Wasser der Ozeane, im Boden, in Pflanzen, Tieren und dem Mensch, ja in den entlegensten Winkeln dieses Planeten wie zum Beispiel der Antarktis fand man PCBs.

Überhaupt scheinen maritime Tiere vom PCB-Problem ganz besonders betroffen. Denn obwohl das Gift im Oberflächenwasser der Weltmeere nur in Bruchteilen eines Milligramms vorkommt, reichert es sich zunächst in wirbellosen Wassertieren und dann in deren Konsumenten, zum Beispiel Fischen, in außerordentlich hohen Mengen an. So fand man beispielsweise im Jahre 1973 in der Leber des Ostsee-Dor-

PCB-Vorkommen im Menschen

Objekt	Herkunftsort	Konzentration
Humanmilch	Bundesrepublik Deutschland	0,103 mg/kg bez. auf Milch 3,5 mg/kg Milchfettbasis
Fettgewebe		5,7 mg/kg Fettbasis als Clophen A 60
Fettgewebe		6,8–10 mg/kg Fettbasis
Fettgewebe	Japan	0,10–1,48 mg/kg
Fettgewebe	Japan – Tokio	0,7–5,1 mg/kg Fettbasis
Fettgewebe	Japan – Yusho (Unfall)	13,1–75,5 mg/kg als Kanechlor 400
Fettgewebe	Kanada	1,86 mg/kg
Fettgewebe	Japan	2,86–7,5 mg/kg
Fettgewebe	USA	50–100 mg/kg Gewebebasis 115–180 mg/kg Fettbasis
Fettgewebe	Schweiz	1 mg/kg
Gewebe	USA (Unfall)	200–600 mg/kg
Nierenfett	Europa	3,5 mg/kg Fettbasis
Niere	USA	0,75 mg kg Frischgewicht 125 mg/kg Fettbasis
Leber	USA	2 mg/kg Frischgewicht 250 mg/kg Fettbasis
Leber	Japan – Yusho (Unfall)	0,1 mg/kg als Kanechlor 500/600

Quelle: Dobbertin, S. und Arndt, U.: WHO Environmental Health Criteria Programme, Review of Work in the Federal Republic of Germany, 1975.

sches bis zu 59 Milligramm PCBs pro Kilo – in Schweden mußte daraufhin der Verzehr dieses Speisefisches verboten werden (130). Als besonders problematisch erweist sich dabei – wegen der hohen Fettlöslichkeit der PCBs – die sogenannte Bioakkumulation für den Menschen: mit jedem Glied der Nahrungskette steigt der Giftstoffgehalt (131). Es ist daher alles andere als verwunderlich, daß im menschlichen Fettgewebe bereits beängstigend hohe PCB-Werte gemessen wurden. Und allerletztes Glied der Kette ist der Säugling, der an der Mutterbrust ernährt wird und dabei die größte Dosis des Giftstoffes abbekommt.

Vor allem: Die Bundesbürger und deren Neugeborene sind in ganz besonderem Maße von der PCB-Verseuchung bedroht: 1970 schon fand der Münsteraner Lebensmittelchemiker Professor Ludwig Acker den unerwartet hohen Gehalt von 5,7 Milligramm PCB/kg im Fettgewebe der Deutschen, im Jahre 1974 sogar durchschnittlich 8,2 Milligramm PCB/kg; in Extremfällen wurden bis zu 52 Milligramm PCBs pro Kilo Körpergewicht gemessen (132). Zum Vergleich: Rhesusaffen, die regelmäßig 2,5 Milligramm PCBs mit jedem Kilo Futter aßen, wurden bereits krank; und Ratten, die 100 Milligramm mit jedem Kilo Futter aufnahmen, bekamen Leberkrebs (133).

Und – wie erwartet – ist auch die deutsche Muttermilch inzwischen mit bis zu 5,3 Milligramm PCB/kg vergiftet, so stark mithin, daß sie nach den amerikanischen Lebensmittelvorschriften für den menschlichen Genuß nicht mehr geeignet ist! Beinahe in jeder vierten Muttermilchprobe, die sie untersuchten, fanden die Münchener PCB-Fahnder Dr. Alfred Rappe und Dr. Wilfried Waiblinger bedenkliche Spuren des Umweltgiftes, das heißt der medizinisch für den Erwachsenen zulässige Höchstwert wurde in der Säuglingsnahrung um ein Vielfaches überschritten, schreiben die Umweltchemiker (134).

Produziert wird PCB heute in den westlichen Industrienationen außer in Frankreich nur noch in der Bundesrepublik Deutschland (134 a).

Seit den Jahren 1971 und 1972 ist durch Selbstbeschränkung der damals noch vier PCB-Produzenten der westlichen Welt, die Anwendung der Substanz in sogenannten offenen Systemen, also zum Beispiel in Weichmachern oder als Zusatzstoff für Farben und Papier, die bis dahin etwa die Hälfte des Verbrauches ausmachte, eingestellt worden (135). Auch der deutsche Hersteller, die BAYER AG, bietet seine PCBs (Handelsname »Clophen«) seit dieser Zeit nur noch für geschlossene Systeme, das heißt für Kondensatoren, Transformatoren sowie als Hydraulikflüssigkeit und Kühlmittel an.

Angesichts der bekannten toxikologischen und ökologischen Probleme müssen die BAYER-Produktionszahlen – dies im Gegensatz zu allen anderen PCB-Herstellern – verwundern: Von 1970 (8000 Tonnen) stieg der Ausstoß von »Clophen« im Jahre 1973 auf 9000 Tonnen, im Jahre 1974 sogar auf 10900 Tonnen (136). Möglicherweise ist die Ausweitung der deutschen Produktion in diesen Jahren auf das Einstellen der PCB-Herstellung durch die japanische und amerikanische Konkurrenz zurückzuführen. Denn Japan hat die Verarbeitung des Giftstoffes derweil mit wenigen Ausnahmen untersagt; der US-Produzent MONSANTO stellte die Synthese der PCBs im Jahre 1976 sogar freiwillig ein.

Zwar betont die BAYER AG, daß auch sie sich nach 1974 in einer Selbstbeschränkung bei der Produktion geübt habe (137). Dennoch: Was einmal in die bundesdeutsche Umwelt gelangte, wird daraus so schnell auch nicht mehr verschwinden. Und die PCB-Werte in Fettgewebe und Muttermilch der Bundesbürger sprechen eine sehr deutliche Sprache.

Daß heute überhaupt noch PCBs in der Bundesrepublik hergestellt werden, ist nicht nur wegen deren Giftigkeit, sondern auch wegen der durchaus vorhandenen Alternativen unverständlich. Denn eine Reihe von Ersatzprodukten weist die gleichen Eigenschaften wie die polychlorierten Biphenyle auf, besitzt aber weitaus geringere Toxizität und Persistenz (138). Zudem wird eine PCB-Alternative (Dimethylsiloxanpolymerisate) unter anderem von der WACKER CHEMIE oder DOW CORNING auch in der Bundesrepublik angeboten.

Angesichts dessen muß man zu dem Schluß kommen, daß die deutsche Chemieindustrie mitunter sehr lange braucht, um wissenschaftliche Erkenntnisse in ihre wirtschaftlichen Überlegungen einfließen zu lassen. Denn kein Fachmann zweifelt mehr an den drohenden Gefahren einer fortschreitenden PCB-Verseuchung. Noch 1973 allerdings betonte Dr. Ernst Knust, der PCB-Experte der BAYER AG, daß »die Weiterverwendung von PCB in Kondensatoren und Transformatoren ... nur ein geringes Risiko hinsichtlich der Umweltverschmutzung« bedeute (139).
Gewiß, über den Weg der PCBs in die Umwelt herrschte lange Zeit weitgehende Unklarheit, zumal die Vermarktungsform der Substanz in geschlossenen Systemen oder als Zusatzstoff für feste Gebrauchsgüter eine weltweite Vergiftung nicht erwarten ließ (140). Doch simple Tests vor der Produktionsaufnahme hätten die Gefahren einer Umweltkatastrophe bereits erahnen lassen, denn die PCBs verflüchtigen sich sehr leicht aus festen und flüssigen Materialien (141).
Gerade dieses Beispiel macht damit auch die Notwendigkeit einer Umweltchemikalien-Gesetzgebung deutlich, wie sie hierzulande im Gegensatz zu den meisten vergleichbaren Industrienationen noch nicht existiert (siehe Seite 259, 414).
Daß PCBs aus den Produkten »verdampfen« und dann wieder herabregnen, zeigte zum Beispiel eine kanadische Untersuchung, derzufolge jährlich zwischen 500 und 1000 Kilogramm PCBs über den Regen in den Eriesee gelangen, dagegen »nur« etwa 250 Kilogramm über das Abwasser (142).
Quellen der Luftverschmutzung durch den Giftstoff sind in erster Linie die Müllverbrennungsanlagen. Da die PCBs erst bei Temperaturen oberhalb von 1000 Grad Celsius zerstört werden, die Hausmüllverbrennung aber meist darunter erfolgt, verflüchtigen sich dabei durchschnittlich 0,4 mg PCB/m^3 in die Luft (143) (siehe auch Seite 309).

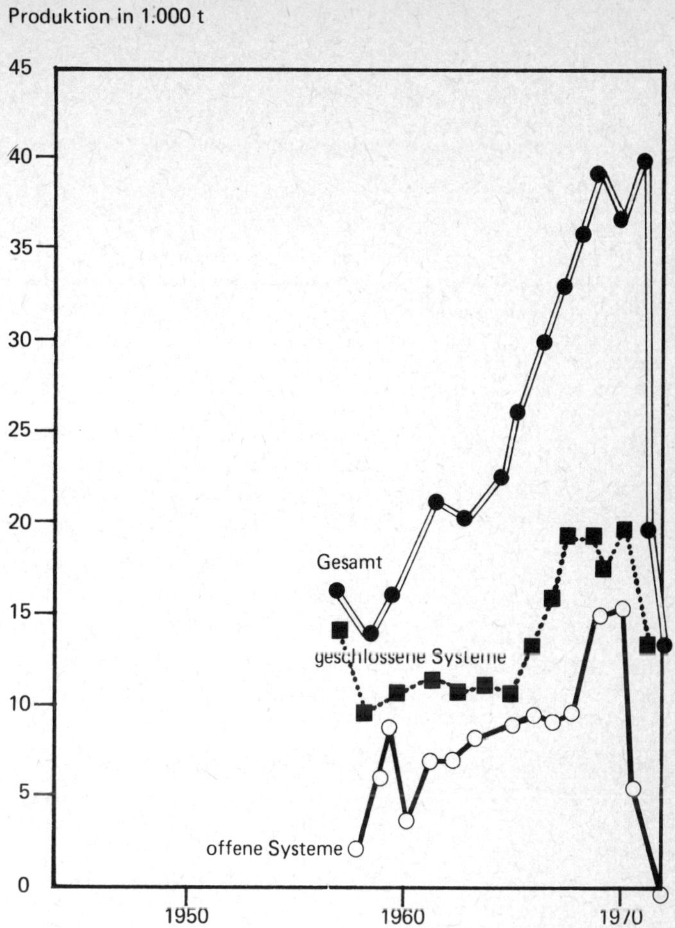

In den USA ist die Produktion der PCBs seit langem rückläufig, zumal der einzige amerikanische Produzent MONSANTO seit 1976 auch auf die Herstellung von PCBs für geschlossene Systeme verzichtete. Der bundesdeutsche Produzent BAYER dagegen läßt bislang die Bereitschaft eines Produktionsverzichts nicht erkennen.

Der Großteil der polychlorierten Biphenyle, den wir heute noch in der Umwelt finden, stammt freilich noch aus den offenen Systemen, aus zum Beispiel Wachsen, Farben und Papier. Der PCB-Gehalt von Papier muß dabei durchaus noch als Problem gesehen werden, obschon das Umweltgift heute dem Rohstoff nicht mehr zugesetzt wird. Durch den hohen Altpapieranteil bei der Papierherstellung bleibt das vor Jahren beigemischte Gift jedoch in nahezu unveränderter Menge erhalten (144). Die einmal eingebrachten PCBs werden uns deshalb nicht zuletzt wegen der Verknappung des Rohstoffes Holz noch jahrelang begleiten, denn aus diesem Grund läßt das Bundesgesundheitsamt noch einen Gehalt von 10 ppm PCBs in Papier zu (145).

Trotz des außerhalb der Bundesrepublik praktizierten Produktionsverzichts wird uns auch das PCB-Problem geschlossener Systeme noch Jahrzehnte beschäftigen. Nach einer Schätzung der obersten amerikanischen Umweltschutzbehörde, der EPA, beträgt beispielsweise die Lebensdauer von Transformatoren vierzig Jahre, die anderer PCB-haltiger Aggregate bis zu zwanzig Jahre. Annähernd 300000 Tonnen PCBs sind in den USA heute noch in Gebrauch (145 a).
Unfälle wie die Yusho-Krankheit werden somit auch in den nächsten Jahren und Jahrzehnten für Schlagzeilen sorgen. So fiel im September 1974 ein Transformator mit über 1000 Liter PCB beim Verladen in ein Hafenbecken des Duwamish River in Seattle. Zwar lief der Großteil des hochbrisanten Inhalts aus, durch das sofortige Absaugen des PCB-haltigen Wassers und Schlamms konnte jedoch größerer Schaden vermieden werden (146).
Die Folgen eines Unfalls könnten aber auch verheerend sein, wie möglicherweise bei der PCB-Verseuchung der Mailänder Milch, die im Mai 1977 aufgedeckt wurde. Der NESTLÉ-Kon-

Im Mai 1977 kam es in Trezzano in der Nähe von Mailand zu einer PCB-Vergiftung der Milch: Eine Chemiefirma hatte wochenlang PCB-haltige Abwässer in einen Fluß gekippt, aus der die benachbarten Bauern das Trinkwasser für ihre Kühe nahmen.

zern schlug Alarm, als man in der Milch eines seiner Lieferanten einen PCB-Gehalt von 1,2 ppm festgestellt hatte. Wieviel vergiftete Milch zuvor in Umlauf gekommen ist, kann niemand mit Gewißheit sagen, denn die schuldige Chemiefirma in Trezzano hatte wochenlang PCB-haltige Abwässer in einen Bach gekippt, aus dem die benachbarten Bauern das Trinkwasser für ihre Kühe nahmen. Und da PCBs krebserzeugend sein können, ist nicht auszuschließen, daß man in Mailand erst nach vielen Jahren die Auswirkungen dieser Verseuchung spüren wird (147). Hier zeigt sich auch die Anfälligkeit der Gesellschaft gegenüber solchen chemischen Seuchen: das Gift, einmal in Lebensmittel gelangt, reichert sich im menschlichen Organismus an und führt dann womöglich erst nach Jahren zu gesundheitlichen Schäden.

Bei den PCBs ist dies vor allem deshalb eine ernsthafte Gefahr, weil diese Giftstoffe noch mit Substanzen verunreinigt sind, die in ihrer Toxizität als noch wesentlich gefährlicher eingestuft werden müssen. Bei diesen Begleitstoffen, den sogenannten Dibenzfuranen, handelt es sich um chemische Verwandte des TCDDs, die auch in ihrer Giftigkeit einem Vergleich mit dem Sevesogift standhalten (148). Und auch hier zeichnete sich das BAYER-PCB »Clophen« jahrelang durch besondere Gefährlichkeit aus: Während in den amerikanischen PCBs 1 ppm Dibenzfurane gefunden wurden, lag der Gehalt in Clophen bei 8,4 ppm. Bei einer Jahresproduktion von etwa 8600 Tonnen (1970) sind damit rund 72 Kilogramm dieser Abkömmlinge des Sevesogiftes an die deutschen Verbraucher weitergegeben worden.
Zwar hat BAYER das Herstellungsverfahren inzwischen so umgestellt, daß diese Verunreinigungen nicht mehr auftreten sollen (137). Gleichwohl gibt es keinerlei Zweifel, daß die verunreinigten und daher extrem gefährlichen PCBs der vergangenen Produktionsjahre noch jahrelang konkrete Gefahren bedeuten werden. Ähnlich hohe Dibenzfuran-Gehalte in polychlorierten Biphenylen sind bislang nur zweimal bekanntgeworden: in einem französischen Produkt (»Phenochlor«) und in Japan, wo das Yusho-PCB mit 5 ppm Dibenzfuran verunreinigt war. Es ist unter japanischen Wissenschaftlern denn auch unumstritten, daß das katastrophale Ausmaß der Yusho-Krankheit nicht zuletzt auf das Konto der Verunreinigungen geht (149).
Man kann daraus ermessen, was ein vergleichbarer Unfall mit »Clophen« hierzulande für Folgen hätte, wenn dabei jenes Produkt zum Beispiel in Lebensmittel gelänge, das fast den

doppelten Dibenzfuran-Gehalt wie in Japan aufweist. Aus diesem kalkulierbaren Risiko hätte man schon längst Konsequenzen ziehen und die Anwendung von PCBs in beispielsweise Lebensmittel verarbeitenden Betrieben einstellen müssen, denn ein einziges Leck in einem Transformator oder Kühlaggregat kann somit ausreichen, um hierzulande zu einer Katastrophe zu führen, die die Yusho-Krankheit bei weitem in den Schatten stellt.

Aber selbst angesichts solcher Perspektiven und der bei uns fortschreitenden PCB-Verseuchung (132) hat die BAYER AG die Produktion bislang noch nicht eingestellt. Aber nur ein sofortiger Herstellungsstopp kann die nachfolgenden Generationen vor Umwelt- und Gesundheitsschäden bewahren. Die vom Rat der EG im Juli 1976 beschlossene Beschränkung für PCBs auf geschlossene Systeme ist hier sicherlich nicht ausreichend, da sie lediglich das nachvollzieht, was die Produzenten ohnehin seit 1972 durchführen. Und da ein freiwilliger Verzicht bei uns offensichtlich illusorisch ist, bleibt nur die Möglichkeit eines strikten Verbots – und das sofort (150).

Hochgiftige Chlorkohlenwasserstoffe

Gewiß, man hatte mit alarmierenden Resultaten gerechnet. Das was dann allerdings eine vom TÜV Rheinland 1976 im Auftrage des Bundesinnenministeriums erstellte Studie über die Belastung der bundesdeutschen Luft durch chlorierte Kohlenwasserstoffe offenbarte, übertraf selbst die schlimmsten Befürchtungen: rund 200000 Tonnen dieser organischen Verbindungen werden hierzulande alljährlich in die Atmosphäre gepustet. Und der Löwenanteil besteht aus Schadstoffen der ersten Giftgarnitur: Vinylchlorid (krebserregend), Vinylidenchlorid (im Tierversuch krebserregend), Trichlor-

äthylen (erbschädigend), Dibromäthan (im Tierversuch krebserregend), Chloroform (im Tierversuch krebserregend), Tetrachlorkohlenstoff (im Tierversuch krebserregend) – um nur die wichtigsten zu nennen. Als Hauptquelle der Dauerbelastung mit diesen Verbindungen ermittelte man neben Herstellung, Weiterverarbeitung, Lagerung und Abfüllung (insgesamt ca. 10 %) vor allem den Endverbrauch. Denn chlorierte Kohlenwasserstoffe werden vornehmlich als Lösungsmittel, zum Beispiel in metallverarbeitenden Betrieben, in chemischen Reinigungen sowie von Farben- und Lackherstellern verwendet. Etwa ein Drittel der Jahresproduktion, mithin über 65 000 Tonnen – so schätzt der TÜV Rheinland –, »verdunstet« im Rahmen dieser Anwendung.
Man darf jedoch nicht dem Trugschluß erliegen, die Belastung solcher Betriebe und Anlagen als harmlos anzusehen,

Weltproduktion wichtiger chlorierten Kohlenwasserstoffe (1973)

Verbindungen	in 1000 Tonnen
1,2-Dichloräthan	19 500
Vinylchlorid	10 500
Perchloräthylen	1 050
Trichloräthylen	1 010
1,1,1-Trichloräthylen	480
Tetrachlorkohlenstoff	1 000
Methylenchlorid	400
Methylchlorid	350
Chloroform	245

Quelle: McConnell, G. et al., Endeavour 34, 13 (1975).

Weit über 30 Millionen Tonnen chlorierter Kohlenwasserstoffe wurden 1973 hergestellt und die Produktion ist seitdem ansteigend. Aber gerade die Chlorkohlenwasserstoffe bedeuten in zunehmendem Maße ein Umweltproblem.

dies vor allem deshalb nicht, weil die meisten chlorierten Kohlenwasserstoffe in der Luft nur langsam abgebaut werden.

Messungen in der Nähe von Schnellreinigungen ergaben beispielsweise einen gegenüber Reinluftgebieten (zum Beispiel Taunus) 20mal höheren Gehalt an Perchloräthylen, einer Verbindung, die in sechs Jahren nur um die Hälfte abgebaut wird. Bedenklicher als die Umgebung solcher Reinigungsbetriebe ist allerdings die Anreicherung einiger giftigerer Chlorkohlenwasserstoffe in der Luft und im Boden. Das gilt in erster Linie für Insektizide, zum Beispiel für Lindan, ein giftiges Schädlingsbekämpfungsmittel, das nicht nur Ungeziefer tötet, sondern auch Tiere und Menschen in hohem Maße gefährdet (151).

Die Auswirkungen einer regionalen Lindan-Verseuchung bekamen im Herbst 1972 Landwirte im äußersten Südwesten der Bundesrepublik zu spüren: Zwischen Freiburg und Lörrach ergab sich bei Untersuchungen der Milch eines Tages ein Gehalt von bis zu 1,9 Milligramm Lindan pro Liter (die zulässige Höchstmenge an Pestiziden in Lebensmitteln beträgt 0,1 Milligramm/Kilogramm) (152). Grund der Pestizid-Verpestung: Im kaum fünf Kilometer entfernten elsässischen Hüningen, jenseits der Grenze, blies eine Chemiefabrik den bei der Produktion des Insektenvernichters Lindan anfallenden Staub in die Luft, und der Wind trieb die Giftschwaden dann ins badische Land (153).

Als weitere Messungen den extremen Lindangehalt der Milch bestätigten, untersagten die zuständigen Behörden im März 1973 den betroffenen Bauern, die Milch zu verwerten. Auf Veranlassung des Regierungspräsidenten von Südbaden mußte wenig später sogar fast der gesamte Milchkuh-Bestand notgeschlachtet werden. Während sich der französische Pestizid-Hersteller zunächst wenig um die Folgen seiner Umweltvergiftung kümmerte, wurde er 1975 vom Landgericht Freiburg zur Einstellung der Produktion und zur Schadensersatzleistung von annähernd 263 000 Mark verurteilt (154). Durch die chemische Stabilität und Persistenz der Verbindung werden Äcker und Weiden zwischen Lörrach und Freiburg noch auf Jahre hinaus gefährlich hohe Lindan-Prozente aufweisen.

Aber nicht nur in der Umgebung von Insektizid-Betrieben, sondern in der gesamten Bundesrepublik ist mittlerweile ein deutlicher Anstieg der Lindan-Konzentration zu verzeichnen. Innerhalb von sechs Jahren – so ergaben Messungen des Umweltbundesamts weitab belasteter Gebiete (Schallstadt, Schauinsland) – hat sich der Lindan-Anteil in Luft und Boden verzehnfacht (155).

Die tatsächliche Gefährdung, die aus dieser Insektizid-Anreicherung in der Umwelt einmal erwachsen könnte, läßt sich nur ahnen: Kanadische Giftforscher stellten bei Kindern, die in stark mit Pestiziden behandelten Wäldern leben, fest, daß krankhafte Verfettungen, Hirnstörungen und vor allem eine extreme Anfälligkeit gegenüber Virus-Infektionen die Folgen sein können (156). Besondere Beachtung müsse man daher auch dem menschlichen Säugling schenken, betonen Schadstoff-Experten im Rahmen einer DFG-Studie, denn »in der Muttermilch werden fünf- bis zehnfach höhere Konzentrationen chlorierter Insektizide als in der Kuhmilch angetroffen« (157).

Eine Gefahr ist somit keineswegs nur in der chronischen Pestizid-Belastung durch Dauerbesprühungen, sondern mehr noch in der Luftverschmutzung der Umgebung eines solche Mittel herstellenden Betriebes zu sehen. Eine Untersuchung ergab nämlich, daß die Konzentration eines Pestizides in der Nähe der Produktionsanlagen bis zu 50mal höher ist als auf landwirtschaftlich genutzten Flächen.

Pestizidkonzentration im Niederschlag

Meßstelle	1	2	3	4
Chlorphenylmethyl-methoxyharnstoff (in ng/m² Monat)	0,1	5,1	1,3	n. n.

n. n. = nicht nachweisbar
1. in der Nähe landwirtschaftlich genutzter Gebiete
2. in der Nähe der HOECHST AG (Frankfurt)
3. in der Nähe der BASF (Ludwigshafen)
4. Großstadtgebiet (Berlin)

Quelle: Lahmann, E. und Herzel, F., »Immission von Harnstoff-Herbiziden in der Bundesrepublik Deutschland«, *Gesundheitsingenieur 97*, 70 (1976).

Die Kontaminierung mit Pestiziden kann in der Nähe der Großchemie bis zu 50mal höher als auf landwirtschaftlich genutzten Flächen sein.

Chlorierte Insektizide fand man unterdessen – wie die PCBs – überall: in Äckern und Wiesen, Seen und Flüssen. Mal gingen die Fische ein, weil das Wasser das Mehrfache der tödlichen Dosis enthielt, mal kam es zu einem großen Vogelsterben, weil die Nahrungsinsekten vergiftet waren, mal verendeten Tausende von Wasserbüffeln oder erkrankten unzählige Bauern wie 1975 in Ägypten, weil der Produzent zuvor lediglich die Wirkung auf Ungeziefer, nicht aber die Giftigkeit für den Menschen testen ließ (158).

Aber nicht nur in der Luft, auch im Wasser und Boden ermittelte man Anreicherungen chlorierter Kohlenwasserstoffe. In dem kleinen Fluß Naylor's Run Creek in der Nähe der amerikanischen Millionenstadt Philadelphia fand man zum Beispiel einen Gehalt von Pentachlorphenol (PCP) bis zu 10 ppm. Quelle der Verunreinigung: eine PCP-produzierende Fabrik. Da die tödliche Dosis für Fische bei 0,2 ppm liegt, überraschte es kaum, daß in besagtem Fluß keine Fische

mehr lebten. Auch im Boden der Nachbarschaft ermittelte man so hohe PCP-Werte, daß nach Ansicht der untersuchenden Ökologen selbst bei Einstellung der Produktion die Verseuchung nicht wesentlich abnehmen würde (158a).
Eine Verseuchung mit dem hochgiftigen Insektizid »Kepone«, ebenfalls einem chlorierten Kohlenwasserstoff, führte im selben Jahr in einem Chemiewerk in Hopewell im amerikanischen Bundesstaat Virginia zu schweren Vergiftungen bei insgesamt 29 Arbeitern, die mit schweren Nervenstörungen stationär behandelt werden mußten. Die Luft in der Nachbarschaft der Fabrik war mit »Kepone« »angereichert« (bis zu 55 Mikrogramm/m^3). Außerdem hatte das kleine Unternehmen namens LIFE SCIENCE PRODUCTS (sic!) die bei der Herstellung des Giftstoffes »Kepone« anfallenden Rückstände in den nahegelegenen James-River gepumpt, so daß im Jahre 1976 – längst nach Aufdeckung der Gesundheitsschäden und der von den Behörden angeordneten Schließung des Betriebes – eine Umweltschlamperei unvorstellbaren Ausmaßes sichtbar wurde. Zu jener Zeit waren die Fischbestände des Flusses bereits mit dem Insektizid verseucht, das Schädlingsbekämpfungsmittel somit auch in die menschliche Ernährung gelangt. Man ließ den Flußschlamm (bis zu 4 ppm »Kepone«) absaugen, den Erdboden des Chemiewerkes (bis zu 20000 ppm »Kepone«) abtragen und durch Verbrennung entseuchen (159). Dennoch läßt sich heute noch nicht abschätzen, welche gesundheitlichen und ökologischen Folgen die »Kepone«-Affäre für Hopewell und seine Umgebung in den nächsten Jahren haben wird. Im übrigen gingen 90 % der US-Produktion (1974/75 fast 1000 Tonnen) nach Europa und davon rund 80 % nach Deutschland zur Firma SPIESS & SOHN (Kleinkarlbach), die auch nach dem Verbot in Amerika aus »Kepone« gewonnene Produkte verkaufte (159a).
Auch auf anderem Wege gelangte das hochgiftige Insektizid

in die Bundesrepublik: Nachdem sich England geweigert hatte, erklärten sich die deutschen Behörden im Juli 1978 bereit, 950 Arsen- und »Kepone«-Fässer aus den USA in 600 Meter Tiefe (Herfa–Neurode) einzulagern.

Aber auch bei uns sind Verseuchungen von Flüssen mit hochgiftigen Chlorkohlenwasserstoffen bekanntgeworden. So wurde das größte Fischsterben der Bundesrepublik im Main (19. 6. 1969) von holländischen Forschungsinstituten auf die Einleitung von Endosulfan, einem Insektizid, zurückgeführt (160). Zudem ist auch die Dauerbelastung der Gewässer beunruhigend. Im Rhein werden im Jahr 240000 Tonnen schwer abbaubarer organischer Verbindungen transportiert. Mit 7 bis 12 % sind die chlorierten Kohlenwasserstoffe (Chlorphenole, Chlorbenzole, PCBs, Pestizide) bereits mengenmäßig ein bedeutender Verschmutzungsfaktor. Die organischen Chlorverbindungen, so betonte der Sachverständigenrat für Umweltfragen 1976, dürften im wesentlichen »aus Einleitungen der chemischen Industrie, der chemische Produkte weiterverarbeitenden Industrie, sowie chemieverwandter Industrien und Betriebe stammen« (160 a).

Aus einigen dieser Umweltkatastrophen hat man inzwischen gelernt und viele gefährliche Chlorkohlenwasserstoffe auf den Index gesetzt (die Anwendung der Chlorkohlenwasserstoffe Chlordan, Heptachlor, Aldrin, Dieldrin und DDT ist beispielsweise bei uns wie auch in den USA seit einigen Jahren verboten). »Trotzdem muß wegen der hohen Persistenz dieser Verbindungen in der Umwelt noch längere Zeit mit Rückständen in Pflanzen und Lebensmitteln tierischer Herkunft gerechnet werden«, schreiben die DFG-Toxikologen (157).

Forciert hat man seitdem vor allem die Forschung nach Alternativen gegenüber den gefährlichen Chlor-Insektiziden und dabei auch bereits erste Erfolge verbuchen können: So zeich-

Persistenz- und Toxizität insektizider Chlorkohlenwasserstoffe im Boden

Chemikalie	Zeit für 95 %ige Verminderung Jahre	Durchschnitt	LD_{50} (oral Ratte) mg/kg	chronische Toxizität
Aldrin	1-6	3	67	Kanzerogenitätsverdacht
Chlordan	3–5	4	250	Leber- und Nierenschäden
DDT	4–30	10	250–300	
Dieldrin	5–25	8	40–87	Leberschäden
Heptachlor	3–5	3½	130	Kanzerogenitätsverdacht
Lindan	3–10	6½	88–125	
Telodrin	2–7	4	7	

Quelle: Edwards, C. A. in *Residue Reviews* 13, 83 (1966).

Insektzide auf der Basis chlorierter Kohlenwasserstoffe gehören mit zu den chemisch stabilsten Substanzen, die erst im Laufe von Jahren sehr langsam abgebaut werden. Entsprechend ihrer chronischen Toxizität ist die Belastung mit Insektiziden nicht auf die leichte Schulter zu nehmen.

net sich neben Sterilisationstechniken insbesondere der Einsatz von Geruchsstoffen, sogenannter Pheromone, ab, mit denen die Schädlinge gewissermaßen an der Nase herumgeführt werden sollen. Aber auch ungefährliche chemische und pflanzliche Insektizid-Alternativen sind in Sicht (161).
Zu den zumindest teilweise aus dem Verkehr gezogenen Chlor-Kohlenwasserstoffen zählt auch das Hexachlorbenzol (HCB), ein enger Verwandter des in Holzschutzmitteln zu traurigem Ruhm gelangten Pentachlorphenols (siehe Seite 240ff). Doch Hexachlorbenzol wurde nie in großen Mengen produziert – es fand lediglich eine Zeitlang als Weichmacher

(wie die PCBs) sowie als Saatgutfungizid, also als Pflanzenschutzmittel, Anwendung und entstand außerdem als Abfallprodukt bei der Herstellung anderer chlorierter Kohlenwasserstoffe.
Dennoch ist auch diese Substanz inzwischen mit einem jährlichen Zuwachs von ein- bis zweitausend Tonnen (1972) zu einem beträchtlichen Umweltrisiko geworden. Und das hat mehrere Gründe: Auch das Hexachlorbenzol weist die diesen Verbindungen eigene extreme Persistenz auf, das heißt, es wird im Boden nur äußerst langsam abgebaut. Außerdem ist es sehr wahrscheinlich krebserregend und reichert sich zudem allmählich in der Umwelt an, weil niedere Organismen, zum Beispiel Schimmelpilze, Lindan zu HCB umwandeln (162). Aber auch bei der Verbrennung von mit Pentachlorphenol-haltigen Holzschutzmitteln behandeltem Holz bildet sich Hexachlorbenzol (163). Mit anderen Worten: Diese Quellen tragen wesentlich zur Problematik dieser Verbindung bei. HCB gelangt denn auch in zunehmendem Maße in die Nahrungskette, wird vom Fettgewebe gespeichert und kann bei schwangeren Frauen zu Schäden des Fötus führen. Die toxischen Auswirkungen reichen von Leberschwellungen bis zu gravierenden Stoffwechselstörungen (164).

Verseuchung – und kein Ende?

Wenn man sich die zunehmende Belastung unserer Umwelt, unserer Nahrungsmittel und eben auch unseres Körpers mit giftigen, krebserzeugenden und erbschädigenden Schadstoffen, mit Schwermetallen wie organische Verbindungen vergegenwärtigt, könnte man die Hoffnung auf Problemlösungen verlieren. Denn selbst wenn wir sofort die Belastung der Umwelt mit toxischen und persistenten Schadstoffen stoppen würden, reichen die bereits vorhandenen und mittlerweile allgegenwärtigen Giftstoffe aus, um uns in den nächsten Jahren erhebliche ökologische, vor allem aber auch gesundheitliche Sorgen zu bereiten. Niemand weiß, ob es nicht schon längst zu spät ist, um das Rad der Umweltvergiftung wieder zurückzudrehen. Denn die den meisten Schadstoffen innewohnende heimtückische Eigenschaft, erst nach Jahren oder Jahrzehnten zu ersten Krankheitssymptomen, zu Nervenstörungen, Organschäden oder gar Krebs zu führen, macht das Problem der chemischen Dauerbelastung zu einer Zeitbombe, von der wir nicht wissen, wann sie gezündet wird oder ob sie vielleicht schon gezündet worden ist.

Hinzu kommt, daß sich viele der Giftstoffe in ihren Auswirkungen summieren, daß beispielsweise die Schwermetalle womöglich längerfristig das Immunsystem schädigen, der Körper damit viel weniger in der Lage sein könnte, im Kampf gegen die von Benzol oder von anderen Substanzen verursachte Krebserkrankung zu bestehen.

Und daß die zunehmende Zahl der Krebstoten in erster Linie eine Folge der Umweltproblematik ist, steht außer Zweifel.

Ganz akut ist dieses Problem für den Chemiearbeiter vor Ort, denn auch hier addieren sich die Schadstoffe über die Jahre in ihren Auswirkungen, weil kaum einer sein Arbeitsleben lang nur mit einer chemischen Substanz hantiert.

Eine besondere Gefährdung besteht aber auch für die Umgebung von Produktionsanlagen, und hier ist die Bundesrepublik wegen ihres großen chemischen Potentials (im Verhältnis zur Bevölkerungsdichte) neben Japan am meisten betroffen. Eine Anhäufung schadstoffemittierender Industrie wie im Ruhrgebiet gar existiert sonst nirgendwo in der Welt. Zwar hat das Land Nordrhein-Westfalen dieser Erkenntnis insofern Rechnung getragen, als es durch einen sogenannten Abstandserlaß für die Neueinrichtung chemischer Großbetriebe seit 1974 einen Abstand von 1500 Metern zum nächsten Wohngebiet vorschreibt (bei kleineren Betrieben lediglich 500 Meter) (165). Diese Maßnahme war gewiß notwendig, löst aber kaum die Probleme der Siedlungspolitik der vergangenen Jahrzehnte, die dazu geführt hat, daß die allermeisten der *vor* 1974 in Betrieb genommenen Chemiewerke »hautnah« zu Wohngegenden erbaut wurden (zudem ist ein »chemiefreier« Kreis mit einem Radius von eineinhalb Kilometern natürlich kein Garant für saubere Luft).

Erwogen wird daher, die Umgegend von Chemiewerken in Risikokataster aufzuteilen, so daß jeder Bewohner bei der Wahl seiner Wohngegend die konkrete Gefährdung ablesen kann (166). Wegen der Persistenz der Schadstoffe ist auch der Vorschlag gemacht worden, die Produktionsgenehmigung eines in der Nähe von Wohngebieten arbeitendem Chemie-Unternehmens zeitlich zu befristen.

Ebenso stellt im übrigen auch die Verlagerung der schadstoffausstoßenden Industrie weit hinaus aufs Meer allenfalls eine Verschiebung des Problems dar. Er sei allerdings davon überzeugt, »daß eine oder mehrere solcher Inseln noch vor dem Jahre 2000 in Betrieb und weitere in der Entwicklung sein werden«, verkündete im Sommer 1977 Professor Eugene Chesson von der Delaware-University, Mitglied eines amerikanischen Planungsteams für künstliche Industrie-Inseln. Was die Chemiegiganten besonders locken könnte, glaubt Chesson, seien die spürbaren geringeren Belastungen für Umweltschutzmaßnahmen – laut Studie sind hierbei Einsparungen bis zu 7 % möglich. Denn um die Abfälle bräuchte man sich auf hoher See keine großen Gedanken zu machen, feste Rückstände benutzte man einfach zur Erweiterung des Inselareals und bis zu 310 Tonnen Nitrat, 2700 Tonnen Schwefeldioxid, je eine Tonne Kupfer und Zink, eine halbe Tonne Blei täglich sei zum Beispiel von der Nordseeluft durchaus zu verkraften. Erst ein darüber hinausgehender Abfallausstoß könne alarmierend sein, macht Inselplaner Chesson geltend – eine wahrlich abenteuerliche Einschätzung. Eine Lösung der Umweltproblematik darf daraus in keinem Fall erwartet werden (167).

Am besten läßt sich die Dauerberieselung der Nachbarschaft chemischer Werke mit giftigen Substanzen noch durch verschärfte Emissionswerte bekämpfen, denn längst nicht alles, was heute im Rahmen der Abgasreinigung technisch möglich ist, wird auch in der Industrie angewendet (168).

Auf jeden Fall duldet das Problem der Dauerberieselung mit chemischen Giftstoffen keine Verzögerung, sowohl was die weltweite Verseuchung als auch die Belastung und das Risiko am Arbeitsplatz angeht, denn der alltägliche Umgang mit Chemieprodukten, mit Umweltchemikalien, verschärft die Situation noch zusätzlich.

Alltägliches Risiko Chemie

Das Problem der Umweltchemikalien

Chemiestoffe überall

Ob wir es wahrhaben wollen oder nicht, die Welt um uns herum ist angefüllt mit chemischen Substanzen. Die letzten zwanzig Jahre waren von einer zunehmenden Chemisierung unseres Lebens gekennzeichnet; von Menschen erdachte, in der Retorte produzierte Moleküle finden mittlerweile überall Anwendung: in Lebensmitteln als Konservierungs-, Farb- und Geschmackstoffe, in Textilien als synthetische Fasern, Farben oder Flammschutzmittel, in Kosmetika als Cremes, Puder oder Wimperntusche. Alltäglicher Umgang mit der Chemie: Ob wir uns morgens die Zähne putzen, Haare waschen oder Deosprays benutzen, ob wir im Supermarkt in Styropor und unter PVC-Folie verpackte, chemisch haltbar gemachte Lebensmittel kaufen oder ob wir das Unkraut, anstatt es zu jäten, mit Herbiziden einsprühen.
Die Angaben darüber, wie viele Chemikalien weltweit in Gebrauch sind, differieren. Eine Untersuchung der American Chemical Society ergab im November 1977, daß man inzwischen weit über vier Millionen verschiedene chemische Substanzen synthetisiert hat, und wöchentlich etwa 6000 neue Verbindungen hinzukommen. In dieser Zusammenstellung sind freilich auch alle diejenigen Stoffe enthalten, die nur in den Forschungslabors Anwendung finden. Rechnet man diese ab, dann bleiben immerhin noch 63 000 Chemikalien, mit denen jedermann in Berührung kommen kann (1).
Von Wichtigkeit ist aber nicht nur die Anzahl, sondern auch

die Produktionsmenge: So werden gegenwärtig weltweit alljährlich von 1000 Stoffen mehr als 500 Tonnen, von 100 Verbindungen über 50000 Tonnen und von 50 Substanzen mehr als eine Million Tonnen hergestellt. Die Weltproduktion allein der organischen Chemikalien liegt heute bei insgesamt etwa 120 Millionen Tonnen im Jahr (2).

Diese »Überschwemmung« mit chemischen Substanzen bringt eine Vielfalt von Problemen mit sich, denn die Retortenprodukte müssen ja auch in irgendeiner Form wieder verschwinden. Aber Chemikalien pflegen sich nicht in Luft aufzulösen. Viele müssen sogar »gewaltsam« vernichtet oder sicher beseitigt werden. Ein wesentlicher Teil dieser sogenannten Umweltchemikalien gelangt dabei vollständig oder in seine oft nicht minder gefährlichen Bestandteile zerlegt in die Luft (Müllverbrennungsanlagen), ins Wasser oder in den Boden (Deponie), damit über Umwegen auch in die Nahrungskette des Menschen. Die zunehmende Belastung mit diesen sogenannten Umweltchemikalien könnte zu einer ernsthaften Gefährdung der menschlichen Gesundheit führen. Mit anderen Worten: Etliche Produkte der Chemieindustrie, die sich als äußerst nützlich erwiesen haben, bedeuten womöglich – selbst in sehr geringen Konzentrationen – auf lange Sicht eine Gefährdung für den Menschen und seine Umwelt. Nach Schätzungen der WHO, der Weltgesundheitsorganisation, müssen zwischen 60 und 90 % aller Krebserkrankungen auf Umweltfaktoren, das heißt im wesentlichen auf chemische Substanzen zurückgeführt werden, wobei ein erheblicher Anteil den Schadstoffen des Rauchens angelastet werden muß (2a).

Aber die zunehmende Chemikalienflut hat auch *akute* gesundheitliche Auswirkungen: Durch die jährlich neu auf den Markt kommenden Verbindungen nimmt die Zahl der Allergene, also der eine Allergie auslösenden chemischen Verbindungen unaufhaltsam zu. Schon reagiert mindestens jeder zehnte Bundesbürger auf irgendeinen dieser Fremdstoffe aus der Umwelt mit unerklärlicher Überempfindlichkeit. Überhaupt gehört die Haut des Menschen zu den empfindlichsten »Meßgeräten« für Umweltschäden, die wir kennen. Dieses Organ signalisiert oft zuerst, daß der Organismus schädliche Substanzen aufgenommen hat und Organschäden zu befürchten sind. Und nach Meinung der Dermatologen geht die chemische Umweltverseuchung für die Haut mittlerweile schon bis an die Grenze der Belastbarkeit (3).

Umweltchemie geht durch den Magen

Aber auch die Aufnahme chemischer Produkte über die Ernährung ist inzwischen zu einem Problem geworden, denn der »heutige Verbraucher, besonders in der westlichen Welt«, so glaubt Professor Gustav Adolf Martini, Direktor der Marburger Medizinischen Universitätsklinik, »ist durch seine Nahrung gegenüber etwa zehntausend wohldefinierten synthetischen Chemiekalien exponiert«. Beunruhigend daran sei vor allem die Tatsache, daß ein Urteil über die Giftigkeit dieser Lebensmittel-Chemikalien noch nicht möglich ist, infolgedessen für die meisten lediglich die Erfahrungsweisheit gelte, daß noch niemand nachweislich daran verstarb (4).

In den USA ist man heute bemüht, chemische Nahrungsmittelzusätze vor allem unter dem Gesichtspunkt der Kanzerogenität unter die Lupe zu nehmen; und es vergeht kaum eine Woche, in der das National Cancer Institute nicht eine krebserregende chemische Substanz an den Pranger stellt. Dennoch sind die Giftstoff-Fahnder schon jetzt nicht mehr in der Lage, die monatlich neu auf den Markt kommenden Chemikalien, geschweige denn, die schon im Handel befindlichen Produkte, lückenlos zu überprüfen. Von insgesamt

etwa zwei Millionen organischen Verbindungen wurden bislang 6000 auf Kanzerogenität geprüft, davon 1000 als krebserregend erkannt (5). Somit wird es auch weiterhin keine Ausnahme bleiben, daß chemische Verbindungen erst nach jahrelangem Gebrauch als Kanzerogene erkannt werden, wie unlängst der rote Lebensmittelfarbstoff »Amaranth«, das Flammschutzmittel »Tris« für Babykleidung (154a), diverse Haarfärbemittel (5a) oder der Süßstoff »Saccharin«. Letztes Beispiel macht allerdings auch das Problem der Methodik deutlich: Nicht zu Unrecht ist der Krebsverdacht der Zuckerersatzstoffe in Zweifel gezogen worden, weil die im Tierversuch eingesetzten Dosen beim Menschen gänzlich unrealistisch sind (6). Auf der anderen Seite kann man natürlich die Meinung vertreten, lieber eine bedenkliche Substanz zuviel als zuwenig aus der Umwelt und insbesondere aus Lebensmitteln zu verbannen.
Hinzu kommt eine weitere Schwierigkeit: Es gibt Stoffe, wie zum Beispiel das 2-Naphtylamin, die bei Nagern, Ratten wie Mäusen keine Tumorbildung auslösen, bei anderen Tieren und beim Menschen allerdings zu Krebs führen. Die in den USA lautgewordene Forderung, die Kanzerogenität einer Substanz infolgedessen mindestens an fünf Tierarten zu testen, ehe eine Chemikalie freigegeben wird, ist zwar berechtigt, sie wird aber die personelle, apparative und finanzielle Situation natürlich noch verschärfen.
Eine Reihe der Schwierigkeiten ließe sich beseitigen, wenn es gelänge, einfache Schnelltests für krebserregende Stoffe zu entwickeln, mit denen erste Aussagen über die Kanzerogenität einer chemischen Verbindung möglich sind. Solche einfach zu handhabenden Methoden gelten als Mangelware. Als Anfang 1977 britische Toxikologen zehn Schnelltests auf ihre praktische Anwendbarkeit untersuchten, blieben schließlich nur zwei Verfahren übrig: der sogenannte »Ames-Test« und

der »Zelltransformationstest«. Beide Methoden ergeben mit einer Sicherheit von ungefähr 90 % korrekte Befunde und verkürzen zudem die Prüfzeit einer Substanz von mindestens zwei Jahren auf wenige Wochen. Auch neuere Techniken zur Identifizierung karzinogener Substanzen lassen die Hoffnungen berechtigt erscheinen, daß es in absehbarer Zeit möglich sein wird, schnell und sicher über die Gefährlichkeit einer chemischen Verbindung zu urteilen (7).

Aber nicht nur krebserregende (und erbschädigende) Eigenschaften neuer Chemikalien beunruhigen die Umweltchemiker. Sie sorgen sich auch um die Zunahme akut oder chronisch toxischer Verbindungen in Nahrungsmitteln. Zwar haben Lebensmittelchemiker inzwischen nicht weniger als 3000 chemische Verunreinigungen aufgespürt und identifiziert, zwar wird der Gehalt vieler Schadstoffe in regelmäßigen Abständen überwacht, dennoch muß die zunehmende Chemisierung unserer Nahrungsmittel beunruhigen. Und was mittlerweile alles an synthetischen Aroma-, Farb- und Konservierungsstoffen, Schwermetallen, Pflanzenschutzmitteln und anderen Pestiziden in unserer Nahrung steckt, steht keineswegs immer auf der Verpackung (8). Gewiß, man kann sich »biologisch« ernähren, man kann von Herbizid- und Düngemittelrückständen freies Obst und Gemüse, Brot und Konserven kaufen, die Vielfalt der chemischen Giftstoffe in unseren Nahrungsmitteln sorgt indes dafür, daß absolute Schadstoff-Freiheit illusorisch ist.

Scharfe Kritik an einer »Überfütterung« durch chemische Substanzen, denen jedermann ausgeliefert sei, übte im Frühjahr 1978 der amerikanische Biologe Professor Paul Ehrlich von der kalifornischen Stanford University im Umweltprogramm der UNO. Auf einer »Bannliste« hat Ehrlich neben Lebensmitteln mit chemischen Zusätzen vor allem Deodorants, Haarwasch- und Reinigungsmittel zusammengefaßt (8a).

Kann eine harmlose Substanz Krebs erregen?

Mitunter zeigen neue chemische Substanzen sogar nur indirekte Folgen und das oft auch erst nach Jahren.
So gibt es eine Gruppe chemischer Verbindungen, die selbst in hoher Dosis nicht toxisch, krebserregend oder erbschädigend sind, die keine Mißbildungen erzeugen, die sich nicht in der Nahrungskette anreichern, nicht zum Smog beitragen, ja noch nicht einmal brennbar sind – mithin ideale Chemikalien, wie es scheint. Da diese Substanzen überdies eine Reihe äußerst günstiger physikalischer und chemischer Eigenschaften aufweisen, ist es nicht verwunderlich, daß sie eine breite Anwendung gefunden haben: als Kältemittel in Kühlaggregaten, als Verschäumungsmittel in Kunststoffen, als Reinigungsmittel in chemischen Schnellreinigungen, als hochwertiges Lösungsmittel oder aber – weitaus am wichtigsten – als Treibmittel für Deo-, Haar- oder andere Sprays, von denen jeder Bundesbürger derzeit jährlich durchschnittlich etwa acht Dosen verbraucht (9).
Es handelt sich bei diesen bemerkenswerten Stoffen um die Fluorkohlenwasserstoffe, besser bekannt unter ihren Handelsnamen zum Beispiel »Freon«, »Frigen« und »Kaltron«, »harmlose« Geschwisterverbindungen der so gefährlichen Chlorkohlenwasserstoffe.
Die Anwendung der FKWs, wie Chemiker diese Substanzen abkürzen, hat in den letzten 35 Jahren einen enormen Aufschwung genommen. Heute werden in der Welt rund 770000 Tonnen pro Jahr produziert, fast 100000 Tonnen davon in der Bundesrepublik (10). Und etwa zwei Drittel der gesamten FKW-Produktion geht in die Spraydose ... und hernach in die Luft, denn über 80 % der FKW-Treibmittel werden nach Gebrauch emittiert (11).
Dies wäre kein sonderliches Problem, hätten sich die Fluor-

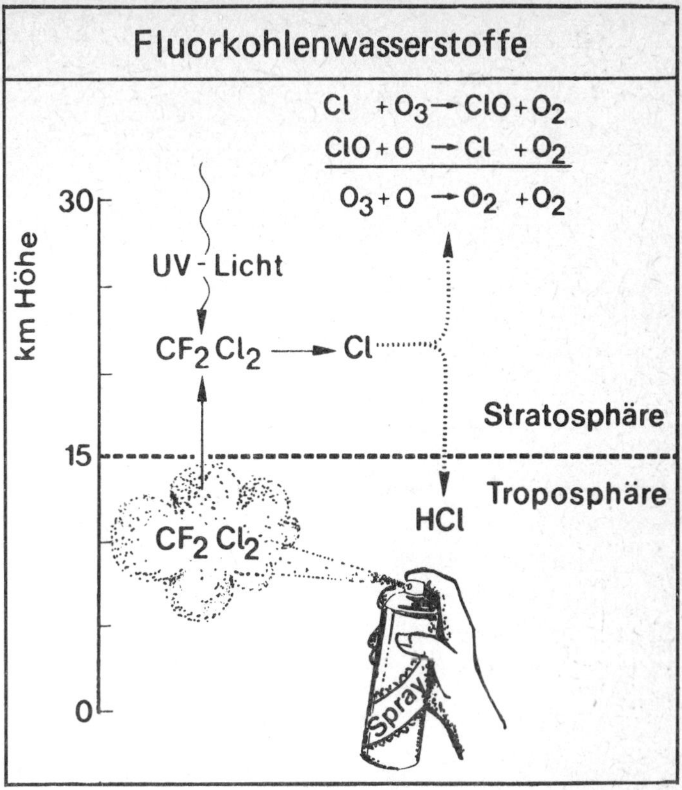

Die Fluorkohlenwasserstoffe aus der Spraydose zerfallen in der höheren Atmosphäre (Stratosphäre) unter Einwirkung des UV-Lichtes der Sonnenstrahlung in ihre Bestandteile, wobei das freiwerdende Chlor (Cl) mit dem Ozon (O_3) der dortigen Luftschicht reagiert. Der dadurch löcherig gewordene Ozon-Sonnenschirm der Erde läßt eine intensivere UV-Strahlung hindurch, die auf längere Sicht einen Anstieg der Hautkrebsfälle zur Folge hat. (Quelle: *Naturwissenschaftliche Rundschau* Nr. 7/1976, S. 223).

kohlenwasserstoffe in den letzten Jahren nicht als alles andere als harmlos erwiesen. Untersuchungen des Jahres 1974 führten zu einer weltweiten Ratlosigkeit: Die FKWs sind geeignet, die Ozonschicht der Stratosphäre zu schädigen und damit den Schutzschild gegen erhöhte und möglicherweise krebserzeugende ultraviolette Sonnenstrahlung zu durchlöchern (12). Biologische Folgeschäden aber auch klimatische Veränderungen als Konsequenz eines ungezügelten Spraydosen-Booms sind zu befürchten.

Da die FKWs in der unteren Atmosphäre (Troposphäre) nicht wesentlich abgebaut werden, dringen sie im Laufe der Zeit in die darüberliegende Luftschicht (Stratosphäre) ein. Dort spaltet die energiereiche UV-Strahlung der Sonne die Moleküle, wobei die Bruchstücke, Chloratome, das Ozon (O_3) angreifen. Ozon schluckt aber die von der Sonne kommende Strahlung, die sonst auf der Erde katastrophale Auswirkungen hätte und das Leben in der bestehenden Form vernichten würde – es ist also gewissermaßen eine Art »Sonnenschirm« der Erdoberfläche.

Und ein durch Fluorkohlenwasserstoffe durchlöcherter Sonnenschirm hätte gravierende Folgen: eine weltweite Dunklung der Haut und ein Anstieg der Hautkrebsfälle. Eine Modellrechnung konkretisiert solcherlei Befürchtungen. Die Ozonschicht schluckt etwa 95 % der ultravioletten Sonnenstrahlung (13). Ein Abbau des Ozons um nur 5 % (der gegenwärtige Abbau wird auf etwa 1 % geschätzt), was ohne einen Produktionsstopp für FKW-Spraydosen in spätestens dreißig bis vierzig Jahren der Fall wäre, hätte eine Zunahme der Hautkrebs-Erkrankungen um etwa 10 % zur Folge. Bei einer jährlichen Hautkrebs-Sterblichkeit in der Bundesrepublik von 1500 Menschen könnte dies eine Zunahme bis zu 150 Hautkrebstoten bedeuten.

Dabei ist nicht einmal gesichert, daß die erhöhte Krebsmorta-

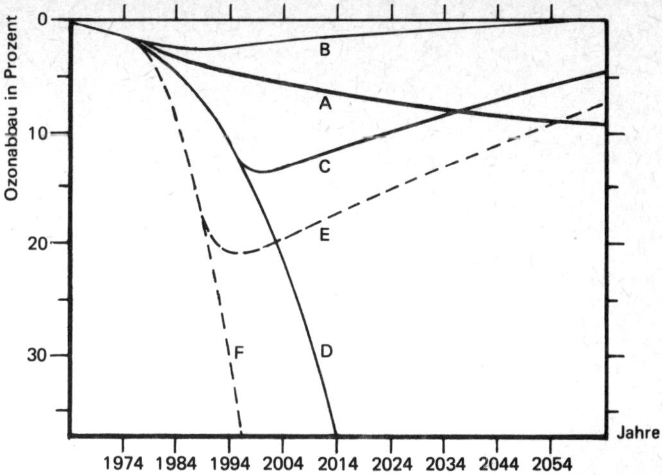

In einem Computermodell läßt sich exakt berechnen, welche Folgen ein weiterer Gebrauch von Fluorkohlenwasserstoffen aus Spraydosen über die Jahre haben könnte:
A: von 1972 an unbeschränkte Emissionsrate,
B: von 1972 an jährlich 10 % Wachstum, Produktionsstopp 1978,
C: von 1972 an jährlich 10 % Wachstum, Produktionsstopp 1995,
D: von 1972 an jährlich 10 % Wachstum, kein Produktionsstopp,
E: von 1972 an jährlich 21 % Wachstum, Produktionsstopp 1987,
F: von 1972 an jährlich 21 % Wachstum, kein Produktionsstopp.
Quelle: Wofsy, S. C. et al., in *Science*, 187, 535 (1975).

lität die einzige Auswirkung eines »durchlöcherten Ozon-Sonnenschirms« bliebe. Einige Wissenschaftler befürchten folgenreiche Klimaveränderungen mit Störungen des Pflanzenwachstums und sagen weltweite Hungersnöte voraus (14). Das Risiko der Spraydose liegt also darin, daß wir die Atmosphäre weiterhin mit Fluorkohlenwasserstoffen auffüllen – eine lange Zeit verkannte *indirekte* Gefährdung durch eine Umweltchemikalie.

Seit Februar 1977 hat daher Oregon als erster US-Staat vorsorglich ein Verbot für den Verkauf von FKW-Spraydosen erlassen. (15). Eine unabhängige Kommission der National Academy of Sciences empfahl derweil, Spraydosen mit dem alten Treibgas nur noch bis 1979 zu erlauben. Die kanadische Regierung hat mit der dortigen Wirtschaft eine Umstellung auf treibgaslose Spraydosen für das Jahr 1978 vereinbart. Auch in Schweden wurde für die Verwendung von Spraydosen inzwischen ein Verbot erlassen: ab 1. 7. 1979 dürfen mit dem Treibmittel »Freon« hergestellte Sprays nicht mehr verkauft werden (16). Und hierzulande?

Auch die Bundesregierung wird »erforderlichenfalls nicht zögern, von der Möglichkeit ... des Bundes-Immissionsschutzgesetzes Gebrauch zu machen und eine Verordnung zur Beschränkung von FKWs vorzulegen«, betont der für den Umweltschutz zuständige Staatssekretär des Bundes-Innenministeriums, Dr. Günter Hartkopf (17).

Wenn auch ein offensichtlich unumgänglicher Verzicht auf die ehemals als harmlos angesehenen Fluorkohlenwasserstoffe der Industrie schwerfallen wird (Branchenjargon: »Die FKWs waren zu schön um wahr zu sein!«) (18), gibt es in vielen Bereichen sogar preiswertere Ersatzprodukte wie beispielsweise Propan, Butan oder Kohlendioxid. Ja selbst der altbekannte Pumpensprüher bietet durch neuere Entwicklungen mittlerweile denselben Komfort wie die mit FKW-Treibgas gefüllte Spraydose.

Die Vinylchlorid-Krankheit – eine zu späte Problemlösung

Der 37jährige Patient J. K. arbeitete vorwiegend bei der PVC-Polymerisation und wurde auch gelegentlich zur Reinigung der Reaktionskessel, der Autoklaven, eingeteilt. Wegen chronischer Schmerzen wies man ihn in die Innere Medizin ein, wo die Ärzte u. a. einen drastischen Gewichtsverlust, eine Bauchvergrößerung und eine Leberzirrhose diagnostizierten. Am 26. Tag nach der Aufnahme ins Krankenhaus kollabierte er, wurde ohnmächtig und verstarb. Ursache: Chronische Vinylchlorid-Intoxikation (19).

Wie der Patient J. K. starben in den letzten zehn Jahren zahlreiche PVC-Arbeiter an den späten Folgen einer Vergiftung mit Vinylchlorid (kurz VC genannt), einem Ausgangsprodukt der Kunststoffherstellung. Vinylchlorid ist ein Gas, das in Reaktionsbehältern polymerisiert wird, das heißt, die einzelnen VC-Moleküle lagern sich dabei gewissermaßen zu großen Molekülketten, dem dann festen Polyvinylchlorid (PVC), zusammen.

Bei der Herstellung von PVC haben demnach die Arbeiter tagtäglich hautnahen Kontakt mit Vinylchlorid und über die Jahre hinweg konnte der Giftstoff daher an der Gesundheit nagen. Als man schließlich die extreme Toxizität und Kanzerogenität des Gases erkannte, war es für viele Beschäftigte der Kunststoffproduktion bereits zu spät: die Plastikrevolution forderte ihren Tribut.

Gefahr bestand aber nicht nur für die Arbeiter. Denn auch das Endprodukt PVC war lange Zeit mit Vinylchlorid verunreinigt. Mit anderen Worten: Jedermann war durch den Umgang mit solchermaßen verunreinigtem Plastikmaterial gefährdet.

Und es gibt kaum einen Bereich in der Industrie wie im Privathaushalt, in dem nicht Kunststoffprodukte in irgendeiner Form vertreten sind: PVC-Materialien kommen in Folien, als Bindemittel, Kleber, Isolierungen, Schaum, Fußbodenbelag, Imprägniermittel und Fasern zum Einsatz. Auch eine weitere VC-Quelle, die Daueremission über die Schorn-

steine der Kunststoff-Fabriken, versiegte erst Jahre später, als unter dem Eindruck der schweren gesundheitlichen Auswirkungen einer Vinylchlorid-Vergiftung die Emissionswerte drastisch gesenkt wurden. Waren wir also womöglich durch den Umgang mit PVC-Plastik – ursprünglich einem Werkstoff der Zukunft – und durch die Belastung der Luft alle von dem gefährlichen Vinylchlorid bedroht?
Bereits im Jahre 1949 berichteten Toxikologen aus der Sowjetunion und wenig später aus Rumänien erstmals über gravierende Gesundheitsstörungen durch Vinylchlorid (20). Aber den Warnungen aus dem Ostblock wurde keine Aufmerksamkeit geschenkt. Erst zehn Jahre später, Ende der fünfziger Jahre, häuften sich schließlich auch unter den westlichen Arbeitsmedizinern Alarmmeldungen über die Giftigkeit des PVC-Ausgangsprodukts. Man erkannte charakteristische Krankheitssymptome wie Verformung der Fingerkuppen und »Aufweichung« der Knochen sowie Herz- und Kreislaufbeschwerden.
Und dennoch dauerte es noch einmal zehn Jahre, bis aus den Erkenntnissen der Toxikologen Konsequenzen gezogen wurden. Die Plastikindustrie verfolgte in den sechziger Jahren eher die Strategie, das PVC-Problem zu verharmlosen. Erst nachdem im Jahre 1970 auf dem internationalen Krebskongreß in Houston/Texas nach Tierversuchen erstmals auch der Verdacht der Kanzerogenität von VC laut wurde, sahen sich die Kunststoff-Produzenten veranlaßt, eigene Untersuchungen anzustellen (21). 1972 begann man schließlich mit umfangreichen Tierexperimenten. Als die im Auftrage des europäischen Verbandes der chemischen Industrie (CEFIC) arbeitenden Toxikologen 1974 ihre Versuche abschlossen, konnten sie die Befunde nicht anders interpretieren als zuvor ihre Kollegen: Vinylchlorid ist – so ließen die Wissenschaftler verlauten – krebserregend, sogar schon ab einer Luftkonzen-

tration von 50 ppm. Bei ungefähr 16 % der Versuchstiere führte dieser VC-Gehalt zu äußerst seltenen Tumoren, den sogenannten Angiosarkomen der Leber (22).

Diese Ergebnisse mußten vor allem die PVC-Arbeiter beunruhigen, denn die Arbeitsplatzkonzentrationen betrugen nicht selten zwischen 500 und 3000 ppm (23). Besonders hohe VC-Gehalte der Luft traten bei Reinigungsarbeiten in den Polymerisationskesseln, den sogenannten Autoklaven, auf.
Noch bevor die Industrieforscher 1974 die Befürchtungen bestätigt hatten, waren bei der BF-GOODRICH in Louisville/Kentucky bereits erste Leberkrebs-Fälle unter PVC-Werkern bekannt geworden (24). Ende 1974 registrierte man in der ganzen Welt 29 Angiosarkom-Patienten, während es 1975 bereits 42 waren (25). Nach zwanzig- oft dreißigjähriger Tätigkeit in der Plastikfabrik zeigte das giftige Gas nunmehr bei vielen Arbeitern seine Wirkung. Wegen der langen Latenzzeit bis zum Ausbruch der Krebserkrankung war es für einen Großteil der Kunststoff-Werker schon zu spät, als man die Kanzerogenität des VCs entdeckte.

1975 bestätigte sich auch der Verdacht, daß andere Krebsarten bei den Betroffenen ebenfalls in erhöhtem Maße auftreten: Lungenkrebs um 60 %, Gehirntumore gar um 320 % häufiger (25, 26).
Auch die nichtkanzerogenen, toxischen Auswirkungen des Vinylchlorids zeigten sich inzwischen in drastischer Form: Durchschnittlich mehr als ein Drittel der Arbeiter in PVC-Betrieben wies mehr oder weniger starke chronische Leberschäden auf (27). Bei DYNAMIT NOBEL in Troisdorf, einem der neun deutschen PVC-Produzenten, stellte man sogar bei 88 von 104 Betriebsangehörigen pathologische Befunde fest (28). Überhaupt fällt bei einer Analyse der Vinylchlorid-

Erkrankungen in der Bundesrepublik auf, daß sich die Fälle auf DYNAMIT NOBEL konzentrieren. Dies sei in erster Linie darauf zurückzuführen, daß die Arbeitsbedingungen bei DYNAMIT NOEBEL besonders schlecht, die Versäumnisse und Fehler besonders eklatant waren – so das Ergebnis einer späteren Untersuchung der IG Chemie (30).

Als das Unternehmen 1966/67 die PVC-Produktion ausbauen wollte, machte das Gewerbeaufsichtsamt Bonn zusätzliche Lärmschutzmaßnahmen zur Auflage. Doch DYNAMIT NOBEL entsprach den behördlichen Forderungen nur unzureichend, und als die Gewerbeaufsichts-Beamten schließlich aufgrund von Beschwerden feststellen mußten, daß »die Firma noch nicht alle zur Geräuschminderung erforderlichen Maßnahmen durchgeführt hat« (29), sah der Plastikproduzent nur den Weg, die Fenster des PVC-Betriebes zuzumauern (30). Wegen der ungenügenden Belüftung nahmen die VC-Konzentrationen daraufhin innerhalb des Produktionsgebäudes ein beängstigendes Ausmaß an; so klagten die PVC-Werker immer wieder über den Gestank, der oftmals kaum noch auszuhalten gewesen sei. Und wenn Vinylchlorid riecht, muß der Gehalt der Luft über der Geruchsschwelle von 200 bis 25 000 ppm liegen – je nach individuellem Geruchsvermögen (das war ein Vielfaches des damals vorgeschriebenen MAK-Wertes).
Aber es geschah nichts. Im Gegenteil: Noch Anfang der siebziger Jahre – so urteilten Kritiker später – produzierte man »munter und gewinnträchtig drauflos – ganz offensichtlich unter sträflicher Vernachlässigung der gebotenen Sicherheitsvorkehrungen« (30). Aber auch als 1972 erste Verdachtsmomente aufkamen und ein Jahr später der Zusammenhang zwischen den Krankheitssymptomen (absterbende Finger, schwere Knochenschäden) und dem Vinylchlorid unbestreit-

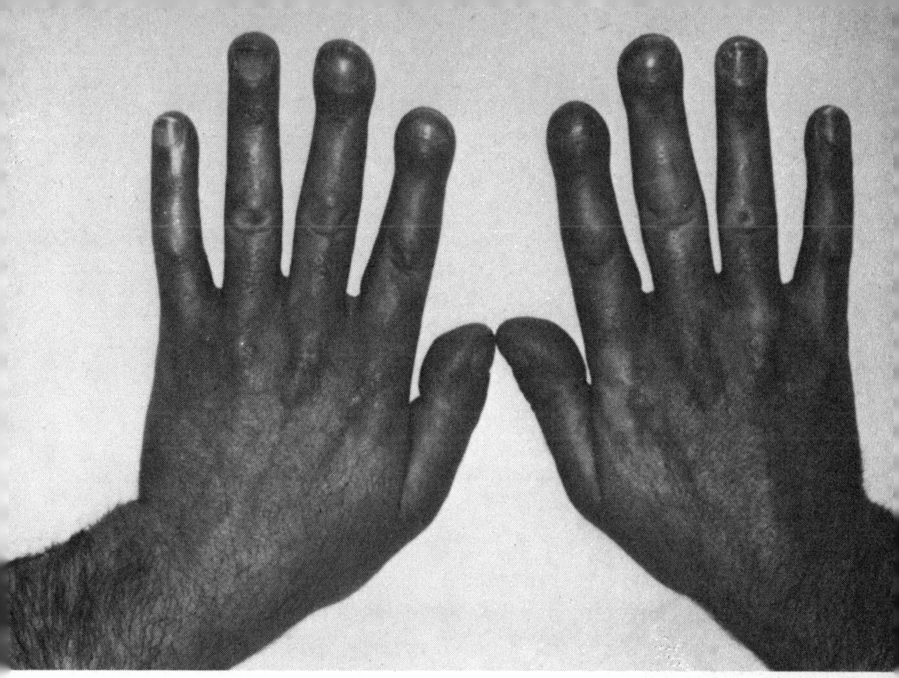

Solche Knochen- und Hautveränderungen diagnostizierte man Anfang der 70er Jahre bei PVC-Arbeitern. Obwohl man von ausländischen Untersuchungen her wußte, daß Vinylchlorid für diese Schäden verantwortlich zu machen ist, kümmerte sich die PVC-Branche zunächst wenig um das Problem.

bar und Leberstörungen der Plastikarbeiter nicht mehr als Folge übermäßigen Alkoholkonsums interpretiert wurden, unternahm DYNAMIT NOBEL wenig Anstrengungen, dem VC-Problem Herr zu werden (31).

Erst als sich schließlich ein großer Teil der Troisdorfer Vinylchlorid-Kranken zu einer »Interessengemeinschaft PVC-Geschädigter« zusammenschloß und gerichtlich gegen das Unternehmen vorging, sah sich DYNAMIT NOBEL Ende 1975 genötigt, sechs ältere Autoklaven stillzulegen und die Reinigung der Polymerisationskessel weitgehend zu automatisieren (30).

Andernorts bestätigten werksärztliche Untersuchungen sehr bald auch die Vermutung, daß nicht nur die Beschäftigten der PVC-Produktion, sondern trotz der zwischen zehn- und hundertmal niedrigeren VC-Arbeitsplatzkonzentrationen, auch die mit der Verarbeitung des Kunststoffes befaßten Personen gefährdet sind. Und hier war der Kreis der Betroffenen natürlich ungleich größer: »Weltweit«, so schreibt Professor Cuno G. Winkler vom Institut für klinische und experimentelle Nuklearmedizin der Universität Bonn, »sind etwa 2,5 Millionen Beschäftigte betroffen, die nach vorliegenden Erfahrungen einer Kontrolle bedürfen« (32).

In der Bundesrepublik sind rund 100000 Arbeitnehmer in irgendeiner Form mit der Weiterverarbeitung von PVC beschäftigt (33).

Tatsächlich diagnostizierte man unter den Beschäftigten PVC-verarbeitender Betriebe neben einem deutlichen Rückgang der Blutplättchen (Thrombocytopenie) auch Fälle von Leberkrebs (34), wie beispielsweise bei einem Arbeiter, der PVC-Säcke herstellte (35). Mitunter traf es sogar Unbeteiligte: so zum Beispiel den Betriebsdirektor einer italienischen Chemiefabrik, der sich nach der Diagnose seiner Krebserkrankung bis zu seinem Tode noch immer Mut machte, er habe die PVC-Produktionshalle überhaupt niemals betreten (36).

Kurzum: Auch bis dahin als unbedenklich angesehene VC-Konzentrationen in der Luft mußten unter dem Eindruck ständig neuer Krebsmeldungen laufend revidiert werden. Bis 1970 lag zum Beispiel der MAK-Wert in der Bundesrepublik bei 500 ppm, obschon sowjetische Arbeitsmediziner bereits 1950 nach den damaligen ersten negativen Erfahrungen mit Vinylchlorid ihre maximale Arbeitsplatzkonzentration auf 12 ppm festgelegt hatten. Die weltweite Ignoranz der russischen Befunde dürfte denn auch rückblickend betrachtet für unzählige PVC-Arbeiter Siechtum und Tod bedeutet haben.

Dazu beigetragen hat aber sicherlich auch die Bedenkenlosigkeit der Industrie, die den Forderungen der Wissenschaftler (»Es muß als sicher gelten, daß kein Grenzwert existiert, der die Arbeiter vor einer Krebsbildung schützt« – so der renommierte amerikanische Umweltchemiker Dr. Irving Selikoff) stets mit dem Argument begegnete, strengere Vorschriften für den MAK-Wert seien gleichbedeutend mit dem wirtschaftlichen Ruin. (37).

Probleme sah auch die Industrie zu spät: So schrieb Professor Alfred Thiess, Chef der BASF-Werksärzte, 1975, die Vinylchlorid-Krankheit sei »eine Art Miniepidemie, die zu einem epidemiologischen Großeinsatz . . . führte« (38).

Angesichts der weltweit zunehmenden wissenschaftlichen Kritik an den VC-Konzentrationen am Arbeitsplatz, senkte der Bundesarbeitsminister dann im selben Jahr den MAK-Wert auf 5 ppm (39). Diese Vorschrift wird von der in die Enge getriebenen Kunststoffindustrie sogar mittlerweile noch unterboten: die tatsächlichen Werte in bundesdeutschen Betrieben liegen heute zwischen 1 und 3 ppm, die Autoklaven werden zudem automatisch gereinigt (40) – und von wirtschaftlichem Ruin kann keine Rede sein. Die Arbeitsschutzmaßnahmen tangieren die Investitionspolitik der Plastikbranche nicht im geringsten, denn weltweit werden neue Produktions-Kapazitäten geschaffen, in der Bundesrepublik in Wilhelmshaven beispielsweise vom britischen Chemiekonzern ICI (41).

PVC wurde hierzulande von neun Unternehmen hergestellt, und der Ausstoß macht mit rund einer Million Tonnen etwa 14 % der Weltproduktion aus (33). Bis Anfang der siebziger Jahre bliesen diese neun Plastikfabriken den Großteil der die bei der Polymerisation entstehenden VC-Abgase in die Luft, rund 40000 Tonnen jährlich, davon allein über 1300 Tonnen über die Stadt Köln (42).

Dabei erwies sich die Problemlösung mehr als simpel: Der Restgehalt von VC wird heute nicht über die Schornsteine geblasen, sondern in Rückgewinnungsanlagen »entgast« und dann in den Produktionsprozeß zurückgeführt. Auf diese Weise gelang es schon innerhalb kurzer Zeit, die Umweltbelastung durch emittiertes Vinylchlorid um mehr als 95 % zu reduzieren (43).
Durch das bei dieser Umweltschutzmaßnahme wiedergewonnene VC schlugen die notwendigen Aufwendungen der Industrie im Endeffekt nur minimal zu Buche (44). Dieses Beispiel macht damit wiederum deutlich, daß man den Klageliedern der Industrie, Umweltschutzmaßnahmen müßten notwendigerweise kostenaufwendig sein und daher Arbeitsplätze gefährden, äußerst skeptisch begegnen muß.
Daß eine drastische Reduzierung der Vinylchlorid-Emission dringend notwendig war, zeigten Untersuchungen der Auswirkung einer VC-Dauerberieselung in der Nähe von PVC-Betrieben. Wissenschaftler kamen bei systematischen Nachforschungen einem Leberkrebsfall bei einer amerikanischen Hausfrau auf die Spur, die 30 Jahre lang vier Straßen von einer Plastikfabrik entfernt gewohnt hatte (45). Hieraus läßt sich natürlich noch kein Zusammenhang nachweisen.
Dennoch: Mitunter wurden in der Nachbarschaft der das giftige Gas ausstoßenden Schlote extreme Vinylchloridkonzentrationen gemessen; Werte bis zu 3 ppm waren die Regel, in Painesville im US-Staate Ohio registrierten die Meßgeräte sogar 33 ppm (46). In der Umgebung dieses Kunststoffbetriebes trat denn auch eine signifikant höhere Rate von Mißbildungen bei Neugeborenen auf (47).
Wenn auch Vinylchlorid wie die PCBs oder Lindan ein chlorierter Kohlenwasserstoff ist, weist es zum Glück eine wesentlich geringere Persistenz auf. Unter Einwirkung der Sonnenstrahlung wird VC innerhalb von sechs Stunden zur Hälf-

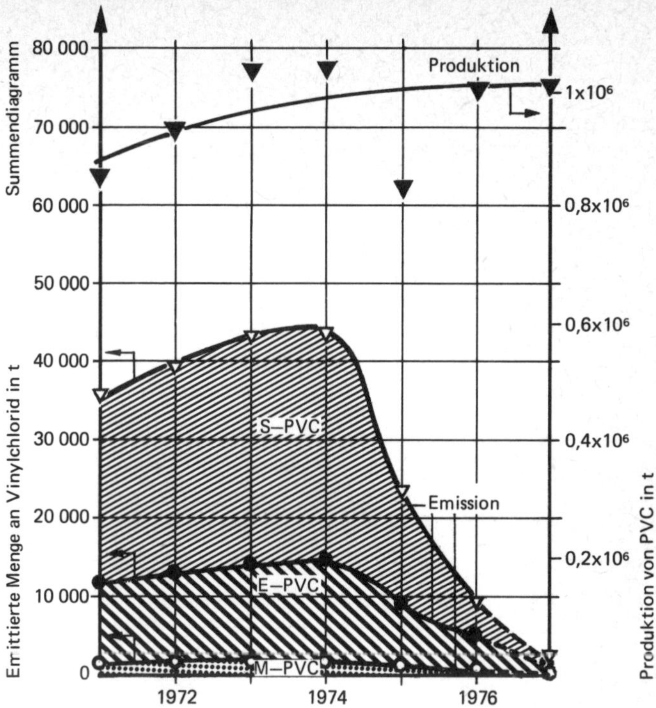

M - PVC Masse - PVC
E - PVC Emulsion - PVC
S - PVC Suspension - PVC

Seit 1974 ist die Emission von Vinylchlorid bei der PVC-Herstellung deutlich rückläufig. Das vormals in die Luft geblasene VC wird heute von den Unternehmen als Rohstoff zurückgewonnen – Umweltschutz und Wirtschaftlichkeit gingen hier Hand in Hand, was die Plastik-Branche allerdings nicht gerne zugesteht.

te abgebaut. Dennoch ist damit keineswegs gesichert, daß nicht auch die damalige Dauerbelastung der Umgebung Vinylchlorid emittierender Betriebe über mehr als drei Jahrzehnte noch zu gravierenden Spätfolgen führen wird. Wegen

der langen Latenzzeit der Krebserkrankungen müssen die Anwohner dieser Plastikfabriken mit dieser Ungewißheit leben.
Bedenklich ist dies womöglich auch für den Umgang mit VC-verunreinigten PVC-Gegenständen. So wurde schon sehr bald nach Bekanntwerden des ganzen Ausmaßes des Vinylchlorid-Problems die Befürchtung geäußert, daß beim Umgang mit PVC-Materialien ein erhöhtes Krebsrisiko vorläge (48).
Auch die Benutzung von PVC-Plastik im Haushalt schien bedenklich: So warf Charles Levinson, Generalsekretär des Internationalen Bundes der Chemiearbeiter, in einer aufsehenerregenden Untersuchung über die Vinylchlorid-Krankheit schon im Untertitel seiner Veröffentlichung die bange Frage auf: »Krebsbedrohung auch beim Verbrauch?« (33). Eine langfristige Gefährdung durch das giftige Gas Vinylchlorid drohte aber nicht nur durch das unsaubere PVC, sondern bis 1972 war VC in der Bundesrepublik (in den USA bis 1974) sogar als Treibgas in Spraydosen zugelassen, wie hernach die Fluorkohlenwasserstoffe. Noch damals wurde das Gas wegen seiner betäubenden Wirkung auch als Narkosegas eingesetzt (49).
Zweifellos der größte Unsicherheitsfaktor drohte allerdings von den Verunreinigungen in Plastikartikeln. Die meisten Produkte sind zwar inzwischen sauberer geworden, aber ausländische Erzeugnisse, vornehmlich die Innenverkleidungen von Automobilen sowie Schallplatten weisen noch außerordentlich hohe VC-Gehalte auf. Kanadische Toxikologen fanden auch in Lebensmitteln, die in PVC-Flaschen verkauft werden, bedenkliche Mengen von Vinylchlorid, im Apfelsaft zum Beispiel 3,5 Milligramm je Liter (50). Aber auch hierzulande sind Gebrauchsgüter noch keineswegs endgültig vom gefährlichen VC befreit: Kunststoffkacheln weisen bis zu 31

ppm, Schallplatten bis zu 970 ppm auf! (51). Solche Werte sind trotz der inzwischen erfolgten Reduktion keineswegs unbedenklich (52), denn »prinzipiell muß man davon ausgehen, daß auch die geringste Exposition mit Vinylchlorid eine potentielle Gefahr darstellt, da man damit rechnen muß, daß das Individuum weiteren Karzinogenen in der Umwelt ausgesetzt ist. Aus diesem Grunde ist auch zu fordern, jegliche Restmengen an Vinylchlorid, zum Beispiel in Lebensmitteln, die in PVC-Flaschen verkauft werden, zu eliminieren«, kritisiert der Würzburger Toxikologe und VC-Experte Professor Dietrich Henschler (53).

Seine Forderung stieß zunächst auf taube Ohren, denn die Industrie wehrte sich aus wirtschaftlichen Erwägungen gegen weitere Maßnahmen und argumentierte immer wieder mit der Alternative »Arbeitsplatz oder hohe Produktsicherheit«. Die Warnungen von Verbraucher-Organisationen, der VC-Gehalt in Lebensmittelverpackungen aus PVC, in Margarine- und Yoghurtbechern sei zu hoch, wiegelte die Industrie denn auch ab: Die Restmengen seien zu gering, um Schaden zu stiften. Dann reduzierte man doch ebenso diskret wie gründlich den Vinylchloridanteil im Verpackungsmaterial, »im Hinblick auf zu erwartende Aktivitäten des Bundesgesundheitsamtes«, wie es in einem vertraulichen Protokoll des Kunststoff-Industrieverbandes hieß (54).

Zwar kann man heute der Einschätzung des Kunststoffverbandes »PVC – Beispiel einer (zu späten, *d. Verf.*) Problemlösung« zustimmen, doch die ursprüngliche Verharmlosungspolitik der Branche scheint vor allem angesichts neuer Kunststoff-Risiken äußerst bedenklich, denn es mehren sich auch in anderen Bereichen der Plastikproduktion die Zeichen einer Krebsgefährdung.

Kunststoffe – ein allgemeines Krebsrisiko?

Im Jahre 1976 alarmierte eine Reihe von toxikologischen und werksärztlichen Untersuchungen die Plastikbranche: Ist eine Reihe der Kunststoffe gesundheitsschädlich und womöglich gar krebserregend – wie unsauberes PVC?

Aufgeschreckt wurden die Produzenten vor allem durch die Nachricht, in drei amerikanischen Polystyrol verarbeitenden Betrieben seien zehn Leukämiefälle aufgetreten, man habe zudem ein erhöhtes Risiko für die Arbeiter dieser Betriebe nachgewiesen, an Lungen-, Magen- oder Blasenkrebs zu sterben (55). Fast gleichzeitig vermeldeten sowjetische Arbeitsmediziner, daß die Betriebsangehörigen solcher Fabriken fast doppelt so oft an Störungen des Nervensystems und des Verdauungstrakts erkranken, Hautschäden und Tuberkulose bei ihnen sogar nahezu siebenmal häufiger auftreten.

Wenn auch die kanzerogene Wirkung des Styrols in zweijährigen, vom amerikanischen Chemieverband MCA (Manufacturing Chemists Association) initiierten Untersuchungen bei Ratten nicht nachgewiesen werden konnte, bedeutet dies noch lange keine Entwarnung. Denn schon beim Beispiel des 2-Naphtylamins und seitdem bei einer Reihe anderer Chemikalien hat sich gezeigt, daß man experimentelle Befunde an Ratten, Mäusen und Hamstern nicht notwendigerweise auf den Menschen übertragen kann: Obwohl die Nager keinerlei Tumorbildung zeigen, können diese Substanzen bei höheren Tieren und beim Menschen dennoch zu Krebs führen.

Und da die verschiedenen Berichte der Werksärzte ja eine reale Ursache haben müssen, ist zu vermuten, daß auch Styrol zu diesen chemischen Verbindungen zählt (56).

Durchgreifende Maßnahmen stehen allerdings bislang sowohl bei der Senkung des MAK-Wertes als auch der Emissionsverminderung nicht auf der Tagesordnung. Die Ein-

schätzung, daß keine reale Gefahr bestehe, kann sich aber womöglich schon bald als voreilig erweisen, zumal auch theoretische Untersuchungen über Zusammenhänge zwischen der Molekularstruktur des Styrols und der Kanzerogenität ähnlich strukturierter Moleküle diese Verbindung als ausgesprochen krebsverdächtig erscheinen lassen (57).
Eine intensive Untersuchung des Styrol-Problems ist schon deshalb notwendig, weil – im Gegensatz zum Vinylchlorid – die Belastung der Luft in den letzten Jahren enorm gestiegen ist: Während 1970 10000 Tonnen in die Luft der bundesdeutschen Ballungsgebiete geblasen wurden, werden es 1980 aller

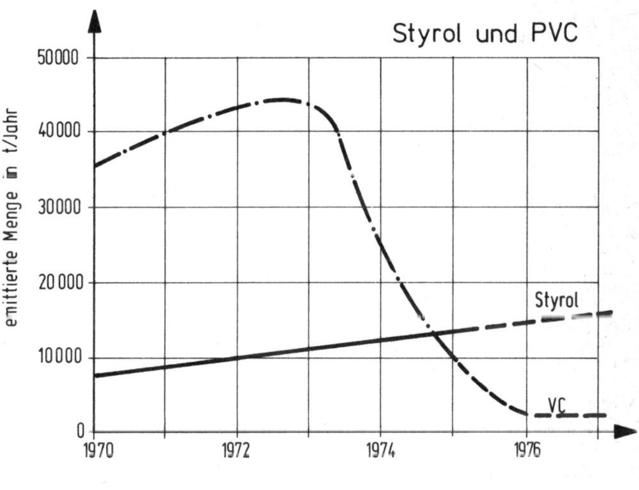

Im Gegensatz deutlich abnehmender Vinylchlorid-Emission steigt der Anteil der jährlich emittierten Styrol-Menge stetig an. Eine Trendwende ist auch noch nicht absehbar.

Voraussicht nach 20000 Tonnen Styrol sein (58). Immerhin: Eine Kaufhauskette der Lebensmittelbranche hat aus den alarmierenden Meldungen amerikanischer und sowjetischer Giftexperten bereits Konsequenzen gezogen und Styropor-Verpackungsmaterial aus dem Verkehr gezogen. Eine lobenswerte Initiative, die leider bislang zu wenig Nachahmer gefunden hat, obwohl man auf Styrol in diesem Bereich gut verzichten kann.

»Alarmstufe 1« gilt inzwischen auch für ein anderes Ausgangsprodukt der Kunststoffherstellung: das Acrylnitril, eine Verbindung, die vornehmlich zu Kunstfasern wie etwa »Dralon« verarbeitet wird (59).

Und hier kam die erste Warnung von seiten der Industrie: 1977 ließ der US-Chemieverband MCA verlauten, daß Acrylnitril krebserregend sein könnte. Der Konjunktiv indes mußte aufgrund der bereits erhobenen Befunde überraschen. Denn die Substanz hatte sich nicht nur in Tierversuchen bei Konzentrationen von 20 ppm (dem damaligen amerikanischen MAK-Wert) als krebserregend erwiesen (60), sondern der Acrylnitrilhersteller DuPont fand unter den Arbeitern, die zwischen 1950 und 1955 mit der Produktion dieser Verbindung beschäftigt waren, weit mehr als die nach der Statistik zu erwartenden Krebsfälle (61).

In den bundesdeutschen Chemieanlagen, so bekundete ein Firmensprecher der BASF, läge die Acrylnitril-Konzentration schon jetzt weit unter 20 ppm. Untersuchungen über möglicherweise erhöhte Krebszahlen unter den Arbeitern solcher Betriebe wurden hierzulande freilich noch nicht durchgeführt (61 a).

Daß die deutschen Kunststoff-Unternehmen die nach den neuen Erkenntnissen mittlerweile in den USA vorgeschriebenen Arbeitsplatzkonzentration von 2 ppm einhalten können, ist allerdings fraglich (62). In der Bundesrepublik jedenfalls

wurde der MAK-Wert für Acrylnitril ausgesetzt, das heißt, die Belastung soll so gering wie technisch möglich sein.
Auch die Daueremission des Acrylnitrils hält einem Vergleich mit der des Vinylchlorids in dessen »besten Zeiten« durchaus stand: Allein im Raum Köln gelangen jährlich 650 Tonnen dieser giftigen Verbindung in die Luft.
Und das aus dem Acrylnitril hergestellte Kettenmolekül, das sogenannte Polymerisat (Polyacryl), enthält auch wie das PVC Verunreinigungen in beachtlichem Ausmaß.
Die amerikanische Gesundheitsbehörde FDA (Food and Drug Administration), zuständig für die Überwachung von Lebens- und Arzneimitteln, zog denn auch umgehend Konsequenzen aus den Erkenntnissen und verbot Kunststoffmaterial auf der Basis von Acrylnitril als Verpackungsmaterial für Lebensmittel. Betroffen war vornehmlich der COCA-COLA-Konzern, der gerade erst Plastikflaschen aus Polyacryl eingeführt hate (63). Flaschenlieferant MONSANTO verzichtete indes freiwillig auf die weitere Herstellung, Monate vor der Entscheidung der FDA: »Falls wir selbst irgendwelche Zweifel an der Gefährlichkeit der Flaschen gehabt hätten, wäre die Produktion schon früher von uns eingestellt worden.«
Und wann kommt der freiwillige Verzicht hierzulande in Mode? Konkrete Gefahren sehen die obersten amerikanischen Umweltschützer nämlich auch für den Umgang mit Acrylnitril-Textilien wie zum Beispiel »Dralon«: »Das nicht umgesetzte Ausgangsprodukt wird während des Gebrauchs langsam freigesetzt. Und da zahlreiche Textilien Acrylnitril enthalten, diese Verbindung über die Haut aufgenommen werden kann, besteht eine potentielle Gefahr beim direkten Kontakt mit diesen Fasern«, warnte die amerikanische Umweltbehörde EPA schon im Juli 1977 (62).
Kurzum: Acrylnitril, das als gesundheitsschädigend und krebserregend erkannt wurde, ist ein ernsthaftes Problem, ob

am Arbeitsplatz, ob als Daueremission über die Schornsteine oder ob als Umweltchemikalie in Plastikartikeln und Textilien. Doch Konsequenzen außer am Arbeitsplatz zeichnen sich hierzulande bislang noch nicht ab: man hat offensichtlich aus der Vinylchlorid-Katastrophe noch nicht genügend gelernt (63 a).

Die Reihe der gefährlichen und krebsverdächtigen Kunststoffe läßt sich fortsetzen: Sowjetische Arbeitsmediziner ermittelten eine erhöhte Zahl von Abnormitäten bei Kindern, deren Mütter in der Chloropren-Herstellung arbeiteten. Die Anzahl spontaner Aborte war dreimal so hoch wie man erwartet hatte. Darüber hinaus stellte man Chromosomenveränderungen bei Chloropren-Arbeitern fest. Dies ist vor allem deshalb beunruhigend, weil die zulässige Konzentration am Arbeitsplatz in der UdSSR mit 4mg/m^3 schon um den Faktor 10 niedriger liegt als hierzulande (MAK-Wert 40 mg/m^3). Im Tierversuch bestätigte sich inzwischen die Befürchtung: Man stellte eine Schwelle für mutagene und teratogene Effekte bei 0,15 mg/m^3 fest, weshalb die sowjetischen Toxikologen eine Senkung ihres MAK-Wertes auf 0,05 mg/m^3 vorschlagen (63 b).

Chemische Sense

Man müsse sich immer vergegenwärtigen, sagt der emeritierte Chemie-Ordinarius Professor Wilhelm Sandermann, daß alle diese Stoffe potentielle Gifte seien, Gifte für Schädlinge, Gifte aber auch womöglich für den Menschen (64). Sandermann meint Pestizide, die zur Bekämpfung schädlichen und unerwünschten Unkrauts und Ungeziefers eingesetzt werden.

Es ist, mit Ausnahme vielleicht unter den Anhängern »biologischer Anbaumethoden«, unbestritten, daß Insektizide

(Schädlingsbekämpfungsmittel), Fungizide (Pilzbekämpfungsmittel) und Herbizide (Unkrautbekämpfungsmittel) heute ein weitgehend unverzichtbares Hilfsmittel in der Landwirtschaft darstellen. Ebensowenig umstritten ist aber unter Ökologen und Umweltexperten, daß der massive Einsatz der Pflanzenschutzmittel oftmals zu viel des Guten darstellt. Einer der Gründe: der Verbraucher, zuallererst der Landwirt, ist der Überzeugung, »viel helfe viel«, und dementsprechend bringt er gleich ein Mehrfaches der empfohlenen Menge auf seine Felder auf. Trotz entsprechender Hinweise auf den Pestizid-Kanistern fühlt er sich durch die bisweilen sehr aufdringlichen Verkaufsförderer der Firmen dazu womöglich noch ermutigt. Denn ohne Zweifel ist der Pestizid-Markt ein expandierendes Geschäft: In der Bundesrepublik wurden 1977 rund 25 600 Tonnen abgesetzt, davon etwa 85 % in der Landwirtschaft, der Rest im Haushalt, auf Nichtkulturland oder auf Verkehrsflächen (65).
Zwischen 1972 und 1976 stieg der inländische Verbrauch um rund 20 % – eine Bestätigung der zunehmenden Chemisierung der Landwirtschaft, denn die landwirtschaftliche Nutzfläche nimmt sogar von Jahr zu Jahr ab (66). Die Bauern sind denn auch der beste Kunde der Pestizid-Industrie: Während sie 1974 etwa 400 Millionen DM für Pflanzenschutzmittel ausgaben, waren es 1976 schon annähernd 550 Millionen Mark (67).
Die zunehmende Verwendung von Herbiziden auf jedem Quadratmeter Ackerland muß vor allem deshalb nachdenklich stimmen, weil seit wenigen Jahren einige Substanzklassen ins Kreuzfeuer der Kritik von Ökologen und Umweltchemikern geraten sind. Denn viele Pflanzenschutzmittel sind bei weitem nicht so unbedenklich, wie sie von den Herstellern gerne dargestellt werden – und dies trotz eines scharfen Pflanzenschutzgesetzes und strenger Zulassungsrichtlinien. Un-

erwünschte oder gar schädliche Auswirkungen auf die Umwelt, mitunter sogar gesundheitsschädigende Folgen für den Menschen können die Konsequenzen vor allem einer unsachgemäßen Behandlung mit Herbiziden sein – und das gilt für die Anwendung von Pflanzenschutzmitteln in der Landwirtschaft ebenso wie für die Benutzung von Unkrautvernichtern im privaten Haushalt.

Als vor etwa fünfzehn Jahren alarmierende Meldungen über den zunehmenden Gehalt des Insektizids DDT und dessen Abbauprodukten in der Umwelt durch die Fachzeitschriften gingen und die amerikanische Wissenschaftsjournalistin Rachel Carson in einer aufsehenerregenden Untersuchung als Folge der Pestizid-Verseuchung einen »stummen Frühling«, das Aussterben vieler Vogelarten, vorhersagte, ahnte niemand, daß dies nur der Auftakt zu einer Vielzahl beunruhigender Forschungsergebnisse sein würde (68). Insbesondere die im Gefolge des DDT auf den Markt gebrachten Chlorkohlenwasserstoffe wie zum Beispiel Aldrin und Dieldrin (siehe Seite 196) gerieten sehr bald in Mißkredit, weil sie äußerst langlebig sind, toxische, zum Teil sogar krebserregende Eigenschaften aufweisen und sich zudem in der Nahrungskette anreichern. Die Chemieindustrie hat der zunehmenden Kritik an diesen Verbindungen und den in einigen Fällen ausgesprochenen Verboten insofern Rechnung getragen, indem sie beizeiten nach alternativen Substanzen zu forschen begann (69).

Aber durch die gesetzliche Verbannung der gefährlichen Insektizide (die Anwendung des DDTs ist beispielsweise in der Bundesrepublik seit 1972, die Herstellung seit 1978 verboten) aus dem Pestizidarsenal, gerieten auch ältere, bis dahin weniger verwendete Produkte in einen ökonomischen Aufwind. Ein Beispiel dafür ist das sogenannte Toxaphen, das seit 1945 als Insektizid patentiert ist (70). Mit dieser Substanz haben

wir uns – wie sich erst jetzt herausstellt – ein Giftrisiko ersten Ranges aufgeladen, denn im Gegensatz zum DDT besteht Toxaphen aus 180 verschiedenen Chlorkohlenwasserstoffen, von denen bislang erst *sechs* chemisch und toxikologisch untersucht wurden. Und weil man die einzelnen Substanzen nicht kennt, kann man nach ihnen auch nicht in rückstandsanalytischen Untersuchungen fahnden. Mit anderen Worten: ob sich Toxaphen oder dessen Bestandteile inzwischen zu gefährlichem Ausmaß in der Umwelt angereichert haben, weiß niemand, weil weitgehend unbekannt ist, nach was man überhaupt suchen soll (71). Jene sechs Verbindungen, die von dem Münchner Umweltchemiker Dr. Harun Parlar vom Institut für Ökologische Chemie bislang identifiziert wurden, lassen indes in toxikologischer Hinsicht Schlimmstes befürchten, denn: »Erstaunlicherweise waren alle Produkte, die wir aus dem Gemisch isoliert haben, giftiger als das Gemisch selbst!«, betont Parlar (72).
Der Einsatz des Insektizids ist somit ein Vabanquespiel, zumal Toxaphen mutagene (und damit kanzerogene?) Wirkung zeigt (72a) und seine weltweite Produktion und Anwendung inzwischen die Größenordnung der des DDTs vor dessen Verbot erreicht hat (73). Eine problematische Situation, findet auch Harun Parlar, denn damit habe man das Umweltrisiko gegenüber dem DDT um den Faktor 180 erhöht (71).
Die in der Bundesrepublik für die Zulassung solcher Pestizide zuständige Biologische Bundesanstalt in Braunschweig, die alle Pflanzenschutzmittel prüft, bevor diese in den Handel kommen dürfen, hat dennoch Toxaphen für die Forstwirtschaft zugelassen, für die Landwirtschaft allerdings verboten. Obwohl nach der Überprüfung einzelner Pestizide bereits in einer Reihe von Fällen Anwendungsverbote bzw. -beschränkungen ausgesprochen wurden, gibt es trotzdem Zweifel, ob der Schutz der Umwelt durch die Tätigkeit der Braunschwei-

ger Prüfer ausreichend gewährleistet werden kann. Dies ist die Erkenntnis des Sachverständigenrates für Umweltfragen in dessen »Umweltgutachten 1974«. Die Experten warnen eindringlich vor der Annahme, daß die Erteilung der Zulassung als Pflanzenschutzmittel grundsätzlich eine Schlußfolgerung auf dessen Ungefährlichkeit ermögliche, denn »abgesehen von unsachgemäßer oder leichtfertiger Anwendung können sich durch Pestizideinsatz sowohl im Agrarökosystem als auch ganz besonders in naturnahen Ökosystemen Beeinflussungen der Organismen ergeben, die aus ökologischer Sicht als Belastung aufzufassen sind« (74). »Besonders bedenklich« erscheint den Sachverständigen dabei der Herbizideinsatz in Wäldern, »vor allem auch wegen der ungeklärten Wirkungen des 2,4,5-T.«
Hinter der chemischen Kurzbezeichnung 2,4,5-T verbirgt sich eine chemische Substanz, die, nicht zuletzt wegen ihrer Verunreinigungen mit dem Sevesogift TCDD, bereits seit langem im Mittelpunkt der Diskussionen steht (75).
Erstmals geriet diese Verbindung in der Bundesrepublik ins Rampenlicht, als im Jahre 1973 etwa dreißig Universitäts- und Hochschulprofessoren in einer »gemeinsamen Erklärung unabhängiger Wissenschaftler« schwerwiegende Bedenken gegen den zunehmenden Einsatz verschiedener Herbizide, vor allem des 2,4,5-T, äußerten (76). Mit ihrer Anklage gegen die gefährlichen Pflanzenschutzmittel zogen sich die kritischen Wissenschaftler natürlich insbesondere den Widerspruch der Herbizidvertreiber zu. So warf Professor Waldemar Madel vom wichtigsten 2,4,5-T-Anbieter CELAMERCK den Universitätskollegen eine »demagogisch-polemische Erklärung« vor. »Ungeheuerlich«, nicht nur »unwissenschaftlich, sondern verwerflich« fand der Industrieprofessor in der Erklärung der dreißig Fachleute den Hinweis auf den Einsatz von 2,4,5-T-Produkten im Vietnamkrieg (77).

Es ist natürlich verständlich, daß der massive Einsatz dieses Stoffes als Entlaubungsmittel in Südostasien für die Anwendung der gleichen Wirksubstanz in hiesigen Wäldern keine besonders gute Werbung abgibt. Insofern war die empfindliche Reaktion der Herbizidindustrie nur zu verständlich.
An der Tatsache, daß im Rahmen einer chemischen Kriegführung zwischen 1962 und 1971 in Vietnam insgesamt 71,4 Millionen Liter 2,4,5-T-Mittel zur Entlaubung der Wälder (87 %), Vernichtung der Ernten (10 %) und Verseuchung von Verkehrswegen (3 %) eingesetzt worden sind, können natürlich auch die bundesdeutschen Vertreiber nicht vorbeisehen (78). Hauptsächlich drei Produkte waren in der Zeit des Vietnamkrieges im Einsatz, die man nach den Farben der Kanister als »Orange«, »Blau« und »Weiß« bezeichnete. Das »Agent Orange«, eine Mischung aus 2,4,5-T und dem chemisch eng verwandten 2,4-D, wurde allein zwischen 1967 und 1969 auf rund 14500 Quadratkilometer Waldfläche (rund 8 % der Gesamtfläche der Bundesrepublik) versprüht, wobei mehr als 45 Millionen Liter zum Einsatz gelangten (79).
Allerdings: Das Herbizid »Orange« war mit extrem hohen Konzentrationen des später in Seveso zu traurigem Ruhm gelangten Dioxins TCDD verunreinigt (bis zu 40 ppm), von dem man seit Anfang der fünfziger Jahre wußte, daß es zu den giftigsten Verbindungen zählt, die Chemiker jemals synthetisiert haben (80).
Und man darf heute davon ausgehen, daß die amerikanischen Militärs die heimtückischen Herbizide verunreinigt ließen, um mit dieser »chemischen Waffe« nicht nur die Mangrovenwälder zu entblättern (81), sondern auch die Zivilbevölkerung zu treffen (82).
So waren beispielsweise die 2,4 Millionen Menschen der sogenannten Militärregion III nominal einer 500fach tödlichen Dosis ausgesetzt (83). Nach Untersuchungen des vietnamesi-

Zwischen 1962 und 1971 setzten die amerikanischen Streitkräfte im Vietnamkrieg Herbizide ein, um die Mangrovenwälder zu entlauben (rechts). Hier wurde aber nicht nur massiv in die Ökologie eingegriffen, sondern mit den bewußt mit TCDD-verunreinigten Entlaubungsmitteln sollte auch die Zivilbevölkerung getroffen werden.

schen Toxikologen Professor Ton That Tung war nach Beginn des Herbizid-Einsatzes eine Verfünffachung der Leberkrebssterblichkeit zu verzeichnen (84), und eine WHO-Kommission kam Jahre später zu dem Ergebnis, daß die Zahl der Totgeburten von 1962 bis 1969 um mehr als das 50fache angestiegen ist (85). Kein Zweifel: Der Einsatz des »Agent Orange« im Vietnamkrieg hatte nicht nur einen ökologischen Schaden sondergleichen zur Folge, sondern bedeutete auch

eine chemische Kriegführung gegen die Zivilbevölkerung, die in ihrer Unmenschlichkeit kaum zu überbieten ist (85 a, 85 b).

Vietnam im Siebengebirge?

Freilich, allein die Vokabeln »2,4,5-T« und »Waldbesprühung aus der Luft« lassen einen Vergleich mit den ökologischen und toxikologischen Auswirkungen des Herbizid-Einsatzes in der Bundesrepublik nicht zu.
Denn das chemische Supergift TCDD, das auch hierzulande bei der Produktion des Herbizids anfällt (siehe Seite 61), darf in bundesdeutschen Präparaten nur höchstens in einer Konzentration von 0,1 ppm auftreten, das ist rund ein Hundertstel der durchschnittlich in Vietnam zum Einsatz gelangten Menge.
Allerdings: Wer kontrolliert, ob das, was in den Bestimmungen vorgeschrieben ist, auch tatsächlich eingehalten wird? Eine Frage, die im März 1977 auch der Kommission der EG in Brüssel gestellt wurde. In der Antwort ließ die Kommission verlauten, daß der »zulässige Höchstgehalt (0,1 ppm) gewöhnlich . . . amtlich kontrolliert« werde (86). Für die Bundesrepublik konnte man allerdings nicht sprechen, da »eine experimentelle Kontrolle von der Biologischen Bundesanstalt zur Zeit noch nicht durchgeführt« wird, wie deren Präsident Professor Gerhard Schuhmann damals bekundete. Statt dessen frage man »von Zeit zu Zeit bei den Herstellern nach . . . und erbittet verbindliche Erklärungen über die Einhaltung der Auflage« (87). Trotzdem gingen die Biologische Bundesanstalt und das Bundesgesundheitsamt in gemeinsamen Stellungnahmen zum 2,4,5-T-Problem schon immer davon aus, es sei »durch Begrenzung des Gehalts an TCDD im technischen Wirkstoff 2,4,5-T auf 0,1 ppm *sichergestellt*, daß auch

durch das hochtoxische Dioxin keine Gefährdungsmöglichkeiten bestehen« (88).
Aber die Argumentation der dreißig Wissenschaftler, die sich gegen den Einsatz von 2,4,5-T-Herbiziden aussprachen, gründete keineswegs nur auf den möglichen Schäden durch die TCDD-Verunreinigungen. Denn auch der Wirkstoff selbst ist giftig und teratogen, was selbst Industriechemiker der Herstellerfirma nicht abstreiten, »da sowohl bei Mäusen, Ratten und Hamstern in höheren Dosierungen an den Föten vermehrt Gaumenspalten oder verzögerte Verknöcherung am Skelett induziert werden konnten« (89). Die Braunschweiger Prüfer sind allerdings der Meinung, daß »allein der Nachweis einer im Tierexperiment beobachteten teratogenen Wirkung eines Pflanzenschutzmittels ein allgemeines Anwendungsverbot oder einschneidende Anwendungsbeschränkungen nicht erfordert« (88).
Angesichts einer solchen Argumentation fragt sich der Initiator der »Stellungnahme unabhängiger Wissenschaftler«, der emeritierte Forstschutzfachmann Professor Gustav Wellenstein, was eigentlich noch geschehen müsse, »bevor die amtlichen Stellen zum Schutz der Menschen, ihrer Nachkommen und ihrer Umwelt Entscheidendes unternehmen« (90).
Andernorts nahm man sich des Problems amtlich an: Der nordrhein-westfälische Landwirtschaftsminister Diether Deneke machte sich zum Fürsprecher der 2,4,5-T-Kritiker.
Und das kam so: Hermann Graf Nesselrode auf Burg Herrnstein im Bröltal hatte an Denekes Behörde den Antrag gestellt, von einem Hubschrauber aus 27 Parzellen gräflichen Waldes (28 Hektar Gesamtfläche) mit dem Unkrautvernichter »Tormona 80«, einem 2,4,5-T-Herbizid, besprühen zu dürfen, um auf diese Weise wild wuchernden Brombeer- und Ginsterbüschen den Garaus zu machen. Des Ministers Beamten prüften und lehnten den Antrag auf Geheiß Denekes ab.

Begründung: Die toxikologische Wirkung von 2,4,5-T sei wissenschaftlich nach wie vor umstritten, schließlich müsse man »selbst nach Ansicht des Bundesgesundheitsamtes bei großflächiger Anwendung des Präparats im Forst mit möglicherweise gesundheitsgefährdenden Rückständen bei Beeren und Pilzen rechnen« (91). Der Graf freilich wollte sich die »Spritz-Tour« aus der Luft nicht vermasseln lassen und klagte gegen Nordrhein-Westfalens obersten Umweltschützer. Das Gericht gab dem Kläger recht, obwohl Denekes Beamten glaubhaft machen konnten, daß durch die Hubschrauberbesprühung die Gefahr einer Beeinträchtigung angrenzender Kulturpflanzung stets gegeben sei, ein Argument, das Graf Nesselrode während der Verhandlung sogar ungewollt bestätigte: Eine Behandlung der fraglichen Jagen mit Handspritzen vom Boden aus käme deshalb nicht in Frage, weil seine Waldarbeiter dann »selbst im Spritznebel« stünden und »Gesundheitsschäden nicht auszuschließen« seien. Somit kam der Verdacht auf, der Graf wolle durch einen dichten »Tormona«-Schleier in erster Linie Erholungssuchende und Hobbywanderer aus seinen Wäldern fernhalten (91 a).
Gleichwohl verlor Diether Deneke auch den nachfolgenden Rechtsstreit vor dem Oberverwaltungsgericht Münster. Gegen den Einsatz von »Tormona« will sich der streitbare Umweltschützer auch weiterhin zur Wehr setzen, dies insbesondere, nachdem er sich durch eine Dokumentation, die ihm von seinen Beamten zusammengestellt worden war, in seiner Einstellung ermutigt fühlt (92).
Die Literatur-Zusammenstellung bestätigte dem Minister nämlich, worüber unter Umweltchemikern kaum noch Zweifel bestehen: 2,4,5-T-Herbizide können sich zu gefährlichen Konzentrationen in der Flora und Fauna des Waldes anreichern. In Waldbeeren, Pilzen, Honig, in Rehen, Hirschen, Flugwild und Bienen machten eine Reihe von Toxikologen

Herbizidbesprühungen aus der Luft sind vor allem bei dem Unkrautvernichtungsmittel »Tormona« in Mißkredit geraten. Denn nicht selten kommt es zu einem Abdriften der Gaswolke, was u. U. gravierende Folgen für angrenzende Nutzpflanzen-Areale oder auch unbeteiligte Menschen bedeuten kann.

erhöhte Rückstände des Giftes aus. Besonders Waldbeeren wiesen eine gegenüber den zulässigen Maximalwerten bis zu 440mal höhere Konzentration auf (93). Die Biologische Bundesanstalt sieht hier noch immer keine Probleme, da »die beobachteten erhöhten Rückstände ... wegen des nur gelegentlichen Verzehrs kein Gesundheitsrisiko erwarten« lassen

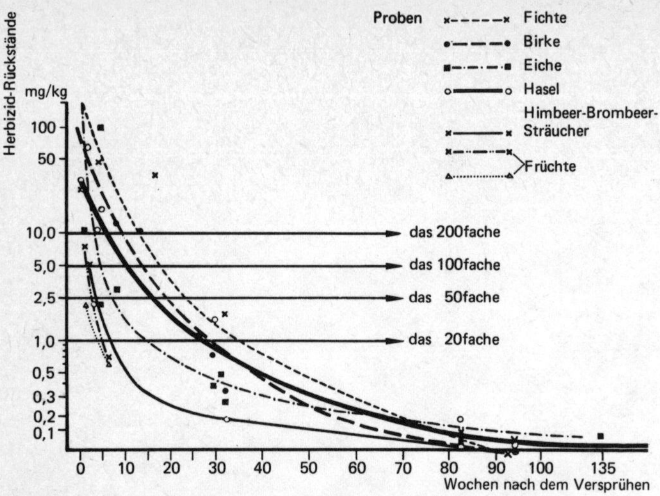

Noch viele Wochen nach Besprühen mit Herbiziden findet man in Bäumen und Waldbeeren extreme Herbizid-Rückstände (Quelle: *Umschau* Nr. 16/1975).

(94). »Wozu soll dann überhaupt die Höchstmengen-Verordnung Pflanzenschutz dienen? Etwa nur zur ›Beruhigung‹ der Öffentlichkeit?«, entrüstet sich Gustav Wellenstein (90).
Aber auch der Mensch ist betroffen, und nicht nur etwa der Waldspaziergänger, der unbedacht am Wegesrand Beeren oder daheim mitgebrachte Waldpilze konsumiert (95). Betroffen sind Unbeteiligte, wenn die vom Hubschrauber versprühte Giftwolke zum Beispiel in Richtung anliegender Kleingärtnersiedlungen abdriftet (96). In Brünningshausen, einem kleinen Dorf in Südniedersachsen, kam es auf diese Weise bei sieben Hobbygärtnern zu Allergien, Chlorakne-ähnlichen Hautausschlägen, Leberbeschwerden und Gallenkoliken – ganz offensichtlich Folgen einer 2,4,5-T-Besprühung des benachbarten Waldes (97).

Angesichts solcher Erkenntnisse muß es sehr verwundern, daß diese Pflanzenschutzmittel noch nicht einmal einer Giftklasse angehören, woraus allerdings »nicht der Schluß gezogen werden dürfe, sie seien völlig ungefährlich«, wie Professor Gerhard Schuhmann von der Biologischen Bundesanstalt betont (98). Eine Umstufung der 2,4,5-T-Herbizide aus der Gruppe der völlig unbedenklichen in die niedrigste Giftklasse III ist die mindeste, seit Jahren überfällige Maßnahme (99).
Anderswo ist man drastischere Wege gegangen: In einigen amerikanischen Bundesstaaten ist der Wirkstoff 2,4,5-T inzwischen verboten worden. Wenn auch diese Substanz ein sehr günstiges Preis-Wirkungs-Verhältnis besitze, sei eine ganze Palette von Ersatzstoffen vorhanden, die einen Verzicht auf diese Herbizide nicht zu einer Tragödie machen würden, glaubt denn auch der Holzchemiker Professor Wilhelm Sandermann (64).
Auf jeden Fall – eine Anwendungsbeschränkung tut not: wegen der Einstufung des Pflanzenschutzmittels als vollkommen harmlose Substanz enthalten nämlich auch die Unkrautvernichtungsmittel, mit denen jedermann seine Blumenbeete behandeln kann, das bedenkliche Herbizid.
Und gerade die Anwendung von Pflanzenschutzmitteln und Unkrautvernichtern im häuslichen Bereich ist wegen der Besserwisser-Mentalität vieler Konsumenten nicht problemlos. Denn es hat sich gezeigt, daß oftmals viel zu leichtsinnig mit solchen Giftstoffen, zum Beispiel dem bekannten Insektizid E 605 (Parathion) umgegangen wird (100). Nicht selten gilt auch im häuslichen Bereich die vermeintliche Bauernschläue, daß die dreifach aufgebrachte Menge auch den dreifachen Effekt haben müsse. Und dabei setzt man sich auch getrost über die Empfehlungen und Warnungen der Hersteller hinweg.
Dieses allerdings durch keine gesetzlichen Vorschriften für

die Produzenten zu beseitigendes Problem gilt im übrigen in gleichem Maße auch für eine andere Kategorie von Schutzstoffen, die Holzschutzmittel.

Braunes Gift-Holzschutzmittel

Seit vielen Jahren erfreut sich Holz einer zunehmenden Beliebtheit als Baustoff. In entsprechendem Maße stieg auch der Verbrauch von Holzschutzmitteln, die nicht nur ein ästhetisch ansprechendes, sondern vor allem langlebiges Holz versprechen. So werden in der ganzen Welt jährlich etwa 10 Millionen Quadratmeter Holz mit Schutzmitteln behandelt (101).

Aber spätestens seit Anfang 1977 sind Holzschutzmittel in Mißkredit geraten. Denn ungefähr 140 Lösungen, das sind etwa 90 % der im Handel befindlichen Präparate, enthalten zwischen fünf und sechs Prozent des sogenannten Pentachlorphenols (kurz: PCP) (102), eine Substanz, die seit 1940 als Herbizid und wegen seiner pilztötenden Wirkung als Fungizid in Farben und eben Holzschutzmitteln eingesetzt wird, und von der man heute in der Bundesrepublik mehr als 4000 Tonnen pro Jahr herstellt (weltweit: 20000 Tonnen) (103). Pentachlorphenol geriet in den Verdacht, schwere Vergiftungen hervorzurufen, nicht zuletzt, weil durch die Seveso-Katastrophe ausgelöste Untersuchungen ergaben, daß Geschwisterverbindungen des gefährlichen Ultragiftes TCDD (Dioxine, Dibenzfurane) auch in PCP-haltigen Holzschutzmitteln vorhanden sind.

Die erste Vermutung, daß die in Wohnungen verwendeten Mixturen giftige Bestandteile beinhalten könnten, hatte der Biologe Professor Hans-Ludwig Burgmüller* in Herrsching.

* Name und Ortsangabe von den Autoren geändert.

Immer wenn seine Frau in dem üppig mit Holz ausgestatteten Haus am Ammersee wohnte, stellten sich bei ihr schwere Vergiftungserscheinungen ein: ungewöhnliche Müdigkeit, Benommenheit, Appetitlosigkeit, morgendliches Erbrechen, Hautausschlag, schließlich sogar Kreislaufbeschwerden mit mehrfachem Kollaps (104). Erstaunlicherweise verschwanden die Symptome, wenn sie das Haus verließ, um zum Beispiel mit ihrem Mann auf Reisen zu gehen. Als Fachmann kam Hans-Ludwig Burgmüller den Ursachen der häuslichen Vergiftung schließlich auf die Spur: schuld war ein Imprägniermittel, mit dem man sechs Jahre zuvor die Holzverkleidung gestrichen hatte. Die zu Rate gezogenen Wissenschaftler des Münchner Instituts für Ökologische Chemie bestätigten nach eingehenden Untersuchungen schließlich Burgmüllers Verdacht: in den Räumen waren erstaunlich hohe Konzentrationen von Pentachlorphenol nachweisbar (105). »Bei unseren Untersuchungen stellten wir fest, daß sich gefährliche PCP-Konzentrationen in Tapeten, Teppichen, Vorhängen und Büchern«, selbst in Ölgemälden abgelagert hatten, erinnert sich der die Analysen durchführende Chemiker Dr. Harun Parlar, »und das noch sechs Jahre später« (106).
Schon 1971 nahm der Internist Dr. Manfred Brandt von der Medizinischen Hochschule Hannover erstmals eine Untersuchung der Patientin vor, die bereits damals schwere Schädigungen der Leber offenbarte, ohne daß man zu dem Zeitpunkt von der Vergiftungsquelle etwas ahnte. Manfred Brandt: »Wir tippten zunächst auf eine Leber-Degeneration durch Alkohol oder Medikamente, für die sich dann aber keine Anhaltspunkte ergaben.« Erst nachdem Hans-Ludwig Burgmüller und Harun Parlar das PCP als mögliche Vergiftungsquelle entlarvt hatten und Manfred Brandt eine Allergie gegen diese chemische Substanz ausschließen konnte, war »hier eine obligate, toxische Schädigung durch PCP anzuneh-

men«, was sich auch in biochemischen Untersuchungen an isolierten menschlichen Leberzellen schließlich bestätigte (107).
Die Gefährlichkeit des Pentachlorphenols wurde auch durch den Fall der achtjährigen Karola Klausen* in Darmstadt illustriert, die im September 1977 an Knochenmarksschwund verstarb, eine Erkrankung, von der der Hausarzt vermutete, daß sie auf eine Überempfindlichkeit gegenüber Pentachlorphenol zurückzuführen sei (108). In der Wohnung des Ehepaar Klausen ermittelte Harun Parlar vom Münchner Institut für Ökologische Chemie wiederum erstaunliche PCP-Konzentrationen in der Raumluft.

Aufgeschreckt durch diese beiden Fälle, beauftragte das Bundesministerium für Jugend, Familie und Gesundheit Ende 1977 das Berliner Bundesgesundheitsamt, sich der PCP-Problematik anzunehmen. Zwar sah man durchaus die von dieser Verbindung ausgehenden Gefahren, schränkte jedoch gleichzeitig ein, daß es sich bei dem Fall der Karola Klausen »nicht um eine Pentachlorphenolvergiftung im engeren Sinne« handele, sondern »daß dazu eine individuelle, allergische Komponente, das heißt eine ... Überempfindlichkeit angenommen werden« müsse (109).
Ein intensives Literaturstudium hätte die Gesundheitsexperten allerdings auf vergleichbare Fälle aufmerksam machen müssen, denn schon 1963 wurde erstmals ein Todesfall durch Knochenmarksschwund (aplastische Anämie) in Folge einer Pentachlorphenolvergiftung beschrieben (110). Außerdem kann man in jedem Medizinlexikon nachlesen, daß bei einer solchen Knochenmarks-Schädigung »Intoxikationen durch Benzol, Tetrachlorkohlenstoff, Trichloräthylen« (111) eine

* Name geändert, der richtige Name ist den Autoren bekannt

Rolle spielen, warum also nicht auch Pentachlorphenol?
Überhaupt sind PCP-Vergiftungen alles andere als neu: In der Literatur werden unzählige Fälle beschrieben. Schon bis 1959 waren 19 Todesfälle und etwa 300 Vergiftungen mit dieser Verbindung bekannt, der überwiegende Teil davon im Umgang mit Holzschutzmitteln (112).
Demgegenüber ergaben die vom Bundesgesundheitsamt unter der Leitung von Professor Karl Aurand durchgeführten Untersuchungen von 25 Personen in acht Häusern keine auffälligen Befunde, so daß man Anfang Februar 1978 zu der Erkenntnis gelangte, der Verdacht gegen PCP habe sich »bisher weder erhärten noch endgültig widerlegen« lassen. Immerhin bleibe festzustellen, daß bisher keine gesundheitlichen Schädigungen bei Arbeitern bekanntgeworden seien, die entsprechenden PCP-Konzentrationen über Jahre hinweg ausgesetzt waren (113). Dagegen ergab die Untersuchung einer WHO-Experten-Kommission, daß man an 17 Arbeitern, die mit der Produktion von PCP in einem großen Chemiekonzern in Nordrhein-Westfalen beschäftigt waren, Bronchitis, Leberzirrhose und neuropathologische Symptome festgestellt hatte; ein Arbeiter starb (114). Auch in anderen PCP-Betrieben wurden schwere gesundheitliche Schäden beobachtet (115).
Warum – so mag man fragen – kam PCP angesichts der bekannten toxikologischen Bedenklichkeit überhaupt als Holzschutzmittel für geschlossene Räume zum Einsatz? Einer der Gründe ist sicherlich, daß man hinsichtlich der Toxizität sich im wesentlichen auf einen Wert gestützt hat, der bei *oraler* Aufnahme gemessen wurde: 1942 wurde die LD_{50} bei der Ratte mit 200 mg/kg Körpergewicht bestimmt (116). Untersuchungen aus dem Jahr 1976 haben aber ergeben, daß die tödliche Dosis um ein Vielfaches kleiner ist, wenn PCP über den *Atemweg* aufgenommen wird. Die tödliche Dosis

LD_{50} beträgt dann nämlich lediglich nur noch 12 mg/kg Körpergewicht (117).
Auf Grund dieser neuen Erkenntnisse werden Todesfälle in geschlossenen Räumen, deren Holzverkleidung mit PCP behandelt worden sind, erklärlich. Wie schnell sind 500 g eines PCP-haltigen Holzschutzmittels – die rein rechnerisch 30fache tödliche Dosis für einen Menschen – bei der Imprägnierung eines Raumes aufgebraucht! Um einen Vergleich mit bekannteren Giften zu ziehen: Die Toxizität des PCP liegt in der Größenordnung der des Arseniks (letale Dosis: LD_{50}/Ratte: 45 mg/kg), und niemand würde auf die Idee kommen, seine Holzverkleidung in Innenräumen mit Arsen zu tünchen, was im übrigen auch gar nicht erlaubt wäre (die für Holzschutzzwecke eingesetzten Arsenverbindungen sind hierzulande für die Anwendung in Räumen verboten, die für den dauerhaften Aufenthalt von Mensch und Tier sowie für die Lagerung von Lebensmitteln und Futter bestimmt sind).
Der Wert der maximalen Pentachlorphenol-Konzentration am Arbeitsplatz (MAK-Wert) von 500 Mikrogramm/m^3 (118) kommt dabei für die PCP-Problematik im Holzschutz nicht in Betracht, weil er auf der Basis von acht Stunden Arbeitszeit berechnet ist, Hausbewohner aber täglich unter Umständen weit länger den PCP-Dämpfen ausgesetzt sind (bis zu 160 $\mu g/m^3$) (105). Der hier anzusetzende Adi-Wert (»acceptable daily intake«) von 3 Mikrogramm/m^3 wird denn auch »um Größenordnungen überschritten« (104, 107).
Große Probleme ergeben sich zudem aus der Tatsache, daß kaum ein Hobby-Handwerker von den in den verarbeiteten Präparaten steckenden Gefahren ahnt. Zwar fällt PCP unter die gefährlichen Arbeitsstoffe, die gesetzlichen Regelungen unterliegen (119) und demnach mit entsprechenden Hinweisen auf die Gefahren der Reizung von Haut, Augen und

Atemwegen sowie einem Totenkopf versehen sein müssen. Für PCP-haltige Holzschutzmittel gilt dies allerdings nicht, da sie »nur« in die Giftklasse III eingestuft werden. Dennoch sind auch auf Holzschutzmittelbehältern mit PCP Warnungen und Hinweise vorgeschrieben, oft aber gar nicht vorhanden (120). Außerdem dürfen PCP-haltige Holzschutzmittel nur von Läden verkauft werden, die eine Giftprüfung abgelegt haben und die Käufer mündlich auf die Gefahren hinweisen können. Eine überraschend durchgeführte Untersuchung in Bremen ergab, daß nahezu 80 % der aufgesuchten Läden, Kaufhäuser, Verbrauchermärkte und Farbendiscountgeschäfte nicht diesen Anforderungen entsprachen (121).
Leichtsinn aber auch bei den Konsumenten, die ihre Holzverkleidungen gleich mehrfach streichen in der Annahme, es handele es sich um »schützende Holzfarben« (DESOWAG-BAYER-Werbespruch: ». . . macht Holz gesund«). Verständlich, daß dabei wie im Hause der Familie Klausen enorm hohe PCP-Konzentrationen in der Raumluft zustande kommen.
Fahrlässigkeit führt hin und wieder auch dazu, daß Kleinkinder Holzschutzmittel schlucken, was aber meist relativ glimpflich ausgeht. Mit diesem Argument zog auch die Holzschutzmittel-Industrie gegen die Kritik an Pentachlorphenol zu Felde, obschon die Giftigkeit des oral aufgenommenen PCPs eben gar nicht das Problem ist. Daß man trotz vieler vorliegender wissenschaftlicher Anhaltspunkte von seiten der Hersteller das Risiko einer Aufnahme *über die Atemwege* nicht in umfassenden toxikologischen Untersuchungen überprüfen ließ, ist eigentlich unerklärlich und unverantwortlich (122). Denn die zum Beispiel vom größten deutschen Holzschutzmittel-Produzenten DESOWAG-BAYER initiierten toxikologischen Untersuchungen muten als Farce an: Da wurden ein Rind (1953), einzelne Meerschweinchen und Kaninchen (1955), eine Ziege, zwei Schweine und eine Kuh (1965) in

deutschen Tierkliniken mit dem bekanntesten Desowag-Bayer-Präparat »Xylamon« in Kontakt gebracht, um »nachzuweisen, ob und unter welchen Voraussetzungen »Xylamon« in der Lage ist, Tiere, die es entweder durch Belecken aufnehmen oder die sich an frisch mit »Xylamon« bestrichenen Holzwändern scheuern, zu Schaden kommen. ... Zusammenfassend konnte gezeigt werden«, daß weder die Ziege noch das Läuferschwein eine Minderung des Appetits oder eine Änderung des Verhaltens erkennen ließen. Bei der »ca. 7jährigen Pinzgauer Kuh« dagegen »verursachten 75 ccm Xylamon, an drei Tagen hintereinander verabreicht, eine Appetitminderung« (123). Solcherlei unsystematische und veraltete Untersuchungen, die nicht nur Toxikologen die Haare zu Berge stehen lassen, sind natürlich ebensowenig geeignet, die Argumente gegen Pentachlorphenol zu entkräften wie einige von dem Unternehmen vorgelegte Berichte, denen zufolge auch bei Kindern, die versehentlich »Xylamon« tranken, keine bleibenden Schäden entstanden (124).

Auch nach Bekanntwerden der Fälle Herrsching und Darmstadt veröffentlichte die Holzschutzmittelindustrie keinerlei eigene toxikologische Untersuchungen über die Gefahren einer PCP-Dauerbelastung über die Atemwege, sondern beschränkte sich darauf, den in der Öffentlichkeit bekanntgewordenen Fakten durch großangelegte Anzeigenkampagnen zu begegnen.
So ließ Desowag-Bayer noch im Dezember 1977 in einer überregionalen Anzeigeaktion verlauten, es sei in keinem Fall ein Zusammenhang zwischen der Verwendung dieser Holzschutzmittel und einer gesundheitlichen Beeinträchtigung festgestellt worden (125). Das Bayrische Landesgericht entschied dann nach einem langen Gutachterprozeß bei einem vergleichbaren Produkt allerdings anders: Die Münch-

ner Kammer verurteilte die Holzschutzmittel-Firma SADOLIN GmbH, den Klägern, dem Herrschinger Ehepaar Burgmüller, insgesamt 128 000 Mark Entschädigungs- und Schmerzensgelder zu zahlen. Das Gericht billigte ihnen sogar zu, bis zum Erwerb eines neuen Hauses auf Kosten der Herstellerfirma in einem Hotel zu wohnen (120, 125 a).

Wenn auch die Industrie weiterhin die Gefahren leugnet und anscheinend nicht zu einem grundsätzlichen Verzicht bereit ist, haben einige Hersteller inzwischen Rezeptur und Produktion ihrer Holzschutzmittel geändert: ohne PCP – zumindest für die Anwendung in Innenräumen. (Einige Produzenten versahen ihre Präparate mit Aufklebern »Nur für Außen!«) (125).

Ein Verbot von PCP in diesen Präparaten ist dennoch über kurz oder lang unumgänglich. Wenn auch die staatlichen Gesundheitsexperten vorläufig ein solches Verbot nicht aussprechen wollen, bekunden sie doch, daß »PCP-haltige Holzschutzmittel künftig nicht mehr für Wohnräume verwendet werden« sollten (113).

Ein Verbot, wie es inzwischen in Schweden, den Niederlanden und einigen amerikanischen Bundesstaaten ausgesprochen wurde (126), hätte nach Meinung von Professor Friedhelm Korte, dem Direktor des Münchner Instituts für Ökologische Chemie, zudem keinerlei gravierende Auswirkungen. Denn das als Schimmeltöter eingesetzte Pentachlorphenol sollte überhaupt »nur dort angewendet werden, wo es unentbehrlich ist. In unserem mitteleuropäischen Klima schimmelt Holz nicht in bewohnten Räumen. Es ist auch nicht von Parasiten wie Termiten bedroht. Wir können im Wohnbereich somit«, betont Friedhelm Korte, »auf PCP-haltige Holzschutzmittel ohne weiteres verzichten« (106).

Ein Verbot scheint aus mehreren Gründen angezeigt: Denn erst jetzt wird nach und nach das ganze Problem des PCPs sichtbar: Sorgenvolle Bundesbürger melden sich beim Bundesgesundheitsamt, beim Umweltbundesamt und bei den diversen Presseorganen, die über PCP-Vergiftungen berichteten, weil in ihren pentachlorphenolgestrichenen »vier Wänden« ähnliche Symptome aufgetreten seien, für die Ärzte keine Erklärungen hätten (127). Manfred Brandt von der Medizinischen Hochschule Hannover wundert dies nicht, denn bei Leberschäden denke man natürlich zu allererst an eine Säuferleber oder Schäden durch erhöhten Medikamentenkonsum. Es sollte deshalb, so betonte Brandt schon auf dem Internistenkongreß 1977 in Wiesbaden gegenüber seinen Kollegen, »bei kausal unklarer toxischer Leberschädigung auch an eine chronische PCP-Intoxikation gedacht werden« (107).

Inzwischen ergaben weitere Untersuchungen des Bundesgesundheitsamtes, daß auch in den meisten Fertighäusern, deren Holzteile nach dem Tränkverfahren mit PCP-Präparaten vorbehandelt wurden, beachtliche Konzentrationen des Giftes in der Raumluft nachzuweisen sind (128).

Ob freilich ein Verbot von Pentachlorphenol für die Anwendung in Innenräumen ausreicht, ist mehr als fraglich.

Denn auch in der Verwendung außerhalb von Wohnungen, im gestrichenen Jägerzaun beispielsweise, stecken erhebliche Gefahren. Die Umweltgefährdung durch PCP wird nämlich durch dessen Verunreinigungen verstärkt, die als noch weitaus giftiger eingestuft werden müssen. So fand man in PCP-Proben Geschwisterverbindungen des Seveso-Giftes TCDD (Dioxine, Dibenzfurane), ja in einigen Präparaten sogar das Ultragift selbst (129). Nach Untersuchungen der Schweizer Chemiker Professor Hans Paul Bosshardt und Dr. Hans-Rudolf Buser besteht außerdem die konkrete Gefahr, daß sich die harmloseren (höherchlorierten) Geschwister unter Einwirkung von Sonnenstrahlung (ultraviolettem Licht) gewissermaßen einiger ihrer Chloratome entledigen – sich damit zu toxischen Dioxinen, ja sogar zum hochgiftigen Seveso-TCDD umwandeln (130). Dies sei ein Risiko, daß man nicht unterschätzen dürfe, betont Hans-Rudolf Buser. Auch Vorstufen der hochgiftigen Substanzen (Prädioxine) wurden mit einem Gehalt von bis zu 5 % in PCP-Proben entdeckt. Unschwer vorstellbar, daß auch aus diesen Verbindungen die toxischen Dioxine entstehen können (131).

Die amerikanische FDA (Food and Drug Administration) – ein Pendant zum Berliner Bundesgesundheitsamt – hat denn auch reichlich Erfahrungen mit Vergiftungen durch Pentachlorphenol und dessen Verunreinigungen. In den Jahren 1957 bis 1969 brach wiederholt in verschiedenen US-Staaten eine Geflügelkrankheit aus – »chicken-edema-disease« genannt – der Millionen von Hühnern zum Opfer fielen. Durch eingehende Untersuchungen konnte die Krankheit auf das Fett im Hühnerfutter zurückgeführt werden, das mit Dioxinen verunreinigt war. Die Ursache der Verseuchung des Fetts lag lange Zeit im dunkeln. Während man zunächst die Anwendung von Pentachlorphenol als Entlaubungsmittel auf den Baumwollfeldern in Verdacht hatte, fand man schließlich nach Jahren heraus, daß das Gift auf geradezu abenteuerliche Weise in das Tierfutter gelangt war: Der Fettzusatz im Hühnerfutter fiel als Abfall von Kuhhäuten an, die man zum Gerben mit Pentachlorphenol behandelt hatte (132).

Im Jahre 1976 waren Hunderte von Rindern selbst betroffen: Durch Einatmen von Holzschutzmitteldämpfen erkrankten in den USA acht Viehherden, kamen unzählige Kälber tot zur Welt (in einer Herde zählte man unter 67 Kälbern 61 Totgeburten). Die Analyse des Fettgehalts der Tiere ergab extreme Dioxin-Werte, in der Leber stellte man zudem hohe PCP-Konzentrationen fest: Eine PCP-Seuche mithin, die die tiertoxikologischen Untersuchungen durch die Holzschutzmittel-Firma DESOWAG-BAYER einschließlich des Versuches mit der Pinzgauer Kuh ad absurdum führt.

Mitunter war der Mensch ebenfalls betroffen: Pentachlorphenol, das in einer amerikanischen Wäscherei zur Behandlung von Windeln und Leintüchern verwendet wurde, drang in die Haut von zwei Babys und führte zu deren Tod (133). Auch in den Farben von Kindermalkästen fand man Pentachlorphenol (134).

Aber auch bei der Lagerung von Pentachlorphenol oder Holzschutzmitteln können Probleme entstehen (zur Emission von PCP aus Produktionsanlagen siehe auch S. 64). Denn wie unter dem Einfluß der Sonnenstrahlung können sich auch unter Einwirkung von höheren Temperaturen aus den harmloseren Dioxinen jene Verbindungen bilden, die als hochgiftig einzustufen sind. Gerade das in der Bundesrepublik im Handel befindliche Pentachlorphenol der Firma DYNAMIT NOBEL (das auch für die bundesdeutschen Holzschutzmittel verwendet wird) ist mit bis zu 15 % niedriger chlorierten Phenolen (hauptsächlich Tetrachlorphenol) verunreinigt (135). Diese Mischung kann sich aber bei Hitzeeinwirkung als äußerst brisant erweisen, weil dann nämlich womöglich toxische Dioxine in beträchtlichem Ausmaß entstehen, darunter auch das Seveso-TCDD (136).

Überhaupt: »Ausgehend von der Giftwirkung des PCP und des üblichen Herstellungsverfahrens kann eine Kontaminierung mit TCDD nicht völlig ausgeschlossen werden« – dies ist das Ergebnis einer Untersuchung der beiden Umweltchemiker Dr. Istvan Gebefügi und Dr. Harun Palar (136a).

Zu ganz ähnlichen Ergebnissen kommt auch Karlheinz Ballschmiter, der sich mit den Verbrennungsprodukten von mit Imprägniermitteln getränkter Holzstückchen befaßt hat. Bei Einsatz des Herbizids 2,4,5-Trichlorphenol, das z.T. auch als Holzschutzmittel Anwendung findet, wenngleich es zum Beispiel von einem der Produzenten, DOW CHEMICAL, nicht dafür *empfohlen* wird (137), konnten sogar geringe Spuren des Seveso-Giftes TCDD identifiziert werden (138).

Vorsicht ist demnach auch beim Verbrennen von behandeltem Holz geboten (139).
Besonders ernsthaft zu bedenken sei aufgrund seiner Versuche aber der Brand in einem Holz- und Pflanzenschutzmittel-Lager, denn unter den dabei auftretenden Schwelbrandbedingungen, gibt Ballschmiter zu denken, »wäre die Bildung der Dioxine sehr viel wahrscheinlicher und möglicherweise auch in sehr umfangreichem Maße möglich!« (140). Da alle Holzschutzmittel leicht brennbar sind und vielerorts die Lager nicht mehr als Holzbaracken darstellen, die Lagerung zudem keinen speziellen auf diese Gefährdung zugeschnittenen Vorschriften unterliegt, ist eine Katastrophe wie in Seveso nicht auszuschließen, wenn es in einem Holzschutzmittel-Lager eimal zu einem Brand kommt. Dann – so glaubt auch Hans Paul Bosshardt – »kann wirklich alles zu spät sein« (141).
Kein Zweifel also: Mit dem PCP in Holzschutzmitteln ist ein Problem sichtbar geworden, das man bislang nicht beachtet hat, weil niemand auf den Gedanken kam, diese Substanz toxikologisch und ökologisch unter die Lupe zu nehmen. Auch dies macht deutlich, wie notwendig ein Umweltchemikaliengesetz ist, das eine breite toxikologische Prüfung *vor* der Vermarktung der Produkte vorschreibt. Ob eine Verbannung des PCPs aus Holzschutzmitteln allein allerdings ausreicht, muß stark bezweifelt werden. Denn: »Der Anwendungsbereich von PCP ist nahezu unübersehbar«, erklärt Harun Parlar, weil es sich bei dieser Verbindung nicht nur um ein Fungizid handele, sondern Pentachlorphenol »ein starkes Gift gegen Algen, Schwämme, Schimmelpilze, Bakterien und Insekten« ist. Entsprechend vielfältig seien die Anwendungsmöglichkeiten: »Damit werden Stärke, Leder, Öl, Gummi, Holzfarbe, Papier konserviert. Darüber hinaus Seifen und Kosmetika, um Bakterien und Hautpilze abzutöten. Es wird Reinigungsmitteln beigemischt, Möbelholz wird damit im-

prägniert« (106). Tatsächlich fand man Pentachlorphenol inzwischen nahezu überall: in Fischen, Vögeln, im Blut und Urin des Menschen, in Flüssen und Seen (142).
Aber auch andere Holzschutzmittel sind keineswegs unbedenklich. Überhaupt müsse man sich im klaren sein, so betont der emiritierte Ordinarius für Holzchemie Wilhelm Sandermann, daß »prinzipiell ja alle Schutzmittel mehr oder weniger giftig sind«. Wenn auch die Gefahr, daß das Gift in die Nahrungsmittelkette gelange, relativ gering sei, dürfe man die in diesen Substanzen steckenden Gefahren deshalb noch lange nicht verniedlichen (143). Problematisch sei neben Pentachlorphenol vor allem das bekannte »Carbolineum«, das durch Chlorierung von Steinkohlenteer entsteht und hochtoxische Verbindungen vom Typ der PCBs (und Dibenzfurane) enthält. Da auch diese Holzschutzmittel in zahlreichen Fällen zu schweren Hautschäden (Chlorakne) führten (144), scheiden sie als Alternative gegenüber PCP-Produkten ebenso aus wie Arsenverbindungen und Präparate, die höchst bedenkliche organische Quecksilberverbindungen enthalten (zur Umweltverseuchung durch organische Quecksilberverbindungen siehe S. 149ff). Immerhin werden von letzteren in der Bundesrepublik jährlich noch rund 50 Tonnen als Pilzbekämpfungsmittel produziert (145).
Eine andere Gruppe gefährlicher Holzschutzmittel zeigt zudem ein beachtliches Manko auf: Lange Zeit galten organische Zinnverbindungen als gut geeignete Konservierungsmittel auch für Holz, obwohl der Tod von über 100 Kleinkindern in Frankreich, die mit einem, organische Zinnverbindungen enthaltenden Puder (»Stalinon«) gepflegt wurden, zur Vorsicht hätte mahnen müssen (146). Wenn auch das Mittel – wie sich herausstellte – durch Lichteinfluß schnell seine Wirkung verliert und damit für den Holzschutz uninteressant wurde, machte schon dieses Beispiel deutlich, wie notwendig eine Toxizitätsprüfung von Holzschutzmitteln ist.

Erst jetzt aber – angesichts der PCP-Vergiftungen – will das zuständige Bundesministerium »versuchen, künftig – wie bisher bereits bei Pflanzenbehandlungsmitteln – auch Holzschutzmittel auf ihre gesundheitliche Unbedenklichkeit prüfen zu lassen« (113). Eine solche Toxizitätsprüfung tut not, denn bislang mußten die Hersteller bei der Zulassungsstelle, dem Berliner Institut für Bautechnik, lediglich die Wirksamkeit des Präparats amtlich anerkennen lassen. Die Begutachtung der möglichen gesundheitlichen Gefahren erfolgte dabei lediglich am Rande – nach welchen Kriterien bleibt rätselhaft, da dort keine toxikologische Experimente vorgenommen werden. Auch Wilhelm Sandermann ist der Überzeugung, daß die Prüfungen härter werden müssen, »vor allem unter dem Einfluß dieser verschiedenen Unfälle«. Man habe ja gesehen, daß beim Verbrennen zum Beispiel von Pentachlorphenol gewisse gefährliche Produkte entstehen. Deshalb sei es notwendig, auch andere Verbindungen »doch genauer unter die Lupe zu nehmen!« (147).

Flammschutzmittel im Rinderfutter

In Mißkredit geraten sind auch eine Reihe sogenannter Flammschutzmittel, die Textilien und Kunststoffe feuerfest machen sollen. Doch die von diesen Substanzen ausgehenden Gefahren schlagen weit höher zu Buche als die möglicherweise zu erzielende Schutzwirkung. Denn bei einem Teil dieser Flammschutzmittel geht es nicht zuletzt um Verbindungen, »die sehr lange in der Umwelt bleiben, nicht abgebaut werden, zum anderen aber auch um Stoffe, die gesundheitlich höchst bedenklich sind, weil sie eine Ähnlichkeit zu den in Seveso bekannt gewordenen Dioxinen« haben, betont Dr. Hans Beck vom Bundesgesundheitsamt in Berlin. Seiner Mei-

nung nach müssen diese Mittel weit besser untersucht werden als bislang, denn solche Untersuchungen sind in dem Bereich, den wir bereits als kritisch ansehen, bisher kaum durchgeführt worden« (148).
Die Kritik richtet sich vornehmlich gegen die sogenannten PBBs (polybromierte Biphenyle), Geschwisterverbindungen der in Japan und anderswo zu traurigem Ruhm gelangten PCBs (siehe Seite 176ff) (149). Und auch PBB ist mittlerweile so etwas wie eine Hieroglyphe des Schreckens geworden: Im US-Staat Michigan führte die Verseuchung von Lebensmitteln mit PBBs zu einem ernsten Problem für die gesamte Bevölkerung.
Im Spätsommer 1973 brach unter den Viehherden des amerikanischen Bundesstaates eine bis dahin unbekannte Epidemie aus: Die Rinder magerten ab, lieferten kaum noch Milch, verloren ihre Haare und zeigten nach Bekunden der Veterinärärzte deutliche Leberschäden. Innerhalb eines halben Jahres raffte die Seuche mehr als 30000 Rinder dahin, unzählige Tiere mußten notgeschlachtet werden. Nahezu 500 Farmer waren von dem Viehsterben betroffen; ihre Höfe wurden unter Quarantäne gestellt (150).
Ursache der Epidemie war allerdings nicht ein bislang unbekanntes Virus, sondern eben die hochgiftige Substanz PBB.
In den letzten zehn Jahren hat es sich in vielen Ländern eingebürgert, dem Futter von Kühen zur Steigerung des Fettgehalts in der Milch Magnesiumoxid (in Verbindung mit Natriumhydrogencarbonat) zuzusetzen. Auch in Michigan fand diese Methode Anwendung bis es beim Hersteller eines Tages zu einer folgenreichen Verwechselung kam: Die Michigan Chemical Company, die den Futterzusatz unter den Namen »Nutrimaster« vertrieb, produzierte auch ein PBB-haltiges Flammschutzmittel namens »Firemaster«. Zur Unterscheidung wurden die in ihren Eigenschaften und An-

wendungsbereichen so unterschiedlichen Chemieprodukte in braunen Plastiksäcken abgepackt, die entweder die rote Aufschrift »Firemaster« oder die schwarz-gedruckte Bezeichnung »Nutrimaster« trugen.
Im Sommer 1973 waren eines Tages nur noch Säcke ohne Aufschrift vorhanden, die dann kurzerhand von der Chemiefirma mit entsprechenden allerdings in allen Fällen schwarzen Hinweisen versehen wurden und so nahm das Verhängnis seinen Lauf: Der Verteiler der Säcke richtete sich lediglich nach der Farbe des Aufdrucks und lieferte die Futtermittelsäcke zur Abpackung mit dem Flammschutzmittel. Innerhalb weniger Tage hatten die Farmer im ganzen Land bereits insgesamt 1000 Kilo des hochpotenten Giftstoffes PBB unters Viehfutter gemischt. Und da eine Reihe von Bauern sich eine Wirkung des »Nutrimasters« auch bei ihren Legehennen versprachen, wurden auch zahllose Hühner mit PBB verseucht. Und über Milchprodukte, Fleischwaren und Eier gelangte das Gift auch in die menschliche Ernährung: Allein 63 000 Schlachttiere, die eine Geflügelfarm an einen Hühnerbrühen-Fabrikanten geliefert hatte, waren mit PBB vergiftet – hernach auch die Suppe des Verarbeiters (151). Im ganzen Bundesstaat klagten bald die Farmer beziehungsweise deren Frauen und Kinder und unzählige Konsumenten über Übelkeit, Bauchschmerzen, Menstruationsbeschwerden und Lethargie.
Wahrscheinlich wäre man noch viel später auf die ursächlichen Zusammenhänge gestoßen, hätte nicht ein Farmer mit chemischer Vorbildung Verdacht geschöpft und seine Milchproben zur Analyse eingeschickt. Als die Quelle der PBB-Vergiftung schließlich erkannt war, sahen die Behörden nur die Möglichkeit einer Radikalkur: Etwa 40000 Rinder, 5000 Schweine, 1300 Schafe, eineinhalb Millionen Hühner und 40 Millionen Eier wurden vom Handel ausgeschlossen. Aber

diese Maßnahme kam schon viel zu spät: Das Gift hatte sich längst in den neun Millionen Einwohnern Michigans verteilt, zumal einige skrupellose Geschäftemacher auch das verseuchte Fleisch für einige Cent pro Pfund aufkauften und zu »Hamburgern« und Kindernahrung verarbeiteten (151 a).
Das wahre Ausmaß der Katastrophe zeigte sich erst im November 1976, als der amerikanische Umweltchemiker Dr. Irving Selikoff zusammen mit 34 Mitarbeitern der New Yorker Mount Sinai School of Medicine eine Reihenuntersuchung an 1000 Einwohnern Michigans durchführte. Über ein Drittel der Untersuchten hatte nachweislich Schäden davongetragen: Muskelschwäche, Gedächtnisschwund, außerordentlich hohe Müdigkeit, Kopfschmerzen, Schlafstörungen, Magen-, Hauterkrankungen und Blutveränderungen waren nur einige der Symptome, die das Ärzteteam diagnostizierte. Eine Kontrollgruppe aus Wisconsin zeigte solche Krankheitserscheinungen viel seltener (152).
Die Folgen der PBB-Verseuchung waren in Michigan so gravierend, daß einzelne ihren Beruf aufgeben mußten. Und: »Fast jeder in Michigan ist durch die Nahrungsaufnahme von PBB irgendwie betroffen«, resümierte Selikoff seine ersten Erkenntnisse (152). Seiner Meinung nach wird die Bevölkerung des amerikanischen Bundesstaates noch über Jahre hinaus mit dem Problem zu leben haben, denn wie die PCBs sind auch die PBBs äußerst persistent, das heißt chemisch stabil.
Im Boden in der Umgebung amerikanischer PBB-Betriebe [US-Jahresproduktion 2000 Tonnen (153)] hat sich das Gift deshalb innerhalb von drei Jahren denn auch kaum abgebaut. Aufgrund dieser Erkenntnisse – so ließ die amerikanische Umweltschutzbehörde, die EPA inzwischen verlauten – sei in den USA mit einem baldigen Verbot von PBBs als Flammschutzmittel zu rechnen (154).
So steht man hierzulande vor der gleichen Problematik bei

den PBBs. Dr. Hans Beck als einer der zuständigen Toxikologen beklagt denn auch die von diesen Flammschutzmitteln und den darin enthaltenen Begleitstoffe ausgehenden Gefahren, »zumal Verunreinigungen auch im ppm-Bereich noch bedeutsam sein können« (148). In der Tat – diese Substanzen sind kaum geeignete Schutzmittel für Kunststoffe und elektrische Haushaltsgeräte wie Elektrorasierer und Fernsehgeräte. Zu fordern ist darüberhinaus die getrennte Lagerung von chemischen Giftstoffen und Nahrungsmitteln in der Chemieindustrie – eine Binsenweisheit für jede Hausfrau.
Auch Flammschutzmittel in Textilien sind in Mißkredit geraten, so im Frühjahr 1978 amerikanische Kinderpyjamas, die mit einem in den USA seit August 1977 verbotenen krebserzeugenden Mittel behandelt worden waren (154a).

TCDD in Kosmetika

Sehr bedenklich ist auch eine Verbindung, mit der in Form von Kosmetika heute jedermann in Berührung kommen kann – und dies nicht erst seit der Seveso-Katastrophe, als das Schweizer Unternehmen Givaudan ein Ausgangsprodukt für diese Substanz in der norditalienischen Kleinstadt herstellen ließ.
Name der gefährlichen Chemikalie: Hexachlorophen. Die aus Trichlorphenol synthetisierte Substanz enthält nämlich in Spuren noch das Supergift TCDD. Hexachlorophen findet wegen seiner bakteriziden Eigenschaften Verwendung als Desinfektionsmittel in Seifen, Deodorants, Intimsprays und Mundwässern. Und dabei ist TCDD ständiger Begleiter.
Daß Vorsicht bei der Anwendung hexachlorophenhaltiger Produkte geboten ist, weiß man spätestens seit Nervenstörungen und über 30 Todesfällen von Kleinkindern in Frank-

reich, die mit einem Hexachlorophen-haltigen Babypuder gepflegt worden waren. Die Obduktionen zeigten die gleichen typischen Vergiftungserscheinungen wie man sie auch bei Tierversuchen beobachtet hatte.
Bestätigt wurde die – möglicherweise durch die TCDD-Verunreinigungen bewirkte – Gefährlichkeit Hexachlorophen-haltiger Kosmetika durch eine schwedische Untersuchung: Schwangere Krankenschwestern aus einem Krankenhaus, in dem man sich routinemäßig mit Seifen wusch, die Hexachlorophen enthielten, gebaren weitaus häufiger mißgebildete Kinder (9 von 65) als Schwestern aus einem Hospital, in dem solche Seifen grundsätzlich nicht benutzt wurden (1 von 68). Und die Mutter jenes mißgebildeten Babys aus dem Hexachlorophen-freien Krankenhaus hatte sogar während der Schwangerschaft in einer anderen Klinik Umgang mit Hexachlorophen-haltigen Desinfektionsmitteln (154b).

Zulassungsprüfung für neue Chemikalien?

Das Gebiet der Umweltchemikalien ist inzwischen zu einem Problem ersten Ranges geworden – auch nach Einschätzung der Politiker. Denn die geschilderten Beispiele: Spraydose, PVC-Plastikeimer, Acrylnitril-haltige Kleidungsstücke, Unkrautvernichter, Holzschutzmittel und TCDD-haltige Kosmetika haben sicherlich exemplarischen Charakter. Nicht nur unter den jährlich neu auf den Markt kommenden Substanzen, sondern auch unter den seit Jahren in Gebrauch befindlichen chemischen Verbindungen gibt es giftige, krebserregende und erbschädigende Chemikalien, deren Gefährlichkeit man noch nicht erkannt, weil bisher nicht untersucht hat. Nach Meinung des Parlamentarischen Staatssekretärs im Bundesministerium für Forschung und Technologie, Erwin

Stahl, bestehen denn auch bei der »Erfassung und Bewertung möglicher Umweltbelastungen, die mit der Herstellung und dem Gebrauch von Chemikalien und chemischen Erzeugnissen einhergehen ... besondere Lücken des Wissens und dadurch bedingt auch in der Gesetzgebung« (154c).

Natürlich werde man ein Risiko wie auch bei anderen zivilisatorischen Errungenschaften nie ganz ausschließen können, betont auch der für Umweltschutz zuständige Staatssekretär Dr. Günter Hartkopf. Denn »wir müßten die Zivilisation abschaffen, wollten wir absolute chemische Risikofreiheit erreichen. Wer uns aber mit dem Scheinargument zu bremsen versucht, unsere Gesellschaft nehme ja zum Beispiel bewußt im Betrieb des Kraftfahrzeuges jährlich auch ein beträchtliches Risiko in Kauf, der wird dem Problem nicht gerecht«. Der Vergleich hinkt nach Meinung Hartkopfs deshalb, weil die meisten Opfer auf Unfälle zurückzuführen seien, die durch menschliches Fehlverhalten, höhere Gewalt oder einzelne Produktions- oder Materialmängel verursacht werden, nicht aber durch *serienmäßige* Produktionsfehler. Nur um die Ausschaltung solcher Mängel, »also der Gefahren aus gleichsam serienmäßig produzierten Substanzen bei bestimmungsgemäßen Gebrauch, geht es bei einer Umweltchemikalienregelung« (155).

Das Stichwort ist gefallen: Umweltchemikalienregelung. Jedoch im Gegensatz zu allen anderen großen Chemie-Nationen ist die Bundesrepublik noch ohne eine gesetzliche Prüfung aller neu auf den Markt kommenden chemischen Substanzen. Man müsse sich daher beeilen, glaubt auch Günter Hartkopf (156).

Und hierzulande werden jährlich mindestens 500 neuentwickelte Stoffe für vielfältige Zwecke, u. a. für Farben, Lacke, Kunststoffe, Kühl- und Isolierflüssigkeiten, Schmiermittel, Pflanzenschutzmittel, Insektizide, Kosmetika, Textilhilfs-

mittel, Düngemittel sowie in technischen Einrichtungen und Geräten aller Art in den Verkehr gebracht. Und die Verwendung chemischer Substanzen in Industrie, Gewerbe und privaten Haushalten hat zunehmende Tendenz. »In Anbetracht dieser Entwicklung«, so schreiben die beiden zuständigen Beamten des Innenministeriums Eberhard Westheide und Dr. Reiner Türck, »hat die Bundesregierung im Jahre 1971 in ihrem Umweltprogramm erklärt, sie wolle dafür sorgen, daß schädliche Belastungen durch Umweltchemikalien vermindert oder ausgeschlossen werden« (157).
Seitdem sind bei uns lediglich für bestimmte Umweltchemikalien Vorschriften geschaffen worden, wie zum Beispiel das Benzin-Blei-, das DDT- und das Waschmittel-Gesetz. In Japan, Schweden, Norwegen und Frankreich dagegen hat man seit 1973 Umweltchemikaliengesetze erlassen, in den USA im Oktober 1976 (Toxic Substances Control Act) (158). Der »gesetzlose Zustand, der das Unternehmerrisiko eher zu einem Konsumentenrisiko macht« – so der Berliner Politikwissenschaftler Professor Martin Jänicke (159) – existiert mithin nur noch hierzulande, nachdem auch Großbritannien, bis Mitte 1977 neben der Bundesrepublik einziges Chemieland ohne gesetzliche Regelung für neue Stoffe aus der Retorte, inzwischen Richtlinien erlassen hat. Die britischen Vorschriften sehen dabei ein äußerst flexibles Prüfungsprogramm vor: Mit jeder neuen chemischen Verbindung, deren Jahresproduktion über einer Tonne liegt – so verlangt es die Regelung der zuständigen Health und Safety Commission – müssen der sogenannten Ames-Bakterientest und der Zelltransformationstest durchgeführt werden (siehe Anm. 7, S. 384). Nur wenn diese beiden Reagenzglasversuche, mit denen sich erbverändernde, aber auch krebserregende Eigenschaften ermitteln lassen, positiv ausfallen, sind umfassende und kostspielige Tierversuche vorgeschrieben (160).

TOSCA

Das amerikanische Umweltchemikaliengesetz »Toxic Substances Control Act« (TOSCA), das aufgrund politischer Differenzen zwischen dem Repräsentantenhaus, dessen Vorlage die Unterstützung der Industrie fand, und dem Senat, der von einer (seltenen) Koalition aus Bundesumweltbehörde (EPA), Umweltschutzverbänden und Gewerkschaften unterstützt wurde, rund sechs Jahre brauchte, bis es im Januar 1977 in Kraft treten konnte, ist schärfer gefaßt als der bundesdeutsche Gesetzesvorschlag.

Es geht darum,

- gesetzlich abgesicherte Maßnahmen schon beim wohlbegründeten Verdacht eines Risikos für die menschliche Gesundheit und die Umwelt zu ermöglichen,
- eine an Schädlichkeitsaspekten orientierte Giftstoffliste zu erarbeiten, die Prioritäten für einzuleitende Prüfverfahren durch die Industrie (auf ihre Kosten) setzt,
- die Beweislast für die Abwehr des Risikoverdachts dem Produzenten aufzubürden und
- ein umfassendes Schadstoffkataster aufzubauen.

Es ist vorgesehen, daß alle neuen chemischen Substanzen mindestens 90 Tage vor ihrer Herstellung bzw. Verarbeitung der zuständigen Bundesumweltbehörde (EPA) gemeldet werden müssen. Zugleich müssen Prüfungsunterlagen mit allen dem Hersteller usw. bekannten oder (zumutbar) ermittelbaren Erkenntnissen über die betreffende Substanz übermittelt werden. Ausgehend von diesen Unterlagen kann die EPA dann Auflagen machen, die vom Verbot bis zu Etikettierungsvorschriften reichen können.

Im amerikanischen Gesetz ist vorgesehen, daß Entscheidungen der EPA sowohl von den betroffenen Herstellern als auch von Bürgern gerichtlich angefochten werden können, wobei noch die Kostenbarrieren für Personen, die mit ihren Einsprüchen kein wirtschaftliches Interesse verfolgen, durch öffentliche Unterstützungen vermindert wer-

den können. Weiterhin sind fast alle Entscheidungen und die ihnen zugrunde liegenden Informationen (mit der Ausnahme solcher, die in den Bereich des Betriebsgeheimnisses fallen) zu veröffentlichen.
Nicht nur in dem behördlichen Giftstoffkataster werden umfassende Informationen gesammelt, auch die US-Hersteller sind verpflichtet, alle Erkenntnisse über Gesundheitsschäden ihrer Beschäftigten dreißig Jahre lang zu speichern; Berichte von außerhalb über Gesundheits- oder Umweltschäden müssen mindestens fünf Jahre lang aufbewahrt werden.
(nach Weidner, H., »Von der Schadstoffbeseitigung zur Risikoverhinderung«, in: *Politik und Zeitgeschichte* v. 5. 11. 1977)

Zwar debattiert man nunmehr auch auf europäischer Ebene über eine EG-Vorschrift einer Prüf- und Anmeldepflicht neuer chemischer Stoffe (in Analogie zum Arzneimittelgesetz), die deutsche Chemieindustrie freilich wehrt sich noch mit Händen und Füßen gegen solche gesetzlichen Auflagen. Der Vorschlag der EG sei viel zu weitgehend, klagt der Verband der chemischen Industrie (161). Auf deutscher Seite gehen deshalb die Überlegungen dahin, daß sämtliche neuen Chemikalien erst dann auf ihre gesundheitlichen, das heißt toxikologischen, umwelt- und arbeitsplatzrelevanten Auswirkungen geprüft werden müssen, wenn hohe Produktionsmengen erreicht werden (und nicht wie in England schon bei einer Menge von einer Jahrestonne).
Natürlich ist ein Stufenplan nach EG-Muster ein gangbarer Weg, wenn man bedenkt, daß Substanzen eher in großen Mengen umweltrelevant werden. Aber es gibt eine Reihe von Gegenbeispielen, die verdeutlichen, daß diese Lösung eben nur ein Kompromiß ist: so werden beispielsweise von dem

Insektizid Lindan jährlich nur etwa 100 Tonnen produziert, die Umweltbelastung nimmt aber ständig zu! Der Würzburger Giftexperte Professor Dietrich Henschler hält einen Stufenplan daher für dem Problem der Umweltchemikalien nicht gerecht werdend und kritisiert, daß sich die Vorlage toxikologisch auf ein »bedenklich naives Konzept« stütze (161 a).

Der deutsche Entwurf eines Umweltchemikaliengesetzes enthält darüber hinaus im Vergleich zu den Regelungen anderer Staaten auch wenig direkte Eingriffsmöglichkeiten der zuständigen Behörde. Er sieht im wesentlichen vor:

- die generelle Untersuchung und Anmeldung neuer Stoffe,
- Verbots- bzw. Beschränkungsermächtigungen für das Inverkehrbringen, Verwenden, die Verpackung und Kennzeichnung umweltgefährlicher Chemikalien, sowie
- Auskunftspflichten bezüglich meldepflichtiger Chemiekalien.

Es handelt sich also nicht um das zum Beispiel in Schweden und Norwegen praktizierte Modell einer »primären Herstellerverantwortlichkeit«, aber auch nicht um ein »de-facto-Zulassungsverfahren« wie zum Beispiel beim Arzneimittelgesetz oder in der verbraucherfreundlichen amerikanischen Umweltchemikalienregelung (162).

Es bleibt demnach beim Prinzip, daß eine Chemikalie erst auf den Markt kommt und dann geprüft wird. Im ungünstigsten Fall heißt das: Wenn sie sich als toxisch erweist, muß man sie aus dem Handel zurückbeordern. Dann kann es in Extremfällen aber schon zu spät sein.

Ein solches Manko des Gesetzesentwurfs sieht allerdings auch der Gutachter für das Umweltbundesamt, Professor Ekkehard Rehbinder. Eine solche Regelung ermögliche nur eine relativ schwerfällige Reaktion auf die gewonnene Erkenntnis der Umweltgefährlichkeit eines neuen Stoffes. Dies gelte insbesondere für eilbedürftige Fälle, in denen zu-

mindest eine vorläufige Regelung kraft Gesetzes möglich sein sollte (163).
Bedeutung hätte ein wirksames Umweltchemikaliengesetz vor allem auch zur besseren Abschätzung des Risikos von Verunreinigungen und Nebenprodukte in chemischen Substanzen, wenn diese vom Erzeuger angegeben werden müßten. Denn in vielen Fällen bedeutet nicht das Produkt selbst eine Gefährdung, sondern geringe Spuren sind für toxikologische und ökologische Folgen verantwortlich, Verunreinigungen, die aus Unkenntnis, Nachlässigkeit oder auch aufgrund wirtschaftlicher Überlegungen nicht beseitigt werden. Aber selbst in diesem Punkt hat man inzwischen den Forderungen und Einwänden der Chemieindustrie nachgegeben. Sollten die Vorschläge Gesetzeskraft erlangen, dann wäre »gerade der Vorsorgeaspekt, der dem Risikokonzept vor allem der USA zugrunde liegt, weitgehend ausgeblendet«, glaubt denn auch Martin Jänicke (164).
Staatssekretär Dr. Günter Hartkopf geht davon aus, daß das Vorsorgeprinzip zwar unabdingbar gebiete, »ein praktikables Instrumentarium zu entwickeln, das bei festgestellten oder hinlänglich sicher vermuteten Umweltgefahren, die von einem einzelnen Stoff oder einer Zubereitung ausgehen, schnelle umweltsichernde Maßnahmen garantiert«. Dieses Instrumentarium müsse allerdings für Staat und Wirtschaft ökonomisch machbar sein. Letztlich handele es sich also um die Frage, »ob wir ein weiterbestehendes Restrisiko der Bevölkerung noch zumuten können, aber auch darum, ob wir einen Eingriff ökonomisch verkraften können« (156).
Der angebliche Konflikt zwischen einer größeren Umweltsicherheit und den wirtschaftlichen Möglichkeiten – inzwischen ist er auch im Konzept der Politiker fest verankert. Aber die Erfahrungen zum Beispiel des Benzin-Blei-Gesetzes und der Vinylchlorid-Vorschriften haben deutlich gemacht,

daß die Chemieindustrie sehr wohl auch ökonomisch in der Lage ist, zunächst als sehr weitgehend empfundene Regelungen zu verkraften. Und außerdem gelten auch für jene Länder mit einer sehr viel strengeren Umweltchemikaliengesetzgebung als in der Bundesrepublik die Gesetze der Marktwirtschaft!

»Die Bundesrepublik Deutschland als größter Chemikalienhersteller und -exporteur der EG wird ihren Beitrag bei den weltweiten Bemühungen um eine Lösung des Problems der Umweltchemikalien leisten müssen«, finden auch Eberhard Westheide und Dr. Reiner Türck aus dem Bundesinnenministerium (157). Es bleibt abzuwarten wie dieser Beitrag letztlich aussehen wird.

Wohin mit den Chemikalien?

Ungelöste Probleme bei Transport, Lagerung, Beseitigung und Vernichtung chemischer Giftstoffe

Brisante Ladungen

Die Brisanz der Ladung erkennt man allenfalls bei genauem Hinsehen an kleinen Totenköpfen auf verschiedenfarbigem Untergrund. Aber meistens nehmen wir von dem, was da in unauffälligen Tank- und Kesselwagen an hochgiftigen Chemikalien, brennbaren und explosiven Substanzen durch die Gegend und durch unsere Großstädte »kutschiert« wird, wenig Notiz. Nur gelegentlich erhält man eine Ahnung von dem tatsächlichen Risiko, das die Chemie hier beinhaltet, dann nämlich, wenn solch ein gefährlicher Chemikalientransporter in einen Unfall verwickelt wird, wie am 11. Juli 1978 im spanischen Badeort San Carlos de la Rapida, als ein Tankwagen, beladen mit insgesamt 18 Tonnen Propylen (einem Ausgangsprodukt für die Herstellung von Kunststoffen) von der Nationalstraße 340 abkam, in einen Campingplatz raste und dort in die Luft flog. Über 150 Tote und 80 Schwerverletzte forderte die Katastrophe, obschon sie eigentlich undenkbar war: der dickwandige Tank des Chemikalientransporters hätte auch bei extremster Belastung nicht leckschlagen dürfen. Nach dem Unglück von San Carlos, dem auch zahlreiche Bundesbürger zum Opfer fielen, bemühte sich das Bundesverkehrsministerium, die auch hierzulande erhitzten Gemüter zu beruhigen: Die Gefahr einer solchen Explosion auf deutschen Straßen, so teilte man mit, sei »auf ein Minimum reduziert«, wie es »nach menschlichem Ermessen überhaupt zu erreichen« wäre (1).

Das stimmt sicherlich nur zum Teil. Zwar dürfen gefährliche Chemikalien wie zum Beispiel Chlor, Phosgen und Blausäure bei uns nur in Ausnahmefällen über die Straße befördert werden (wenn der Empfänger keine eigene Bahnstation hat) – doch das ist noch immer oft genug. Transportunfälle mit brisanten Chemikalien sind daher auch bei uns keine Seltenheit (wenn auch die Folgen bislang nicht so gravierend gewesen sind wie bei dem Unfall an der spanischen Küste): zum Beispiel am 19. Januar 1978, als bei spiegelglatter Fahrbahn auf der Autobahn südlich von Hamburg ein Tanklastzug gegen die Leitplanke schleuderte und beschädigt liegenblieb. Rund 2000 Liter des hochexplosiven Toluols flossen aus und verseuchten eine 60 Quadratmeter große Fläche auf beiden Seiten der Autobahn. Mehrere Tage mußte die Schnellstraße gesperrt werden, bis ein Hamburger Spezialunternehmer das vergiftete Erdreich ausgebaggert und Bautrupps diese Stelle provisorisch wieder ausgebessert hatten (2).
Wäre die Temperatur bei diesem Toluol-Unfall anstatt um den Gefrierpunkt sommerlich hoch gewesen, hätte dies für die Unfallbeteiligten wie auch für die ahnungslosen Hilfeleistenden womöglich eine Gefährdung der Gesundheit bedeutet (2a).
Kaum eine Woche später, am 24. Januar, mußte die Autobahn München–Nürnberg in der Nähe der Ortschaft Denkendorf bei Ingolstadt für drei Stunden voll gesperrt werden. Der Grund: Ein Lastzug, beladen mit 12,8 Tonnen hochgiftigem Triphenylzinnacetat, einem Pflanzenschutzmittel (3), war durch einen heißgelaufenen Reifen in Brand geraten. Die Flammen griffen trotz intensiver Löschversuche der beiden Fahrer auf die Chemikalienladung über. Innerhalb kürzester Zeit bildete sich eine Giftwolke, die sich über die Autobahn in Richtung Denkendorf ausbreitete. Die bayrische Landespolizei gab Katastrophenalarm und ließ die Einwohner der klei-

nen Ortschaft mit Lautsprecherwagen wecken, um eventuell eine Evakuierung vornehmen zu können. Glücklicherweise drehte der Wind und trieb die Giftgase in eine unbewohnte Gegend. Mit schweren Verletzungen der Atemwege mußten beide Fahrer in ein nahegelegenes Krankenhaus eingeliefert werden (4).

Was so alles an hochgiftigen und explosiven Gütern über bundesdeutsche Straßen, Schienen und Wasserstraßen transportiert wird und welche Gefahrenquellen in dieser Fracht oftmals stecken, hat der Mannheimer Polizei-Hauptkommissar Günter Hommel seit einigen Jahren in einem *Handbuch der gefährlichen Güter* zusammengefaßt. In einer Lose-Blatt-Sammlung zählt Hommel etwa 800 gefährliche Stoffe auf und gibt potentiellen Helfern vor Ort – Ärzten wie Laien – erste Hinweise für mögliche Rettungsmaßnahmen. Als am 24. Juli 1975 in Hamburg ein Eisenbahnwaggon mit 20 Tonnen Calziumhypochlorit in Brand geriet, folgten die Feuerwehrleute erstmals Hommels Vorschlägen – und konnten Schlimmeres gerade noch verhindern (5).

Der Umgang mit chemischen Substanzen bei Transport, Lagerung und Vernichtung muß in zunehmendem Maße als Risiko ersten Ranges angesehen werden. Und dies nicht nur unmittelbar für die Beteiligten, sondern indirekt durch sich bildende Giftwolken oder über eine Verseuchung des Grundwassers auch für große Teile der Bevölkerung.

»Aus der Umweltstatistik wird deutlich, daß die von zahllosen wassergefährdenden Stoffen ausgehenden Gefahren sich nicht verringert haben«, heißt es zum Beispiel im Umweltbericht des Jahres 1976 der hessischen Landesregierung. Flüssige Treibstoffe, Öle, flüssige und gasförmige Brennstoffe, Säuren, Laugen, Salze und eben vor allem Gifte gelten hier als herausragende Risikofaktoren für das Grundwasser: In der Bundesrepublik werden denn auch »beim Lagern, Umschlag und Transport dieser Güter im jährlichen Durchschnitt mehr als 2000 Schadensfälle registriert . . ., bei denen ca. 3 500 000 Liter wassergefährdender Flüssigkeiten auslaufen« – so das hessische Umweltgutachten (6).

Mitunter führt sogar ein einzelner Unfall zu einer katastrophalen Wasserverseuchung, wie im November 1977 im amerikanischen Danville, als eine brandneue Pipeline brach, sich annähernd 15 Millionen Liter der giftigen Flüssigkeit Xylol ins Grundwasser sowohl als auch in den nahegelegenen Fluß Wabash ergossen und eine große Zahl von Kühen einging (7). Im Januar 1978 brach auch zwischen Wilhelmshaven und Wesseling eine Öl-Pipeline, 15 000 Liter Rohöl flossen aus und gefährdeten das Grundwasser (8).

Die Gefahren durch Giftstoffe beim Transport entstehen allerdings kaum durch einen Mangel an Vorschriften, eher durch das Gegenteil: so regelt eine Verordnung den Transport gefährlicher Güter auf der Straße, eine andere den mit Seeschiffen, eine dritte den mit Binnenschiffen und eine vierte schließlich den Verkehr auf der Schiene. Die einzelnen Definitionen gefährlicher Güter sind dabei nicht einmal untereinander identisch. Hinzu kommen im übrigen noch eine Vielzahl ebenso uneinheitlicher internationaler Regelungen. Am Beispiel der am 28. 9. 1976 bekanntgemachten *Neufassung der Verordnung über die Beförderung gefährlicher Güter auf der Straße* (9) wird ein weiteres erhebliches Manko aller gesetzlichen Maßnahmen auf diesem Sektor deutlich: Die mangelhaften Kontrollen der Transportregelungen.

So sind die vorgeschriebenen Unfallmerkblätter in den Tankwagen oft gar nicht vorhanden, unleserlich oder aber hoffnungslos veraltet. Auch übernimmt der Transporteur in der Regel nur die Pflichten eines Spediteurs, das heißt, es obliegt dem Absender, für die Sicherheit der Fracht Sorge zu tragen.

Ob in den Kesselwagen also letztlich auch das drin ist, was

draufsteht und ob es genügend den Bestimmungen gesichert ist, überwacht allein der Versender, das heißt die Kontrolle liegt bei denen, die eigentlich kontrolliert werden müßten (10).
Fehlende Überprüfungen der 1976 in Kraft getretenen Transportverordnungen für den Verkehr gefährlicher Güter auf der Straße machten auch den im März 1977 aufgeflogenen Transportskandal von Ravensburg möglich. Knapp ein Dutzend Transportfirmen hatten Chloroform und andere brisante Chemikalien nach Italien verfrachtet und auf dem Rückweg in den ungereinigten Kesselwagen Traubenmost, Wein und Orangensaft-Konzentrate nach Hause mitgenommen. Mindestens 200000 Liter Traubensaft sollen auf diesem unhygienischen und ungesetzlichen Wege nach Ravensburg gelangt sein (11).
Aufgeflogen war der Skandal durch eine Unachtsamkeit der Tankwagenfahrer. Sie hatten die orangefarbigen Totenkopf-Schilder für »gefährliche Transporte« auf der Rückreise von Italien nicht abmontiert, wie ihnen von ihren Chefs aufgetragen worden war, sondern lediglich mit grauem Leinen verhüllt, was einen skeptischen Polizeibeamten stutzig machte. Ein in den Vorschriften bewanderter Kontrolleur hätte vermutlich noch nicht einmal daran Anstoß genommen, denn laut Bestimmung der Transportverordnung (§ 8 Absatz 9), müssen die Warntafeln »verdeckt oder entfernt sein, wenn keine gefährlichen Güter geladen sind« – und im Sinne des Gesetzes war der Most harmlos (12).
Allein der Zufall brachte also diesen Skandal ans Licht, nicht hingegen eine systematische Überprüfung durch die zuständigen Behörden (13).
Selbst trotz der hernach einsetzenden intensiven Kontrolle mehrerer Transporteure darf man sicher sein, daß es sich hier nur um die Spitze eines Eisberges handelt. So glaubte sich einer der Fuhrunternehmer dadurch entlasten zu können,

indem er sich mit der Selbstverständlichkeit solcher »Wechselfuhren« herauszureden versuchte: Täglich seien Hunderte von Lastzügen mit Mischtransporten Chemikalien/Most unterwegs, es gäbe also gewissermaßen eine Art Gewohnheitsrecht für solcherlei Praktiken.

Hier offenbart sich eine beachtliche Lücke in der Überwachung gesetzlicher Transportvorschriften sowohl bei der Beförderung gefährlicher Güter als auch für Lebensmitteltransporte. Denn die besten gesetzlichen Bestimmungen und die detailliertesten Vorschriften nützen nichts, wenn nicht den Versendern und den Beförderern auf die Finger geschaut wird. Und der Vorschriftendschungel fördert nicht eben die Möglichkeit einer effektiven Überwachung. Das gilt im übrigen auch für den Transporteur Bundesbahn. Denn die Bahn weiß oft auch nicht von den brisanten Stoffen, die über die Schienen rollen. So verschickt das Hamburger Zweigwerk der Firma Boehringer-Ingelheim die bei der Herbizidherstellung anfallenden Rückstände des Seveso-Giftes TCDD in beängstigend hohen Konzentrationen per Bahn nach Rotterdam oder in den Hamburger Hafen (von dort wird die hochgiftige Ladung von dem Spezialschiff »Vulcanus« übernommen, und dann auf See verbrannt). Wenn einer dieser Kesselwagen der Bahn einmal in einen Unfall verwickelt oder entgleisen würde, hätten wir unser eigenes Seveso, im ungünstigsten Fall auf dem Schienenweg durch die Millionenstadt Hamburg (14).

Wie hoch das Risiko des Bahntransports gefährlicher Chemikalien dabei tatsächlich zu veranschlagen ist, macht eine Untersuchung der amerikanischen Federal Railroad Administration deutlich: Im Jahre 1977 kam es in den USA zu rund 500 Unfällen dieser Art, bei denen circa 1400 Kesselwagen entgleisten. 150 dieser Wagen mit brisanter Chemieladung schlugen bei dem Unfall leck, so daß die Giftstoffe entweichen

konnten. Insgesamt vierzehnmal mußten ganze Ortschaften – alles in allem 19000 Menschen – evakuiert werden (14 a).
Wichtigster Grund für die Unfallträchtigkeit: Die Unkenntnis des Personals über die Brisanz der Ladung. Auch die Ahnungslosigkeit der Bundesbahnbediensteten über die Giftigkeit der Ladung hat Methode: In der Regel reisen die Ladepapiere mit einem anderen Güterzug als die Fracht selbst (»getrennter Meldeweg«). Im Ernstfall könne daher niemand geeignete Maßnahmen ergreifen, weil keiner wisse, was in den Kesselwagen tatsächlich drin sei, kritisiert Fachmann Günter Hommel (5). So wäre es denn auch am 29. 7. 1977 beinahe zu einer Giftkatastrophe im Neustädter Hafen in Bremen gekommen, als sich beim Umladen von 200 50-Kilo-Fässern herausstellte, daß rund drei Viertel der Tonnen geplatzt waren. Vom brisanten Inhalt ahnte zunächst niemand etwas, erst nach mehreren Telefonaten gab man Alarm: Die Fässer enthielten das hochgiftige Salz Natriumcyanid. Die gefährliche Ladung kam aus Wesseling bei Köln, und der Gift-Waggon muß beim Transport so grob rangiert worden sein, daß die Fässer dieser Belastung nicht standhielten (15).
Bei Regen oder auch nur einer hohen Luftfeuchtigkeit wäre aus den Cyanidsalzen tödliche Blausäure geworden, die zumindest für den unmittelbaren Hafenbereich eine große Gefahr bedeutet hätte. Eine gut ausgerüstete Feuerwehr und trockene Witterung bewahrten Bremen vor einer Katastrophe (15).
Neben der Frage, ob sich die Bundesbahn als Spediteur genügend um diese heikle Fracht gekümmert hat, muß sich natürlich auch der Versender fragen lassen, ob die Giftladung genügend für den Transport vorbereitet wurde.
Der Hafen scheint überhaupt ein besonders allergischer Punkt in der Transportkette chemischer Substanzen zu sein. In den Bremischen Häfen beispielsweise stieg der Umschlag

Als im Februar 1978 in Youngstown im US-Staate Florida ein ganzer Chemikalienzug entgleiste, schlugen einige Chlor-Kesselwagen leck und giftiges Chlorgas strömte aus. Sechs Menschen starben und viele hundert Autofahrer, die ahnungslos auf einem keine hundert Meter entfernten Highway fuhren, mußten mit schweren Verätzungen in die umliegenden Krankenhäuser eingeliefert werden.

chemischer Produkte von 142000 Tonnen im Jahre 1970 auf 412000 Tonnen im Jahre 1975. Diese Zahlen wurden auf einer Sitzung der Bremer Bürgerschaft genannt, die sich mit dem Unfall auf dem an der Bremerhavener Columbuskaje liegender Frachter »Burgenstein« beschäftigte. Durch einen Chemikalienbrand war es am 11. 1. 1977 an Bord des Schiffes zu mehreren Explosionen gekommen. Dadurch entstanden Blausäuredämpfe, die drei Todesopfer und mehrere Verletzte forderten. Auf dieser Sitzung kam man auch auf das Dilemma mit der mangelhaften Kontrolle der Vorschriften zu sprechen. Zwar würden alle eintreffenden, für den Umschlag bestimmten und die an Bord verbleibenden gefährlichen Chemikalien von einer Meldestelle im Hafenamt erfaßt und von dort Angaben über Klassifizierung, Anzahl und Gewicht der gefährlichen Güter an die Feuerwehr weitergeleitet. Es stimme aber auch, so betonte Hafen-Senator Oswald Brinkmann, daß es international unglücklicherweise nicht übereinstimmende Sicherheitsvorkehrungen gebe (16).

Der Umschlag im Hafen sowohl als auch der Transport brisanter Giftstoffe zur See ist durch die »Verordnung über gefährliche Seefrachtgüter« geregelt (17). Die deutsche Richtlinie ist dabei in den sogenannten IMDG-Code (»International Maritime Dangerous Goods«-Code) integriert (18), eines von insgesamt sechs internationalen Abkommen über den Transport gefährlicher Stoffe zu Land, zu Wasser und in der Luft (19). Außerdem gibt es noch eine UN-Empfehlung über die Beförderung gefährlicher Güter (20).

Aber bei weitem nicht alle Länder sind den verschiedenen Abkommen beigetreten. So regelt eine westeuropäische Vereinbarung den Verkehr auf der Schiene, wohingegen die osteuropäischen Staaten ihre eigene Regelung für den Eisenbahnverkehr besitzen. Ein Abkommen über die Beförderung gefährlicher Güter auf dem Rhein wurde nur von den Anlieger-Staaten unterzeichnet.

Aber auch der IMDG-Code ist längst nicht von allen seefahrenden Nationen übernommen worden.

Und wegen der fehlenden Kontrolle kommt es selbst bei Schiffen von Unterzeichnerstaaten immer wieder zu groben Verstößen des Abkommens. Giftige und explosive Substanzen zum Beispiel dürfen nämlich nur dann in *einem* Frachter transportiert werden, wenn sich ihre Gefährlichkeit nicht in Extremsituationen potenzieren kann. Genau das drohte aber

im August 1977, als auf dem griechischen 8200-Tonnen-Frachter »Attican Unity« vor der holländischen Scheldemündung plötzlich ein Feuer ausbrach. Der Kapitän setzte sein Schiff sofort auf einer Sandbank vor dem Seebad Cadzand auf Grund und verließ es wenig später zusammen mit seiner Besatzung. Als er den zu Hilfe gerufenen Behörden dann die Ladepapiere präsentierte, erbleichten die Verantwortlichen vor Entsetzen: Der knapp elf Seiten langen Ladeliste zufolge hatte der Frachter so ziemlich alles an Bord was explosiv und giftig ist. Im Grunde genommen konnte man nur alles falsch machen: Einige der chemischen Stoffe würden explodieren oder Giftgase freisetzen, wenn sie mit Löschwasser in Berührung kommen, andere dagegen tödliche Dämpfe entwickeln oder in die Luft fliegen, wenn nicht gelöscht wird und die Hitze an Bord des Frachters weiter steigen sollte. Da mittlerweile schon dicke Schwaden hochgiftigen Blausäuregases aus dem teilweise rotglühenden Rumpf quollen, entschloß man sich, das brennende Schiff lediglich aus sicherer Entfernung mit Wasser zu besprühen.
Zum Glück sank die Temperatur im Schiffsinnern wieder, und da der Wind die giftigen Cyanidgase aufs Meer hinaustrieb, ging dieser »Giftkelch« an der 2000-Seelen-Gemeinde von Cadzand gerade noch einmal vorüber. Zwölf Spezialisten einer Bergungsfirma, die sich Vergiftungen zugezogen hatten, konnten nach einigen Tagen wieder entlassen werden (21).
Mitunter werden Giftfrachter auch in Schiffskollisionen verwickelt, wie im Sommer 1974 die jugoslawische »Cavtat« auf dem Wege von England nach Rijeka an der Südspitze Apuliens. Insgesamt 320 Tonnen hochgiftiger Bleiverbindungen (Bleitetraäthyl und Bleitetramethyl), auf 909 Fässer verteilt, gingen mit dem Chemikalienliner unter – eine ökologische Zeitbombe nicht nur für die Bucht von Otranto, sondern für das ganze Mittelmeer. Lediglich die fachmännische Ber-

gungsarbeit, die schließlich nach langem politischen Hin und Her veranlaßt wurde, sorgte dafür, daß im Januar 1978 der Großteil der Giftfässer vom Meeresgrund und aus dem Wrack geborgen waren – gerade noch rechtzeitig, bevor der Rost die meisten von ihnen durchfressen hätte (22).

Die Verschiffung von Chemikalien erweist sich wegen der immer größer werdenden Ladekapazität damit als nahezu ebenso großes Risiko wie das der Erdöl-Tanker, die auf den Weltmeeren kreuzen, dabei fast in regelmäßigen Abständen havarieren und an den Küsten verheerende Öl-Katastrophen verursachen, wie zum Beispiel im März 1978 die »Amoco Cadiz« vor den Sandstränden der Betragne.

Auch der Transport giftiger Chemikalien an Bord von Binnenschiffen stellt ein Problem dar, denn hier ist naturgemäß die Gefahr einer Kollision größer. So fielen beispielsweise im Januar 1973 bei einem Zusammenstoß zweier Motorschiffe auf dem Rhein bei Duisburg vier Fässer mit je 250 Kilogramm hochgiftiger und leicht-explosiver Stoffe in den Rhein. Drei der Giftfässer fanden Taucher schließlich, zum Teil leicht beschädigt, auf dem Grund wieder. Wo das vierte blieb, ist bis heute ungeklärt (23).

Solche Zwischenfälle sollten nicht bagatellisiert werden, denn auch ein kleiner Unfall kann wegen der extremen Giftigkeit vieler dieser Verbindungen zu einer Katastrophe eskalieren.

Auf dem Rhein werden in erster Linie Ammoniak, Chlor, Propan, Butan, Benzol, Schwefelsäure und Acrylnitril transportiert. Genehmigung erteilt das Bonner Verkehrsministerium auch für die Verschiffung hochgefährlicher Giftstoffe, die

Im Sommer 1974 sank im Mittelmeer der jugoslawische Giftfrachter »Cavtat« mit 909 Fässern hochgiftiger Bleiverbindungen an Bord. Der Großteil der brisanten Ladung konnte im Januar 1978 geborgen werden. Einige Fässer liefen allerdings schon auf dem Grund aus.

hauptsächlich für die Chemiegiganten HOECHST, BASF und BAYER bestimmt sind. »Ein Tanker voller Gift«, betont Siegfried Wedeleid von der Wasser- und Schiffahrtsdirektion Südwest in Mainz, »kommt jeden Tag hier vorbei« (5).
Wedeleid sieht auch die Gefahr, daß es dabei zu gefährlichen Zwischenfällen kommen kann, wie im Februar 1970 bei der nächtlichen Beladung eines Tankers mit Acrylnitril bei der BASF in Ludwigshafen (einem Ausgangsstoff für die Kunststoffherstellung).
Wedeleid: »Die Schlauchwache war eingeschlafen, das Zeug lief über, fing Feuer und der nebenanliegende Tanker ›St. Jürgen‹, gefüllt mit Benzol, ist sofort in die Luft geflogen.« Es gab sechs Tote, »und das ganze Schiff sah aus wie eine zertretene Blechbüchse – der ganze Rhein stand in Flammen« (5).
Daß in den letzten Jahren bei Transportunfällen nicht öfter größerer Schaden entstand, ist auf eine Anhäufung glücklicher Umstände zurückzuführen. Denn es kann keinen Zweifel geben, daß – wie im übrigen auch beim Transport radioaktiven Materials – jede Beförderung chemisch brenzliger Substanzen, sei es per Bahn, über die Straße, per Schiff oder über die Pipeline einen erheblichen Unsicherheitsfaktor darstellt (24). Ein kürzerer Transportweg vermindert somit diese Probleme. Wenn allerdings der kürzeste Transportweg die Durchquerung einer Großstadt beinhaltet, sollten lieber Umwege gewählt werden. Denn in den Städten ist nicht nur das Unfallrisiko erheblich höher, auch die möglichen Auswirkungen eines Unfalls sind natürlich in dicht besiedelten Regionen als weitaus problematischer anzusehen.

Wohin mit dem Giftmüll? Dreck ins Wasser

Die Umweltschutz-Diskussionen der letzten zehn Jahre sind wesentlich geprägt worden durch eine Vielzahl von Giftmüll-Skandalen. Die Entledigung des bei der Chemieproduktion entstehenden Abfalls gilt in der Industrie seit jeher als ein herausragendes Problem.

Mehr als zwei Millionen Tonnen gefährlicher Industrieabfälle fallen jährlich in bundesdeutschen Betrieben an; für jede Tonne chemischer Industrieerzeugnisse – so schätzen Branchenexperten – müssen 160 Kilogramm Giftmüll beseitigt werden (25). Wohin also mit dem chemischen Abfall, wenn nicht in den nächstbesten Fluß kippen? Verbrennen? Das ist zwar prinzipiell in vielen Fällen möglich, aber auch sehr teuer und zudem oftmals nicht ohne gefährliche Luftverunreinigungen möglich. Vergraben? Unter der Erde verstecken? Aber wo?

Und die Ratlosigkeit der Industrie schlug mitunter erstaunliche Kapriolen: So lagerte das Hamburger Zweigwerk der Firma BOEHRINGER-INGELHEIM Anfang der siebziger Jahre eine Zeitlang ihre Giftrückstände auf dem Werkshof, weil man nicht wußte, wohin damit. Und die mit weißen Totenköpfen versehenen Fässer enthielten Brisantes: das bei der Herbizidproduktion anfallende TCDD in konzentrierter Form, jene Substanz also, die zu der Seveso-Katastrophe führte (26).

Solche relativ geringen Mengen wenn auch hochgiftiger Problemabfälle sind aber eher die Ausnahme. In der Regel geht es um ständig anfallende Rückstands-Chargen. Und die pumpte man bis vor wenigen Jahren ziemlich sorg- und skrupellos in Flüsse und Bäche und spekulierte auf die biologische Selbstreinigungskraft der Gewässer.

Zur Verantwortung gezogen wurden die Industrieunterneh-

men in einer Zeit ungezügelten wirtschaftlichen Wachstums nur in äußerst seltenen Fällen, so als im Jahre 1966 eine kleine chemische Fabrik 40500 Mark Schadensersatz zahlen mußte, weil ihre in den Neckar eingeleiteten Giftabfälle zu einem Fischsterben geführt hatten (27).
Aber ansonsten übersah man geflissentlich die Giftbrühe, die sich da insbesondere in den industriell dichtbesiedelten Gebieten in Rhein, Mosel und Main ergoß. Und es verging kein Jahr, das nicht die Aufdeckung eines Gewässer-Skandals brachte. So wurde zum Beispiel 1970 bekannt, daß der Hamburger Reeder und Extanzweltmeister Jürgen Bernhold in den Jahren 1965 bis 1968 vorsätzlich gegen das Wasserhaushaltsgesetz verstoßen hatte. Schätzungsweise 8650 Tonnen flüssiger Abfallprodukte (»Dreckzeug ist noch eine milde Bezeichnung für die Brühe!« – so der Gerichtsvorsitzende Josef Scholten im Prozeß gegen Bernhold 1971) waren von Bernholds Kapitänen von der CALTEX-Raffinerie in Raunheim abgeholt und dann in den Rhein abgelassen worden (28).
Aber in zunehmendem Maße begann man sich mit der tatsächlichen Selbstreinigungskraft der Gewässer zu befassen und kam sehr bald zu dem Ergebnis, daß diese bei fortschreitender Belastung in solchem Umfang schon in absehbarer Zeit überfordert sein würde. Denn die bundesdeutschen Flüsse führten inzwischen stärkere Konzentrationen von Blei, Cadmium, Quecksilber, Kupfer, Nickel und organischen Schadstoffen als Wasserläufe in den industriellen Ballungsgebieten der USA oder Japans. Im Rhein, so alarmierte im Jahre 1972 der Wasserchemiker Professor Heinrich Sontheimer die Bundesregierung, »steigen die biologisch nur langsam oder überhaupt nicht abbaubaren Chemikalien jährlich um acht Prozent« (29). Um Elbe, Weser, Ems, Main und Donau stehe es kaum besser, ermittelte Sontheimers Kollege Professor Otto Klee. Neben den gefährlichen Metallrück-

ständen fand er vor allem Reste von DDT und anderen Insekten- und Unkrautvernichtungsmitteln im Flußwasser.
Klee monierte vor allem gegenüber der Bundesregierung, daß zwar überall vom Abwasserproblem die Rede sei, »aber keiner sagt, daß das unser Trinkwasserproblem ist« (30).
In der Tat darf der Gewässerschutz gegenüber den chemischen Industrieabfällen nicht allein unter optischen Gesichtspunkten (»klares, blaues Wasser«) gesehen werden.
Kollabierende Flüsse, sterbende Seen, umkippende Gewässer sind das Trinkwasserreservoir von morgen, zum Teil schon von heute. Um die Jahrtausendwende – so schätzen Experten des Frankfurter Battelle-Instituts – werden die Grundwasserreserven erschöpft sein. Das Trinkwasser müßte dann ausschließlich aus schmutzigen Oberflächen-Quellen bezogen und entsprechend gefiltert und gereinigt werden – sofern es sich dann überhaupt noch klären läßt (31).
Aber auch bis dahin wird uns das Problem der Verseuchung unserer Flüsse noch sehr zu schaffen machen. Denn zum einen geraten aus verdreckten Oberflächengewässern – örtlich zwar unterschiedlich, aber alles in allem doch in beträchtlichem Ausmaß – chemische Schmutzstoffe in das Grundwasser (32), zum anderen wird im Bundesdurchschnitt inzwischen mehr als die Hälfte des Trinkwasserbedarfs aus Oberflächenwasser gedeckt (33).
Seit jeher ist der Rhein der von der industriellen Verschmutzung am meisten betroffene Fluß der Bundesrepublik. Als besonders problematisch haben sich dabei die Versalzung und die biologisch nicht abbaubaren chemischen Abfallstoffe erwiesen, insbesondere Schwermetalle sowie organische Halogenverbindungen. Sie lassen sich nämlich nur durch Spezialverfahren im Rahmen einer Klärung des Flußwassers (Flockung, Fällung, Adsorption) entfernen, und diese Vorkehrungen sind bei weitem nicht in jeder Trinkwasser-Auf-

bereitungsanlage vorhanden (34). Und da die Güteeigenschaften des Trinkwassers nirgendwo gesetzlich festgelegt waren, mußten diejenigen Bundesbürger, aus deren Leitung vorbehandeltes Rheinwasser floß, trinken, was ihnen angeboten wurde, und das war mitunter »trübe«: »In einer Kloake wie dem Rhein wechselt die Wasserqualität jeden Augenblick«, schrieb Professor Klee im Jahre 1973, »ein plötzlicher Schub eines schädlichen Stoffes könnte in wenigen Minuten zu einer Katastrophe führen – Trinkwassergenuß wird in unseren Breiten zum russischen Roulette« (35). Erst Jahre später zog man aus diesen Erkenntnissen die entsprechenden Konsequenzen: Heute sind die Trinkwasserqualitäten gesetzlich festgelegt (35 a).
Maßnahmen der Industrie gegen die chemische Verseuchung unserer Gewässer ließen allerdings auf sich warten. In den Jahren 1972 bis 1975 fanden vor bundesdeutschen Gerichten eine ganze Reihe von Rheinverschmutzungsprozessen statt. Dabei geschah mitunter auch Merkwürdiges: Die Wiesbadener HOECHST-Tochterfirma CHEMISCHE WERKE ALBERT wurde von der Anklage freigesprochen, Phenol-Abwässer in gefährlichem Ausmaß in den Rhein gepumpt zu haben. Grund: Der von der Staatsanwaltschaft bestellte Gutachter der Universität Mainz zog sein für das angeklagte Unternehmen vernichtendes Gutachten plötzlich zurück, und der von den CHEMISCHEN WERKEN ALBERT beauftragte Experte verschaffte sich dann vor Gericht mit einer aufsehenerregenden Argumentation Gehör: »Je stärker ein Fluß verschmutzt ist, desto größer wird seine Kraft zur Selbstreinigung. Wäre der Rhein stärker versalzt, dann würde auch das Phenol schneller abgebaut« (36).
Dennoch: Auch die »Großverschmutzer« des Rheins, wie beispielsweise die Ludwigshafener BASF, standen Anfang der siebziger Jahre wegen Verstoß gegen das Wasserhaushaltsgesetz vor bundesdeutschen Gerichten (37).

1975 zeigte sich dann eine deutliche Verminderung des Verschmutzungsgrades des Rheins. Wer aber geglaubt hatte, dies sei allein ein erstes Ergebnis industriellen Umweltbewußtseins, sah sich getäuscht: Denn dieser Rückgang war offensichtlich überwiegend auf die Rezession und die damit verbundene geringere Auslastung chemotechnischer Anlagen zurückzuführen (38).

Zwar reduzierten die Rheinverschmutzer durch Vorklärung ihrer Abwässer das Ausmaß der Verseuchung im Durchschnitt um rund die Hälfte. Bei der BASF, die vormals in großem Umfang zur Verschmutzung des Flusses beitrug, verringerte sich der Schadstoffausstoß in den Rhein sogar durch eine vorbildliche biologische Kläranlage, in die auch die kommunalen Abwässer der Städte Ludwigshafen und Frankenthal eingeleitet werden, um 90 %. Die 1975 in Betrieb genommene Anlage (750000 Kubikmeter Abwasser werden täglich verarbeitet) bedurfte eines Investitionsvolumens von 200 Millionen DM (39). Auch die anderen Chemiekonzerne bauten mit einem erheblichen Aufwand Kläranlagen.

Dennoch zeigte sich 1976 vorübergehend eine Tendenz zur stärkeren Verschmutzung (39a).

Manchmal waren sogar die Aufsichtsbehörden in Abwasserskandale verwickelt, so im Juni 1975, als bekannt wurde, daß die Mannheimer Stadtverwaltung offenbar nichts gegen die Einleitung von stündlich bis zu 10000 Tonnen mangelhaft gereinigter Abwässer des ortsansässigen Papierwerks Waldhof-Aschaffenburg unternommen hatte. Als der Skandal ruchbar wurde, zog die Papiermühle zwei in den Jahren 1908 und 1921 erteilte Genehmigungen aus der Tasche ... und wurde freigesprochen (40). Prozesse dieser Art sprechen Umweltschutzmaßnahmen Hohn, denn die organischen Ablaugen des Papierwerkes strömten nicht nur einen äußerst unangenehmen Geruch aus, der bei den Bewohnern zu erhebli-

chen Belästigungen führte, sie sind auch – wie man inzwischen weiß – als Giftrisiko einzustufen (41).
Auch nach der 1976 verabschiedeten Abwassergesetzgebung werden Umweltaffären dieser Art oft noch als Kavaliersdelikte behandelt. Durch Einführung einer Abwasserabgabe ab 1. Januar 1981 von 12 Mark pro Schadeinheit und Jahr (wobei eine Schadeinheit etwa der ungereinigten Abwassermenge eines Einwohners entspricht), eine Steigerung der Abgabe bis 1. Januar 1986 auf 40 Mark, soll die Industrie gezwungen werden, in erheblich stärkerem Maße die chemischen Abwässer zu klären, bevor sie in die Flüsse eingeleitet werden.
Ursprünglich war schon ab 1. 1. 1981 eine Abgabe von 40 Mark geplant, aber dieser Vorschlag wurde, wohl nicht ganz ohne Einfluß der Industrielobby, »verwässert«, denn nach dem neuen Abwassergesetz ist die Verunreinigung von Gewässern noch immer billiger als die Abwasserreinigung selbst (42). Dennoch ist nicht zu leugnen, daß sich die Verschmutzungssituation der Flüsse in den letzten zwei Jahren etwas entkrampft hat.

Vergraben und vergessen

Um ihren lästigen Abfall loszuwerden, vertraute sich die Chemieindustrie auch Transportunternehmen an, die vertraglich zusicherten, die chemischen Abfälle zu verbrennen oder zu vergraben – auf ordnungsgemäßen Deponien.
Aber unter den Giftmüllbeseitigern sahen alsbald Geschäftemacher ihre Chance gekommen, bei den Abfall-Lieferanten kräftig zu kassieren und die hochgiftigen Industrie-Rückstände dann »hinter der nächsten Hecke« in die Gegend zu kippen. Ermutigt wurden die Fuhrunternehmer durch eine völlig fehlende Kontrolle der Abfallbeseitigung, sowohl von

behördlicher als auch von seiten des Abfallproduzenten, denn der war meist froh, sich auf diese Weise des Problems entledigt zu haben.

Die lange Reihe der Giftmüll-Affären begann im Juli 1971. Es ging um 3360 Tonnen Kalkschlamm mit zehnprozentigem Arsen- und elfprozentigem Bleigehalt, Abfallprodukt der Zinkhütte Nievenheim bei Neuss (STOLVENBERGER ZINK AG). Der Arsenschlamm war nicht, wie vereinbart, zur Endlagerung in ein stillgelegtes Salzbergwerk bei Peine in Niedersachsen verbracht, sondern von zwei privaten Fuhrunternehmern auf insgesamt 19 offenen Müllkippen rund um Neuss abgeladen worden, darunter 40 Tonnen im Kölner Stadtteil Niehl (43).

Als »cleverer Geschäftsmann« erwies sich dabei auch einer der Gifttransport-Fahrer: Er verkaufte eine Wagenladung Arsenschlamm mit viel Überredungskraft einem niedersächsischen Bauern als Düngemittel (44).

1974 und 1975 wurden die Hauptbeschuldigten zu Freiheitsstrafen zwischen sechs und 21 Monaten sowie zur Zahlung von rund 78 000 Mark verurteilt (45).

Noch während die Zeitungen über die Aufdeckung der »Schlamm-Schlamperei« berichteten, kam aus Bochum Kunde von einem neuen Abfall-Delikt ersten Ranges: diesmal ging es um hochgiftiges Cyanid.

Josef Maluga, Inhaber der Bochumer Müllbeseitigungsfirma mit dem exotischen Namen ORM FAIRTEC habe – so war zu hören – annähernd 15 000 Fässer Härtesalz-Rückstände, eben die gefährlichen Cyanide, zunächst auf seinem Firmengelände gehortet. Nachdem er im Herbst 1970 einsehen mußte, daß seine Entgiftungsanlage nicht mehr funktionstüchtig war, »versteckte« Maluga dann zusammen mit seinem Kompagnon Hermann Schelhorn die brisante Ladung in einem benachbarten Weiher (46). Als man Malugas Versteck schließlich entdeckte, mußten auf Staatskosten tausende Tonnen des hochgiftigen Natriumcyanids – bei geeigneter Verteilung genug, um 250 Millionen Menschen umzubringen (47) – aus dem Bochumer Teich geangelt werden. Und wenn Cyanide oder Arsenabfälle in das Grundwasser gelangen, können die Giftstoffe wegen der weitgehend unbekannten und unberechenbaren Grundwasserströme irgendwo an ganz anderer Stelle wieder auftauchen.

Freilich verwunderte im Bochumer Abfallskandal auch die Naivität des Müll-Ablieferers DEGUSSA, die ihrem Giftabnehmer blind vertraute und ihn sogar noch weiter empfahl. Aber auch die Tätigkeit des TÜVs und der Gewerbeaufsicht in Dortmund geriet ins Kreuzfeuer der Kritik. Beide hatten nämlich Malugas marode Entgiftungsanlage positiv begutachtet.

Insgesamt vierzehn Giftmüllskandale wurden 1971 aufgeklärt: Im August des Jahres fand man zum Beispiel in der rheinland-pfälzischen Deponie Gerolsheim giftige Abfälle der Lindan-Produktion (Hexachlorcyclohexan), die die Umgebung der Müllkippe verseucht hatten (48).

Die Müll-Affären machten auch ein Kernproblem des Umweltschutzes deutlich: Wer kontrolliert die Beseitigung von chemischem Industrie-Abfall? Kommunales Gezänk, Kompetenz-Streitigkeiten, regionale Rücksichtsnahmen der Behörden auf die Großindustrie und nicht zuletzt unpräzise Gesetze verhinderten einen effektiven Schutz der Umwelt vor skrupellosen Giftmüllbeseitigern.

Auch Peter Knauer aus dem Fachbereich »Abfallwirtschaft« des Umweltbundesamtes glaubt heute rückblickend, daß »Versäumnisse oder Nachlässigkeiten von Behörden festzustellen sind« (48).

Aber aufgeschreckt durch derlei Skandale schritten die Politiker, allen voran der damalige Bundesinnenminister Hans

Anfang der 70er Jahre flogen eine ganze Reihe sogenannter Giftmüll-Beseitiger wie Josef Maluga aus Bochum und Siegfried Plaumann aus Hanau auf, weil sie den von der Großchemie abgeholten Industrieabfall nicht vorschriftsmäßig vernichtet oder eingelagert, sondern einfach in die Gegend gekippt hatten. Intensive Behördenrecherchen förderten schließlich eine Vielzahl wilder Mülldeponien wie hier in Langenselbold zutage.

Dietrich Genscher, umgehend zur Tat, wohl auch in der Befürchtung, die aufgedeckten Praktiken könnten allgemein übliche Gepflogenheiten der Giftmüll-Vernichter sein.
Am 7. Juni 1972 trat das »Gesetz über die Beseitigung von Abfällen« in Kraft, das eine Meldepflicht für Giftmüll (Art, Beschaffenheit, Menge), eine Einsammlungs- und Beförderungsgenehmigung für Abfalltransporteure, sowie eine ständige Überwachung der Giftstoff-Beseitigung durch die zuständige Behörde vorschrieb (48 a). Kurzum: Fälle wie in Nievenheim und Bochum sollten fortan ausgeschlossen sein.

Auch sprach der Gesetzgeber den Giftmüll-Untaten den Charakter des Kavaliersdelikts ab: Mit bis zu fünf Jahre Freiheitsentzug und 100000 DM Geldstrafen können dem Abfallgesetz zufolge illegal tätige Industriemüllbeseitiger belangt werden.

Auch den Abfall-Lieferanten sollte mehr als bis dahin auf die Finger geschaut werden, denn sie waren eher glimpflich davongekommen. Tatsächlich kümmerte sich die Industrie fast überhaupt nicht darum, was mit dem Giftmüll geschah, wenn er das Werksgelände verlassen hatte. Man ging sehr nachlässig an dieses Problem heran und war froh, den »schwarzen Peter« an eine Gift-Beseitigungsfirma abschieben zu können, von dessen Solidität man sich zuvor nur äußerst selten überzeugte.

Nach Inkrafttreten des Abfallgesetzes indes endete die Verantwortlichkeit der Industrie für den Giftmüll nicht am Werkstor (48a), sondern der Spediteur wurde nur noch als Erfüllungsgehilfe angesehen.

Als Ergebnis der Gesetzgebung gingen immer mehr Unternehmen der Branche dazu über, eigene Giftdeponien anzulegen, Müllverbrennungsanlagen zu bauen oder einen Teil der Giftstoffe großtechnisch in teils weniger, teils ungiftige Bestandteile zu zerlegen.

So begann beispielsweise der Chemiekonzern BASF damit, jene Produktionsrückstände, die nicht verbrannt oder in stillgelegten Bergwerksstollen deponiert werden konnten, auf einer werkseigenen Müllkippe auf der Rheininsel Flotzgrün einzulagern.

Trotzdem wurden die noch tätigen Mülltransporteure keineswegs arbeitslos, denn zum einen stieg der anfallende Abfallberg von Jahr zu Jahr mit steigender Produktion, zum anderen konnten und wollten sich vor allem mittelständische Betriebe aber auch einige der Großen keine eigenen Giftdepots zulegen.

Und da sich die gesetzlichen Paragraphen zwar auf dem Papier gut anhörten, sich in der Praxis aber kaum etwas, zum Beispiel an der mangelhaften Überwachung von Gift-Spediteuren, änderte, wunderte es eigentlich niemanden so recht, daß auch weiterhin eifrig »wild« Giftmüll abgelagert wurde (49). Es fanden sich zudem »Gutachter«, die den Müllbeseitigern die Harmlosigkeit ihrer Abfälle bescheinigten (50).
Das Risiko, erwischt zu werden, wollte der Hanauer Giftmüll-Spediteur Siegfried Plaumann gerne auf sich nehmen.
Im September 1973 flog auf, daß Plaumann seit Jahr und Tag, zuletzt auch ungeachtet gesetzlicher Bestimmungen, aus den Chemiewerken des Rhein-Main-Gebietes (darunter den Großfirmen DEGUSSA und HOECHST) hochgiftigen Industriemüll eingesammelt und auf Hausmülldeponien, in Gewässern oder auch nur einfach so in der Gegend abgelassen hatte (51).
Etwa 55000 Kubikmeter Giftabfall ließ Plaumann jährlich aus zwei Absaugwagen und einem Laster in stillgelegten Kiesgruben, Baggerseen und Bachläufen, auf Obstplantagen und Weideflächen zurück. Ein Plaumann-Angestellter später vor Gericht: »Wir haben's auch in Kanalschächte reingehauen!« (52). Für die Reinigung der selbst verschmutzten Gullis kassierte Plaumann noch öffentliche Gelder, denn seine HANAU-TANK-KANAL KG fungierte auch als Kanalreinigungsunternehmen (53).
Und die später von Beamten des Hessischen Landeskriminalamtes zusammengestellten Giftlisten offenbarten, daß mindestens 20 überaus toxische Rückstände wie chlorierte Kohlenwasserstoffe, Cyanide, Arsen, Säuren, Toluol, Blei sowie Reste von Herbizidproduktionen von Plaumanns Kraftfahrern in die Umwelt abgelassen worden waren. Daß es hier ohne weiteres zu einem Katastrophenfall hätte kommen können, sah sofort auch Polizeihauptkommissar Günter Hommel, Verfasser des schon genannten *Handbuches der gefährli-*

chen Güter (54). Denn wenn die Giftstoffe ins Grundwasser gelangt wären, hätte das eine Verseuchung des Trinkwassers in ganzen hessischen Landstrichen bedeutet. Auch Frankfurt war gefährdet, weil Neu-Isenburg an die Kläranlagen der Millionenstadt angeschlossen ist.

Plaumann hatte gegenüber seinen Auftraggebern vertraglich eine Verbrennung der Industrierückstände zugesichert. Von 14200 Tonnen Abfallstoffen, die der 32jährige Jungunternehmer von der Großchemie abholen ließ, wanderten allerdings lediglich 670 Tonnen tatsächlich in Verbrennungsöfen. Im Dezember 1975 wurde Plaumann zu zweieinviertel Jahren Freiheitsentzug wegen Betruges in 14 Fällen verurteilt. Die rechtlichen Voraussetzungen, ihn auch wegen Verstoßes gegen das Wasserhaushaltsgesetz zu belangen, reichten demgegenüber nach Meinung des Gerichtsvorsitzenden Josef Worms nicht aus. Dazu hätte die Verunreinigung des Grundwassers konkret nachgewiesen werden müssen. Plaumann kam also glimpflich davon, obschon es seit Mitte 1972 das Abfallgesetz gab. Zur Verurteilung als Umwelttäter – so blieb nach dem Urteil nur lakonisch zu resümieren – bot dieses Gesetz keine Möglichkeiten, weil niemand durch Plaumanns Industriegifte *nachweislich* zu Schaden gekommen war (55).

Aufgrund des neuerlichen Giftmüllskandals wiesen Ende 1973 und Anfang 1974 mehrere Landesregierungen ihre inzwischen berufenen Umweltschutz-Minister oder -Beauftragten an, auf landeseigenen Mülldeponien systematisch nach illegalen Industrieabfällen zu fahnden. Ihre Überprüfung sowie die mittlerweile sensibilisierte Bevölkerung führten dazu, daß im Jahre 1974 eine ganze Reihe von Giftmüll aufgestöbert wurde, vornehmlich in jenen Ländern der Bundesrepublik (Bayern und Baden-Württemberg), die sich zuvor wegen vorbildlicher Umweltschutzpolitik selbst auf die Schultern geklopft hatten (56). Im Juni 1974 gab es denn auch

die ersten Geschädigten zu vermelden: Zwei neun und elf Jahre alte Kinder starben an schweren Vergiftungen, die sie sich beim Spielen auf dem Müllplatz der südwürttembergischen Kleinstadt Pfullendorf zugezogen hatten. Ein 14jähriger Junge, der ebenfalls schwere Vergiftungserscheinungen aufwies, kam gerade noch mit dem Leben davon (57).
Auch in den nachfolgenden Jahren rissen die Meldungen über neuerliche Giftmüll-Skandale nicht ab. Zunehmend gerieten auch die seit 1973 in verstärktem Maße eingerichteten Sondermülldeponien für gefährliche Industrieabfälle in Mißkredit. Zwar sind bei diesen Spezialmüllplätzen Unregelmäßigkeiten wie zu Plaumanns Zeiten, als Kippenwarte mit zwei Zigarren und Augenzeugen mit fünf Mark bestochen wurden (58), nahezu ausgeschlossen, dennoch erwies sich vor allem die Buchführung über die abgelagerten Giftstoffe in den Jahren seit 1970 noch als sehr nachlässig und oberflächlich.
Entscheidende Schwächen gibt es heute vor allem noch im Vollzug des Abfallgesetzes. Dr. Reinhard Kuntze, im Bundesinnenministerium für den Bereich »Abfallwirtschaft« zuständig, gibt zu, daß es hiermit »zum Teil noch heute schlecht bestellt ist«. Ein Defizit im Vollzug sei unverkennbar (58 a).

Sevesogift in Niedersachsen

Auch die bei der deutschen Trichlorphenol-Herstellung anfallenden hochgiftigen TCDD-Reste (Seveso-Dioxin) wurden eine Zeit lang »in Fässern verschlossen und in ausgewählten und genehmigten Deponien innerhalb der Bundesrepublik Deutschland in wasserundurchlässigen Tonkuhlen eingelagert«, bekennt Dr. Werner Krum, Werksleiter des Hamburger Herbizidwerks der Firma BOEHRINGER-INGELHEIM (59). Für diese Ablagerung der wohl giftigsten Industrierückstände, die Chemiker kennen, wurde u. a. die Sonderabfalldeponie in Hoheneggelsen bei Hildesheim ausgewählt (60), weil man auf diesem Giftmüllplatz durch Lehmschichten ein Durchsickern der Giftstoffe ins Grundwasser weitgehend ausschließen konnte. Freilich wurde weder das zuständige Wasserwirtschaftsamt noch der Landkreis Hildesheim über die Brisanz der Ladung, die da aus Hamburg kommend in Hoheneggelsen »bis ans Ende aller Tage« eingelagert werden sollte, informiert. Man wählte für den Genehmigungsantrag lediglich die sehr unpräzise, für Nichtchemiker ohnehin unverständliche Formulierung »Feste bis pasteuse Rückstände aus der Chlorphenol-Produktion« (61). Am 19. 4. 1973 erteilte der Landkreis Hildesheim der Sonderabfalldeponie Hoheneggelsen (betrieben von der VERBRENNUNGSGESELLSCHAFT FÜR INDUSTRIEABFÄLLE) die Erlaubnis, »feste Abfallstoffe der Firma BOEHRINGER ... einzulagern« (62). Indes: »Das zuständige niedersächsische Wasseruntersuchungsamt Hildesheim teilt dazu mit, daß nach den dort vorliegenden Unterlagen in den Abfallstoffen kein TCDD enthalten ist« (Anfrage 1977) – weil es von BOEHRINGER nicht als solches deklariert wurde. Dabei müßte eigentlich auch der zuständigen Behörde klar sein, daß bei der Herbizid-Chlorphenol-Produktion von BOEHRINGER-INGELHEIM in Hamburg lediglich Produktionsrückstände anfallen können, die TCDD enthalten. Was anderes sollte also der Pflanzenschutzbetrieb in Hoheneggelsen deponieren? Im Gegensatz zum Ablieferer betonte der Deponie-Betreiber, daß »zur absoluten Sicherheit feststeht, daß die ... gesuchten Stoffe in unserer Deponie nicht ... und zu keiner Zeit eingelagert worden sind« (63). Auf näheres Befragen mußten die Giftmüllbeseitiger dann allerdings einräumen, daß man über die damalige Zeit nicht mehr so genaue Unterlagen habe und es nicht auszuschließen sei, daß womöglich doch TCDD in den vergrabenen BOEHRINGER-Fäs-

Auf der niedersächsischen Sondermülldeponie Hoheneggelsen bei Hildesheim wurden eine Zeitlang auch hochkonzentrierte TCDD-Rückstände eingelagert, ohne daß allerdings die zuständigen Behörden im Detail darüber aufgeklärt wurden.

sern existiere. Auf jeden Fall seien Proben nunmehr nicht mehr zu nehmen, weil die entsprechenden Gift-Tonnen bereits weit unter der Erdoberfläche lägen (64).

Ist nun Hoheneggelsen wegen des dort ruhenden Seveso-Giftes als potentielle Gefahrenquelle anzusehen? Dr. Werner Krum von BOEHRINGER glaubt es nicht: »TCDD hat eine extrem geringe Wasserlöslichkeit, und die Gefahr einer Grundwasser-Kontaminierung durch die Lehmschichten hindurch ist nicht gegeben« (59).

Andere Fachleute, zum Beispiel der Ulmer Umweltchemiker Professor Karlheinz Ballschmiter, wagen nicht eine so eindeutige Verneinung eines Risikos, denn wenn die Fässer rosten, sei auch eine mechanische Ausspülung denkbar (65). Sind also in Hoheneggelsen und auf den anderen Deponien, in denen von BOEHRINGER TCDD eingelagert wurde, umfangreiche Messungen notwendig? Bei den zuständigen Stellen, einschließlich des Verursachers, will man davon allerdings nichts wissen – denkbar, daß immerhin BOEHRINGER dazu veranlaßt werden könnte, solche Boden- und Wasseranalysen durchführen zu lassen.

Daß die deutschen Nachlässe der Herbizidproduktion unter Umständen ein Umweltrisiko bedeuten könnten, machte im Oktober 1977 die Aufdeckung einer der größten Umweltskandale ganz Europas deutlich: In der südschwedischen Kleinstadt Teckomatorp fand man auf dem Gelände der Chemiefabrik BT KEMI (eine Tochtergesellschaft der zum dänischen Konzern SADOLIN & HOMBLAD gehörenden KEMISK VÄRK KÖGE) 600 verbuddelte zum Teil völlig durchgerostete Fässer, die unter anderem auch Chlorphenole und eben TCDD enthielten. Das Chemiewerk hatte die Rückstände der Herbizidherstellung aber nicht nur in Tonnen verpackt und vergraben, sondern auch direkt in den Fluß Braan geleitet (66).

Die Verseuchung des Fluß- und Grundwassers führte bei den Bewohnern von Teckomatorp zu schweren Hautkrankheiten, einer Anhäufung von Fehlgeburten (30 bis 40 %) sowie – so vermuten schwedische Fachleute – zu Chromosomenschädigungen und erhöhter Krebsmortalität.

Was der dänische Holzschutzmittelhersteller SADOLIN sich in Teckomatorp leistete, stellt bei genauer Betrachtung sogar die Katastrophe von Seveso fast in den Schatten (67).

Denn die Staatsanwaltschaft fand bei ihren Ermittlungen einen handgeschriebenen Brief der Werksleitung an die dänische Muttergesellschaft, aus dem eindeutig hervorgeht, daß sich alle Beteiligten über ihr gesetzwidriges Verhalten im klaren gewesen sein müssen.

Auf rund zehn Millionen Mark schätzen schwedische Experten die Kosten, die für eine Beseitigung des Umweltschadens aufgewendet werden müssen. Zunächst einmal wurde der Gefahrenbereich der vergrabenen TCDD-Fässer mit sieben Meter ins Erdreich gerammten Stahlplatten eingekesselt, um eine weitere Vergiftung zumindest des Flußwassers zu vermeiden. Teckomatorp gleicht heute einer ausgestorbenen Stadt, denn unzählige Bewohner haben nach Aufdeckung des ganzen Ausmaßes der Katastrophe Haus und Hof verlassen: Noch Monate später platzte die Immobilienseite der örtlichen Zeitung aus den Nähten – aber keiner wollte die Häuser in unmittelbarer Nähe des Chemiewerkes kaufen (68).
Nun ist die »wilde« Deponie der TCDD-Reste auf dem Werksgelände von BT Kemi sicherlich nicht mit der ordnungsgemäßen Endlagerung solcher Giftrückstände auf ausgesuchten Sondermülldeponien wie in Hoheneggelsen zu vergleichen. Dennoch bleibt eine gewisse Unsicherheit, ob nicht das zum Beispiel in Niedersachsen schlummernde Seveso-Gift doch noch einmal zu einer Gefahr werden könnte; vielleicht nicht für uns, bei der Langlebigkeit dieses Giftstoffes aber womöglich für unsere Kinder oder Enkel.

Industriemüll – niemand will ihn haben

Problematisch sind also nicht nur die Giftmüll-Lagerstätten in »freier Wildbahn«, sondern auch die sogenannten »Sondermülldeponien« für hochgiftige Industrieabfälle müssen in diesem Zusammenhang kritisch unter die Lupe genommen werden. Denn die einmal eingelagerten Giftstoffe »verwesen« nur selten, sondern stellen gewissermaßen eine Zeitbombe dar, von der niemand weiß, auf welchen Zeitpunkt der Zünder eingestellt wurde.

Kein Wunder, daß niemand den Sondermüll haben will. Überall wehren sich die Gemeinden mit allen Mitteln dagegen, daß ausgerechnet auf ihrem Gelände Sonderabfälle beseitigt oder deponiert werden sollen. Das Abfallbeseitigungsgesetz sieht keine Möglichkeiten der zwangsweisen Enteignung solcher Grundstücke vor.
24 Sonderabfalldeponien gibt es gegenwärtig in der Bundesrepublik, einige davon neuerdings in Kombination mit Verbrennungsanlagen. Insgesamt könne jedoch gesagt werden, »daß noch in allen Ländern der Bundesrepublik, mit Ausnahme von Bayern, geeignete und ausreichend große Einrichtungen zur Sonderabfallbehandlung, -deponie und -verbrennung fehlen«, betont Dr. Klaus Mangold, Geschäftsführer der Baden-Württembergischen Gesellschaft zur Beseitigung von Sonderabfällen. Der Realisierung dieser Anlagen stehe in zunehmendem Maße ein falsch verstandenes Umweltbewußtsein entgegen, schreibt Mangold, so konnte die einzige Deponie des Schwabenlandes in Malsch erst nach einigem Hin und Her und »trotz des hartnäckigen Widerstandes der beteiligten Gemeinden und der dort tätigen Bürgerinitiativen« wieder in Betrieb genommen werden. Diese Sondermüllkippe war im Oktober 1974 durch das zuständige Landratsamt geschlossen worden, weil gegenüber dem damaligen privaten Betreiber massive Vorwürfe zu hören waren (69): Die Landwirte in der Umgebung der Deponie klagten über Atembeschwerden durch ätzende Rückstände der Magnesium-Verarbeitung (»Magnesiumkrätze«), die man auf dem Müllplatz deponiert hatte (70). Auch das Landratsamt sprach von einer »akuten Gefährdung der Bevölkerung« (48).
Solche Fälle sollten durch die in Baden-Württemberg, Bayern und Hessen inzwischen gegründeten gemeinnützigen Gesellschaften, (an denen das Land, die Gemeinden und die Industrie beteiligt sind) weitgehend ausgeschlossen sein, zumal

Heute werden problematische Industrierückstände nur noch auf Sondermülldeponien endgelagert, bei denen eine Verseuchung des Grundwassers weitestgehend ausgeschlossen ist. Zu diesen Endlagerstätten für Abfälle der Chemieindustrie zählt auch die Deponie Malsch.

eine Regelung ab 1. Januar 1978 für sowohl normale als auch für Sondermülldeponien Betriebsbeauftragte vorschreibt, eine »zweite wichtige Ausführungsvorschrift zur Novelle

zum Abfallbeseitigungsgesetz«, wie das Bundesinnenministerium findet (71).
Noch am sichersten sind für bestimmte Sonderabfälle die Deponien unter Tage, in ausgedienten Bergwerken, deren geologische Konstitution eine Verseuchung des Grundwassers nahezu unmöglich macht (72). Auch einige der Sondermülldeponien über Tage wurden nach geophysikalischen Gesichtspunkten ausgewählt: Dicke Tonschichten sollen eine Verseuchung des Grundwassers verhindern, eine Gefahr, die bei jeder normalen Hausmülldeponie abhängig von Alter, Größe der Anlage, der Art der abgelagerten Abfälle und den Witterungsverhältnissen durchaus sehr konkret besteht (73). Aber diese »Kehrichthaufen im Hinterhof der Überflußgesellschaft« (74) sind mehr als eine Frage der geeigneten »Verpackung«, um Grundwasserverseuchungen zu vermeiden. Denn abgesehen von der Tatsache, daß jede Tonne mit der Zeit durchrostet, auf ewige Zeiten verblombte Giftbehälter also schlechterdings unmöglich sind, bietet ein Großteil des Sondermülls die Möglichkeit der Wiederverwertung nach einer großtechnischen Aufarbeitung. »Recycling« heißt das neueste Schlagwort des Umweltschutzes, und an einigen wenigen Stellen der Bundesrepublik fängt man damit inzwischen an. So werden zum Beispiel in Geretsried in einer von der überregionalen »Gesellschaft zur Beseitigung von Sondermüll in Bayern« betriebenen Anlage, jährlich etwa 1500 Tonnen lösungsmittelhaltiger Rückstände aufbereitet (75). Auch Klaus Mangold sieht den Sondermüll in zunehmendem Maße als Rohstoffquelle. Seiner Meinung nach wäre zum Beispiel wünschenswert, »für eine gewisse Übergangszeit von 5 bis 10 Jahren, eine geordnete Deponie für Metallhydroxid-Schlämme auf Sondermüllplätzen vorzuschreiben, damit eine sinnvolle und ökonomische Wiederverwendung eingeleitet werden kann« (76).

Auch eine Ausgrabung der bereits verbuddelten Abfälle faßt Mangold ins Auge.
Aber für die Zukunft bedarf es nicht nur einer Intensivierung gerade der Wiederaufarbeitung von Industriemüll, sondern es müssen auch die Unterlagen über früher »eingebaute« Giftstoffe in den Sondermüllkippen gesichtet werden, soweit sie noch vorhanden sind. Denn wegen der Brisanz dieser chemischen Abfälle reicht es eben nicht aus, zukünftig Vorsicht walten zu lassen, es muß auch versucht werden, die Fehler und Versäumnisse bei der Giftendlagerung der letzten zehn Jahre auszuräumen. Vorderhand gilt hier allerorts, bei den Betreibern, den Gemeinden wie auch den zuständigen Behörden die Empfehlung: »Nur nicht dran rühren!« Vergraben und vergessen!
Aus diesem Grund erklärten sich denn auch lediglich drei Bundesländer bereit, Unterlagen für eine Untersuchung der »Giftmüll-Skandale« durch das Umweltbundesamt zur Verfügung zu stellen (77).
Aber welche Gefahren gerade diese Zurückhaltung in der Informationspolitik beinhalten kann, macht das Beispiel der hochgiftigen chemischen Kampfstoffe deutlich, die noch aus der Zeit des ersten und zweiten Weltkrieges stammen und in der Lüneburger Heide noch heute, Jahrzehnte nach deren Herstellung, als Giftrisiko eingestuft werden müssen.

Das Gift im Heideboden

Es war der 24. Oktober 1919. Auf dem Gasübungsplatz bei Munster in der Lüneburger Heide wurden an diesem Tage 48 Gebäude der Giftgas-Munitionswerke Breloh gesprengt. In Erfüllung des Versailler Friedensvertrages mußte Deutschland die während des Ersten Weltkrieges produzierten chemischen Waffen wieder vernichten.

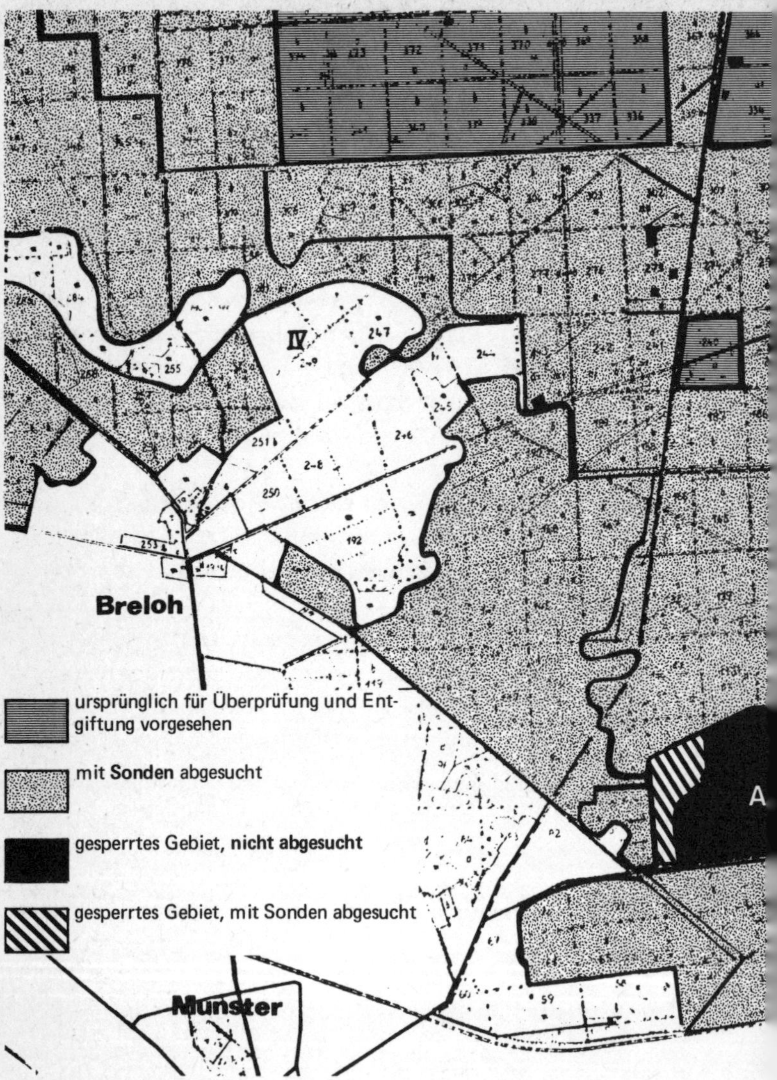
Breloh
Munster
IV
A
ursprünglich für Überprüfung und Entgiftung vorgesehen
mit Sonden abgesucht
gesperrtes Gebiet, nicht abgesucht
gesperrtes Gebiet, mit Sonden abgesucht

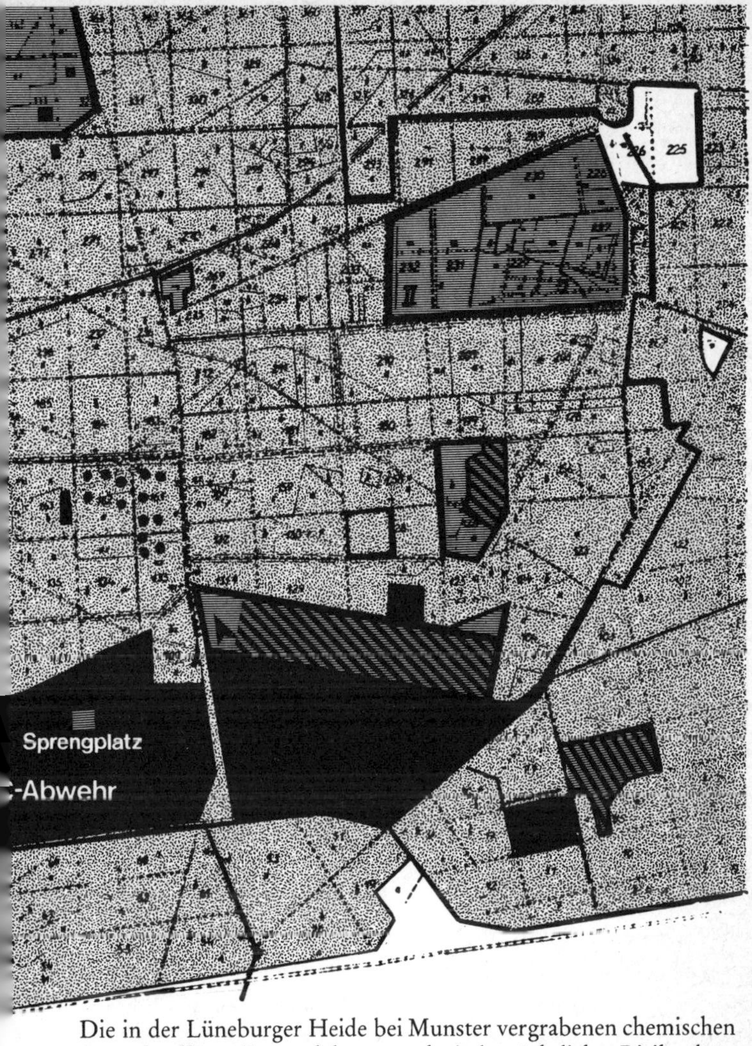

Die in der Lüneburger Heide bei Munster vergrabenen chemischen Kampfstoffe, stellen auch heute noch ein beträchtliches Risiko dar – und das nicht nur für die Soldaten, die auf dem Gelände Kriegführung üben: Auch ahnungslose Heidewanderer stoßen mitunter auf Giftgasgranaten, die zumeist den chemischen Kampfstoff Senfgas (Lost) enthalten.

Kaum 27 Jahre später: die gleiche Situation. Wieder hatte Deutschland einen Krieg verloren, wieder mußten die in den Breloher Munitionsfabriken hergestellten chemischen Kampfstoffe vernichtet werden. Während des Zweiten Weltkrieges war der Gasübungsplatz Munster unter dem Namen »Giftplatz Raubkammer« in großem Ausmaß für alle Kampfstoffversuche verwendet worden, einschließlich geheimer Probeabwürfe von Giftgasbomben bis zu einem Gesamtgewicht von 500 Kilogramm (78). Sämtliche Unterlagen über die Raubkammer-Versuche übergab man bei Kriegsende den britischen Besatzern – sie sind seitdem unauffindbar (79).
Die in den Kampfstoff-Fabriken lagernden Giftwaffen wurden von 1945 bis 1960 in mehreren Aktionen von gänzlich unerfahrenen Privatfirmen vergraben (ohne indes Unterlagen darüber zu hinterlassen) (80) oder auf dem Gelände gesprengt, was eine »weitgehende Vergiftung des Grundwassers« nach sich zog, wie es in einem vertraulichen Abschlußbericht heißt (81). Trotz einer weiteren Entseuchungsaktion im Jahre 1963 (Vertragsfirma W. Kraatz) konnte nicht das gesamte Gelände des seit 1956 wieder von der Bundeswehr benutzten Truppenübungsplatzes entgiftet werden.
Noch liegen mindestens 40000 Giftgasgranaten zwischen Munster und Breloh vergraben, was sich nach Meinung des Bundesverteidigungsministeriums als »unerträgliche Belastung erwies, die zum Teil . . . noch besteht« (82).
Und tatsächlich trifft der Heidewanderer unweit Breloh auf von grobmaschigen Zäunen umgebene Waldgebiete, deren Betreten Lebensgefahr bedeutet. Hier lagern Schwefel-Lost, Stickstoff-Lost, Tabun, Lewisite und andere gefährliche Kampfstoffe, die von ihrer tödlichen Wirksamkeit nichts eingebüßt haben, wie Untersuchungen verschiedener Bodenforschungsinstitute bestätigten (82a, 83).
Aber längst nicht alle lokalisierten Lagerungsstätten dieser

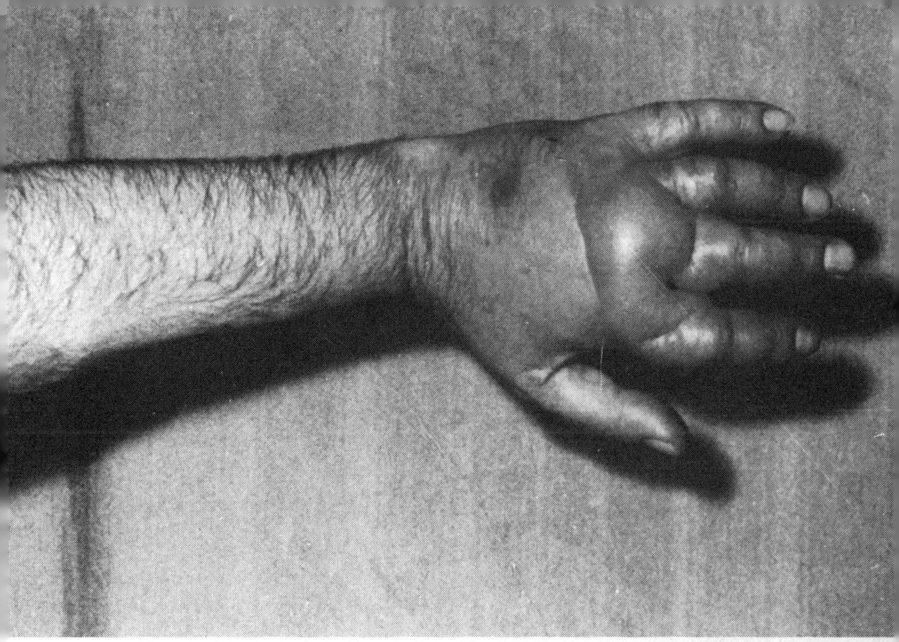

Der Kampfstoff Lost führt bei Hautkontakt zu schweren Schäden der Hautoberfläche. Der erstmals 1917 in Deutschland synthetisierte Kampfstoff kann aber auch ein Erblinden oder sogar den Tod zur Folge haben. Senfgas ist außerdem kanzerogen (Anm. 82a, S. 425).

unheimlichen Giftwaffen sind in der Breloher Heide eingezäunt. An etwa 30 Plätzen des Truppenübungsplatzes hat die Bundeswehr ihren Soldaten das Biwakieren verboten, weil dort in uneingezäunten Gebieten mit dem Auffinden gefährlicher Kampfstoffmunition gerechnet werden muß. Allein zwischen 1971 und 1974 stieß man auf dem Gelände denn auch auf 15000 Giftgasgranaten und -behälter (84). Eine Sachverständigenkommission gelangte zu der Erkenntnis, daß »jeder Mann einer auf dem Platz übenden Einheit ... stets eine persönliche Gasschutzausrüstung mit sich führen und im Gasschutz vollständig ausgebildet sein« müsse. Außerdem sei »nach jedem Schießen der Artillerie ... das Gelände auf etwaiges Vorhandensein von Kampfstoffen zu überprüfen und die erforderlich werdende Entgiftung vor Wiederbenutzung durchzuführen« (85). Der gesamte Truppenübungsplatz erweist sich damit nicht nur als latente Gefahr für die Bundeswehr-Soldaten, die dort Kriegführung trainieren, sondern auch für die Zivilbevölkerung, die vor allem während der Sommermonate im nicht fest eingezäunten Gebiet Erholung sucht. Aber für Wanderer, Spaziergänger und Pilzsucher, die kaum eine Gasmaske für den Eventualfall bei sich tragen dürften, sind die vergifteten Jagen 45 bis 50, 73 bis 80, 87 bis 90 und 105 bis 108 auf den Wanderkarten nicht erkennbar (86).

Welche gefährlichen »Schätze« in der Lüneburger Heide bei Munster noch verbuddelt sind und welche Kampfstoffmengen in der auf dem Gelände ansässigen ABC-Abwehrstelle noch aus den vergangenen Kriegstagen lagern, erfuhren die Mitglieder des Verteidigungsausschusses des Deutschen Bundestages nach einem Senfgas-Diebstahl im April 1975: In der Kampfstoffvernichtungsanlage warten noch etwa 6000 Geschosse und Behälter mit chemischen Kampfstoffen auf ihre Beseitigung. Kam man bis dahin nur »grammweise voran«, sollte nach diesem dramatischen Ereignis der Bau einer großen Spezial-Verbrennungsanlage beschleunigt werden (84). Sie steht bis heute nicht. Überhaupt geht die Bundeswehr das ihr aus der Vergangenheit aufgebürdete Problem nur sehr halbherzig an. So glaubt man, daß die weitere Bergung der vergrabenen Giftgasgranaten gefährlicher sei als sie im Boden zu belassen. Die Räumung würde zudem »grob geschätzt über 100 Millionen DM und schätzungsweise 20 Jahre« kosten (84).

Bei solchen Zahlen erschrickt auch das niedersächsische Innenministerium; es machte ohnehin schon immer geltend, daß »der langsame Zerfall dieser Munition . . . in dem sandigen Gelände möglicherweise zu günstigeren Ergebnissen als die weitere Bergung solcher Munitionsteile« führt (87). Konsequent wäre dann wenigstens die völlige Sperrung des Geländes für die Zivilbevölkerung. Das aber lehnen die Fremdenverkehrsorganisationen der Lüneburger Heide und die lokalen Gemeindeverwaltungen kategorisch ab. Sie sehen in der giftverseuchten Breloher Heide noch immer ein attraktives Erholungsgebiet (88).

Aber nicht nur in Munster-Nord, auch auf dem benachbarten Truppenübungsplatz Ehra-Lessien (»hier sind die Lagerstellen durch die Bundeswehr mit Betonplatten abgesichert«) sowie im ehemaligen Kieselgurteich Dethlingen auf privatem Gelände liegen nach Auskunft des Chefs der Munitionsräumgruppe des Landes Niedersachsen noch chemische Kampfstoffe. Zwar werde hier »das Grundwasser der Umgebung laufend untersucht« (89), gleichwohl müssen diese vergrabenen Giftgranaten als Gefahrenquelle ersten Ranges gesehen werden.

Auch die nach Ende des Zweiten Weltkrieges von den Alliierten in Nord- und Ostsee versenkten Kampfstoff-Behälter und -Granaten könnten sich noch einmal als Risiko erweisen, denn schon im Jahre 1970 ergaben Untersuchungen, daß die meisten der mit den chemischen Giften Tabun und Senfgas gefüllten Kanister und Geschosse inzwischen durchgerostet sind. Allein 200000 Tonnen Senfgasmunition warf man in den Nachkriegsjahren in die Ostsee (90); im Skagerak und in der Nordsee wurden insgesamt 20 Kampfstoff-Frachter mit mehr als 65000 BRT Gesamtgewicht versenkt (91). Als Anfang der siebziger Jahre einige Fälle bekannt wurden, bei denen Fischer aus Schleswig-Holstein mit durch im Meer treibendes Senfgas verseuchten Netzen in Berührung gekommen waren, ging man den Dingen auf den Grund. Zwar belegten Untersuchungen des Kieler Instituts für Meereskun-

de, daß man in den auf dem Meeresgrund durchrostenden Kampfstoffkanistern durchaus eine Gefahrenquelle sehen müsse, gleichwohl billigte 1971 der damalige Bundesverkehrsminister, noch einmal 2500 Fässer mit hochgiftigem Industrie-Cyanid ins Meer zu kippen (92).
Welche Hypothek uns damit nicht nur die Besatzungsmächte, sondern wir uns selbst aufgeladen haben, bleibt vorläufig eine offene Frage. Trügerisch könnte jedoch die Hoffnung sein, daß sich das Giftgasproblem der Meere mit der Zeit von selbst erledigt (siehe auch Anm. 85 a, S. 400).

Verbranntes Gift

Prinzipiell die beste Methode, sich der toxischen Industrieabfälle zu entledigen, wäre deren Vernichtung. Tatsächlich lösen sich eine Reihe von gefährlichen Stoffen beim Verbrennen in »Luft« auf, in unschädliche »Luft« wohlgemerkt. Aber leider funktioniert dies eben nicht bei allen Industriegiften. Nicht zuletzt wegen des Unsicherheitsfaktors, der mit dem Transport gefährlicher Güter verknüpft ist, empfiehlt sich eigentlich bei jenen Substanzen, die sich verbrennen lassen, eine Beseitigung vor Ort (93). In zunehmendem Maße gingen daher seit Beginn der siebziger Jahre die Gewerbeaufsichtsämter dazu über, in die Genehmigungsvorschriften den Bau industrieeigener Verbrennungs- und Abgasreinigungsanlagen einzubeziehen. Auf diese Weise sollte gewährleistet werden, daß die Chemieindustrie einen Großteil des eigenen Drecks vor Ort auch wieder vernichtet. In solchen Spezialanlagen muß der chemische Müll bei Temperaturen weit über 1000 Grad Celsius verbrannt werden, weil erst bei dieser Hitze viele Giftstoffe in ungefährliche Bestandteile zerfallen.
Aber die Industrie nahm das Problem mitunter auf die leichte

Schulter: So fand die für den Chemiegiganten Bayer zuständige Gewerbeaufsicht bei einer systematischen Kontrolle mehr durch Zufall heraus, daß das Unternehmen eine in der Betriebsgenehmigung für eine Herbizidanlage vorgeschriebene neue Abgasreinigung noch gar nicht gebaut hatte, die Produktion gleichwohl über eine kleinere, von der Gewerbeaufsicht als nicht ausreichend befundene Anlage lief. Elmar Pielow, für Umweltschutz und Gewerbeaufsicht im nordrhein-westfälischen Sozialministerium zuständig, kann nicht völlig ausschließen, daß dabei gefährliche Stoffe in die Luft geblasen wurden (94). Bayer dagegen argumentiert, daß Verbrennungsanlagen stets Streitpunkte mit der Gewerbeaufsicht gewesen seien (siehe S. 106).
Überhaupt: Daß man der Industrie nunmehr in einer Reihe von Fällen die Vernichtung ihrer giftigen Rückstände vorschrieb, hat man dort sicherlich nicht begrüßt, denn natürlich war es viel einfacher und billiger, das Giftproblem auf spezielle Vernichtungs- und Verbrennungsfirmen abzuschieben.
Das freilich geschieht auch heute noch, denn in zunehmendem Maße soll der Betrieb von öffentlichen Sondermülldeponien mit Verbrennungsanlagen gekoppelt werden. In Bayern sind solche Anlagen seit 1971 in Betrieb. So können zum Beispiel in der neuen Drehrohrofen-Anlage in Ebenhausen bei Ingolstadt bei Temperaturen bis zu 1100 Grad Celsius etwa 40000 Tonnen Chemieabfälle pro Jahr verbrannt werden (95).
Private Industriemüllbeseitiger wie die Duisburger Westab-Gruppe betreiben meist eigene Sondermülldeponien, offerieren ihren Kunden unter anderem auch die Möglichkeit der Verbrennung: »Sollte eine Ablagerung von kritischen Industrierückständen in einzelnen Fällen auf einer unserer Deponien nicht genehmigt werden, bieten wir unseren Kunden Alternativlösungen an, zum Beispiel Untertage-Deponie, Landverbrennung, Seeverbrennung etc« (96).

Die gefährlichsten aller Giftrückstände werden wegen der hohen Emissionswerte eingeschifft und auf See verbrannt, so zum Beispiel seit Mitte der siebziger Jahre auch die zuvor vergrabenen TCDD-Abfälle der Herbizidproduktion von BOEHRINGER-INGELHEIM in Hamburg. Ein solches Spezialschiff (»Vulcanus«) können die Müllvernichtungsfirmen beim OCEAN COMBUSTION SERVICE BV, einer Tochtergesellschaft der Bremer HANSA-REEDEREI, chartern. Die unter Singapur-Flagge fahrende »Vulcanus« (Tragfähigkeit 4200 T) kann in jeder Stunde 20 Tonnen Giftmüll verbrennen (97). Daß dem Verbrennungsschiff möglicherweise nicht nur im übertragenen Sinne Gift anhaftet, zeigte sich Ende 1977, als die »Vulcanus« im Emdener Hafen grundüberholt werden sollte und man dabei auch die Tanks einer Reinigung zu unterziehen gedachte. Die Hafenbehörde durchkreuzte den Plan und erklärte den Gifttanker kurzerhand für »im Emdener Hafen unerwünscht«. Man fürchtete nämlich, daß bei der Reinigung auch die TCDD-Reste beseitigt werden sollten und sah die Gefahr einer Verseuchung wie in Seveso. OCEAN COMBUSTION SERVICE entschied daraufhin, das Schiff in eigener Regie auf dem offenen Atlantik zu säubern (98).
Bei der Verbrennung auf See sowohl als auch an Land ergeben sich Probleme aus der Tatsache, daß einige der brisantesten Giftstoffe bei den Temperaturen niedriger als 800 Grad Celsius noch nicht zerstört werden. Dies ist nicht nur für Spezialanlagen wie in der chemischen Industrie oder auf der »Vulcanus«, sondern auch für jede Müllverbrennungsanlage von Bedeutung. Ein Beispiel: die polychlorierten Biphenyle, kurz PCBs genannt. Sie werden wegen ihrer Giftigkeit heute nur noch in geschlossenen Systemen verwendet (siehe S. 182). Als Isolationsstoffe sind PCBs in vielen Transformatoren, ja auch in Klein-Kondensatoren alter Radios vorhanden. Wenn ein solches Radio auf den Hausmüll geworfen wird, wandert es in

Problematische Industrierückstände werden auch auf See verbrannt, wobei Müllvernichtungsfirmen die »Vulcanus« chartern können, die in der Lage ist, 20 Tonnen Abfälle pro Stunde zu verbrennen. Auch die vormals vergrabenen hochgiftigen TCDD-Rückstände aus der bundesdeutschen Herbizid-Produktion werden heute auf der »Vulcanus« vernichtet.

die Öfen der Müllverbrennungsanlagen. Die PCBs aus den Kondensatoren sind allerdings so hitzebeständig, daß sie bei 800 Grad Celsius nicht zerstört, sondern über den Schornstein in die Luft geblasen werden. Die Anreicherung dieses Giftstoffes in der Natur dürfte daher nicht unwesentlich auf Müllverbrennungsanlagen zurückzuführen sein (99).

Geht man von einem jährlichen Hausmüllberg von 15 Millionen Tonnen aus und legt Untersuchungen aus den Jahren 1972/73 zugrunde, die einen Gehalt von 1,52 bis 9,5 ppm

PCBs in Hausmüll ergaben (100), dann läßt sich daraus errechnen, daß pro Kubikmeter Abgas aus den Müllverbrennungsanlagen ungefähr 0,4 Milligramm PCBs emittiert werden. Diese Menge liegt bereits im Bereich des MAK-Wertes für polychlorierte Biphenyle (101).

Zwar wurde dieser Tatsache in der Bundesrepublik insofern Rechnung getragen, daß durch eine Änderung der »Technischen Anleitung für die Reinhaltung der Luft«, kurz TA-Luft genannt, seit 1974 PCB-haltiger Müll bei mindestens 1200 Grad Celsius verbrannt werden muß. Ungewiß bleibt jedoch, ob tatsächlich alle Müllverbrennungsanlagen diese Temperaturen erreichen.

Auch die noch giftigeren Begleitstoffe der PCBs, die sogenannten Dibenzfurane, sowohl als auch die Dioxine, darunter das zur Seveso-Katastrophe führende TCDD, wurden in Flugasche und Abgasen von städtischen Müllverbrennungsanlagen nachgewiesen. Die drei niederländischen Umweltchemiker Dr. K. Olie, Dr. P. L. Vermeulen und Dr. O. Hutzinger fanden in den Abgasen von drei der modernsten und größten Müllverbrennungsanlagen unseres westlichen Nachbarlandes (Arnhem, Amsterdam, Alkmaar) Spuren des Sevesogiftes TCDD. Diese hochgiftige Verbindung – so vermuten die Wissenschaftler – entsteht bei der Verbrennung zum Beispiel von organischem Material wie Kunststoffen in Gegenwart von chlorierten Verbindungen (102).

Wenn auch die Rauchgasemission von Müllverbrennungsanlagen den geltenden Vorschriften der TA-Luft genügen muß, hat nach solchen gefährlichen Rauch-Bestandteilen wie Dioxinen freilich hierzulande noch niemand gesucht.

Einige neuere Müllverbrennungsanlagen führen die Rauchgase zusätzlich noch durch eine Waschanlage, wodurch der Anteil der Flugasche und einiger Schadstoffe reduziert werden kann. Das Wasser aus den Waschtürmen wird später eingedickt und in fester Form wiederum auf Sondermülldeponien vergraben (103).

Nur – PCBs sowohl als auch Dioxine sind so gut wie wasserunlöslich, sie werden demnach von der »Waschfalle« nicht vollständig aufgehalten.

Eine von der Kernforschungsanlage in Jülich entwickelte »saubere« Müllverbrennungsanlage (die auch zur Veraschung radioaktiver Abfälle geeignet ist) sieht eine zusätzliche »restlose Nachverbrennung der im Rauchgasstrom noch mitgeführten unverbrannten Anteile in einer speziellen Nachverbrennungskammer« vor (104).

Da es keine Gründe gibt, die in den Niederlanden erzielten Erkenntnisse nicht auf die Bundesrepublik zu übertragen, ist anzunehmen, daß auch hier aus jeder Müllverbrennungsanlage hochgiftiges TCDD entströmen kann – in geringsten Mengen zwar, aber seit Seveso weiß man ja auch, daß dieses Ultragift schon in unvorstellbar geringen Konzentrationen extreme Gefährlichkeit besitzt (siehe Anm. 5, S. 327). Sicherlich beinhalten Müllverbrennungsanlagen kein Seveso-Risiko – fraglich bleibt hingegen, ob eine Gefährdung für die Nachbarschaft vollkommen auszuschließen ist.

Es zeigt sich, daß wir eine Reihe in der Chemieindustrie anfallenden giftigen Industrierückstände nicht wieder loswerden. Ob wir sie in die Flüsse oder in die Meere kippen, unter der Erde oder auf speziellen Müllkippen »verstecken«, ob wir sie in der Gluthitze der Verbrennungsanlagen zu zerstören versuchen – stets müssen wir uns darüber im klaren sein, daß auch kommende Generationen mit einigen dieser Giftstoffe leben müssen – es sei denn, wir verzichten auf die entsprechenden Produkte, was bei den PCBs sicherlich nicht schwerfiele.

So kann die Verbrennung womöglich für einige Schadstoffe sogar noch problematischer sein, weil sie möglicherweise zu einer Verteilung der toxischen Substanzen führt. Daß einige der Verbindungen bereits allgegenwärtig (ubiquitär) sind, zeigen eben die PCBs, die man u. a. auch schon im Eis der Polarkappen nachgewiesen hat (siehe S. 180). Die Einlagerung giftiger Stoffe beinhaltet demgegenüber ein zumindest lokalisierbares Risiko, wenngleich natürlich auch hier die Gefahr nicht auszuschließen ist, daß sich die Chemiegifte über das Grundwasser selbständig machen.

Umweltpolitische Konsequenzen?

Die Beseitigung des chemischen Abfalls erweist sich damit als eines der herausragenden Probleme der chemischen Industrie. Auch im Bereich der zuständigen Bundesministerien (Inneres, Forschung & Technologie) setzt sich diese Einschätzung neuerdings offenbar durch. »Giftmüll-Skandale haben in den letzten Jahren verdeutlicht, daß insbesondere im Bereich der Rückstandsbeseitigung aus Industriebetrieben Probleme bei der Neuordnung der Abfallentsorgung vordringlich geworden sind«, heißt es zum Beispiel in einer Verlautbarung des »Bundesministeriums für Forschung und Technologie« (105). Und dann werden auch die Gründe beim Namen genannt:

- Ausbau und Weiterentwicklung von Abfallentsorgungsanlagen konnten mit dem Wirtschaftswachstum der letzten Jahrzehnte nicht Schritt halten;
- ökologische Anforderungen sind in den letzten Jahren gestiegen;
- Kenntnisse über Sonderabfälle und deren Beseitigung sind teilweise nur mangelhaft vorhanden.

Auch neue Beseitigungstechnologien sollen auf diesem Wege erforscht werden, zum Beispiel der Einsatz von »gefräßigen«

Bakterien, die Industrieabfälle in harmlose Stoffe umzuwandeln vermögen (106).
Im für den Bereich Umweltschutz zuständigen und viele Einzelprojekte fördernden Bundesinnenministerium setzt man Hoffnungen insbesondere auf eine NATO-Pilotstudie über die »Beseitigung gefährlicher Abfälle«, für die die Bundesrepublik federführend ist. Im Mai 1977 fand auf Einladung der obersten amerikanischen Umweltbehörde EPA eine Konferenz der NATO-Staaten in Washington statt, in der es im wesentlichen um die »geordnete Ablagerung«, »organisatorische und gesetzgeberische Maßnahmen«, »Transport«, »Sonderabfallbeseitigung« und »Deponierung untertage« ging.
Die Phase I der Pilotstudie, erstes Projekt des NATO-Umweltausschusses in diesem Bereich, wurde im Oktober 1977 abgeschlossen. In einer zweiten Phase, sie wurde von der Bundesrepublik initiiert, sollen zwischen 1978 und 1980 u. a. die Bereiche »Beseitigung durch geordnete Ablagerung«, »biologische, physikalische und chemische Behandlung« sowie »Verbrennung und Pyrolyse« behandelt werden (107).
Freilich, inwieweit die internationalen Überlegungen und Vorschläge Konsequenzen haben werden, bleibt völlig offen. Dies drückt sich auch in den Empfehlungen des Abschlußberichtes des Abfallbeseitigungs-Projekts aus: »Die NATO-Staaten beschließen . . .« – so empfiehlt der Umweltausschuß – »die Schlußfolgerung der Pilotstudienprojekte als Richtschnur zur Lösung des Problems der Beseitigung gefährlicher Abfälle zu *erwägen*« (108).
Die NATO-Mitgliedsstaaten werden demnach durch diesen Beschluß zu nichts verpflichtet, gleichwohl bleibt zu hoffen, daß das einmal in dieser Studie erarbeitete Know-how alsbald in praktische Umweltpolitik umgesetzt wird.

Der sogenannte chemische Fortschritt

Wie viele Sevesos brauchen wir eigentlich noch?

Pest, Pocken und Diphterie gelten als besiegt, Cholera und Typhus sind auf dem Rückmarsch. Die neuen Seuchen sind chemischer Natur, sie heißen PCB, Lindan, Quecksilber und Cadmium. Chemische Gifte verseuchen die Umwelt, gefährden den Menschen auf heimtückische Art, denn viele Erkrankungen kommen oft erst nach Jahren oder gar Jahrzehnten zum Ausbruch. Der sogenannte chemische Fortschritt, dem wir diesen Preis zahlen, ist relativ abstrakt – die zunehmende Umweltbelastung dagegen äußerst konkret.

Solcherlei düstere Zukunftsperspektiven der chemischen Umweltproblematik mögen zur Resignation führen, ja werden vermutlich sogar eine Trotzreaktion bewirken: Bei soviel Schwarzmalerei – so könnte man zu urteilen geneigt sein – geht es uns doch noch ganz gut.

Aber der Eindruck ist zu oberflächlich. Die Zunahme der Krebserkrankungen zum Beispiel ist ein mehr als deutliches Zeichen, daß die Verpestung der Umwelt nicht folgenlos bleibt. Denn die Natur wehrt sich und schlägt zurück. Betroffen sind zuerst die Schwächsten, die auf kleinste Veränderungen bereits empfindsam reagieren: Asthmatiker zum Beispiel und Menschen, die nicht genügend Anpassungsfähigkeit besitzen.

Diese Opfer der chemischen Verseuchung müsse man gewissermaßen als Ergebnis einer »natürlichen Auslese« im Interesse des Fortschritts in Kauf nehmen, sagen die einen. Die Gesellschaft müsse sich stets nach den schwächsten Gliedern orientieren, sagen die andern. Und der Normalverbraucher

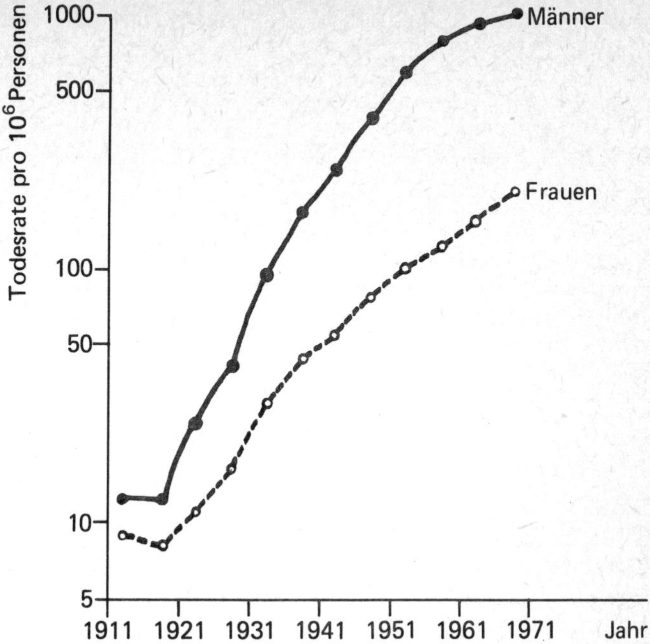

Die Entwicklung der Todesfälle durch Lungenkrebs in den Jahren 1911 bis 1971 macht deutlich, daß es höchste Zeit ist, das Problem der Schadstoffbelastung in der Luft in den Griff zu bekommen. Denn die Experten zweifeln nicht, daß ein Teil der Lungenkrebs-Toten neben dem Rauchen auf die Umweltverschmutzung zurückzuführen ist (Quelle: *Nature* 265, 589 [1977]).

weiß nicht, was er glauben soll. Solange er nicht betroffen ist – so meint er – gehe ihn das Ganze ohnehin wenig an.
Hinzu kommt, daß die Flut der allwöchentlich vom amerikanischen National Cancer Institute herausgegebenen Mitteilungen über neue chemische Kanzerogene sicherlich zu einer Art »Krebsphobie« geführt hat. Mal wurden Zuckerersatzstoffe, mal Lebensmittelzusätze, mal Haarfärbemittel auf den

Index gesetzt. In der allgemeinen Krebshysterie hat der Verbraucher schließlich keinen anderen Ausweg mehr gesehen als zu resignieren oder aber sich ein dickes Fell anzuschaffen. Er entschied sich für die zweite Lösung (1). Es entsteht daraus eine paradoxe Situation: Die Kanzerogen-Fahnder entlarven immer mehr krebserregende Umweltchemikalien, aber die Betroffenen reagieren zunehmend mit Gleichgültigkeit. Man stumpft ab – eine Karte, auf die auch die Industrie setzt?
Doch bald wird diese Karte nicht mehr stechen! Forciert durch die Angst vor atomaren Unfällen, die zunehmende Belastung unserer Flüsse und unserer Atemluft und ein wachsendes Umweltbewußtsein zeichnet sich nämlich nunmehr ab, daß sich der jahrelang aufgestaute und zum Teil auch bewußt verdrängte Ärger in Protestbewegungen, in einer neuen außerparlamentarischen Opposition niederschlägt. Die Unzufriedenen proben den Aufstand. Die Wahlerfolge der »Grünen« im Jahre 1978 haben den etablierten Parteien spätestens deutlich gemacht, daß zur Erhaltung der Umwelt eben mehr als nur schöne Worte in Sonntagsreden notwendig sind.
Die wachsende Kritik der Bevölkerung signalisiert aber auch Verdruß an der Großtechnik schlechthin, denn es »ist nicht eine neue Qualität der Technik, die die volltechnisierte Umwelt geschaffen hat, es ist deren Quantität«, schreibt der ehemalige Atomwissenschaftler Dr. Klaus Traube. »Doch diese Veränderung der Quantität ist in eine qualitative Veränderung der natürlichen und sozialen Umwelt umgeschlagen, mit der auch eine Veränderung der Beziehung der Menschen untereinander notwendig einhergehen mußte« (2). Ins gleiche Horn stößt auch Dr. Robert Jungk wenn er die Mechanismen einer technokratischen Gesellschaft in Form eines »Atom-Staates« kritisiert (3).
Sicherlich wäre es verfehlt, Traube, Jungk oder auch Dr.

Herbert Gruhl Maschinenstürmer zu schelten, dennoch schwingt in ihren Anklagen mitunter ein Hauch von Sehnsucht nach einer Renaissance der Romantik mit. Dies freilich scheint den tatsächlichen Problemen wenig angemessen, denn der Kurswechsel, der erforderlich ist, kann nicht eine Kehrtwendung um 180 Grad bedeuten, denn das wäre eine Flucht in vorindustrielle Zeiten. Eine Korrektur der Wachstumsphilosophie gerade in der Chemie-Industrie ist indes unverzichtbar.

Einem solchen Trendwechsel zu applaudieren, mag schon Mode sein, gleichwohl kann es keinen Zweifel geben, daß die Bereitschaft zum Verzicht auf Fortschritt und stetig weiter wachsenden Konsum bei den meisten Bürgern unseres Landes inzwischen vorhanden ist. Dies machen die Ergebnisse einer Umfrage des Bundesministeriums des Innern (Mai 1977) deutlich: Während noch 1974 33 % der Meinung waren, es werde immer bedrohlicher, weiterzuleben, schlossen sich 1977 bereits 44 % dieser Beurteilung an; jeder zweite ist bereit, auf technischen Fortschritt zu verzichten; Wirtschaftswachstum um den Preis von Umweltschaden lehnen sogar 60 % ab.

Aus solchen Erkenntnissen müssen dann freilich auch politische Konsequenzen gezogen werden. Es ist zum Beispiel einfach unvertretbar, daß die gefährlichen PCBs in der Bundesrepublik noch immer produziert werden dürfen, obwohl die deutsche Muttermilch bereits so stark verseucht ist, daß sie nach *amerikanischen* Lebensmittelkriterien sich nicht mehr für den menschlichen Genuß eignet.

Und die chemische Verseuchung schreitet fort: In den Retorten wachsen Riesenmoleküle, Erbstränge vom Reißbrett, synthetisierte Lebensformen, die womöglich noch gefährlicher sind als PCBs, Cyankali oder TCDD. Harmlos scheinende Bakterien, von Biochemikern kreiert, könnten sich

sehr schnell als Umweltzeitbombe entpuppen, sollten sie einmal aus den Laboratorien entwischen (4).
Wenn der Staub das Industrie-Problem der letzten Jahrzehnte war, das Supergift TCDD das der Gegenwart ist, dann charakterisieren die erbmanipulierten Bakterien womöglich die chemischen Risiken der nächsten zwei Jahrzehnte – Perspektiven, die nicht bagatellisiert werden dürfen.

Einstellung zum technischen Fortschritt

	Man muß Nebeneinwirkungen in Kauf nehmen %	Man muß notfalls auf technischen Fortschritt verzichten %	Weiß nicht, Keine Angaben %
Befragte insgesamt	32	47	21
Über Umweltschutz ...			
sehr gut informiert	30	54	16
etwas informiert	32	50	18
gar nicht informiert	34	35	31

Umweltschädigung durch wirtschaftliches Wachstum

	Wirtschaftswachstum auch um den Preis von Umweltschäden halten für ...		
	richtig %	nicht richtig %	Weiß nicht, Keine Angabe %
Befragte insgesamt	24	60	16
Über Umweltschutz ...			
sehr gut informiert	27	65	8
etwas informiert	24	64	12
gar nicht informiert	23	50	27

Meinungen zur Umweltgefährdung

	Mit Gefahren werden wir fertig %	Das Leben wird sich anpassen %	Es wird immer bedrohlicher weiterzuleben %	Die Menschheit geht ihrem Untergang entgegen %	Weiß nicht, Keine Angaben %
1974	19	37	33	8	5
1977	17	23	44	7	9
Über Umweltschutz ...					
sehr gut informiert	21	16	45	11	7
etwas informiert	15	28	46	6	5
gar nicht informiert	26	16	36	10	12

Die infas-Umfrage im Auftrage des Bundesinnenministeriums macht deutlich, daß sich die Einstellung zum Umweltschutz in der Bevölkerung gewandelt hat. Man ist offensichtlich bereit, auf steigenden Konsum und technischen Fortschritt zu verzichten, wenn dies der Erhaltung unserer Umwelt zugute käme. Nur: Wann stellen sich die Politiker auf diese Haltung ein?

Und selbst die vorübergehende Entwarnung bei Schwefeldioxid darf nach Meinung des Berliner Politikwissenschaftlers Professor Martin Jänicke nicht zu einer Verharmlosung der Verseuchungs-Problematik führen, denn noch immer sei »der blaue Himmel über den Industriestädten eine optische Täuschung«. Für die toxische Umweltbelastung insgesamt »sind solche Erfolge eher irreführend«, glaubt Jänicke, »weil sie auf einer Strategie beruhen, die bei allen Teilerfolgen der Gesamtproblematik gegenüber inadäquat ist« (5).

Auf jeden Fall stellt die bislang gehandhabte Praxis, neue Stoffe zu produzieren, zu vermarkten und sie dann gegebe-

nenfalls unter großem Aufwand wieder aus der Umwelt zurückzuholen nicht nur eine inakzeptable Kosten-Nutzen-Relation, sondern auch ein beachtliches Risiko dar.
Und die zunehmende chemische Verunreinigung fördert auch eine andere Kostenexplosion, nämlich die des Gesundheitswesens, zumindest im Bereich bestimmter umweltbedingter Krankheiten (z. B. Bronchitis). Und bei vielen Erkrankungen ahnen wir noch nicht einmal, daß chemische Giftstoffe eine der Ursachen sein könnten.
Im Ruf nach dem Gesetzgeber sehen die Verfechter freier Unternehmensentscheidungen natürlich keine Problemlösung. Dennoch bestätigen der Fall Seveso und die auch hierzulande nicht unüblichen Vertuschungsmanöver der Chemieindustrie gegenüber den Aufsichtsbehörden den Verdacht, daß der vielzitierten Selbstverantwortung der Industrie nur in äußerst begrenztem Maße zu trauen ist.
Zwar verfügen viele Chemieunternehmen mittlerweile über hochbezahlte »Standeskritiker«, die gleichsam als »Advocati diaboli« engagiert wurden, um Fehler und Gefahrenquellen aufzuspüren. Die undankbare Position berufsmäßiger Nörgeler muß allerdings sehr schnell zu einem Konflikt mit der Firmenführung und damit zu einer Anpassung der werkseigenen Kontrolleure führen.
Es bleibt letztlich also doch nur die Möglichkeit strengerer gesetzlicher Vorschriften vom Schlage des amerikanischen Umweltchemiekaliengesetzes TOSCA (siehe S. 261). Nicht zuletzt auch für den Betrieb chemischer Anlagen sind strengere gesetzliche Richtlinien unverzichtbar, denn bereits ein kleines Leck kann verheerende Folgen haben mit Tausenden von Toten und Zehntausenden von Schwerverletzten.
Kommt es zu solchen Gesetzen und Regelungen, bzw. Störfallrichtlinien, die auch die Notwendigkeit von Risikoanalysen beinhalten, und verabschiedet der Deutsche Bundestag

eine scharfe Umweltchemikalienregelung, dann könnte dies über Jahre hinweg schließlich doch zu einer Entkrampfung der Situation führen. Nicht mit Verteufelung, sondern mit besserer Kontrolle sei das Schad- und Giftstoff-Problem anzugehen, glaubt auch der bis vor kurzem für diesen Bereich zuständige UN-Direktor Dr. Hans Peter Mollenhauer, denn »wo die Grenze verläuft, die ein Verbot verlangt, ist Objekt eines dauernden Tauziehens zwischen Wirtschaftsinteressen, politischen Interessen und Gesundheitsinteressen« (6).

Der nicht immer unberechtigte Vorwurf, mehr staatliche Eingriffe bedeuten mehr Bürokratie, infolgedessen weniger Freiheit für die Unternehmen, ist in diesem Falle unhaltbar, denn hier ist in erster Linie die Freiheit des einzelnen tangiert – und der ist längst nicht mehr frei, sich seine saubere Luft und Umgebung auszusuchen. Das oft gehörte »liberale Argument« kehrt sich hier ins Gegenteil.

Die Chemieindustrie ist nicht sonderlich erpicht, sich in ihrer Tätigkeit weiter einschränken zu lassen und die Politiker haben bei der angespannten wirtschaftlichen Lage kein Interesse, die Industrie zu verprellen.

Es ist somit kaum anzunehmen, daß in diesem Spannungsfeld die betroffenen Bürger in absehbarer Zeit an Entscheidungsfindung zwischen wirtschaftlichen und ökologischen Aspekten in stärkerem Umfang partizipieren können.

So bleibt zwischen Hoffnung und Resignation letztlich die Befürchtung, daß man auch hierzulande erst ein Seveso benötigt, um die tödlichen Risiken der Chemie zu erkennen.

Dokumentation

Quellen, Zitate, Anmerkungen

Vorwort

1. Die Bewertungen der vorgelegten Fakten stellen die persönliche Meinung der Autoren dar.
2. Aufgabe Zukunft – Qualität des Lebens, Band 4, *Umwelt*, Frankfurt 1973, S. 11 ff.
3. Infas-Umfrage, *Umwelt* Nr. 58 vom 26. 9. 1977 (siehe S. 43).
4. Thesen zu »Umweltpolitik und Wirtschaft«, die die Bundesregierung nach der Klausurtagung auf Schloß Gymnich am 3. 7. 1975 vorlegte, zitiert nach *Umwelt* (BMI), Nr. 42/75, S. 2.
5. zitiert nach »Reden beim Festakt Hundert Jahre Verband der Chemischen Industrie« in: *Chemie + Fortschritt*, 2/77.

Gift im Griff?

1. Woller, R., *Aufbruch ins Heute*, VCI, Frankfurt 1977.
2. zitiert nach »Reden beim Festakt Hundert Jahre Verband der Chemischen Industrie« in: *Chemie + Fortschritt*, Heft 2/1977.
3. zitiert nach der Informationsschrift »Hundert Jahre Verband der Chemischen Industrie, Arbeitskreise«.
4. Das vollständige Zitat aus B. Brechts *Leben des Galilei* lautet: »Wofür arbeitet ihr? Ich halte dafür, daß das einzige Ziel der Wissenschaft darin besteht, die Mühseligkeit der menschlichen Existenz zu erleichtern. Wenn Wissenschaftler, eingeschüchtert durch selbstsüchtige Machthaber, sich damit begnügen, Wissen um des Wissens willen anzuhäufen, kann die Wissenschaft zum Krüppel gemacht werden, und eure neuen Maschinen mögen nur neue Drangsale bedeuten.

Ihr mögt mit der Zeit alles entdecken, was es zu entdecken gibt, und euer Fortschritt wird doch nur ein Fortschreiten von der Menschheit weg sein. Die Kluft zwischen euch und ihr kann eines Tages so groß werden, daß euer Jubelschrei über irgendeine neue Errungenschaft von einem universalen Entsetzensschrei beantwortet werden könnte.«

5. Korte, F., »Chemie und Umwelt«, *CHIMIA/Chemie-Report* 30, 160 (1976).

6. siehe zum Beispiel *DFG-Mitteilungen* 3/77 und *Umschau in Naturwissenschaft und Technik* 6/77; die jeweils überarbeitete MAK-Liste erscheint jährlich im Harald Boldt-Verlag, Boppard.
Die Berufsgenossenschaft Chemie will übrigens eine eigene Liste erstellen im Rahmen eines »Programmes zur Verhütung von Gesundheitsschäden durch Arbeitsstoffe«. Ebenso will die BG Chemie Betriebe und Personen erfassen, die mit besonders riskanten Stoffen umgehen müssen. In der Liste sollen unter anderem Angaben über Menge und Art der verwendeten Stoffe sowie Belastungszeit und -intensität festgehalten werden; siehe dpa/fwt v. 31. 5. 78.

6a. »Luftreinhalteplan« Rheinschiene Süd (Köln), 1977–1981, MAGS Düsseldorf 1976.

7. Nach Angaben des *Seventh Annual Report of the Council on Environmental Quality*, Washington 1977, S. 29ff.; siehe auch: »Chemicals: How Many Are There?« *Science* 199 v. 13. 1. 78, S. 162.

8. »Alle Dinge sind Gift und nichts ohn Gift; allein die Dosis macht, daß ein Ding kein Gift ist.« (Paracelsus, 1493–1541).

9. »Warum sind Gifte giftig?« in *Selecta* Nr. 43 vom 24. 10. 77, 3555ff; Ridley, W. P. et al. »Biomethylation of Toxic Elements in the Environment«, *Science*, 197, 329 (1977).

10. DFG-Denkschrift *Toxikologie*, 1975, S. 13.

11. Henschler, D., »Mechanismen der Aktivierung chlorierter aliphatischer Verbindungen – experimentelle Zugänge und klinische Bedeutung«, *Drug Research* 27 (II) 1827–1832 (1977).

12. siehe dazu auch: Ridley, W. P. et al. »Biomethylation of Toxic Elements in the Environment«, *Science* 197, 329 (1977).

13. zur Frage toxikologisch relevanter Stoffklassen siehe auch: Bonse, G. und Henschler, D., *CRC Crit. Rev. Toxicol.* 4, 395 (1976); Greim, H. et al., *Biochem. Pharmacol.* 24, 2013 (1975); Oesch, F. »Bedeutung verschiedener Enzyme in der Kontrolle mutagener und kanzerogener polyzyklischer Kohlenwasserstoffe«, *Der Hautarzt* 28, 563 (1977); Oesch, F. »Mechanismen der Toxizität – Ihre klinische und toxikologische Bedeutung«, *Drug Research* 27 (II), 1832 (1977).
14. »Don't Let Toxic Chemicals Go To Your Head«, *Science News* 3. 4. 76, S. 221.
15. siehe dazu *Wirtschaftswoche* Nr. 39 v. 16. 9. 1977, S. 38 und *Capital* 9/1977, S. 27; nach Angaben des »Verbandes der Chemischen Industrie« vom 10. 2. 1978 lag 1975 die BASF vor HOECHST und BAYER mit einem Umsatz von etwa 18 Milliarden DM auf dem ersten Platz.
16. *Chemiewirtschaft in Zahlen*, 19. Auflage, VCI, Frankfurt 1977.
17. zitiert aus *Umwelt Journal '76*, herausgegeben, vom VCI, Frankfurt.
18. Altenpohl, D., Blum, W., »Die Industrie im Spannungsfeld zwischen Ökonomie und Ökologie«, *Umschau* 10/1975, S. 300ff.
19. Thiess, A. M. und Frentzel-Beyme, R., *ASP* 10, 183 (1975).
20. *Umwelt-Journal '76* herausgegeben vom VCI, Frankfurt; dazu vergleiche auch:
Weidner, H., »Die gesetzlichen Regelungen von Umweltfragen in hochentwickelten kapitalistischen Industriestaaten«, Projekt »Politik und Ökologie« der FU Berlin, Bericht 1/75;
Jänicke, M., »Umweltschutz im internationalen Vergleich – Versuch einer kritischen Leistungsbilanz«, Projekt »Politik und Ökologie« der FU Berlin, Bericht 6/76;
Gerau, J., »Zur politischen Ökologie der Industrialisierung des Umweltschutzes«, Projekt »Politik und Ökologie« der FU Berlin, Bericht 8/76;
Bericht von der Envitec, Düsseldorf 1977, S. 16, »Fast zwei Milliarden DM für Umweltschutz in der Chemie«.
21. Die »chemische Dichte« der Länder wurde nach den Angaben

des VCI (16) sowie den Werten der Bevölkerungsdichte dieser Länder aus *Bertelsmanns Handlexikon* (für 1970) berechnet (USA: 22, UdSSR: 11, Japan: 280, BRD: 247 Einwohner/km^2). Die Bevölkerungsdichten für die BRD (248) und das Ruhrgebiet (1134) sind Angaben für 1975 des Landesamtes für Datenverarbeitung u. Statistik NRW, Düsseldorf.

22. *Die Welt* v. 27. 1. 1978; siehe auch Anm. 14, S. 356.
23. siehe z. B. Wallraff, G./Hagen, J., *Was wollt ihr denn, ihr lebt ja noch*, Reinbek 1973.
24. Die Umfrage von infas, die in der *Umwelt* (BMI) Nr. 58 v. 26. 9. 1977 veröffentlicht wurde, enthält noch andere interessante Ergebnisse (siehe S. 318).
25. zitiert nach der Niederschrift der »Reden beim Festakt Hundert Jahre Verband der Chemischen Industrie« in *Chemie + Fortschritt* 2/1977, S. 9.

Seveso – und was sonst noch?

1. Carson, R. *Der stumme Frühling*, 1962, München.
2. persönl. Mitteilung Prof. Guido Sartori; siehe auch: WHO-Environmental Health Criteria Programme, EHE/EHC 77.5, 1977.
3. Hinter dem komplizierten Namen verbirgt sich eine Substanz mit relativ einfacher chemischer Struktur:

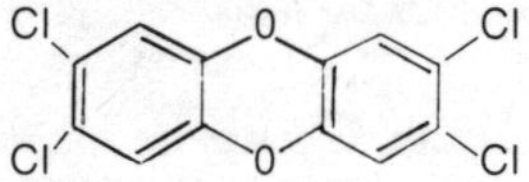

3a. Eine ausführliche Darstellung der Vorgänge und Hintergründe in und um Seveso ist nachzulesen bei: Fuller, J. G., »The Poison That Fell From The Sky«, New York 1978.

4. Breuer, G. in *Naturw. Rundschau* 30, 256 (1977).
5. TCDD ist rund 67000mal giftiger als Zyankali und 500mal giftiger als Strychnin. Im Tierversuch wird für Kaninchen eine tödliche Dosis von 10 Millionstel Gramm pro Kilo Körperge-

wicht angegeben. Die Grenzdosis für embryoschädigende Effekte dagegen liegt bei rund 0,03 Millionstel Gramm/kg Körpergewicht. Für die Kanzerogenität spricht außerdem ein Bericht aus Schweden, demzufolge von 30 Arbeitern, die mit TCDD-verunreinigtem 2,4,5-T-Pflanzenschutzmittel die schwedische Eisenbahnstrecken unkrautfrei hielten, nach kurzer Zeit fünf starben, davon vier an Krebs; siehe Hay, A. in *Nature* 262, 636 (1976).

Die TCDD-Toxizität bei verschiedenen Tierarten entspricht:

Spezies	LD 50 (Mikrogramm/kg)	Zeit zwischen oraler Applikation und Tod (Tage)
Meerschweinchen	0,5– 2	5–34
Kaninchen	10 – 115	6–39
Ratte	22 – 100	9–48
Hühnchen	25 – 50	12–21
Rhesus-Affe	<70	28–47
Hund	>30 –<300	8–15
Maus	114 – 284	20–25

6. *Spiegel* Nr. 35/1976, S. 120.
7. persönl. Mitteilung Prof. Guido Sartori; späteren Untersuchungen zufolge gingen insgesamt 3000 Tiere ein, 75 000 mußten notgeschlachtet werden; siehe zum Beispiel WHO-Environmental Health Criteria Programme, EHE/EHC 77.5, 1977.

7a. Nach dem VCI ist die Gesetzgebung über gefährliche Stoffe in Italien auf dem Stand von 1934 stehengeblieben. Grund für GIVAUDAN, die gefährliche Trichlorphenol-Produktion dorthin zu verlegen? *Chem. Ind.* Sept. 1976, S. 482; Ein Untersuchungsausschuß des italienischen Parlaments hat inzwischen der ICMESA »Schweres Fehlverhalten« vorgeworfen; *Weser Kurier* v. 28. 7. 1978.

7b. Beispielhaft sei der Fall des Schlossers G. beschrieben: »Ein damals 20 Jahre alter Schlosser hatte drei Tage lang im Autoklavenraum gearbeitet. Am zweiten Tag traten Kreuz- und Kopfschmerzen, eine entzündliche Schwellung und harte Infiltra-

tion der Haut an Gesicht und Ohren auf. Die Krankenhausbehandlung dauerte sieben Monate an.
Die Nasenflügel waren zerklüftet und sahen wie ausgebrannt aus. Der behaarte Kopf war schmutzig verfärbt und lederartig infiltriert, die Haare fielen vermehrt aus. Ständige Vereiterungen, ... Leberaffektion, ... unzählige Mitesser ... G. konnte nicht schwitzen und hatte das Gefühl einer kochenden Haut. ... Nach einer Latenzzeit von 10 Jahren ... Hepatitis, Lungenembolie, Exitus. Die nach der langen Latenzzeit entstandene ... frische Hepatitis konnte nicht als Unfallfolge anerkannt werden.« Zwei andere Arbeiter wollten dieses Ende vermeiden – sie nahmen sich das Leben; ein Zusammenhang mit den schweren Erkrankungen »wurde in ausführlichen Gutachten verneint«; zitiert nach Goldmann, P. J., Werkarzt der BASF, in *ASP*, 1/1971, S. 12.

8. siehe auch: Forth, W., *Deutsches Ärzteblatt* 44, 2617 (1977)
9. Ein Zusammenhang zwischen erhöhter Krebsmortalität und TCDD-Vergiftungen wurde schon durch den Einsatz des chemischen Giftstoffes im Vietnamkrieg deutlich (siehe S. 232); Inzwischen bestätigten Untersuchungen an Arbeitern, die über längere Zeit dem Gift ausgesetzt waren, daß TCDD stark krebsfördernd ist; siehe zum Beispiel: Waldner, R. »Verdacht auf Krebsförderung durch TCDD verdichtet«, *Tages-Anzeiger*, Zürich, v. 27. 1. 1978.
10. Noch im Mai 1977 wurden Kinder mit Mißbildungen zur Welt gebracht. Bei einem klaffte ein Loch in der Bauchdecke, bei dem anderen mündete der Harnleiter nicht im Penis, sondern unterhalb des Hodens; zitiert nach: Hay, A. in *Nature* 264, 310 (1978).
    Auf der anderen Seite ergaben Untersuchungen des Lübecker Pathologen Prof. Alfred Gropp an den 34 abortierten Föten nur bei einem eine Mißbildung. Die Vietnam-Erfahrungen legen gleichwohl den Verdacht der Teratogenität des TCDDs nahe (siehe Anm. 85, S. 399).
11. Schenkt man italienischen Berichten Glauben, dann drang das TCDD bis an die Peripherie von Mailand vor.

12. Ein Entseuchungskonzept, durch Versprühen von Olivenöl das TCDD mit Hilfe des Sonnenlichtes abzubauen, kam nicht zur Anwendung, obschon Chemiker aus aller Welt die Überzeugung vertraten, daß sich das Gift in dem organischen Lösungsmittel unter Einfluß der UV-Strahlung innerhalb von Stunden zersetzt hätte.
13. Wahrscheinlich war die Kritik an einem gigantischen Verbrennungsofen auch deshalb berechtigt, weil sich aus dem vorhandenen Trichlorphenol unter Hitzeeinwirkung womöglich erst recht TCDD gebildet und die ganze Region erneut verseucht hätte.
14. siehe auch Manuskript der Fernsehsendung »Gift im Griff?« (Autoren: Egmont R. Koch und Andreas Jacobsen), NDR/RB/SFB-Sendung am 15. 12. 1977.
15. Hergt, W., zitiert von Bauer, Schulz und Spiegelberg, *Arch. Gewerbepath. Gewerbehyg.* 18, 538 (1961);
Kimmig, J. und Schulz, K. H., *Dermatologie* 115, 540 (1957);
Schulz, K. H., *Arch. Klin. exp. Dermatol.* 206, 589 (1957);
Firestone, D., *Ecol. Ball.* (Stockholm) 27, im Druck;
Dugois, P. und Colomb, L., *Bull. Soc. franc. Derm. Syph.* 63, 262 (1956);
Dugois, P. und Colomb, L., *J. Méd. Lyon* 38, 899 (1957);
Dugois, P. et al., *Arch. Mal. prof.* 19, 626 (1958);
Bleiberg, J. et al., *Arch. Dermatol.* 89, 793 (1964);
Telegina, K. A. und Birbulatova, L. I., *Vestn. Dermatol. Vanerol.* 44, 35 (1970);
Jirásek, L., et al., *Cs. Dermatol.* 48, 306 (1973);
Jirásek, L., et al., *Cs. Dermatol.* 49, 145 (1974);
Oliver, R. M., *Brit. J. industr. Med.* 32, 49 (1975);
Goldmann, P. J., *Der Hautarzt* 24, 149 (1973);
Hofmann, H. T., *Naunyn-Schmiedeberg Arch. exp. Path. Pharmakol.* 232, 228 (1957);
Dalderup, L. M., *T. soc. Geneesk.* 52, 616 (1974);
Dugois, P., et al., *Bull. Soc. franc. Derm. Syph.* 75, 260 (1968);
Hofmann, M. F. und Meneghini, C. L., G. *Ital. Derm.* 103, 427 (1962);

Evaluation of the carcinogenic risk of chemicals to man, Band 15 International Agency for Research on Cancer – Lyon – August 1977;
Sandermann, W., *Naturwissenschaften* 61, 207 (1974);
Schulz, K. H., *Arbeitsmedizin-Sozialmedizin-Arbeitshygiene* 3, 25 (1968);
Rawls, R. L. und O'Sullivan, D. A., *Chem. and Eng. News* 54, 27 (1976);
Finger, E. und Orth, H., *Gesunde Pflanzen* 22, 133 (1970);
May, G., *Brit. Journ. of ind. Med.* 30, 276 (1973);
Daetwyler, J. J., *Neue Züricher Zeitung* v. 7./8. 5. (1977);
Gallmeyer, W. und Schulten, K., *Jahresbericht 1975 der Gewerbeaufsicht des Landes Nordrhein-Westfalen*, 278 (1975);
Vahrenholt, F., *Seveso – Information zu einer Umweltkatastrophe*, Umweltbundesamt, Materialien 8/76.

16. Tetrachlorbenzol kann durch alkalische Hydrolyse bei erhöhter Temperatur nach zwei Verfahren zu Trichlorphenol umgesetzt werden:
   a) unter Druck im Autoklaven mit Methanol als Lösungsmittel, in der Bundesrepublik Deutschland angewandt bei BOEHRINGER (157° C und 19.5 bar) und früher bei BAYER (180° C und 30 bar);
   b) durch ein druckloses Hochtemperaturverfahren, wie in Seveso verwendet, mit Äthylenglykol als Lösungsmittel, das immer wieder zu schweren Unfällen geführt hat.

   Beiden Verfahren gemeinsam ist die unerwünschte Entstehung des 2,3,7,8 - TCDDs. Die Bildung von Dioxinen wird durch alkalisches Milieu in Zusammenhang mit hoher Temperatur begünstigt. Eine aufgrund von Überhitzung durchgehende Reaktion hat demzufolge auch einen extrem hohen Anteil an dem hochgiftigen TCDD; siehe auch Hay, A., in *Nature* 262, 636 (1976).
17. persönl. Mitteilung Dr. W. Krum, BOEHRINGER-INGELHEIM, Hamburg, an Egmont R. Koch.
18. Als Nachteil muß diesem Verfahren der hohe Anteil der entstehenden Dioxine angesehen werden, der in der Größen-

ordnung von 200 ppm liegt, das heißt bei rund 70 Kilogramm TCDD jährlich; siehe Hay, A. in *Nature* 262, 538 (1976).

19. siehe Ringger, H. in *Tagesanzeiger*/Zürich v. 8. 7. 1977, S. 41.
20. Während bei BOEHRINGER die beim Umsatz entstehende Reaktionswärme durch die Reaktionsführung jederzeit unter Kontrolle ist, wurde bei ICMESA die Natronlauge vorgelegt und das Tetrachlorbenzol in einem Guß zugegeben. Da bei dieser Prozeßführung eine Temperaturregelung nahezu ausgeschlossen ist, könnte eine durchgehende Reaktion allenfalls durch Kühlung des Reaktors vermieden werden.
21. Fast jeder bundesdeutsche Chemiekonzern hat einmal Trichlorphenol hergestellt. Bei der BASF führten die Auswirkungen eines Unfalls 1953 zur Schließung des Betriebes im Jahre 1968; bei der Firma HOECHST stoppte man 1974 die Produktion.
22. zitiert nach Manuskript der Fernsehsendung »Gift im Griff?«, Interview zwischen Dr. Heinz-Adolf Dortmann und dem Autor Egmont R. Koch, NDR/RB/SFB-Sendung am 15. 12. 1977; siehe auch: BAYER-Pressemitteilung vom 4. 8. 1976 »Bayer stellt Produktion von Trichlorphenol vorläufig ein«.
23. zitiert nach Manuskript der ARD-Fernsehsendung »Gefahren aus der Retorte« in *Bilder aus der Wissenschaft* vom 10. 3. 1977.
24. Im Gegensatz zu seinem Kollegen Ludwig Reimers wußte der für BOEHRINGER in Hamburg zuständige Gewerbeaufsichtsbeamte Rust schon seit den damaligen Vergiftungsfällen in den fünfziger Jahren von den Gefahren des TCDDs. Dies läßt Zweifel aufkommen an der Effektivität des Erfahrungsaustauschs zwischen den Aufsichtsbehörden. Dazu Ludwig Reimers: »Man könnte sich sicherlich einen besseren Informationsfluß vorstellen!« (siehe Anm. 23).
25. siehe Bundes-Immissionsschutzgesetz; seit 1977 ist durch die 9. Verordnung zur Durchführung des Bundes-Immissionsschutzgesetzes (*Bundesgesetzblatt*, Jahrgang 1977, Teil 1, S. 274) sogar vorgeschrieben, der Genehmigungsbehörde eine Verfahrungsbeschreibung einschließlich Art und Menge von Einsatzstoffen sowie Zwischen-, Neben- und Endprodukten

mitzuteilen sowie mögliche Nebenreaktionen bei Störfällen anzugeben. Der Fall macht beispielsweise deutlich, daß detaillierte Durchführungsbestimmungen unverzichtbar sind – der »vielgepriesenen« Selbstverantwortlichkeit der Industrie zum Trotz.

26. Auf die Anfrage: Warum hat BAYER bei der Aufnahme der Trichlorphenol-Produktion die Gewerbeaufsicht nicht auf TCDD hingewiesen?, antwortete BAYER am 24. 2. 1977:
»Frage: Warum hat das BAYER-Werk Dormagen bei der Aufnahme der Aushilfsproduktion von Trichlorphenol im Jahre 1971 die Gewerbeaufsicht nicht auf das Nebenprodukt TCDD hingewiesen?
Antwort: Die in Dormagen genutzte Anlage zur Herstellung von Trichlorphenol stützte sich voll auf die Erfahrungen der Uerdinger Anlage ab, so daß auch das know how der Reaktionstechnik mit allen Sicherheitsvorkehrungen übernommen wurde. Die prophylaktische Beschreibung von evtl. Nebenreaktionen war seinerzeit nicht üblich.«

27. Als problematisch sind auch die TCDD-Abfälle der Trichlorphenol-Produktion anzusehen, die in Tankkesselwagen durch die Lande transportiert und dann auf See verbrannt werden (siehe S. 271).

28. Nach der Seveso-Katastrophe beauftragte der NRW-Arbeitsminister Prof. F. Farthmann die Gewerbeaufsicht, sich des Problems hochtoxischer Verbindungen anzunehmen. Der Toxikologe Professor H. W. Schlipköter stellte im Auftrag Farthmanns eine Liste hochgiftiger Verbindungen zusammen und der im Ministerium für den Bereich Umweltschutz zuständige Ltd. Ministerialrat Elmar Pielow berief einen Chemie-Beauftragten. Das Berliner Umweltbundesamt analysierte unmittelbar nach der Katastrophe die Bedeutung des Seveso-Störfalls für die Bundesrepublik; dazu siehe Vahrenholt, F., »Seveso – Informationen zu einer Umweltkatastrophe«, *Materialien* 8/76, Umweltbundesamt, Berlin 1976; Vahrenholt, F. und Wohlleben, W., *Umwelt* 4/77.

29. Pentachlorphenol ist ein fünffach (C_6Cl_5OH), Trichlorphenol ein dreifach chloriertes Phenol ($C_6H_2Cl_3OH$).

30. Schon bei der normalen PCP-Produktion entstehen Dioxine in weitaus größerem Maßstab als bei der Trichlorphenol-Herstellung: Beim Alkaliverfahren (Hexachlorbenzol + Alkali bei ca. 140 Grad Celsius) entsteht PCP mit bis zu 1000 ppm (1 g/kg) Octachlordibenzdioxin, bei der Chlorierung von Phenol bei ca. 200 Grad Celsius bilden sich niedriger chlorierte Phenole (ca. 12 bis 13 %), die sich später in toxische Dioxine umwandeln können; Sandermann, W., in *Naturwissenschaften* 61, 207 (1974).
31. Bei einer Explosion in einem PCP-Betrieb kann vor allem auch das Hexachlordibenzdioxin entstehen. Es ist zwar rund 100mal weniger giftig als das TCDD, würde bei einem Störfall aber auch in mehr als 100facher Menge auftreten, so daß das Risiko der PCP-Produktion ähnlich beurteilt werden muß wie das der Trichlorphenol-Herstellung.
32. Sandermann, W., *Naturwissenschaften* 61, 207 (1974).
33. Die chlorierten Dibenzfurane in PCBs sind vor allem deshalb noch eine Gefahr, weil die seinerzeit stark verunreinigten PCBs heute noch im Einsatz sind, so daß es zwar nicht zu einem anlagebedingtem Störfall, wohl aber zu einer Verseuchung durch PCB-Produkte kommen kann (siehe S. 176ff).
34. Drei Chlorakne-Ausbrüche bei Chemiearbeitern, die in einer kleinen Fabrik 3,4-Dichloranilin synthetisierten und weiterverarbeiteten, führen nach umfangreichen Untersuchungen auf die Spur von 3,4,3',4'-Tetrachlorazobenzol (TCAB) und 3,4,3',4'-Tetrachlorazoxybenzol (TCAOB). Diese unerwünschten Verunreinigungen sind verwandt mit dem tetrachlorierten Dibenzodioxin und Dibenzofuran, die beide für ihre hautschädigende Wirkung bekannt sind.

    An Mäusen und Hühnerembryos konnte nachgewiesen werden, daß alle vier Substanzen nach dem gleichen Wirkungsmechanismus zu Chlorakne und über entsprechende enzymatische Aktivierung zu Leberschäden führen.

    Beim ersten Chlorakne-Ausbruch in der angesprochenen Herbizidfabrik waren 41 Arbeiter betroffen, die mit N-(3,4-Dichlorphenyl)-hydroxylamin umgingen, und mit Tetrachlorazoxybenzol in Berührung gekommen waren. In drei weiteren Fällen (der letzte mit 40 Betroffenen) war für die Hauterkrankungen Tetrachlorazobenzol verantwortlich.

Beide Substanzen entstehen als Nebenprodukt aus 3,4-Dichloranilin beim Produktionsprozeß einiger wirtschaftlich bedeutsamer Herbizide (Acylphenylamide, Phenylcarbonate und Phenylharnstoffe).

Insgesamt kann festgehalten werden, daß eine einzige Stoffklasse und deren verwandte Verbindungen Ursache folgenschwerer Störfälle bei zahlreichen Prozessen sein kann.

35. Die Explosion ereignete sich bei der Herstellung des Ausgangsstoffes Wasserstoff, der für die Ammoniaksynthese eingesetzt wird und den man aus Wasser und Erdgas gewinnt. Dabei entsteht neben Wasserstoff auch Kohlendioxid, das vor der Umsetzung zu Ammoniak entfernt werden muß. Dies erfolgt durch das sogenannte Giammarco-Vetrocoke-Verfahren, das mit einer heißen, im Kreislauf geführten, etwa 20 bis 30%igen Pottaschelösung (K_2CO_3) arbeitet, die zur besseren Absorption von CO_2 (zu Kaliumhydrogenkarbonat $KHCO_3$) und vor allem zur Verbesserung der Verhältnisse im Desorber Arsentrioxid in einer Konzentration von etwa 100 bis 150 g/l enthält. Das Arsentrioxid bewirkt eine Erhöhung des Partialdrucks des CO_2 insbesondere bei hohen Temperaturen, was eine Verkleinerung des Desorbers (und damit des Dampfverbrauchs) ermöglicht. Die Temperatur beträgt 50 bis 100° C im Desorber. Der Druck im Absorber liegt im Bereich 12 bis 15 bar. In Manfredonia wurde bei 30 bar bearbeitet. Die Desorption verläuft bei normalem Atmosphärendruck. Während für die Waschtürme in älteren Anlagen teilweise hochlegierte Edelstähle verwendet wurden, wurde in neueren Anlagen darauf geachtet, daß nur laugenrißbeständige Feinkornstähle zur Verwendung kommen, wobei darüber hinaus die Arsenverbindung selbst zusätzlich als Korrosionsinhibitor wirkt. Wegen der Giftigkeit der Lauge wird in der Regel die gesamte Anlage in eine Betonwanne gestellt, die mögliche Leckagen auffangen soll. Das Verfahren ist nicht auf die Düngemittelindustrie be-

schränkt; Ammoniak selbst dient ja auch außer zur Herstellung von Düngemitteln ebenfalls zur Erzeugung von anderen Chemieprodukten. Es kann grundsätzlich überall da angewandt werden, wo Kohlensäure oder Schwefelwasserstoff ausgewaschen werden soll.

36. Nach Berechnungen des Fachverbandes Stickstoffindustrie sind sogar 60 bis 70 m^3 Lauge ausgetreten mit einer Arsentrioxidkonzentration von 140 g/l, das entspricht etwa neun Tonnen Arsenik.
37. Spuren des Giftstoffes fand man auch in Pflanzen und dem Fleisch der Rinder.
38. Zu Krebserkrankungen durch arsenhaltige Schädlingsbekämpfungsmittel ist es vornehmlich bei Winzern gekommen, die bis zu einem gesetzlichen Verbot solche gefährlichen Insektizide verwendeten.
39. Vordemann, J. und Ewe, T., in *bild der wissenschaft* 1/1977, S. 91.
40. Von weltweit 225 Anlagen, die nach diesem Verfahren arbeiten, liegen acht in der Bundesrepublik, von denen wiederum vier inzwischen den Betrieb eingestellt haben:

Giammarco-Vetrocoke-Wäsche in der Bundesrepublik

Betreiber	Art und Anwendungsbereich	Kapazität Nm^3/h	Hersteller
Scholven-Chemie (Veba-Chemie) Gelsenkirchen-Buer Baujahr: 55/56	CO_2-Wäsche Ammoniakerzeugung	20 000 + Erweiterungen 10 000 30 000	Davy Power-Gas/Bamag
Gewerkschaft Viktor Chem. Werke AG Castrop-Rauxel Baujahr: 56	Reinigung von Koksgas CO_2-Wäsche	5 400 Betrieb eingestellt	Davy Power-Gas/Bamag

Betreiber	Art und Anwendungsbereich	Kapazität Nm^3/h	Hersteller
Kalle (Hoechst) Wiesbaden Baujahr: 62	Reinigung von Viskoseabluft H_2S-Wäsche	50 000 Betrieb eingestellt	Davy Power-Gas/Bamag
Spinnstoff-Fabrik (Hoechst) Berlin Baujahr: 62	Reinigung von Viskoseabluft H_2S-Wäsche	120 000 Betrieb eingestellt	Davy Power-Gas/Bamag
Wintershall AG Mannheim Baujahr: 62	Reinigung von Spaltgasen zur Stadtgaserzeugung H_2S-Wäsche	25 560 Betrieb eingestellt	Lurgi
Scholven-Chemie (Veba-Chemie) Gelsenkirchen-Buer Baujahr: 63/64	CO_2-Wäsche Ammoniakerzeugung	60 000 + Erweiterung 60 000	Davy Power-Gas
Hoechst AG Baujahr: 64	CO_2-Wäsche Ammoniakerzeugung	57 000	Davy Power-Gas
Erdölchemie Dormagen Baujahr: 65	CO_2-Wäsche Ammoniakerzeugung	150 000	Kellogg

Quelle: Vahrenholt, F. / Schärer, B.: Apuliens Arsenwolke – ein Einzelfall?, *U – das technische Umweltmagazin*, September 1977, S. 32.

41. Parrish, R. W. und Seidel, R. O., »Safety in Ammonia Plants and Related Facilities« Symposium, *Session* 4, 30. 8. 1977, Denver/Col.; Vahrenholt, F. und Schärer, B., Apuliens Arsenwolke – ein Einzelfall? *U – das technische Umweltmagazin*, September 1977, S. 32; danach existieren in den bundesdeut-

schen Ammoniakwerken folgende zusätzliche Sicherheitsmaßnahmen:

- Die Wäsche steht in einer sogenannten Tasse, um die Lauge bei unvorhersehbaren Leckagen auffangen zu können.
- Zusätzlich erfolgen Korrosionsprüfungen mit Ultraschall und/oder durch Röntgenstrahlung.
- Besondere Aufmerksamkeit wird dem Betrieb der Anlage unter Verwendung eines sorgfältig durchdachten Regelsystems zugewandt, wobei – soweit es erforderlich erscheint – Doppelkontrollen vorgesehen sind. Die Betriebsparameter – Druck, Temperatur, Mengenflüsse usw. – werden durch entsprechende Instrumente und Regeleinrichtungen angezeigt, registriert und geregelt. Von der Norm abweichende Betriebsbedingungen werden durch akustische oder optische Alarmanlagen in der Meßwarte angezeigt oder führen zu automatischen Sicherheitseingriffen in das System.

42. Vortrag von G. Williams auf dem 2. Pacific Chemical Engineering Congress, AICHE-Meeting, 1977 Denver/Col.

43. Dies gilt zwar nicht nur für Ammoniakanlagen, die nach dem Arsenverfahren arbeiten, doch für diese Betriebe ist die Statistik wegen des hohen Störfallrisikos besonders relevant. Schon 1975 hatte nämlich der britische ICI-Konzern eine Untersuchung publiziert, derzufolge es durch das Arsen in den Anlagen zu Spannungs-Riß-Korrosionen kommt; siehe »Stress Corrosion Cracking in Vetrocoke Plants«, *Process and Catalyst News*, April 1975.

44. Williams hatte eine Umfrage durchgeführt mit dem Ziel, zu ermitteln, wie oft Feuer in solchen Anlagen ausbricht. Eine Firma antwortete nicht, zwei teilten mit, daß zwischen 1973 und 1976 kein Feuer aufgetreten sei, in 27 Anlagen dagegen mußten ein oder mehrere Brände bekämpft werden, insgesamt 125 in vier Jahren. Auf alle Anlagen gemittelt macht dies ein Risiko von einem Feuer pro Anlage in elf Monaten.

45. Mitunter führen auch reine Explosionsunfälle zu Schäden der Nachbarschaft. So zum Beispiel im Jahre 1977, als bei den CHEMISCHEN WERKEN HÜLS ein Teil einer Äthylenoxid-

Destillationskolonne wie eine Rakete auf ein Haus in der Umgebung flog und erheblichen Sachschaden anrichtete.

46. siehe z. B. *Spiegel* 35/1976, S. 120; zum 25. Jahrestag des Unfalls schrieb dpa am 25. 5. 1973: »Kilometerhoch war der Rauchpilz über der Stadt. Die Druckwelle ließ etliche Gebäude in Ludwigshafen einstürzen, Dächer wurden abgedeckt ... Einige tausend Feuerwehrmänner, Polizisten und Sanitäter kümmerten sich um die Verschütteten. Tote mußten mit Preßluftbohrern freigelegt werden, die Krankenhäuser im Rhein-Neckar-Raum waren bald überfüllt. Erst sehr viel später konnte Genaues über das Ausmaß des Sachschadens berichtet werden: 7350 Häuser in Ludwigshafen und Mannheim waren beschädigt worden, 9000 Familien meldeten zudem Schäden an ihrem beweglichen Hab und Gut an.«

47. Aufschluß über die Häufigkeit von Explosionsunglücken geben die Entschädigungsstatistiken der Versicherungen. Eine solche Versicherung für Chemieanlagen, die Factory Insurance Ass. in Connecticut/USA, führt in einer Statistik zwischen 1964 und 1968 insgesamt 83 Explosionsunglücke auf, jedes mit mehr als 100000 Dollar Sachschaden. Die Statistik macht auch die Tendenz zu immer größeren Anlagen deutlich: 1964 wurden 10 Großunfälle registriert, 1968 schon 25.

48. Auch die Nachbarschaft der Chemieanlage war betroffen: Rund 2000 Häuser in der Umgebung wurden durch die Explosion zum Teil erheblich beschädigt.

49. Report des Dept. of Employment »The Flixborough Desaster«.

50. Solche Modellstudien sind im übrigen sowohl in den bundesdeutschen als auch in den britischen Vorschriften vorgesehen. Im Flixborough-Report heißt es dazu: »Bei einer solchen Druckbelastungsprobe wäre die Überbrückungsleitung mit großer Wahrscheinlichkeit zerstört worden.«

51. Durch ein Leck in einer Rohrleitung schossen in Pensacola etwa 33 Tonnen Cyclohexan in die Luft. Es bildete sich eine Wolke von 600 m Länge, 360 m Breite und 30 m Höhe. Die Konzentration von Cyclohexan war so hoch, daß Kraftfahrzeuge in diesem Bereich wegen Überfettung des Brennstoffge-

misches zum Stillstand kamen. Belegschaftsangehörige konnten sich nur durch Preßluftatmungsgeräte vor dem Erstickungstod retten. Wie durch ein Wunder kam es jedoch nicht zu einer Explosion, weil die Gaswolke sofort durch automatische Wassersprühanlagen abgeregnet wurde; siehe: 3. Internationales Kolloquium für die Verhütung von Arbeitsunfällen und Berufskrankheiten in der Chemischen Industrie, Frankfurt 21.–23. 6. 1976; Haux, E. H. in *VDI-Nachrichten* Nr. 31 v. 6. 8. 1976, S. 2.

52. Wenn auch das Engagement von Michael Foot bewundernswert ist, illustriert auch das Flixborough-Desaster, daß es erst zu Störfällen kommen muß, bis etwas unternommen wird.

53. »First Report des Advisory Committee on Major Hazards«, 1976.

53a. Flöhl, R., »Wie sicher sind Chemieanlagen?« in *Frankfurter Allgemeine Zeitung* v. 20. 12. 1976.

54. persönl. Mitteilung Prof. P. Voigtsberger, Bundesanstalt für Materialprüfung, Berlin, an Egmont R. Koch; siehe auch: Voigtsberger, P., »Chemische Industrie – eine Gefahr für Kernkraftwerke?«, *Umschau* 76, 592 (1976).

55. Auflage der Berufsgenossenschaft Chemie vom 1. 1. 1976; im übrigen hat die BASF davon Abstand genommen, ein Kernkraftwerk als Energieversorgungsanlage in ihrem beengten Werk zu errichten.

56. Für die *Neueinrichtung* chemischer Anlagen gehören solche Maßnahmen des primären Explosionsschutzes zum Stand der Technik.

57. Bericht über das 3. Internationale Kolloquium für die Verhütung von Arbeitsunfällen und Berufskrankheiten in der Chemischen Industrie, Frankfurt 21. 23. 5. 1976, S. 465.

58. Das Fernsehfeature wurde am 15. 12. 1977 im 3. Programm des NDR/RB/SFB ausgestrahlt; siehe auch: Koch, E. R., »Die Lehren von Seveso reifen nur langsam«, *Die Welt* v. 23. 4. 1977.

59. persönl. Mitteilung Andreas Jacobsen, Koautor des Fernsehfilms, der die Dreharbeiten in Dormagen leitete.

60. *Die Welt* v. 22. 3. 1977, *Frankfurter Allgemeine Zeitung* v. 30. 7.

1977, *Weser-Kurier* v. 3. 5. 1977, *dpa* v. 5. 8. 1977, *Die Welt* v. 14. 3. 1977, *Frankfurter Rundschau* v. 25. 11. 1977, *Ruhr-Nachrichten* v. 14. 7. 1977, *Ruhr-Nachrichten* v. 20. 7. 1977 u. v. 22. 7. 1977, *Frankfurter Rundschau* v. 20. 1. 1977, *Hannoversche Allgemeine Zeitung* v. 16. 1. 1978, *Hannoversche Zeitung* vom 13. 1. 1978, *Die Welt* v. 13. 1. 1978.

61. Suter, H., Joschek, H. J., *Chem. Ing. Technik* 47, 241 (1975).

62. *Umweltjournal '76*, Publikation des Verbandes der Chemischen Industrie, Frankfurt; die Lebenserwartung von Chemikern steht hierzu allerdings im Widerspruch (siehe S. 126). Im Mai 1978 gab der Hauptgeschäftsführer der Berufsgenossenschaft Chemie, Dr. Paul Versen, die Zahlen für 1977 bekannt: Von 875 000 Beschäftigten, für die die BG Chemie zuständig ist, wurden 52493 Arbeitsunfälle, 7682 Wegunfälle und 1823 Berufskrankheiten im Bereich der chemischen Industrie angezeigt. Von 194 Berufskrankheiten, die 1977 zum ersten Mal mit Renten entschädigt wurden, beruhte rund ein Fünftel auf »typisch« chemischen Ursachen; siehe dpa fwt v. 31. 5. 1978, vergleiche dazu auch Anm. 6, S. 324.

63. Nach dieser Erhebung ist das Erkrankungsrisiko unter 12 Branchen nur in der Metallverarbeitung höher als in der Chemie; siehe *Stern* 18, 1978, S. 172.

64. Rasmussen, N. C., *WASH 1400*, 1974 Reactor Safety Study, Executive Summary, *NUREG 75/014*, Oktober 1975.

65. siehe z. B. *Naturw. Rundschau 5/75*, *Frankfurter Allgemeine Zeitung* v. 27. 4. 1977.

65a. Vergleicht man die Risiken in einem 25-Meilen-Umkreis um die amerikanischen Kernkraftwerke (in diesen Zonen leben nach Rasmussen etwa 15 Millionen Menschen), dann ergibt sich für das atomare Risiko ein vergleichsweise kleiner Wert:
4200 Tote durch Autounfälle,
1500 Tote durch Stürze,
560 Tote durch Feuer,
90 Tote durch Stromschlag,
8 Tote durch Blitzschlag,
2 Tote durch Kernkraftwerke;

zitiert nach »Reactor Safety Study«, *WASH-1400, NUREG 75/014*, Okt. 1975.

66. Ein GAU ist der größtanzunehmende *U*nfall in einem Kernkraftwerk. Als schwerste technische Störung in einem Kernreaktor wird der Bruch der Hauptleitung im Primärkreislauf angenommen. Der stählerne Sicherheitsbehälter ist dabei so ausgelegt, daß er die gesamte freiwerdende radioaktive Dampfmenge aufnehmen kann. Ein GAU muß also vom Kernkraftwerk »verkraftet« werden können, ohne daß es zu einer Verseuchung der Umwelt kommt.
    Ein Super-GAU ist demnach eine Katastrophe, die zur Zerstörung des Reaktordruckgefäßes führt, wenn zum Beispiel alle Notkühlsysteme versagen und sich der 2000 Grad heiße Schmelzbrei der Brennelemente durch das Gebäude hindurchfrißt; dazu siehe: *bild der wissenschaft*, Sonderheft »Kernkraftwerke«, Nov. 1975.
67. Zur Diskussion um die Sicherheit von Kernkraftwerken siehe zum Beispiel: »Die Auswirkungen schwerer Unfälle in Wiederaufarbeitungsanlagen und Atomkraftwerken«, Bundesverband Bürgerinitiativen Umweltschutz, Januar 1977; Jungk, R. »Kernkraftwerke – eine Fehlentwicklung?« in *bild der wissenschaft* 3/1977, S. 114; »Beschreibung der gegenwärtigen Praxis zu den Sicherheitskriterien für Kernkraftwerke«, div. Veröffentlichungen des Instituts für Reaktorsicherheit (TÜV) 1976/77.
68. nach Manstein, B., *Strahlen*, Frankfurt 1977, S. 164.
69. Jungk, R., »Kein Wunder, daß der Bürger Angst hat ...«, in *bild der wissenschaft*, Sonderheft »Kernkraftwerke«, Nov. 1975, S. 9.
70. *Frankfurter Allgemeine Zeitung* v. 27. 4. 1977; siehe auch *NUREG 75/014*, Oktober 1975.
71. »Chemicals: How many are there?«, in *Science*, 199, 162 (1978); siehe auch: *Seventh Annual Report of the Council on Environmental Quality*, Washington 1977. S. 29ff.
72. Mollenhauer, H. P., in *Umwelt* 6, 204 (1976).
73. Brocke, W., Semrau, H. J., Vahrenholt, F., Vortrag anläßlich

der 75-Jahr-Feier des Wasser-Boden-Luft-Instituts im Bundesgesundheitsamt, 20, 10. 1976, siehe auch: *Organische Verunreinigungen in der Umwelt*, Berlin 1978.

74. siehe *bild der wissenschaft* 1/1977, S. 90.

75. Farthmann-Erlaß v. 20. 9. 1976, »Betr.: Genehmigungsbedürftige Anlagen, hier: Vorkehrungen gegen die Emission hochtoxischer Stoffe beim Betrieb von chemischen Anlagen.«

76. Es ging dabei um die Erhebung bei genehmigungsbedürftigen Anlagen über Art, Menge und Vorkommen gefährlicher Stoffe, die hergestellt, verarbeitet, gelagert werden oder in Nebenreaktionen entstehen können und die Einrichtungen und Vorkehrungen zur Gefahrenabwehr. Für die Erhebungen wurden den Behörden in den zwei Bundesländern zwei ziemlich unterschiedliche Stofflisten übergeben – in Baden-Württemberg mit 134 und in Nordrhein-Westfalen mit 721 Stoffen.

77. Baden-Württemberg ging von einem Grenzwert LD_{50} oral von 25 mg/kg, NRW von 1 mg/kg aus.

78. Kriterien der Liste des Umweltbundesamtes waren:
    1. Die Substanz fällt in der Produktion der Bundesrepublik an, und zwar als Haupt-, Ausgangs-, Neben- oder Zwischenprodukt, als Hilfsstoff, Katalysator oder Verunreinigung;
    2. Die Toxizität ist kleiner als 5 mg/kg (LD_{50} oral), für andere Aufnahmeformen entsprechend andere Kriterien (siehe Kasten S. 87);
    3. Die akute Toxizität konnte bei Kanzerogenität, Teratogenität oder Mutagenität und gleichzeitiger geringer Abbaubarkeit klein sein.

    Die Einschränkung, daß beispielsweise nur solche kanzerogenen Stoffe in der Liste aufgenommen werden sollten, die äußerst persistent sind, beruht auf der Tatsache, daß ihre Gefährlichkeit erst dann zum Tragen kommt, wenn die Einwirkungszeit genügend lang ist.

79. Folgende Listen wurden von den Ländern erstellt: Hessen (694 Stoffe), NRW (721 Stoffe), Bayern (842 Stoffe), Baden-Württemberg (134 Stoffe).

80. »Ein Unfall und seine Folgewirkungen«: in *Chemische Industrie*, XXVIII, Sept. 1976, S. 489.

81. Noch im Jahresbericht des VCI 1974/75 hieß es zum Bundes-Immissionsschutzgesetz, insbesondere zur Genehmigungspflichtigkeit chemischer Anlagen: »Man muß hier als von einer durch und durch praxisfremden Vorschrift sprechen, die geeignet ist, betriebliche Abläufe zu erschweren und die zügige Entwicklung des technischen Fortschritts zu hemmen.« Nach Seveso jedenfalls trat die sonst von der chemischen Industrie immer wieder betonte Eigenverantwortlichkeit nicht besonders zutage. Man hatte andere Probleme: »Ein weiterer Bereich, in dem möglicherweise Auswirkungen des Seveso-Unfalls zu erwarten sind, betrifft das Versicherungswesen. Mit einigen der angekündigten Entschädigungen für die Opfer des Unglücks betritt man versicherungswirtschaftliches und versicherungstechnisches Neuland. Man wird abzuwarten haben, wie die Assekuranz hierauf reagiert«; siehe *Chemische Industrie* XXVIII, Sept. 1976, S. 489.
82. Stellungnahme des VCI zur Erstellung einer Giftstoffliste v. 7. 3. 1977.
83. Im Rahmen der Brüsseler Verträge über die Westeuropäische Union 1954 wurde die Bundesrepublik verpflichtet, B- und C-Waffen auf ihrem Territorium nicht herzustellen. Dieses WEU-Abkommen enthielt eine Liste kriegsrelevanter chemischer Reiz- und Kampfstoffe, die von Experten des WEU-Amtes für Rüstungskontrolle jederzeit entsprechend dem neuesten Stand der Forschung verändert und erweitert werden kann. Die Liste umfaßt Stoffe, für die keinerlei ziviler Bedarf besteht, wie zum Beispiel Sarin, Tabun, Soman und Lost, und solche, die ambivalent sind, das heißt auch für friedliche Zwekke verwendbar sind, wie beispielsweise Blausäure.
Der WEU-Vertrag sah die Errichtung von Kontrollorganen vor, um die Einhaltung der vertraglichen Verpflichtung zu überwachen. WEU-Beauftragte erhielten das Recht, sowohl in militärischen und wissenschaftlichen Einrichtungen als auch in privaten Betrieben Inspektionen, Stichproben und Informationsbesuche durchzuführen. Freilich sind die Kontrollen nicht erzwingbar und sie werden – wenn überhaupt – auch nicht

unangemeldet vorgenommen. Die Überwachung bezieht sich außerdem nur, wie es heißt, »auf den Ausstoß von Fertigfabrikaten oder Bestandteilen«, schließt also eine Kontrolle der Herstellungsverfahren gemeinhin aus. Produktionsanlagen werden nicht erfaßt. Bis zur Erprobung einer Nullserie neuartiger Kampfstoffe ist, nach WEU-Verträgen, alles erlaubt.
Eine internationale Ächtung der chemischen Waffen im Rahmen einer Genfer Konvention ist im Gegensatz zu den biologischen Kampfstoffen bislang nicht erzielt worden.

84. Der Wortlaut des Fernsehinterviews zwischen Dr. Schäfer und Egmont R. Koch lautet (Sendeniederschrift):
Koch: Herr Dr. Schäfer, sowohl die Liste des Umweltbundesamtes als auch die vom Verband der Chemischen Industrie erstellte Liste enthält u. a. sechs Substanzen, die man als sogenannte chemische Kampfstoffe bezeichnet. Können Ihres Erachtens diese chemischen Kampfstoffe als Zwischen-, Neben- oder Endprodukte irgendwo auftreten?
Schäfer: Als Endprodukte schon deshalb nicht, weil die Produktion in Deutschland verboten ist, und, wie wir inzwischen wissen, auch nicht als Zwischenprodukte. Diese Stoffe geben zwar einen Anhaltspunkt dafür, wie giftig die Substanzen sein können, zum Teil jedenfalls, die in dieser Liste drin stehen. Es besteht aber kein konkreter Anlaß, sich hiermit näher zu befassen, die Stoffe treten nicht auf, sie sind aus Sorgfaltspflicht in die Liste mit aufgenommen worden.

85. siehe Manuskript zur Fernsehsendung »Gift im Griff?« vom 15. 12. 1977.

86. dazu siehe u. a.: Darimont, T. »Die Agrrochemikalien und der Widerstand gegen ihren Einsatz in der BRD«, FU Berlin Politische Wissenschaften/Seminararbeit, S. 21/22; *Lehrbuch der Militärchemie*, Band 2, Berlin 1969, S. 516ff.;
Dr. G. Schrader, langjähriger Leiter des BAYER-Pflanzenschutz-Laboratoriums, der am 25. 2. 1978 sein 75. Lebensjahr vollendete, wurde vom Unternehmen entsprechend gewürdigt: »Mit seinem Namen sind vor allem Entwicklung und Fortschritte der Phosphor-Chemie eng verbunden« (BAYER-*Berich-*

te 39/1978). Auch die Entdeckung der phosphorhaltigen Nervengase, Tabun, Sarin und Soman freilich wird immer mit dem Namen Schraders verknüpft bleiben.

86a. Schon bei der Entdeckung des TCDDs hatte Professor Sandermann Angst, das Supergift könne als chemischer Kampfstoff mißbraucht werden. Er vermied daher in der offiziellen Veröffentlichung jedweden Hinweis auf die extreme Toxizität der Substanz, um den Militärs keine Anregungen zu geben; dennoch fand die Substanz später Eingang in das chemische Waffenarsenal und wird heute in einer Übersicht über chemische Kampfstoffe als die giftigste bekannte synthetische Verbindung klassifiziert; siehe Neilands, J. B., *Naturwissenschaften*, 60, 177 (1973).

87. Chlor, Blausäure und Phosgen fanden vornehmlich als erste Generation chemischer Waffen im 1. Weltkrieg Verwendung: Am 22. 4. 1915 setzen deutsche Truppen auf Initiative des Chemikers Fritz Haber bei Ypern Chlorgas ein.

»Nach einem zweitägigen Artilleriebeschuß der alliierten Stellungen öffnete man um 18.00 Uhr . . . die Flaschen. Die Abblasezeit dauerte durchschnittlich 5 bis 8 min. Als das letzte Chlorgas abblies, befand sich das zuerst abgeblasene bereits in einer Entfernung von etwa 1000 m. Die Windgeschwindigkeit von 2 bis 3 m/s war für diesen Blasangriff recht günstig und wurde dann auch bei weiteren Angriffen zur Norm.

Dieser Angriff traf die Franzosen und Engländer völlig unvorbereitet. Die Menschen flohen. Panik brach unter den alliierten Truppen aus. Den Stabsoffizieren erschienen die Meldungen, die sie von den vordersten Linien erhielten, unglaubhaft. Sie hielten es für Phantasterei und Furcht. Die Bilanz dieses Angriffs waren nach französischen Angaben 5000 bis 6000 Tote und 15000 Gasvergiftete. Nahezu die Hälfte der Gasvergifteten mußte als Invaliden in das Hinterland zurückgeschickt werden, von denen noch nach 4 Jahren 15 % arbeitsunfähig waren.

Wurden die ersten Blasangriffe von deutscher Seite mit Chlorgas durchgeführt, so benutzte man bereits im Mai 1915 an der Ostfront bei einem Blasangriff an der Bzura ein Chlor-Phosgen-Gemisch.

Derartige Chlor-Phosgen-Gemische wandte man bei den folgenden Blasangriffen sowohl von deutscher als auch von englischer Seite an. Allgemein wurden etwa 25 % Phosgen beigegeben. Für Gasangriffe in der Sommerperiode verwandte man zeitweilig Gemische bis zu 75 % Phosgen«; zitiert nach *Lehrbuch der Militärchemie*, Band 2, Berlin 1969.

88. Die Firma ALUSUISSE entschädigte zwar die von der Chlorgaswolke betroffenen Wilhelmshavener, wollte aber gleichwohl nicht eingestehen, daß der Sachschaden, insbesondere zerstörte Pflanzen, auf Chlorgas zurückzuführen sei, siehe auch Anm. 14a, S. 418.

89. Schreiben der Firma DEGUSSA vom 27. 7. 1977 »Blausäurelagerung im Werk Wesseling« an Egmont R. Koch.

89a. Am 20. 5. 1928 barst ein Phosgentank in einem alten Kriegswaffendepot, 10 Tonnen emittierten, elf Tote und 200 Schwerverletzte waren zu beklagen; zitiert nach EG-Studie »Major chemical hazards«, ENV/223/74 – ERev 2, S. 69.

90. persönl. Mitteilung Werner Reimers an Egmont R. Koch.

91. Suter, H. und Joschek, H. I., *Chemie-Ing. Techn.* 47, 241 (1975).

92. Flöhl, R., »Wie sicher sind Chemieanlagen?«, *Frankfurter Allgemeine Zeitung«* v. 20. 12. 1976.

93. Bericht des TÜV-Rheinland (Vorstudie) zum Forschungsvorhaben ›Analyse möglicher Störfälle in industriellen Anlagen im Hinblick auf die Luftreinhaltung‹, Nr. 77104035 52, im Auftrag des Umweltbundesamtes, April 1978.

93a. In der Bundesrepublik werden jährlich schätzungsweise 60000 bis 80000 Tonnen produziert.

94. Die Schadensauswirkungen ergeben sich aus der Immissionsbelastung und aus den toxikologischen Beurteilungskriterien. Die letale Dosis bei Aufnahme über die Atemwege (LC_{50}-Ratte) beträgt 309 mg/m³ in 30 Minuten. Einzelne Todesfälle beim Menschen treten schon oberhalb von 103 mg/m³ auf.

95. Die beiden Flächen berechnen sich wie folgt:

1. die Fläche mit Dosisbelastungen über dem LC_{50}-Wert (Zone A) beträgt etwa 1,7 km²; das Überschreiten des LC_{50}-Wertes

für die Dauer von einer halben Stunde hat zur Folge, daß 50 % der Lebewesen eine tödliche Dosis an Phosgen einatmen (unter der Voraussetzung, daß der inhalative Wert für die Ratte auf andere Tiere und den Menschen übertragen wird); bei einer mittleren Bevölkerungsdichte wie im Raum Köln von rund 2500 Einwohnern/km^2 sind 4250 Personen betroffen; die Folge wären über 2100 Todesfälle und ebenso viele Schwerverletzte.

2. die Fläche mit Dosisbelastungen über dem TCL_0-Wert (Zone B) beträgt etwa 6,75 km^2; größte Entfernung von der Emmissionsquelle über 10 km; die Bewohner dieser Fläche werden einer Phosgen-Belastung ausgesetzt, die zumindest im Einzelfall bereits zum Tod von Menschen geführt hat; betroffen wären rund 17000 Personen; es müßte mit rund 19000 (Lungen-)Verletzten (17000 aus Zone B und 2100 aus Zone A) gerechnet werden.

In der nüchternen Sprache eines Computerausdrucks einer solchen Berechnung sieht das so aus:

Explosion eines Phosgen-Zwischentanks

Emission:	30 m^3/sec = 42 300 kg/sec.
Temperatur:	10° C
Windgeschwindigkeit:	1m/sec
Ausbreitungsklasse:	stabil

Größenordnungsmäßige Abschätzung der Auswirkungen:
über 2000 Tote
rund 20000 Verletzte.

96. Die Wirkung wird von der Kommission zur Prüfung gesundheitsschädlicher Arbeitsstoffe der DFG so beschrieben: «Hustenreiz, Brennen der Augen, Kopfschmerz, Erbrechen ... nach 4–24 Stunden ... Lungenödem. Vergiftungserscheinungen treten zwischen 1 und 10 mg/m^3 auf«. Die Gefährlichkeit des Phosgens illustrieren zwei Unfallberichte der Berufsgenossenschaft Chemie:

1. Eine defekte Kunststoffleitung einer Phosgenvernichtungsanlage wird von drei Arbeitern unter Verwendung von Filtermasken ausgewechselt. Der für die Anlage und deren

Reparatur verantwortliche Meister beobachtet die Arbeiten aus etwa zwei Meter Abstand. Er glaubt, auf das Anlegen von Atemschutz verzichten zu können, da die beiden Leitungsenden unter Vakuum stehen und außerdem die Arbeiten auf dem Dach der Anlage – also im Freien – stattfinden. Einer leichten Rötung des Gesichtes des Betroffenen wird keine Bedeutung beigemessen, in der folgenden Nacht erstickt er an einem toxischen Lungenödem (Unfallbericht BG Chemie 71/74 [36] v. 30. 5. 74).

2. Im Verlauf von Reparaturarbeiten an einer Phosgenvernichtungsanlage gelangt flüssiges Phosgen in eine mit Wasser gefüllte Anlage und zersetzt sich zu Salzsäure und Kohlendioxid. Der sich aufbauende Druck zersprengt die Anlage, und etwa 1000 Liter Salzsäure und flüssiges Phosgen ergießen sich über sieben in der Nähe stehende Personen, drei von ihnen sterben an der erlittenen Phosgenvergiftung (Unfallbericht BG Chemie 11/75 [50] v. 29. 10. 74).

97. Unter dem Begriff »Risiko« versteht man gemeinhin das Produkt aus Eintrittswahrscheinlichkeit eines bestimmten Unfalls und seines Schadensausmaßes.

Bei Industriestörfällen ist zwar die Eintrittswahrscheinlichkeit äußerst klein, dafür aber das Ausmaß eines solchen Störfalls u. U. sehr groß. Solche Risikobetrachtungen müssen sich am Risiko von Naturkatastrophen orientieren. Dazu schreibt der Sicherheitsexperte Dr. G. Bambynek:

»Sicherheitsanalysen sind seit längerem für den Bau von Kernkraftwerken wegen der großen hypothetischen Gefährdung üblich. Kernkraftwerke müssen so ausgelegt werden, daß in ihrer Umgebung bei einem definierten Unfall, der als größter anzunehmender Unfall bezeichnet wird, zulässige Strahlendosiswerte nicht überschritten werden. Weiterhin kann man mit Hilfe mathematischer Methoden die Eintrittswahrscheinlichkeit für alle möglichen kerntechnischen Unfälle und dabei zahlenmäßig die von Kernkraftwerken ausgehenden Risiken berechnen, wobei man davon ausgeht, daß die naturgegebenen Risiken, denen der Mensch ohnehin ausgesetzt ist, nicht merklich überschritten werden dürfen«; Bambynek, G., in *Erdöl und Kohle*, 27, 503 (1974).

98. siehe: Bambynek, G., *Erdöl und Kohle*, 27, 503 (1974); ähnlich sehen es die BASF-Sicherheitsfachleute Suter und Joschek: »Soll das Risiko akzeptiert werden, so muß es niedriger sein als das freiwillig gewählte. Konsequenterweise sind daher die Erwartungen und Forderungen der Gesellschaft an das Risiko eines Gewerbeunternehmens scharf«; siehe: Suter, H. und Joschek, H. I., *Chem. Ing. Technik*, 47, 241 (1975).

98a. Grein, W. et. al., *Chem. Ing. Technik* 48, 281 (1976).

98b. In der Bundesrepublik starben zwischen 1970 und 1976 an Naturkatastrophen (einschließlich Blitzschlägen):
29 (1970), 37 (1971), 46 (1972), 20 (1973), 11 (1974), 25 (1975), 11 (1976).
Daraus ergibt sich ein Durchschnittswert von nicht einmal 30 Todesfällen pro Jahr, was bei einer Bevölkerung von rund 60 Millionen Menschen einem Risiko von 5×10^{-7} entspricht; nach Angaben des Statistischen Bundesamtes, Todesursachenstatistik, Pos. 908.

99. dazu siehe: Lingen, P., *VFDB-Zeitschrift*, 24, 123 (1975); Phosgen ist im übrigen durchaus auch ein Dauerbelastungsproblem: Jährlich werden etwa 140 Tonnen allein im Raum Ludwigshafen emittiert!

100. Eine mittlere Ausfallwahrscheinlichkeit von 5×10^{-5} bedeutet, daß alle 20000 Jahre mit einem Phosgen-Super-GAU und 2000 Toten zu rechnen ist. In der selben Region (A-Zone), in der rund 4000 Menschen leben, sterben in der selben Zeit aber »nur« 40 Menschen an Naturkatastrophen, wenn man den unter Anm. 98b. errechneten »bundesdeutschen Risikostandardwert« zugrunde legt.
Nach der Rasmussen-Studie wäre ein Störfall mit Auswirkungen wie beim Phosgen-Super-GAU in einem Atomreaktor »lediglich« alle Milliarde Jahre (10^{-9}) zu erwarten. Demnach ist die Chemie im Falle des Phosgens als rein rechnerisch 50000 mal riskanter anzusehen.
Solche immensen Zeiträume wie 20000 Jahre für einen Phos-

gen-Super-GAU dürfen nicht darüber hinwegtäuschen, daß sich diese Zahl durch die Anzahl der Phosgen-Anlagen in aller Welt erheblich reduziert. Außerdem sagen die Berechnungen nicht etwas über die Zeitspanne bis zum nächsten Unfall, mit anderen Worten: Ein solcher Super-GAU kann sich sehr wohl schon morgen ereignen!

Im übrigen kommt auch eine amerikanische Chlor-Störfallanalyse bei Chlor-Behältern zu einer mittleren Ausfallwahrscheinlichkeit von 10^{-5}; siehe Simmons, J. A. et al., »The Risk of Catastrophic Spills of Toxic Chemicals«, UCLA-ENG-7425, May 1974.

101. Das Risiko in dieser Größenordnung besteht allerdings nur für die Bewohner der A-Zonen um die Phosgenanlagen in der Bundesrepublik, nicht also für jeden Bundesbürger; nicht einberechnet wurden allerdings auch die Störfälle geringeren Ausmaßes mit Auswirkungen »nur« für Betriebsangehörige; siehe auch Anm. 96.

102. Dabei sind Explosionsunfälle in der chemischen Industrie anscheinend häufiger als gemeinhin angenommen wird. So führte Gallmeyer in seinem Referat auf der Arbeitsschutzkonferenz der Gewerbeaufsicht des Landes NRW im Jahre 1977 aus: »Eine amerikanische Firma, welche Phlegmatisierungsmittel (Stoffe zum Unterdrücken durchgehender Reaktionen) vertreibt, behauptet, daß mit ihren Erzeugnissen einmal in der Woche eine anlaufende Explosion ›successfully supressed‹ wird«. Nach Meinung des Chemikers F. Casadei von der Baseler Chemiefirma SANDOZ ist es möglich, Frühwarnsysteme einzubauen, denn der Grund für Explosionen oder Verpuffungen liege weniger bei mangelhaften Betriebsvorschriften oder Fehlern des Betriebspersonals, als vielmehr daran, daß die Gefahr mit den heute zur Verfügung stehenden Prozeßüberwachungsmethoden nicht voraussehbar sei; zitiert nach *Umschau* 78, 382 (1978).

103. *Umweltjournal* '76, herausgegeben vom VCI, Frankfurt.

104. persönl. Mitteilung Elmar Pielow.

105. Wortlaut des Telex von BAYER vom 24. 2. 1977:

»Die Abluftbehandlung von Betrieben ist laufend Diskussionsstoff mit der Gewerbeaufsicht. Die Forderung nach vollständiger Verbrennung aller Abluftmengen wurde von BAYER ein technisch realisierbares Konzept zur differenzierten Abluftbehandlung (Wäsche, Absorption, Verbrennung) gegenübergestellt, das am 4. 6. 1976 vom Regierungspräsidenten und vom Gewerbeaufsichtsamt akzeptiert wurde, und in das auch der Ablauf des Herbicid-Betriebes integriert wurde.«

106. Für den zuständigen Staatssekretär Dr. Günter Hartkopf hat die Abwehr von Störfall-Gefahren höchste Priorität, insbesondere, »da wegen der Erweiterung der Produktpalette ständig auch neuartige Stoffe emittiert und die Kapazitäten chemischer Anlagen aus wirtschaftlichen Gründen immer mehr gesteigert werden, wächst das Gefahrenpotential, das mit dem Betrieb solcher Anlagen verbunden ist, ständig mit. Es müssen daher zum Schutze der Bevölkerung Vorkehrungen getroffen werden, um bei besonders umweltgefährlichen Stoffen im Produktionsverlauf soweit wie möglich die Daueremission zu vermindern und Störfälle zu vermeiden«; Vortrag von Dr. G. Hartkopf über »Schwerpunkte der Umweltpolitik der Bundesregierung in der 8. Legislaturperiode«, Ökologie-Forum der Gesundheitsbehörde der Freien und Hansestadt Hamburg am 18. 1. 1978.

106a. Tatsächlich ist die Größe in einigen Anlagen der organisch chemischen Industrie in den letzten 20 Jahren um das Zehnfache gestiegen; siehe Anm. 53. Der Länderausschuß für Immissionsschutz hat im übrigen beschlossen, einen besonderen Arbeitskreis einzurichten, der kurzfristig die Vorbereitung einer bundeseinheitlichen Regelung zur Abwehr von Gefahren aus Störfällen durch gefährliche Chemikalien übernimmt. Dieser Arbeitskreis diskutiert den Rohentwurf einer Rechtsvorschrift auf der Grundlage des Bundes-Immissionsschutzgesetzes mit etwa folgendem wesentlichen Inhalt:

Verpflichtung des Betreibers gefährlicher Anlagen, vor Inbetriebnahme der zuständigen Behörde einen Sicherheitsbericht vorzulegen, der u. a. eine Beurteilung der denkbaren Auswirkungen eines Störfalles auf die Umgebung ermöglicht. Darüber hinaus wird dem Betreiber auferlegt, eine Reihe von speziellen technischen und organisatorischen Maßnahmen zur Abwehr der Gefahren aus Störfällen vorzusehen. Hierzu zählen auch solche Vorkehrungen, die ein Entweichen der hochtoxischen Stoffe auch dann verhindern sollen, wenn zum Schutz der Arbeiter installierte Sicherheitseinrichtungen ansprechen. Der Vorschrift wird als Anhang eine überarbeitete Liste hochtoxischer Stoffe des Umweltbundesamtes angefügt werden, die einige zusätzliche Substanzen, darunter auch Chlor enthält; zitiert nach *Umwelt* (BMI) Nr. 61/1978, S. 43.

107. Vortrag von Erwin Stahl auf dem Ökologie-Forum Hamburg am 18. 1. 1978; zitiert nach BMFT-Mitteilungen v. 10. 5. 1978, S. 50.

108. Brocke, W., et. al., Vortrag anläßlich der 75-Jahr-Feier des Wasser-Boden-Luft-Instituts im Bundesgesundheitsamt, 20. 10. 1976, in *Organische Verunreinigungen in der Umwelt*, Berlin 1978.

108a. Bei diesem Vorhaben stieß NRW-Minister Prof. F. Farthmann bei der Industrie auf Granit: Er möchte, daß die Neueinrichtung von gefährlichen Industrieanlagen vorab einer Sicherheitsanalyse unterzogen wird. Durch die Weigerung der Chemieindustrie ist das Ministerium zur Entwicklung am grünen Tisch gezwungen, weil die praktische Erprobung vor Ort von den Chemiefirmen verweigert wird. Die Weigerung wird damit begründet, daß die Sicherheitsanalyse gesetzlich nicht vorgeschrieben sei; zitiert nach *Ruhr-Nachrichten* v. 6. 6. 1978.

109. Für einen eventuellen Energieausfall sollte die Anlage nach Suter und Joschek folgendermaßen ausgerüstet sein:
   1. zwei voneinander unabhängige Energieeinspeisungen;
   2. da die Kühlwasserversorgung auch ausfällt, Versorgung für eine bestimmte Zeit durch Kühlmittel, die auf dem Dach gelagert sind;
   3. Einbringen eines Stoffes, der die Reaktion stoppt, über Druckgas, da auch der Rührer im Reaktionsbehälter steht;
   4. offene Brennräume werden mit Dampf inertisiert und nach außen abgesperrt.

110. Nach Suter und Joschek sind zum Beispiel bei der BASF 300 Wasserkanonen fest installiert; zum primären und sekundären Katastrophenschutz siehe auch: Vahrenholt, F. und Wohlleben, W., in *Umwelt* 4/77, S. 338.

111. Suter und Joschek empfehlen sogar Übungen mit Video-Recordern und einem Trainingsfeld für die Feuerbekämpfung.

112. *Chem. Ind.* XXVIII, Sept. 1976, S. 489;
Auch nach Meinung der BASF-Sicherheitsfachleute Suter und Joschek *sollten* Alarmpläne vorhanden sein. Der Konjunktiv macht deutlich, daß dies noch nicht bei allen Chemieunternehmen der Fall ist.

113. Als einzige Konsequenzen des Seveso-Unfalls sieht das Verbands-Organ »Chemische Industrie« somit die Verfeinerung von Evakuierungsplänen, die mögliche Erhöhung der Versicherungsprämien und die Imagepflege der Unternehmen – an eine Überprüfung der technischen Sicherheit ist offenbar nicht gedacht, da »von der apparativen Seite her Unfallquellen auf ein Minimum reduziert worden sind«; zitiert nach *Chem. Ind.* XXVIII, Sept. 1976, S. 489.

113a. zitiert nach *bild der wissenschaft*, 5/1978, S. 114.

114. Pressedienst der Uni Hamburg Nr. 8/77 v. 22. 3. 1977.

114a. Dies um so mehr, als der zivile Katastrophenschutz auf solche Fälle gar nicht vorbereitet ist, wie auch Menke-Glückert zugibt: »Ein wichtiges Problem ist der teilweise ungenügende Ausrüstungszustand des Zivilen Katastrophenschutzes in der Bundesrepublik. Wir müssen uns immer wieder klarmachen, daß der Verteidigungsfall in einem großen Krieg, besonders einem atomaren Krieg, ein sehr, sehr unwahrscheinlicher Fall ist. Wir müssen viel eher, praktisch tagtäglich, mit Versorgungskrisen, mit Umwelt-Großkatastrophen, mit Chemie-Unfällen, mit Naturkatastrophen rechnen«; zitiert nach *bild der wissenschaft*, 5/1978, S. 116.

114b. Balemans, A. W. M., »Disasters by Dangerous Substances«, Report im Auftrage der EG, Oktober 1977.

115. Vortrag auf der Konferenz »Verein Deutscher Ingenieure« zum Thema »Maßstäbe der Technikbewertung«, Düsseldorf Nov.

1977, siehe auch: *Weser Kurier* v. 26./27. 11. 1977; siehe auch Kuhlmann A., *Alptraum Technik*, Köln 1977.

115a. Beispielsweise wurden folgende maximalen Störfallkonzentrationen festgelegt (in mg/m^3):

	½ h	1 h	2 h
Phosgen	0,5	0,25	0,12
Chlor	4,5	3,0	3,0
Acrylnitril	90	45	45

Siehe Balemans, A. W. M., »Disasters by Dangerous Substances«, Report im Auftrage der EG, Oktober 1977; in der Bundesrepublik wird die Einrichtung einer solchen Störfall-Kommission noch diskutiert.

116. Der hohe Bedarf an Treibstoffen hat dazu geführt, daß man Destillationsrückstände (Öle) durch Erhitzen auf leichtsiedende Kohlenwasserstoffe und schweres Heizöl verarbeitet hat. Zwischen 400 und 500° C zerbrechen die langen Kohlenwasserstoffketten in kleinere Bruchstücke mit niederem Siedepunkt (thermisches Kracken). Wird die Krackung bei etwas schonenderen Bedingungen in Anwesenheit von Katalysatoren vorgenommen (katalytisches Kracken), dann kann man Gasöle und Schweröle zu Benzinen, Benzine zu Krackgasen verarbeiten; zitiert nach Braun, Häusler, Krieger, *Organische Chemie*, München 1970.

117. siehe *Stern* Nr. 10/78 v. 2. 3. 1978, Seite 245.

118. *Süddeutsche Zeitung* v. 22. 2. 1978.

119. Vanadinpentoxid verursacht schwere Bronchitis und Atemnot, verfärbt die Zunge und die Zähne grün-schwärzlich und ruft Ekzeme hervor.

120. Hüttmann, M., »Gaswolke über Duisburg«, *Neue Rhein-Ruhr-Zeitung* v. 20. 6. 1978.

121. »Chlorgas verletzt im Hamburger Hafen 34 Arbeiter«, *Frankfurter Allgemeine Zeitung* v. 3. 7. 1978; siehe auch *Welt am Sonntag* v. 2. 7. 1978.

Im übrigen hätte die freigesetzte Chlorgas-Menge auch zu einer

Katastrophe eskalieren können. Untersuchungen für das Chlor-Lager in einer Chemiefabrik der Bundesrepublik ergaben, daß bei Austritt von 170 Tonnen (einem Zehntel der dort gelagerten Menge) eine Fläche von bis zu 19 Quadratkilometern einer Konzentration von über 100 ppm (der kleinsten tödlichen Dosis) ausgesetzt wäre. Ähnliche Untersuchungen aus den USA bestätigen dies (Austritt 14 Tonnen, belastete Fläche bis zu sieben Quadratkilometern). Auch die Unfallhäufigkeit macht deutlich, daß Chlor eines der wichtigsten störfallrelevanten Produkte ist. Die weltweit schwersten Chlorgasunfälle bis 1970 führten zu insgesamt 142 Todesfällen und mehr als tausend Verletzten (Gesamtaustrittsmenge 271 Tonnen). Der schwerste Unfall in der Bundesrepublik ereignete sich 1952 in Walsum (7 Todesopfer). In den letzten Jahren kam es hierzulande zu folgenden Chlorgas-Ausbrüchen:

1969	Duisburger Kupferhütte	39 Verletzte
1975	Chemische Fabrik Mannheim	21 Verletzte
1977	Chemische Fabrik Krefeld	26 Verletzte
1978	Institut für Gährungsgewerbe Berlin	6 Verletzte.

Alles rieselt wieder hernieder

1. Materialienband zum Immissionsschutzbericht, hrsg. vom Umweltbundesamt, Berlin 1977.
2. Luftreinhalteplan Rheinschiene Süd (Köln) 1977–1981, MAGS Düsseldorf 1976.
3. »Umweltgutachten 1978« des Rates von Sachverständigen für Umweltfragen.
4. Jungk, R., »Wird der Fortschritt zu gefährlich?«, *bild der wissenschaft*, 7/1977, S. 78.
5. *Environmental Research* 4/1975; »Cancer and chemicals: Risks mapped«, *Science News*, 107, 3. 5. 1975; siehe auch: »What Causes Cancer?« in *Newsweek* v. 26. 1. 1976; »Environmental Cancer« in *Science* 195/1977 v. 4. 2. 1977; zu diesem Problemkreis siehe ebenfalls: Jänicke, M., in: *Medizin–Mensch–Gesell-*

schaft, Dez. 1977; »Air Pollution and Cancer in Man«, WHO/IARC-Publ. No. 16, Lyon 1977.

6. »Cancer Mortality in US Counties with Petroleum Industries«, *Science* 198, 51 (1977).
7. *Chemical & Engeneering News* v. 26. 6. 1976, sowie »Cancer and chemistry: More bad news«, *Science News* v. 24. 7. 1976; siehe auch: *Smog – Informationen über Umwelt- und Gesundheitsschutz* 8/1976.
8. Bittersohl, G., »Zur Epidemiologie der bösartigen Neubildungen der Atemorgane«, *Zschr. f. d. ges. Hygiene*, 19, 12/1973, S. 865.
9. Horbach, L. et al., »Die Krebskranken im Spektrum der Todesursachen ...«, *Zbl. Arbeitsmedizin* 6/1977, S. 129; Loskant, H., »Krebs in der chemischen Industrie«, *Umschau* 1/1976, S. 21.

9a. Nach Angaben der BG Chemie wurden 1975 insgesamt 16, 1976 25 und 1977 zusammen 31 berufsbedingte Krebserkrankungen entschädigt, siehe dpa/fwt v. 31. 5. 78.

10. Moll, W. V. H., *Taschenbuch f. Umweltschutz*, Darmstadt 1976.
11. *Südd. Zeitung* v. 4. 1. 1978, S. 13; *Umschau der IG Chemie, Papier, Keramik*, 4/77: die Äußerung fiel auf einer Informationsveranstaltung der Bundesanstalt für Arbeitsschutz und Unfallforschung v. 24./25. 5. 77 in Dortmund.
12. Horbach, L. et. al., »Die Krebskranken im Spektrum der Todesursachen ...«, *Zbl. Arbeitsmedizin* 6/1977, S. 129.
13. Längst nicht immer sind die Zusammenhänge eindeutig, wie zum Beispiel im Falle der GALAXY CHEMICAL COMP., die in einem kleinen Tal des US-Staates Maryland Giftmüll verbrannte und bei der im Jahre 1970, neun Jahre nach Aufnahme der Verbrennung, in der Nachbarschaft einige Krebs-Fälle auftraten. Untersuchungen legten den Verdacht nahe, daß die Zunahme der Krebstoten wahrscheinlich auf die Giftgase aus den GALAXY-Schornsteinen zurückzuführen war; dazu siehe: *Science*, 199, 157 (1978).
14. »Hohe Schlote gegen Krebs«, *Die Welt* v. 27. 1. 1978. Offenbar

ist im Ruhrgebiet das Auftreten von Lungenkrebs ungefähr 60 % höher, das von Bronchitis bei Nichtrauchern doppelt so hoch wie außerhalb industrieller Ballungszonen, wie Untersuchungen von Prof. W. T. Ulmer vom Silikose-Forschungsinstitut der BG Bergbau in Bochum ergaben. Farthmann geht sogar bei Lungenkrebs von einem Faktor 1,6 bis 4 aus. Man habe bisher »keine bessere Erklärung für die höhere Lungenkrebshäufigkeit ... in den Städten des Ruhrgebietes« als die Luftverschmutzung durch polycyclische aromatische Kohlenwasserstoffe; Stellungnahme des Referats III B 4 MAGS v. 13. 6. 1978. Farthmann will bis 1982 bei Kraftwerken und Aufbereitungsanlagen für Eisenerz den Bau von dreihundert Meter hohen Schornsteinen durchsetzen. Um genauere Angaben zu erhalten, hat NRW-Sozialminister Farthmann ein weiteres Gutachten über die Krebssterblichkeit im Ruhrgebiet in Auftrag gegeben; auch hieraus ergibt sich die Notwendigkeit eines Krebsregisters für die Bundesrepublik, siehe Anm. 15a.

15. Nach Professor Thomas Bohn von der Universität Essen ist die mittlere Lebenserwartung im Großraum Essen durch Luftverschmutzung um 10 Jahre kürzer als im Bundesdurchschnitt. Die Untersuchung von Blut und Knochen von Kindern aus dem Ruhrgebiet und solchen aus dem Hunsrück ergaben außerdem, daß die prozentuale Häufung krankhaft vergrößerter Lymphdrüsen meßbar höher war. Außerdem zeigten die Großstadtkinder ein geringeres Knochenwachstum und eine im Vergleich zum mitteleuropäischen Standard verringerte Knochenreife. Schließlich erwies sich auch der Hämoglobingehalt der roten Blutkörperchen, der mit der Qualität der Luft in Verbindung steht, bei den Großstadtkindern als deutlich niedriger. Zwischen den Großstädten des Ruhrgebietes und den dünn besiedelten, stadtfernen Landschaftsteilen besteht ein erheblicher Unterschied im Ausmaß der Luftverunreinigungen; zitiert nach: *Diagnosen aus Gesundheits- und Gesellschaftspolitik* vom 28. 3. 1978, *Smog – Informationen über Umwelt- und Gesundheitsschutz* 3/78, S. 2.

15a Der Rat von Sachverständigen für Umweltfragen, »Umweltgutachten 1978«, Kurzfassung, These 18.

16. Im Gegensatz zu den skandinavischen Ländern fehlt es hierzulande auch an einer Überwachung kindlicher Mißbildungen und gesundheitlicher Störungen infolge von Umwelteinflüssen durch Schadstoffe. Dies ist nach Meinung des Berliner Embryonaltoxikologen Professor Diether Neubert aber unumgänglich, um entsprechende Zusammenhänge konkretisieren zu können; dazu siehe: *Frankfurter Rundschau* v. 4. 3. 1978, Bericht über Dahlem-Workshop »Abnormes fetales Wachstum«.
17. Janocha, P., in *Umwelt* 5/74, S. 40.
18. Gunnarson, B., *Japans ökologisches Harakiri*, Reinbek 1974; Weidner, H., »Ökologische Ignoranz als ökonomisches Prinzip«, *Politik und Zeitgeschichte* B 23/77 v. 11. 6. 1977; nach den Umweltkatastrophen freilich hat man Konsequenzen gezogen; vergleiche dazu die hohen Aufwendungen für Umweltschutzmaßnahmen in den 70er Jahren (siehe S. 39) und die Verabschiedung eines fortschrittlichen Entschädigungsgesetzes.
19. »Umweltprobleme durch Schwermetalle im Raum Stolberg«, MAGS, Düsseldorf 1975.
20. zitiert nach *Spiegel* Nr. 35/1976, S. 120; aber nicht nur die bleierzeugenden und -verarbeitenden Anlagen, deren Emissionen stark herabgesetzt werden können – sondern auch Abwehungen von den zahlreichen Schlackenhalden, Sportplätzen und Wegbefestigungen führen zu lokalen Belastungsspitzenwerten in der Luft bis zum Hundertfachen des vom Umweltbundesamt vorgeschlagenen Immissionsgrenzwertes von 2ng/m^3; siehe »Luftqualitätskriterien für Blei«, Umweltbundesamt Berlin 1976.
21. Einbrodt, H. J. et al. »Eine epidemiologische Studie zur Gesundheitsgefährdung durch Blei in Risikogebieten«, *Umwelthyg.* 11, 347 (1976); Einbrodt, H. J. et al. »Maßnahmen zur Verminderung des Bleirisikos bei Kindern in schwermetallbelasteten Gebieten«, *Öff. Gesund.* 38/1976.
22. Umweltschutz in Niedersachsen, Reinhaltung der Luft, Heft 2, Hannover 1974.
23. Koch, E. R., »Gefährliches Blei«, Rundfunksendung SFB 1977;

siehe auch: Krahn, G., »Emissionssituation der Hütte Nordenham«, »Arbeitsgemeinschaft Blei« der Kommission f. Umweltgefahren des Bundesgesundheitsamts, *BGA-Berichte* I/78, S. 47.

24. Einbrodt, H. J., et al., *Umwelthyg.* 11, 347 (1975).
25. »Dicke Luft in Krautscheid?« hrsg. von der VARTA AG, Hannover, 1977; siehe auch *Frankfurter Allgemeine Zeitung* v. 26. 4. 1976.
26. Im übrigen hat schon Paracelsus im 16. Jahrhundert bei Bleiminen-Arbeitern typische Vergiftungssymptome festgestellt; siehe auch Taylor, G. R., *Das Selbstmordprogramm*, Frankfurt/M. 1971.
27. Kobert, R., »Bleivergiftung im klassischen Altertum« in: *Beiträge zur Geschichte der Chemie*, Wien 1909; siehe auch: *Spiegel* Nr. 35/1976, S. 120.

    Es ist außerdem bekannt, daß auch noch in der heutigen Zeit Wasserrohre aus Blei zu einer erheblichen Belastung werden können. In Extremfällen wurden in alten Häusern bis zu 25 Milligramm Blei in einem Liter Leitungswasser gemessen; dazu siehe: Benger, H., *Selecta* Nr. 41/1973 sowie Manstein, B. *Strahlen*, Frankfurt 1977.
28. Waldbott, G. L., *Health Effects of Environmental Pollutants*, St. Louis 1973.
29. Zu einer Bleiencephalopathie-Epidemie kam es im Dezember 1976 in der nordmexikanischen Stadt Ciudad Juarez, als die aus insgesamt vier Hütten ausströmenden Blei- und Cadmium-Abgase zu Nervenstörungen bei rund 8000 (!) Kindern führten; siehe *Süddeutsche Zeitung* v. 28. 12. 1976.
30. Im übrigen hat der amerikanische Kinderarzt und Neurologe Dr. R. K. Byers schon 1958 auf schwere Verhaltensstörungen bei Kindern infolge einer chronischen Bleivergiftung hingewiesen; dazu siehe: Taylor, G. R., *Das Selbstmordprogramm*, Frankfurt/M. 1971, S. 183.
31. Ein erhöhter Bleigehalt im Blut führt außerdem zu einer verringerten Lebensdauer der roten Blutkörperchen; siehe: Hammond, P. D., »Lead poisoning«, *Essay Toxicol.* 1, 115 (1969).
32. *bild der wissenschaft*, Nr. 3/1976.

33. Burkitt, M., Postgard. *Med. J.* Nr. 51/1975.
34. Bei der vorindustriellen Bevölkerung betrug der Bleigehalt des menschlichen Blutes rund 0,0025 mg/kg, der Durchschnittswert der amerikanischen Landbevölkerung lag 1973 bei 0,12 mg/kg (Männer) und 0,09 mg/kg (Frauen), bei der Stadtbevölkerung bei 0,21 mg/kg (Männer) und 0,16 mg/kg (Frauen); nach Gabel, W. et al., *Gift auf dem Tisch?*, Herford 1973; die jährliche Bleiproduktion in der BRD beträgt 260000 bis 300000 Tonnen, die Emission (1974) ca. 11500 Tonnen. Infolge der 2. Stufe des Benzin-Blei-Gesetzes ist die Emission auf 6200 Tonnen (1976) zurückgegangen. Davon stammen allein 3200 Tonnen aus industriellen Anlagen; siehe Gutachten des Rates von Sachverständigen für Umweltfragen, Wiesbaden 1978.
35. Gohr, R. und Koch, E. R., »Gefahr in Zone A«, in *Stern* 22/1977, S. 272.
36. Wissenschaftler vom »Institute of Occupational Health« in Helsinki untersuchten 26 Männer und Frauen, die in einer Akkumulatorenfabrik arbeiteten, mit dem gefährlichen Blei allerdings nicht direkt in Berührung kamen. Bei allen untersuchten Arbeitern stellte man Bleimengen im Blut fest, die bislang als unschädlich galten. Dennoch wiesen viele der untersuchten Personen schon Nervenschädigungen, meist an den Oberarmen auf, was sich vornehmlich durch eine Gefühllosigkeit bemerkbar machte.
37. Einbrodt, H. J., et al. »Beim Spielen durch Blei vergiftet«, *Umwelt* 3/1974.
38. Einbrodt, H. J., Arbeitsgemeinschaft Blei, 4. 5. 1975.
38a. In der Tat stammen 70 bis 80% der Bleiaufnahme des Menschen aus der pflanzlichen Nahrung und zu über der Hälfte innerhalb der pflanzlichen Nahrung aus dem Gemüse. Wie bedrohlich die Situation in unmittelbarer Nachbarschaft ist, machte Professor Vetter von der Landwirtschaftlichen Untersuchungs- und Forschungsanstalt Oldenburg auf dem Sachverständigenhearing des Umweltbundesamtes im Februar 1978 in Berlin deutlich: »Wenn in dem Bereich der Hütte Tiere fallen«, Schädigungen des Menschen aber nicht nachzuweisen seien,

dann liege es daran, daß Tiere im Unterschied zum Menschen »das Futter nicht waschen können und am gleichen Ort alles aufnehmen, während der Mensch Brot von woanders holt und das Gemüse von woanders.«

39. Die Zusammenfassung der Erkenntnisse des Bundesgesundheitsamtes ist in zwei Berichten erfolgt: »Blei und Umwelt – Beiträge zum Problem der Bleibelastung des Menschen«, *BGA-Bericht* 1/1978; Thron, L. et al., »Bleibelastung von Bevölkerungsgruppen«, *WaBoLu-Berichte* 2/1978.

40. »Zur Frage, wie lange hält sich das Blei im Boden, möchte ich anmerken, bezogen auf die von uns näher beobachtete Hütte: Im Verlauf von 60 Jahren Anreicherung bis 80 cm Tiefe, bis 20 cm Tiefe auf Gehalte von mehreren 100 ppm, Beweglichkeit sehr gering. Nach meiner Vorstellung bleibt das Jahrhunderte liegen«; Professor Vetter auf der Sachverständigenanhörung über die medizinischen, biologischen und ökologischen Grundlagen zur Bestimmung schädlicher Luftverunreinigungen, Februar 1978, Umweltbundesamt Berlin.

40a. siehe ddp v. 4. 3. 1978; Bleich, H., »Die Giftfabrik von Hoboken« in *Frankfurter Rundschau* v. 13. 5. 1978; siehe auch *Weser Kurier* v. 21. 4. 1978.

41. Messungen ergaben, daß der Bleigehalt oberflächennahen Meerwassers im Küstenbereich der Industrieländer bis zu tausendmal höher ist als im offenen Meer. Das Eis der Rocky Mountains in den USA enthält eine etwa 10000mal größere Bleimenge als man erwartet hatte. Selbst das Polareis der Arktis weist inzwischen einen deutlich erhöhten Bleigehalt auf; siehe auch: Gabel, W. et al., *Gift auf dem Tisch?*, Herford 1973.

42. Materialienband zum Immissionsschutz-Bericht, hrsg. vom Umweltbundesamt, Berlin 1977.

43. Einige Wissenschaftler vermuten, daß die Erdölindustrie vermehrt Toluol und andere Aromaten zusetzt, gegen die der Gesetzgeber bislang keine Vorkehrungen getroffen hat. Mit steigendem Aromatengehalt des Benzins würde insbesondere der Benzol-Gehalt des Abgases überproportional ansteigen. Lediglich 1976 war ein Zuwachs des Aromatenanteils zu verzeichnen, der offen-

bar 1977 wieder auf den ursprünglichen Gehalt zurückging, da seitdem in erhöhtem Maße Isoalkane und Methyltertiärbutyläther zugesetzt werden; Jost, D. und Sartorius, R., »Auswirkungen des Benzin-Blei-Gesetzes«, im Druck.

44. Richtlinie des Rates vom 29. 3. 1977 über biologische Überwachung der Bevölkerung auf Gefährdung durch Blei, *Amtsblatt der EG*, Nr. L 105, v. 28. 4. 1977.

44a. »Sachverständigenanhörung«, Februar 1978, Berlin, S. 567.

45. Gabel, W., et al. *Gift auf dem Tisch?*, Herford 1973.

45a. Richtwerte '76 über Arsen-, Blei-, Cadmium- und Quecksilbergehalte in Lebensmitteln, *Bundesgesetzblatt* 20, 76 (1977).

46. *Sachverständigenanhörung über die medizinischen, biologischen und ökologischen Grundlagen zur Bestimmung schädlicher Luftverunreinigungen*, Februar 1978, Umweltbundesamt, Berlin.
Im übrigen werden nach Untersuchungen des Hannoveraner Toxikologen Professor H. J. Hapke die 0,1 mg Cd/kg in einem Verordnungsentwurf »Höchstmengen von Schadstoffen in von Tieren stammenden Lebensmitteln ... soweit es sich um Nieren oder Lebern von in industriell kontaminierten Gebieten gehaltenen Schlachttieren handelt, sicher oft überschritten. Hier ist dann die Frage zu diskutieren, ob eine Lebensmittelproduktion in solchen Gebieten statthaft ist oder ob die Organe Niere und Leber von diesen Tieren konfisziert werden müssen«. Auf jeden Fall: »Einwandfreie Lebensmittel können in industriell kontaminierten Gebieten oft nicht mehr gewonnen werden«; zitiert nach *Umschau* 78, 245 (1978).

47. In der Bundesrepublik dürfen Haushaltswaren nach einer Vereinbarung höchstens 1,5 mg Blei/dm^2 Oberfläche enthalten; zitiert nach Engberg, A. und Bro-Rasmussen, F., VIF/3799, 74e, Commission of the European Communities, Luxemburg, Juni 1975.

48. In den USA hat man 1977 eine Bleivergiftung durch farbige Cocktailgläser klinisch nachgewiesen: Bleisulfid war durch die Geschirrspülmaschine aufgelöst worden und hatte zu Vergiftungssymptomen bei einem Ehepaar geführt; siehe *Intern. Me-*

dical Tribune, Nr. 14/1977.
Ein großes Problem besteht auch bei Konservendosen aus verzinntem Eisenblech, weil Verzinnung und Lot Blei enthalten. Bei der modernen maschinellen Lösung werden Lote mit besonders hohem Bleigehalt von 40 bis 98 % verwendet. Um den Lebensmittelkontakt klein zu halten, wird das Lot auf der Dosenaußenseite aufgebracht. Oft beobachtet man jedoch eine Korrosion, wobei Zinn und Blei in Lösung gehen und mit der konservierten Ware verzehrt werden; siehe: Romminger, K. und Vogel, E.: *Mttbl. d. Fachgr. Lebensm. Chem. und gerichtl. Chem.* 23, 74 (1969).
Auch das Blei in Schrotkugeln hat sich schon als Vergiftungsquelle erwiesen: Vögel, die mit Schrot angeschossen werden, sterben an Bleivergiftung. Sümpfe, in denen jahrelang gejagt wurde, enthalten so viel Blei in Form von Schrotkugeln, daß junge Enten, die dort ausgebrütet werden, an Bleivergiftungen eingehen. Auch Menschen zeigen Symptome von Bleivergiftungen nach Genuß von geschossenem Wild, in dem noch Schrotkugeln steckten; dazu: Stickel, W. »Lead Shot Poisoning of American Birds«, Metals and Ecology (Ecol. Res. Cttee. Bull Nr. 5), Stockholm 1969; zitiert nach: Taylor, G. R., *Das Selbstmordprogramm*, Frankfurt/M. 1971.

49. Sommer, G. et al. »Die Bleikontamination von Pflanzen und Böden durch Kfz Abgase«, *Z. Pfzern. Bodenk.* 130. 193 (1971); siehe auch: Garber, K., »Luftverunreinigung durch metallhaltige Stäube«, *Landw. Forschung*, 23, 59 (1970).
50. Chelate werden auch bei akuten Schwermetallvergiftungen, z. B. mit radioaktivem Plutonium eingesetzt. Sie »saugen« gewissermaßen die Schwermetalle auf und führen sie dann ab. Der Agrarwissenschaftler Dr. Klaus Isermann glaubt, diese Chelate auch bei Nutzpflanzen als Schutzschicht gegen Blei einsetzen zu können. Zum Einsatz von Chelaten als »Abführmittel« bei Schwermetallvergiftungen siehe: Volf, V., »Actual State and Problems of Chelation Therapy«, *Sen. Rad. Prot.* 1971; Presseinformationen des Kernforschungszentrums Karlsruhe v. 23. 5. 1975; Volf, V., »Treatment after Incorpora-

tion of Radionuclides«, *Proc. Reg. Conf. Rad. Prot.*, Jerusalem 1973.

51. »Schatz auf dem Grund«, *Spiegel* v. 15. 1. 1973.
52. Hielscher, G., »Die Quecksilberseuche von Minamata«, *Süddeutsche Zeitung* v. 19. 7. 1975; bei der Chlorherstellung nach dem Amalgamverfahren werden beispielsweise in Deutschland 0,01–0,2g Hg/m³ Abwasser emittiert.
53. Die Bakterien leben in sauerstoffarmer Umgebung, also im Schlamm von Seen und Meeren und besonders dort, wo sich organisches Material zersetzt und jene Methylgruppe liefert, die aus dem Quecksilber das weitaus giftigere Methylquecksilber macht; siehe auch: Taylor, G. R., *Das Selbstmordprogramm*, Frankfurt/M. 1971.
54. Smith, W. E. u. Smith, A. M.: *Minamata*, Chatto & Windus, London 1975; Gunnarson, B.: *Japans ökologisches Harakiri*, Reinbek 1974; Bach, H. *Wissenschaft und Fortschritt* 23, 2 (1973); Janocha, P., »Die Minamata-Krankheit«, *Umwelt* 5,40 (1974).
55. Herda, H. J., »Die gepeinigten Menschen von Minamata«, *Stern* Nr. 10 v. 27. 2. 1975; Hielscher, G., »Die Quecksilberseuche von Minamata«, *Süddeutsche Zeitung* v. 19. 7. 1975.
56. D'Itri, F. M., *The Environmental Mercury Problem*, CRC Press, 1972; siehe auch: Goldwater, L. J. In *Mercury in the Environment*, Washington 1971.
57. Kempf, T. und Lüdemann, D., *Bundesgesundheitsblatt* 14, 225 (1971) siehe auch: Herda, H. J. In *Stern* 10 v. 27. 2. 1975 und Hielscher, G., »Mit den Fischen kam der Tod«, *Süddeutsche Zeitung* v. 21. 3. 1973 und Manstein, B., *Strahlen*, Frankfurt/M. 1977.
58. Kempf, T. und Lüdemann, D., *Fortschritt d. Medizin* 4/1973; Doellken, D., »Rache für Minamata«, *Stern* Nr. 18 v. 26. 4. 1973.
59. Smith, W. E. und Smith, A. M.: *Minamata*, London 1975.
60. Tsunoshima, J., »Endlich Entschädigung für die Opfer der Minamata-Krankheit«, dpa v. 21. 3. 1973.
61. Löfroth, G., »Methylmercury«, *Ecol. Comm. Bull* Nr. 4, 1970.

62. »Firmenchefs vor Gericht« in *Frankfurter Rundschau* v. 23. 9. 1976; »Minamata-Bucht wird trockengelegt« in *Frankfurter Allgemeine Zeitung* vom 13. 10. 1977.
63. WHO Environmental Health Criteria 1, *Mercury*, Genf 1976.
64. Oral aufgenommenes Quecksilber wird dagegen vom Körper sofort wieder ausgeschieden, weshalb die angeblich von Palästinensern verursachte Vergiftung israelischer (aber auch spanischer) Apfelsinen mit metallischem Quecksilber glücklicherweise weitgehend ohne gravierende Folgen blieb. Gefährlich sind dagegen Quecksilberdämpfe und organische -verbindungen, die nach der MAK-Liste als zehnmal giftiger als metallisches Quecksilber eingestuft werden müssen.
65. Im Tierexperiment ruft Quecksilber unterhalb der tödlichen Dosis zudem Chromosomenstörungen und Sterilität hervor; dazu siehe auch: Taylor, G., *Das Selbstmordprogramm*, Frankfurt/M. 1971.
66. Dänische Wissenschaftler konnten nachweisen, daß in den Blutkörperchen willkürlich ausgewählter Kinder 28 % mehr Quecksilber nachweisbar war als bei deren Müttern: *Science News*, 96, 115 (1969).
67. Pfeiffer, C. C.; Vortrag auf der 55. Jahrestagung FASEB, Chicago, April 1971; siehe auch: Manstein, B., *Strahlen*, Frankfurt/M. 1977.
68. Grant, N., »Legacy of the Mad Hatter«, *Environment* 11, 18 (1969); Novick, S. »A New Pollution Problem«, *Environment* 11, 2 (1969).
68a. »Wie gefährlich ist Kosmetik?«, *test* Nr. 5/1978, S. 12.
69. Manstein, B., *Strahlen*, Frankfurt/M. 1977.

Quecksilberhaltige Hautbleicher wurden z. B. unter Phantasienamen wie »Frucht's Schwanenweiß«, »Dr. Druckreys Drula« und »Physorin« in Seifen- oder Cremeform angeboten.

Der Nürnberger Oberarzt Dr. Jörg-Dieter Summa stellte bei einer 23jährigen Patientin nach nur einjähriger Anwendung eines Bleichmittels Anzeichen einer Quecksilber-Vergiftung fest: blaugrau verfärbte Ränder an den Zähnen, Haarausfall und Schlafstörungen. Auch die Fingernägel wurden gräulichschwarz; siehe *Spiegel* 39/75, S. 155, *Frankfurter Allgemeine Zeitung* v. 3. 9. 1975; *Deutsche Gesundheits Korrespondenz* v. 20. 2. 1976.

70. Lanwerys, R. et al., *Int. Arch. Occup. Environ. Health.* 39, S. 33/1977; *Rote Liste* 1977/78, Nr. 32043 B, hrsg. vom Bundesverband der pharmaz. Ind., Aulendorf 1976; nach Bell entspricht die gefundene Konzentration der Belastung von Arbeitern, die täglich 8 Std. 100 Mikrogramm/Kubikmeter ausgesetzt sind (MAK-Wert), Bell, Z. G. et al., *J. Occup. Med.* 15, 501, 1973; Der Produzent von Hydro-Merfen, die Münchner Firma ZYMA GmbH, bietet das Produkt auch zur Desinfektion von Instrumenten, Spritzen, Kanülen und dergl. an.

70a. Amalgam ist eine Legierung aus im wesentlichen Zink, Zinn, Kupfer, Silber und Quecksilber; siehe dazu: Till, T. und Wagner, G., »Untersuchungen zur Löslichkeit der Bestandteile von Amalgamfüllungen während des Kau- und Trinkaktes«, *ZWR*, 82, 945 (1973).

71. An der Lan, H. in *Hippokrates* 2/1970; Gabel, W. et al., *Gift auf dem Tisch?*, Herford 1973. Allein die OECD-Staaten produzierten 1973 rund 4500 Tonnen und verbrauchten rund 5200 Tonnen Quecksilber; OECD Nr. ENV/75/39 v. 21. 11. 1975.

72. Till, L. und Lange, H., »Quecksilberverbindungen in der Umwelt«, *Wissenschaft u. Fortschritt* v. 25. 1. 1975.

73. Haaf, G., »Forscher analysieren die schwerste Quecksilber-Katastrophe aller Zeiten«, *Die Zeit* v. 24. 8. 1973.

74. Rauhut, A., Quecksilberbilanz 1974, unveröffentl.

75. Es reichte zu dieser Zeit, täglich zwei schwedische Eier zu essen, um nach der WHO-Toleranz bereits zu einer Überschreitung der annehmbaren Tagesdosis zu führen; siehe Gabel, W. et al., *Gift auf dem Tisch?*, Herford 1973 und Dittmar, F., *Umweltschäden regieren uns*, Herford 1971.

76. Waldbott, G. L., *Health Effects of Env. Pollutants*, St. Louis 1973.

77. Bei Thunfischkonserven des Handels wurden bis zu 1,2 ppm Quecksilber in organischen Verbindungen gemessen; siehe dazu: Gröbel, W. und Baumann, H., *Mtbl. der Fachgr. Lebensm.*

Chemie und gerichtl. Chem. 25, 361 (1971); Haag, T. P., *Mtbl. der Fachgr. Lebensm. Chem. u. gerichtl. Chem.* 26, 22 (1972).
78. Mair, H. *Artikeldienst DNR* 33/1971; Mackwitz, H. W., *Universitas* 6/1975, siehe auch: Manstein, B. *Strahlen*, Frankfurt/M. 1977.
Im übrigen erinnerte man sich auch wieder an die früher bei Fischern in Ostpreußen oft auftretende sogenannte Haffkrankheit, die man heute auf quecksilberhaltige Abwässer zurückführt, die von den ins Haff mündenden Flüssen herangetragen wurden; siehe Gabel, W. et al., *Gift auf dem Tisch?*, Herford 1973.
79. *Spiegel* Nr. 19/1975.
80. Die Werte einzelner Länder für zulässige Quecksilberkonzentrationen in der Luft schwanken im übrigen zwischen 0,3 und 100 Mikrogramm/m^3; siehe: Foote, R. S., *Science* 177/1972.
81. Wallin, T., *Environ, Pollut.* 10, 101 (1976); Tölg, B. und Lorenz, J., *Chemie in unserer Zeit* 5, 150 (1977).
82. *Rückstände von Bioziden und Umweltchemikalien in der Milch*, DFG-Studie 1975, Boldt Verlag, Boppard.
84. Stellungnahme des Verbandes der Chemischen Industrie zum Vorschlag einer Emissionsbeschränkung für Quecksilber nach der Pariser Konvention, 1976.
85. Die konkreten Zahlen: USA 2000 Tonnen pro Jahr, Großbritannien 790 Tonnen pro Jahr, BRD 625 Tonnen pro Jahr, Japan 574 Tonnen pro Jahr, Schweden 79 Tonnen pro Jahr.
86. *Praxis Kurier* Nr. 24/1971; siehe auch: Manstein, B., *Strahlen*, Frankfurt/M. 1977.
87. Friberg, L. et al. *Cadmium in the Environment*, CRC Press, 2nd Edition 1974.
88. siehe: »Schatz auf dem Grund«, in *Spiegel* v. 15. 1. 1973.
89. Waldbott, G. L., *Health Effects of Environmental Pollutants*, St. Louis 1973.
90. Noch 1977 traten im übrigen japanische Wissenschaftler mit dieser Begründung für die Itai-Itai-Krankheit auf wissenschaftlichen Kongressen an. Einige von ihnen vertraten dabei sogar recht exotische Thesen: Die Männer hätten die Frauen nach der

Geburt mehrerer Kinder nicht mehr attraktiv gefunden und deshalb in dunkle Hütten verbannt, wobei es bei ihnen durch den jahrelangen Lichtentzug zu Vitamin-D-Mangel und zu den bekannten Krankheitssymptomen gekommen sei; zitiert nach: Takeuchi, J., »Etiology of Itai-Itai-Disease«, Vortrag auf der von der Cadmium-Industrie veranstalteten Intern. Cadmium Conf. 30. 1.–1. 2. 1977, San Francisco.

91. »Itai-Itai-Krankheit läßt Skelette schrumpfen«, dpa 75 al/ku; siehe auch: Simen, R. H. »Schleichende Vergiftung durch Schwermetall schockierend hoch«, *Weser Kurier* v. 29. 3. 1973.

92. zitiert nach einer Diskussionsbemerkung von Dr. T. Kjellstrøm, University of Auckland, Neuseeland, auf der 1. Intern. Cadmium Konferenz, die im Februar 1977 mit Unterstützung der Cadmium-Industrie in San Francisco stattfand.

93. Commission of the European Community: Evaluation of the Impact of Cadmium on the Health of Man, Luxemburg, Jan. 1977.

94. *bild der wissenschaft* Nr. 3/1976, Akzent; vergleiche dazu auch: Berg, J. W. und Burbank, F. »Correlation between Carcinognic Trace Metals in Water Supplies and Cancer Mortality«, *Ann. New York. Acad. Sci.* 199, 249 (1972); Schroeder, H. A. »Cadmium as a factor of hypertension«, *J. Chro. Dis.* 18. 647 (1965).

95. Taylor, G. R., *Das Selbstmordprogramm*, Frankfurt/M. 1971.

96. Als man acht Tage trächtigen Hamstern zwei Milligramm Cadmiumsulfat pro Kilogramm Lebendgewicht injizierte, kamen die Jungen völlig mißgebildet zur Welt; aus: Fern, V. H. und Carpenter, S. J. »Teratogenic Effect of Cadmium and its Inhibition by Zinc«, *Nature* 216, 1121 (1967); neuere Untersuchungen bestätigen den Verdacht, daß schon der Embryo im Mutterleib durch Cadmium belastet ist: Die britischen Toxikologen Dr. Bryce-Smith (University of Reading) und Dr. Waldron (University of Birmingham) fanden heraus, daß *totgeborene* Babys fünf- bis zehnmal soviel Blei und Cadmium in den Rippen und in der Wirbelsäule aufweisen wie Kinder, die *nach der Geburt* verstarben.

Der Münchner Gynäkologe Dr. R. Thieme stellte fest, daß Cadmium schon in der Plazenta nachzuweisen ist und zwar in den Gebärmüttern von Frauen aus dem Ruhrgebiet weit höher dosiert als zum Beispiel bei Frauen aus München; siehe *Spiegel der Gesundheit* 17/1978, S. 3 sowie *Geburtshilfe und Frauenheilkunde* 37, 756 (1977).

97. Barth, D. et a., »Toxische Spurenelemente: Cadmium«, Institut für Ernährungswissenschaften I, Universität Gießen; Diehl, J. F., »Toxische Spurenelemente in Lebensmitteln«, Karlsruhe 1973; Kloke, A. »Cadmium in Boden und Pflanze«, *Nachr. bl. dtsch. Pflz. schtzd.* 23, 164 (1971).

98. Schwedische Arbeiter, die in einer Akkumulatorenfabrik arbeiteten, zeigten plötzlich schwere Cadmium-Vergiftungssymptome, einige starben. Keiner von ihnen hatte in den letzten drei bis neun Jahren cadmiumhaltiges Material verarbeitet. Zitiert nach: Browning E. et al. »Aspects of the Toxicity of Cadmium and its Compounds«, *Ecol. Res. Cttee, Bull.* Nr. 7, Stockholm 1970; siehe auch: Waldbott, G. L., *Health Effects of Environmental Pollutants*, St. Louis, 1973.

99. Mit Chelaten konnten im übrigen die Hypertonie-Wirkungen im Rattenexperiment rückgängig gemacht werden, weil Chelate Schwermetalle aus dem Körper abzuführen vermögen; vergleiche dazu: Anm. Nr. 50 auf der S. 363; zum Cadmium-Hypertonie-Problem außerdem: Perry, H. M. »Trace Elements related to Spezific Chronic Disease: Cardiovascular Disease«, AAAS-Meeting 1968; Masironi, R., »International Studies on Trace Elements in the Etiology of Cardiovascular Diseases«, *Nutr. Rep. Intern.* 7, 51 (1973); Perry, H. M. »Hypertension and the geochemical environment«, *Ann. New York Acad. Sci.* 199, 202 (1972).

100. Als man zehn verschiedene Immissionsbestandteile mit der Todesrate aufgrund von Herz-Kreislauferkrankungen in Zusammenhang brachte, fand man die höchste Korrelation für die Cadmium-Konzentration der Luft; zitiert nach Hickex, L. J. et al., *Archiv. Environm. Health* 15, 728 (1967).

101. »Luftqualitätskriterien für Cadmium«, Bericht 3/1976 des Umweltbundesamtes, Berlin.

102. Gaber, K., »Luftverunreinigung durch schwermetallhaltige Stäube«, *Landw. Forschung* 23, 59 (1970); dazu erklärt Professor Steubing vom Institut für Pflanzenökologie der Universität Gießen: »Bei Cadmium besteht die Möglichkeit für die Pflanze, dieses Element aus dem Boden aufzunehmen; im Gegensatz zu Blei hat aber die Pflanze auch die Möglichkeit, über das Blatt Cadmium zu absorbieren. Man kann damit rechnen, daß etwa 30 % des Cadmiums in Pflanzen aus dem Luftstaub stammen«, siehe *Sachverständigenanhörung über die medizinischen, biologischen und ökologischen Grundlagen zur Bestimmung von Luftverunreinigungen*, Umweltbundesamt, Februar 1978.
103. Gohr, R., »Das geht an die Nieren«, in *Stern* v. 29. 12. 77.
104. In Gewässern wird Cadmium von Algen aufgenommen, die es mit Zink »verwechseln«, das sie eigentlich für ihren Stoffwechsel benötigen. Auf diese Weise gelangt das Schwermetall über Fische auch in die menschliche Ernährung; zitiert nach Manstein, B. *Strahlen*, Frankfurt/M. 1977.
105. Unter Zugrundelegung der jeweiligen Resorptionsrate verbleiben etwa 75 % der über die Atemwege und 6 % über den Magen-Darm-Trakt aufgenommenen Cadmium-Menge im menschlichen Organismus.
106. Der Grenzwert beträgt in Japan 0,88 Mikrogramm/m^3, bei ungünstigen Wetterlagen sogar 2,93 Mikrogramm/m^3. In Jugoslawien dürfen in 24 Stunden 3 Mikrogramm/m^3 nicht überschritten werden. Demgegenüber sieht die Empfehlung des Vereins der Deutschen Ingenieure (VDI), der MIK-Wert (maximale Immissions-Konzentration), lediglich 0.05 Mikrogramm/m^3 im Mittelwert eines Tages vor. Das Umweltbundesamt empfiehlt derzeit sogar einen Wert von 0,02 Mikrogramm/m^3 für die Außenluft.
107. siehe dazu auch: R. Sartorius, Seifert, B. und Vahrenholt, F., *Staub-Reinhaltung der Luft* 37, 422 (1977); Blei-, Cadmium- und Quecksilbergehalte von Lebensmitteln in der Bundesrepublik Deutschland, Bericht der Zentralen Erfassungs- und Bewertungsstelle im Bundesgesundheitsamt, Stand: 1. 10. 1975.
108. siehe: *WHO-Techn. Rep. Ser. 505* (1972).

Dazu die Antwort der Bundesregierung im Deutschen Bundestag vom 16. und 17. 2. 1978, die auf die Frage, ob »in der Bundesrepublik die von der Weltgesundheitsorganisation (WHO) als noch tolerierbar festgesetzten täglichen Pro-Kopf-Grenzwerte von 0,43 mg für Blei und 0,057 mg für Cadmium in Nahrungsmitteln überschritten werden«, folgende Auskunft gegeben hat: »... die auf diesen Daten beruhenden Berechnungen des Bundesgesundheitsamtes haben ergeben, daß die Belastung des Verbrauchers durch die erfaßten Lebensmittel deutlich unter den WHO-Werten bleibt« (siehe Protokoll des Deutschen Bundestages v. 16. und 17. 2. 1978).

Schon 1973 wurden durchschnittlich 48 Mikrogramm Cadmium pro Person und Tag gemessen; siehe dazu: DFG-Bericht über *Biozide und Umweltchemikalien im Fleisch*, Boldt Verlag, Boppard 1975.

109. *Frankfurter Rundschau* v. 18. 2. 1977, S. 13.

109a. siehe »Luftqualitätskriterien für Cadmium«, Bericht 3/76 des UBA; siehe auch »Sachverständigenanhörung« Februar 1978, Berlin, S. 479.

110. Sartorius, R., Vahrenholt, F. und Seifert, B., *Staub-Reinhaltung der Luft*, 37, 422 (1977); siehe auch: »Waschen zwecklos«, in *Spiegel* Nr. 43/1976; dazu erklärt Professor Vetter von der Landwirtschaftlichen Untersuchungs- und Forschungsanstalt Oldenburg: »Die Cadmium Gehalte in der Kartoffel sind bezogen auf den hohen Verzehr an Kartoffeln so hoch, daß man aus diesem Grunde die Bremse ziehen muß.« Am 11. 6. 1978 zog das Bundesgesundheitsamt »die Bremse« für Speisepilze, die einen erhöhten Anteil von Cadmium und Quecksilber aufweisen; das BGA empfahl bei regelmäßigem Genuß nicht mehr als 200 Gramm pro Woche zu verzehren, Kinder weniger; zitiert nach *Tagesspiegel* v. 11. 6. 1978.

111. Pedco Environmental Atmospheric Benzene Emissions, im Auftrage der amerikanischen Umweltbehörde EPA erstellt, im Druck.

112. *Brit. J. Ind. Med.* 29, 65 (1972); der Arbeiter war im übrigen einer Konzentration von 75 mg/m³ Benzol in der Außenluft ausgesetzt.

113. vergleiche dazu: Materialien zum Immissionsschutzbericht, Umweltschutzbundesamt, Berlin 1977.

114. siehe: Infante, P. et al., »Leukaemia in benzene workers«, *The Lancet*, July 9, 1977.

115. *Gesundheitsschädliche Arbeitsstoffe*, 5. Ausgabe 1976/77 vom 14. 6. 1977, Verlag Chemie.

116. Über die Hälfte der gemeldeten Berufserkrankungen durch Benzol in der Bundesrepublik entfallen denn auch auf Nordrhein-Westfalen; BRD: zwischen 55 und 85, NRW: zwischen 30 und 57 von 1971 bis 1976; Jahresberichte der Gewerbeaufsicht des Landes Nordrhein-Westfalen, Düsseldorf 1971–76.

117. Als Ersatzprodukt bietet sich beispielsweise Toluol an.

118. ILO, Benzene, Meeting of Experts on the Safe Use of Benzene and Solvents Containing Benzene, S. 151/152, Genf, Mai 1967.

119. zum heutigen Benzol-Problem siehe auch: Young, R. J. et al. »Benzene in Consumer Products«, *Science* 199, 248 (1978).

120. Im übrigen ist auch die Mutagenität des Benzols nicht mehr umstritten, seitdem schwedische Wissenschaftler bei Tankwarten umfangreiche Chromosomenstörungen nachweisen konnten; siehe dazu: Berlin, M. et al., »Exposure to Benzene during handling of motor fuels«, University of Lund, Report Nr. 750616.

121. In der Bundesrepublik ist seit 1972 die Herstellung, seit 1978 die Anwendung von DDT verboten.

122. Jensen, S. »The PCB-Story«, *Ambio* 1, 123 (1972); *Nature* v. 30. 12. 1976; *Science News* v. 15. 1. 1977; nach schwedischen Untersuchungen werden Nerze durch PCBs unfruchtbar, *Gesunde Medizin* 12/1977.

123. Die bei der Chlorierung von Biphenyl, das zum Wachsen von Orange-Schalen benutzt wird, anfallenden polychlorierten Biphenyle zeichnen sich insbesondere durch thermische Stabilität, hohe Dielektrizitätskonstante, großen spezifischen Widerstand und hohe Viskosität aus. Eine breite Anwendungspalette ergab sich daher Anfang der dreißiger Jahre für die PCBs.

124. Mitunter wurden sie allerdings auch für exotische Anwendun-

gen vorgeschlagen: In den frühen sechziger Jahren waren PCBs als Zusatzstoffe für Kinderkaugummis im Gespräch; zur Anwendung der PCBs siehe: Rohde, G. »Polychlorierte Biphenyle«, *ANS*-Sonderheft 1, S. 314.

125. In den USA wurden allein seit 1929 etwa 600000 Tonnen PCBs produziert, von denen nach Schätzung des ehemaligen EPA-Chefs Russell Train noch rund 70000 Tonnen in der Umwelt existieren; siehe *Science News* v. 17. 1. 1976.

126. Müller, W. und Korte, F. *Chemie in unserer Zeit*, 7, 12 (1973).

127. Die mittlere Konzentration von PCBs in der Luft betrug 1974 in Schweden 0,8 bis 3,9 Mikrogramm/m³, in den USA 1972 zwischen 1 und 50 Mikrogramm/m³. In Japan entdeckte man in landwirtschaftlich genutzten Böden bis zu 1 Milligramm PCBs pro Kilogramm und der Michigan-See war bereits mit bis zu 450 Milligramm/m³ verseucht. Die Persistenz der PCBs äußert sich auch in deren Halbwertzeit, die im Boden etwa fünf Jahre beträgt.

128. Schon 1968 enthielten Vogeleier des Schwarzen Milan in Berlin bis zu 20 ppm PCBs, dazu siehe: Tiuczynski, D. und Wendland, V. »Zur Populationsdynamik des Schwarzen Milans in Berlin«, *J. Orn.* 109, 462 (1968).

129. zitiert nach *Spiegel* Nr. 11/1977, S. 204; siehe auch: Conrad, B. in: *Naturwissenschaften* 64, 43 (1977); die höchsten PCB-Konzentrationen hatten die Eier des Seeadlers, des Sperbers und des Uhus.

130. Goldfische, die man einer Konzentration von 0,2 ppm PCB im Wasser aussetzte, wiesen bereits nach drei Wochen einen etwa 500mal höheren Gehalt des Umweltgiftes auf. So wird auch verständlich, daß in noch in 4000 Meter Tiefe lebenden Fischen PCB-Spuren entdeckt wurden. Im übrigen führt man auch das Aussterben einiger Fischarten auf die PCB-Verseuchung zurück; auch Untersuchungen der Vogelwarte Helgoland und der Staatl.-chemischen Untersuchungsanstalt Bremen ergaben extreme PCB-Werte mit bis zu 3000 ppm in Seevögeln wie zum Beispiel Möwen, die sich von den PCB-verseuchten Fischen ernähren; siehe *Frankfurter Allgemeine Zeitung* v. 19. 4. 1978.

131. Nach Untersuchungen der Münchner Toxikologen Dr. A. Rappe und Dr. W. Waiblinger sammeln sich PCBs auch im Dotter von Hühnereiern an; zitiert nach: *Naturwiss. Rundschau* Nr. 7/1975.

132. Acker, L. und Schulte, E., *Naturwissenschaften*, 57, 497 (1970); Schulte, E. und Acker, L., *Naturwissenschaften*, 1/1974.

133. Allen et al., *Science*, 179, 498 (1973); siehe auch Köthe, R., »Verseucht durch PCB«, *Die Zeit* v. 12. 12. 1975; *New Scientist* v. 6. 11. 1975.

134. Schulte, E. und Acker, L., *Naturwissenschaften* 1/1974. Die Ergebnisse bestätigten sich durch Untersuchungen der Universität Hohenheim: Bei fünf Tage alten Säuglingen wurden, bezogen auf den Fettgehalt, die alarmierenden Werte von 20 ppm PCB, aber auch 10 ppm DDT und 0,6 ppm HCB (Hexachlorbenzol – im Tierversuch krebserregend) gemessen. Säuglinge sind das letzte Glied in der Nahrungskette, die mit der Muttermilch kontaminierte Nahrung aufnehmen. Da zudem ihr Enzymsystem noch nicht voll funktionstüchtig ist, vermutet man Schäden des peripheren und zentralen Nervensystems. Indes – die Alternative ist gleichermaßen erschreckend: Ernährt die Frau das Kind mit Kuhmilch statt mit Muttermilch, so sinkt zwar die Zuführung von PCBs dafür steigt der Anteil des HCB; dazu siehe: *Chemie i. u. Zeit*, 2, 1977; *Spiegel* Nr. 8/1975, S. 138; jüngste Untersuchungen bestätigen den extremen Biozid-Gehalt der Muttermilch, siehe Müller, B. und Schröder, H., *Ernährungsumschau* 7/78, S. 205.

134a. Unter den östlichen Nationen ist die DDR der Hauptproduzent für PCBs und auch der Haupt-Umweltverseucher mit dieser Stoffgruppe; zitiert nach *Die Zeit* v. 30. 1. 1976.

135. PCBs wurden produziert von: MONSANTO CHEM. CO. (USA) als »Arochlor«, PRODELEC (Frankreich) als »Phenochlor«, KANEGA FUCHI CO. (Japan) als »Kanechlor« und BAYER AG (Bundesrepublik Deutschland) als »Clophen«.

136. zitiert nach OECD-Report »PCB, Their Use and Control«, Paris 1973 (Angabe f. 1970), OECD-Dokument »Protection of the Environment by the Control of PCBs« v. 21. 5. 1976 (Angaben für 1973 und 1974).

137. Äußerung von Dr. Adolf Dortmann/BAYER AG während Fernsehaufnahmen für die Sendung »Gift im Griff?« (NDR/RB/SFB-Sendung: 15. 12. 1977, Autoren: Egmont R. Koch/Andreas Jacobsen).

138. Die möglichen Ersatzprodukte sind:
   - Diisononylphtalat (EXXON CHEM. CO)., wird bereits in einigen Kondensatoren eingesetzt;
   - Gasgekühlte und luftgekühlte trockene Transformatoren (DOW CORNING);
   - Silikonöl (Japan);
   - Butyliertes Monochloridiphenlyoxid (DOW CHEMICAL, MCGRAW EDISON), hat bessere elektrische Eigenschaften als PCB und wird seit einigen Jahren getestet;
   - Mischung aus Dichlordiphenyl mit Chlorolefinen (PRODELEC, Frankreich);
   - Isopropylbiphenyl (WESTINGHOUSE ELECTRIC), ersetzt seit 1977 die PCBs bei WESTINGHOUSE, ist abbaubar, wenngleich brennbar;
   - Dimethylsiloxanpolymerisat (DOW CORNING), ist ungiftig, nicht bioakkumulativ, aber schwer abbaubar, soll nach zwei Versuchsjahren eingesetzt werden;
   - Triaryl- und Diarylalkan (NIPPON PETRO CHEMICAL), wird seit 1971 in Japan angewandt, leicht abbaubar und nicht bioakkumulativ (Jahresproduktion 1975: 5000 Tonnen); – auch BAYER bietet inzwischen mit »Baysilon« eine PCB-Alternative an, ohne allerdings auf PCBs zu verzichten. Ausweichprodukt für den Fall eines PCB-Verbots?

139. *VDI-Nachrichten* vom 4. 7. 1973. In derselben Zeitschrift sprachen sich wenige Wochen später auch die PCB-Anwender für das Umweltgift aus, und zwar: die Firmen Ero-Starkstrom-Kondensatoren GmbH, Landshut/Bayern; Frako Kondensatoren- und Apparatebau GmbH, Tenningen/Baden; Richard Jahre Spezialfabrik für Kondensatoren, Berlin; Thomson-CSF GmbH, München; Süddeutscher Kondensatorbau, Herrsching/Ammersee.

140. PCBs sind auch ein mögliches Abbauprodukt von DDT; dazu

Moilanen, K. W. und Crosby, D. G., *Amer. Chem. Soc. Meet.* Dallas, April 1973.

141. Aus Wasser verdampfen bei Normaltemperatur innerhalb von drei Wochen rund 98 % der PCBs.

142. Report of the Environmental Contaminants Committee of Canada v. 1. 4. 1976.

143. Müller, W. et al., »Modellstudie zur Abfallbeseitigung«, *GSF-Berichte Ö*, 104, Januar 1974; Müller, W. und Korte, F., »Polychlorierte Biphenyle«, *Chemie in unserer Zeit* 7, 112 (1973).

144. Hauptübeltäter sollten die bis 1972 benutzten selbstdurchschreibenden »carbonless«-Papiere sein, wie sie u. a. in Bankinstituten zur Anwendung kamen; siehe dazu: Bauer, U., »Eindruck einer totalen Verunreinigung«, *Umwelt* 4, 36 (1974).

144a. EPA, Federal Register Vol. 42, No. 100, v. 24. 5. 1977.

145. Nach 1975 veröffentlichten kanadischen Untersuchungen enthalten 15 % des untersuchten Papiers 1 bis 10 ppm PCBs und 3 % über 10 ppm PCBs. In Zeitungspapier wurden noch 0,12 ppm PCBs gefunden; siehe: Villeneuve, D. C. et al., *JAOA Chem.* 5b, 999 (1975).

146. Die Beseitigungsmaßnahmen schlugen immerhin mit 500000 Dollar zu Buche; dazu siehe: Willmann, J. C., »PCB Transformer Spill Seattle«, *J. Hazard Materials* 1, 361 (1977).

147. »Gift im Griff?«, naturwissenschaftliches Fernsehfeature des NDR/RB/SFB, Sendung am: 15. 12. 77 (Autoren: Egmont R. Koch und Andreas Jacobsen); siehe auch: »EPA acts on PCBs«, *Science News* v. 17. 1. 1976.

148. Bowes, G. W. et al. »Identification of chlornated dibenzofurans in PCB«, *Nature* 256, 305 (1975).
Konzentration chlorierter Dibenzfurane (CDBF) in vermarkteten PCB-Proben (in mg/g PCB):

PCB	4-Chlor-Atome	5-Chlor-Atome	6-Chlor-Atome	Summe
Aroclor 1248	0,5	1,2	0,3	2,0
Aroclor 1254	0,1	0,2	1,4	1,7
Aroclor 1254	0,2	0,4	0,9	1,5
Aroclor 1260	0,1	0,4	0,5	1,0
Aroclor 1260	0,2	0,3	0,3	0,8
Aroclor 1016	n. b.	n. b.	n. b.	–
Clophen A-60	1,4	5,0	2,2	8,4
Phenoclor DP-6	0,7	10,0	2,9	13,6

n. b.: nicht beobachtet = <0.001 ng/g

Quelle: Comittee on Environmental Contaminants, Canada, »Background to the Regulation of PCB« vom 1. 4. 76, S. 85.

149. Bei der Autopsie von drei Menschen, die an der Yusho-Krankheit starben, konnten Dibenzfurane selbst noch nach vier Jahren festgestellt werden; siehe: Kuratsune, M. et al. »Epidemiology Study of Yusho«, *Env. Health Persp.* 1, 119 (1972); Nageyama, J. et al., *Bull. Env. Contam. Toxic.* 15, 9 (1976).

150. Mittlerweile ist durch die 10. Verordnung zum BImSch-Gesetz, die am 11. 5. 1978 dem Bundesrat vorgelegt wurde, eine Beschränkung der Verwendung auf geschlossene Systeme vorgesehen; *Bundesratsdrucksache* 238/78. In den USA macht sich der Produktionsrückgang von PCBs schon in einem sinkenden PCB-Spiegel in der Umwelt bemerkbar: So gelangen noch 1970 bei einer Jahresproduktion von 60000 Tonnen 2000 Tonnen PCBs in die Luft, 4000 bis 5000 Tonnen in die Gewässer und 18000 Tonnen in Deponien. 1973 wurden nur noch 19100 Tonnen hergestellt, entsprechend sank zum Beispiel die PCB-Konzentration im Sargasso-Meer von 30 Nanogramm/Liter (1971/72) auf 1 Nanogramm/Liter (1973/74):

PCB-Konzentration im Oberflächenwasser des Atlantischen Ozeans

Herkunft der Proben	Tag der Probenahme	Zahl der Proben	PCB-Gehalt ng/l[1]
zwischen Island und Neuschottland	Aug. 1971	8	25
zwischen Neufundland und Portugal	Juli 1972	8	41
zwischen Portugal und Norwegen	Aug. 1972	11	36
zwischen Woods Hole[2] und den Bermuda-Inseln	Sept. 1972	27	30
im Sargossa See	April 1973	8	1
zwischen den Azoren und Barbados	Sept. 1973	10	2
vom Sargossa See bis zur New York Bucht	Sept. 1973	9	0,8
Neu England Festlandsockel	Febr. 1974	6	0,8

1 1 ng = 1 Milliardstel Gramm
2 Küste von Massachusetts

151. Die Halbwertzeit des Lindans beträgt je nach Bodenbeschaffenheit und Bodenflora zwischen drei und zehn Jahren; Untersuchungen der Helgoländer Vogelwarte ergaben, daß Seevögel und Robben mittlerweile einen extremen Gehalt von Industriegiften aufweisen: Die Umweltforscher fanden u. a. Lindan, Hexachlorbenzol, Dieldrin und Endrin sowie DDT und die PCBs; dazu siehe: »Gift – von einem Tier zum anderen«, *Weser Kurier* vom 30. 3. 1978.

152. Wahrscheinlich waren die Felder und Äcker Südbadens schon seit vielen Jahren Lindan-verseucht, nur hatte man bis dahin nicht nach Insektizidspuren gesucht. Im Urteil des Oberlandesgerichts Karlsruhe, das später den Freiburger Richterspruch bestätigte, heißt es dazu: »Daß die Beklagte ca. 40 Jahre lang produziert hat, Beanstandungen aber erst ab 1972 erhoben wurden, ist ... darauf zurückzuführen, daß vorher nie Mes-

sungen durchgeführt wurden«; OLG Karlsruhe 4u 187/1975.

153. In vier bis fünf Kilometer Entfernung wurde in einem Monat bis zu 45 Mikrogramm/m^2 eines einzigen Isomeren (Hexachlorcyclohexan) gemessen, in 35 Kilometer Entfernung dagegen nur 0,5 Mikrogramm/m^2.

154. Das OLG Karlsruhe bestätigte schließlich das in erster Instanz gefällte Urteil und auch den Schadensersatzanspruch in voller Höhe; siehe: »Chemiekonzern muß für vergiftete Kühe zahlen«, dpa-Meldung vom 14. 3. 1978.

155. siehe Materialien zum Immissionsschutzbericht, Umweltbundesamt, Berlin 1977.

156. *Umweltdienst* 15, 16 (1977).

157. *Rückstände von Bioziden und Umweltchemikalien in der Milch*, DFG-Bericht, Boldt Verlag, Boppard 1975.
Und dennoch gibt es bisweilen noch Probleme mit zum Beispiel DDT: Untersuchungen aus Italien importierter Weintrauben ergaben, daß deren DDT-Gehalt die in der deutschen »Höchstmengenverordnung Pflanzenschutz pflanzliche Lebensmittel« zulässige Giftmenge um mehr als das Zehnfache übersteigt. Obgleich solche Erzeugnisse nach deutschem Lebensmittelrecht »nicht verkehrsfähig« seien, hätten die Behörden über ihre gefährlichen Erkenntnisse nichts veröffentlicht; zitiert nach *Spiegel* vom 17. 11. 1977; siehe auch Anfrage des SPD-Abgeordneten Günther Heymann, zitiert in *Gesunde Medizin*, 5/1978, S. 45.

158. *Science News* v. 18. 11. 1976.

158a. siehe: Fountaine, J. E. et al., *Water Research* 10, 185 (1976); »Pesticide causes nerve damage in humans«.

159. *Chem. Eng. News* v. 23. 8. 1976.

159a. Der von SPIESS & SOHN vertriebene Kepone-Abkömmling »Kelevan« ist in der Bundesrepublik als Insektizid gegen Kartoffelkäfer zugelassen; Epstein vermutet, daß nach der Einstellung der Kepone-Produktion in den USA jetzt der Schweizer Chemiekonzern SANDOZ der Firma SPIESS & SOHN Kepone liefert; Epstein, S. S., »The Science of the Total Environment«, 9, 1 (1978). Kurz nach der Kepone-Affäre kam 1977 ein weiteres Insektizid ins Gerede: Bei 86 Arbeitern einer Fabrik der DOW CHEMICAL (Magnolia) wurden aufgrund von Hinweisen aus den Reihen der Gewerkschaft Anzeichen von Unfruchtbarkeit festgestellt (»no or low sperm counts«, *Chem. Eng.* v. 19. 12. 1977, S. 5), weil sie mit dem Produkt DBCP in Kontakt gekommen waren. DOW CHEMICAL und SHELL CHEMICAL stellten daraufhin die Herstellung freiwillig ein. Diese »umweltbewußte« Entscheidung erscheint allerdings in einem anderen Lichte, wenn man weiß, daß schon 1961(!) in Untersuchungen, die von DOW und SHELL in Auftrag gegeben worden waren, nachgewiesen wurde, daß DBCP die Reproduktionsorgane von Labortieren schädigt. Die Inhalation von DBCP-Dämpfen verursacht – so der damalige Bericht – Schädigungen »an Leber, Nieren und verschiedenen Gewebearten einschließlich der Keimzellen«. Die augenfälligsten Befunde waren »schwere Atrophie und Degeneration der Hoden bei allen Spezies«; siehe *National Journal* 9, 17 (1977), S. 1456. Die Kanzerogenität des DBCP war schon seit 1973 bekannt; *J. Nat. Canc. Inst.*, 51, 1993 (1973).

Umweltrelevanter als die DBCP-Problematik erscheint allerdings die gleichzeitig bekanntgewordene Befürchtung, daß Äthylendibromid (EDB) ebenfalls sterilisierend wirken kann. EDB wird in den USA mit über 3000 Tonnen als Pestizid eingesetzt aber auch mit rund 100000 Tonnen als Antiklopfmittel dem Benzin zugesetzt; *Chem. Eng.* v. 19. 12. 1977, S. 13.

160. Dabei handelte es sich nachweislich um eine Dauerbelastung, denn immer wieder stießen auch die Meßtrupps des Bundesgesundheitsamtes auf erschreckend hohe Endosulfan-Gehalte in Rhein und Main – so am 8. 10. 1969 in Raunheim bei Mainz (2,7 ng/l), 1. 12. 1969 in Sindlingen (3,2 ng/l) oder am 9. 12. 1969 in Kelsterbach (12 ng/l). Dazu das Bundesgesundheitsamt: »Hiermit war eindeutig erwiesen, daß die Ursache . . . nicht, wie verschiedentlich unterstellt, in einem Verlust von einigen Fässern Wirkstoff während des Flußtransports gesucht werden sollte. . . . Allein während unserer ersten Beobachtungsperiode von 50 Tagen müssen 1,5 t Thiodan (= Endosulfan, *d. Verf.*) im

Düsseldorfer Rheinwasser stromabwärts geführt worden sein . . . Die am 8. 10. gewonnenen Proben . . . ließen erstmalig den Verdacht aufkommen, daß der Ursprung des Thiodans in den Abläufen der Farbwerke HOECHST zu suchen sei. Unsere Vermutungen wurden dann durch gezielte Untersuchungen . . . bestätigt und erhärtet«; zitiert nach Aurand, K. et al., »Untersuchungen über den Endosulfan-Gehalt im Rhein, Main und in Uferfiltraten«, Bericht 1/1970 des Instituts für Wasser-, Boden- und Lufthygiene des Bundesgesundheitsamtes Berlin.

160a. Zur Belastung mit organischen Schadstoffen s. »Umweltprobleme des Rheins«, 3. Sondergutachten des Rates von Sachverständigen für Umweltfragen, S. 59, Stuttgart und Mainz 1976. Die Gefahr durch schwer abbaubare organische Stoffe sieht der Rat so: Es finden sich »im Rheinwasser Schadstoffe mit chronischer, spät manifest werdenden karzinogener oder mutagener Wirkung. Über die Trinkwassergewinnung aus Rheinwasser können diese Stoffe eine Bedrohung der menschlichen Gesundheit darstellen. Wie so oft bei Umweltgefährdungen ist der Grad dieser Bedrohung nicht exakt bestimmbar«.

161. Wegen der Belastung der Umwelt durch Insektizide aber auch wegen Resistenzbildungen beschäftigen sich Biologen bereits seit einigen Jahren mit harmloseren, biologischen Schädlingsbekämpfungsmitteln. Dies vor allem auch deshalb, weil die heute verwendeten Insektizide nicht nur die Schadinsekten töten, sondern auch höhere Tiere, wie Fische, Vögel und Säugetiere gefährden. Ein Ansatz für eine Alternative gegenüber den chemischen Präparaten sind pflanzliche »Gegenmittel«, die zum Beispiel die Chitin-Synthese inhibiert. Hoffnungen setzen die Biologen insbesondere auf mikrobielle Stoffwechselprodukte mit insektizidem Effekt, auf insektenpathogene Viren sowie die Anwendung von Insekten-Lockstoffen, zum Beispiel Geruchs-Pheromonen; dazu siehe Marks, J. L., *Science* 197, 1170 (1977), *Selecta* vom 14. 1. 1977, S. 3886.

162. »Hexachlorbenzol – ein weiteres Umweltgift«, in *Frankfurter Allgemeine Zeitung* v. 12. 1. 1977; siehe auch *Chemie in unserer*

Zeit, 2/ 1977; Engst, R. et al., »Zur Kontamination der Umwelt mit Hexachlorbenzol«, *Die Nahrung*, 21, 231 (1977).

163. Sandermann, W. in: *Naturwissenschaften* 61, 207 (1974).

164. Dazu siehe auch: Duggan, R. E. et al., »Residues in food and feed«, *Pesticid. Mon. J.* 5, 73 (1971); »Pesticides in food«, *WHO Techn. Rep. Ser.* No. 525, Genf 1973; *Rückstände in Fleisch und Fleischerzeugnissen*, DFG-Forschungsbericht, Boldt Verlag, Boppard 1975.

165. siehe Abstandserlaß des Landes Nordrhein-Westfalen. Die katastermäßige Erfassung von Luftverunreinigungen macht insbesondere in NRW gute Fortschritte. Einen Luftkataster für Chlor und Chlorwasserstoff hat man beispielsweise auch in einem großen Werk Norddeutschlands angelegt. Das Werk befindet sich in nächster Nähe von Wohngebieten, für die eine überhöhte Umweltbelastung unerträglich wäre. Innerhalb des Industriebereiches wird an allen Anlageteilen gemessen, welche Schadstoffmengen entweichen. Der Technische Überwachungsverein kontrolliert die Resultate, die in einen Computer gespeist werden. Hier werden nach entsprechenden Ausbreitungsmodellen die zu erwartenden Schadstoffkonzentrationen für die etwa 80 qkm großen Planquadrate rund um das Industriegelände berechnet. Mit ergänzenden, gezielten örtlichen Messungen wird dann die Richtigkeit der Ausbreitungsmodelle überprüft. Bisher wurde in den meisten Planquadraten die Luftverschmutzung von 0,1 Mikrogramm nicht überschritten, erlaubt sind 100 Mikrogramm.
Die Kosten des Chlorkatasters haben rund eine halbe Million betragen; siehe: *Smog-Information über Umwelt- und Gesundheitsschutz* 3/77, S. 3.

166. Professor A. Kuhlmann (TÜV Rheinland) zitiert nach »Risiko-Grenzwerte gefordert«, *Weser Kurier* v. 26. 11. 1977.

167. Eine Problemlösung wäre dieser Vorschlag allenfalls für äußerst riskante Prozesse, zum Beispiel eine Trichlorphenol-Produktion auf See; dazu siehe: »Chemie auf See«, in *Spiegel* v. 25. 7. 1977, S. 145.

168. Die Industrie weigert sich auch mitunter, das technische

Know-how von Chemieanlagen und die Produktionszahlen offenzulegen – unter Hinweis auf »Betriebsgeheimnisse«: »Wer tiefer in der Materie steckt« – schreibt dazu zum Beispiel der Industrieverband Pflanzenschutz« und Schädlingsbekämpfungsmittel (IPS) – »weiß, daß die Produktionsmenge beispielsweise gar nicht oder nur selten in ursächlichem Zusammenhang mit zum Beispiel den Emissionsraten steht. Für die Industrie ist es deshalb nicht einsehbar, weshalb derart vertrauliche Daten in diesem Zusammenhang bekannt gegeben werden sollen«; siehe *IPS-Jahresbericht* 1977/78, S. 25.

Alltägliches Risiko Chemie

1. Die Angaben beziehen sich auf die Anzahl der in einem Computer der American Chemical Society gespeicherten Chemikalien; siehe: »Chemicals: How Many Are There?« in *Science*, 199, 162 (1977). Nach Angaben des siebten Berichts des amerikanischen Council of Environmental Quality für 1976 gibt es rund 3,5 Millionen chemische Verbindungen, eine Zahl, die angesichts des früheren Zeitpunkts dieser Untersuchung mit der o. g. Angabe gut übereinstimmt; siehe: *7th Ann. Rep of the Council of Environmental Quality*, Washington 1977.
2. Nach Untersuchungen der UN wird sich die Weltproduktion von Metallen, Metallverbindungen und synthetischen organischen Verbindungen, die über die letzten zwanzig Jahre mit einer Rate von über 10 bis 15 % wuchs, auch in Zukunft erhöhen und von erheblichem gesellschaftlichen Nutzen sein; siehe: Mollenhauer, H. P. »UN-Register für gefährliche Stoffe«, in *Umwelt* 6/1976, S. 205.

2a. Wynder, E. L. und Gou, G. B., *J. Natl. Cancer Inst.* 58, 825 (1977); Train, R. E., *Science* 195 (1977).

3. Flöhl, R., »Veränderungen der Haut sind Signale für Umweltschäden«, in *Frankfurter Allgemeine Zeitung* v. 1. 4. 1977.
4. Swoboda, H., »Die Umwelt geht durch den Magen«, in *bild der wissenschaft*, Nr. 4/1976; Bericht der »Kommission zur Prü-

fung von Rückständen in Lebensmitteln«, DFG-Studie 1976; »Don't let Toxic Chemicals go to your Head«, *Science News* v. 3. 4. 1976.

5. Gilette, R., *Science* 186, 242 (1974).

5a. Die Mehrzahl der käuflichen Haarfärbemittel sind potentielle Mutagene. Bei 150 von 169 getesteten Produkten konnte man in den USA die Mutagenität nachweisen. Ähnliche Ergebnisse lieferten Untersuchungen in Großbritannien und in Japan; EG-Studie »Major chemical Hazards«, ENV/223/74 – EREV 2, Febr. 1978, S. 67.

6. Amaranth, ein roter Lebensmittelfarbstoff, der vornehmlich in Konfitüren und Speiseeis Anwendung findet, ist in den USA verboten, in der Bundesrepublik noch immer zugelassen; zum Saccharinverbot siehe z. B. *New Scientist* v. 8. 4. 1976, *U. S. News & World Report* v. 28. 3. 1977, *Frankfurter Allgemeine Zeitung* v. 30. 3. 1977.

7. Beim Ames-Test werden Bakterien verwendet, bei denen schon Spuren mutagener und kanzerogener Substanzen ausreichen, um zu sichtbaren Erbschäden zu führen. Neuerdings hat Professor B. N. Ames (Berkeley/Calif.) seinen Test verbessert, so daß auch Moleküle die Membran der Bakterienzelle durchdringen können, die bislang abgehalten wurden. Der Zelltransformationstest verwendet Zellkulturen, die sowohl Lungenzellen neugeborener Hamster als auch menschliche Lungen- und Leberzellen enthalten. An dem Verhältnis der absterbenden zu den überlebenden Zellen läßt sich (unter Berücksichtigung der Konzentration des Stoffes) die Kanzerogenität ermitteln; zitiert nach: Flöhl, R. »Schnelltests für krebserregende Stoffe«, in *Frankfurter Allgemeine Zeitung* v. 9. 2. 1977. Im übrigen sind mutagene Chemikalien fast grundsätzlich auch karzinogen; siehe dazu: Schoeller, L. »Bakterientest für erbverändernde Chemikalien«, *Frankfurter Allgemeine Zeitung* v. 12. 4. 1978. Die britischen Biochemiker Dr. Peter Cook und Dr. Irene Brazell haben ein Verfahren entwickelt, die Schäden durch mutagene oder kanzerogene Substanzen gleich am Erbstrang, der DNA, abzulesen. Ihrer Meinung nach weist diese Methode

gegenüber dem Ames-Bakterientest eine Reihe von Vorteilen auf, vor allem weil er mit menschlichen DNA-Molekülen funktioniert; siehe »Neue Technik zur Identifizierung karzinogener Substanzen« in *bild der wissenschaft* Nr. 9/1977.

8. Nach Untersuchungen der FDA nimmt der Durchschnittsamerikaner jährlich mit der Nahrung fünf Pfund chemische Lebensmittelzusätze zu sich; siehe *Ärztliche Praxis* 29, 22, 1057 (1977); siehe auch Köthe, R., »Farben in der Nahrung«, *Die Zeit* v. 10. 12. 1976, S. 62.

8a. Ehrlich bezweifelt auch, daß es überhaupt sichere Tests zum Nachweis der Unschädlichkeit chemischer Substanzen gibt. Rund 16000 Versuchsmäuse würden für einigermaßen gesicherte Tests benötigt, deren Kostenaufwand 100000 Dollar und deren Zeitaufwand etwa drei Jahre betrage. Wollte man nur 1000 der als »verdächtig« einzustufenden Produkte untersuchen, müßten alles in allem 500000 Tests angestellt werden – und das ist nach Meinung Ehrlichs fast ein Ding der Unmöglichkeit; zitiert nach dpa/fwt v. 7. 6. 1978.

9. Allerdings können im Falle eines Brandes erhebliche Mengen Phosgen entstehen.

10. In der Bundesrepublik wurden 1976 an FKWs verbraucht: für Spraydosen 40000 Tonnen (67 %), als Kältemittel 6000 Tonnen (10 %), in der Kunststoffverschäumung 9000 Tonnen (15 %) und in chemischen Reingiungen 5000 Tonnen (8 %); unter den Spraydosen gingen die größten Anteile mit je etwa 30 % in Haarpflegemittel und Deodorants.

11. Von den FKWs werden jährlich in die Luft emittiert (von der verwendeten Menge): Kältemittel 25 %, Spraydosen-Treibgase 100 %, Treibmittel für Kunststoffschäume 75 % und Reinigungsmittel 50 %; zitiert nach »Studie über die Auswirkung von FKW auf die Ozonschicht und die möglichen Folgen«, Bericht des Battelle-Instituts für das Umweltbundesamt, Frankfurt 1976.

12. Molina, M. I. und Rowland, F. S., *Nature* 249, 810 (1974).

13. Wofsy, S. C. und Mc Elroy, M. B. in *Science*, 187, 535 (1975).

14. Dies zumal auch andere Ozon-schädigende Faktoren diskutiert

werden: die Abgase hochfliegender Überschallflugzeuge, die Abgase aus Verbrennungsprozessen von Industrie, Haushalt oder durch große Flächenbrände sowie schließlich auch die Stickstoffdüngung und die damit verbundene Freisetzung von N_2O; siehe: »Ozonschicht durch Stickstoffdüngung gefährdet?«, *Umschau* 77, 314 (1977).

15. Güsten, H. in *bild der wissenschaft*, Nr. 2/1976.
16. siehe zum Beispiel: *Spiegel* Nr. 5/1978 v. 30. 1. 1978, S. 97; *Spiegel* v. 23. 5. 1977; *Science News* v. 21. 5. 1977; *Frankfurter Allgemeine Zeitung* v. 1. 6. 1977; Umweltreport v. 15. 7. 1978, S. 2.
17. siehe *Umwelt* (BMI) Nr. 59/1977, S. 8.
18. Die deutsche Industrie hat im übrigen im Rahmen freiwilliger Selbstbeschränkung die FKW-Produktion um 15 bis 20% gedrosselt; siehe dazu: *Umwelt* (BMI) Nr. 57/1977, S. 35.
19. Auszug aus dem Sektionsprotokoll: »Subikterus, dunkelroter Herd in der linken Lunge, Varices oesophageales, Aszites und vorwiegend flüssiges Blut (8000 ml) in der Bauchhöhle, Splenomegalie. Die Leber wiegt 2750 g, ihre Oberfläche ist unregelmäßig höckerig, am Schnitt grauweiße Herde, in einem ein etwa 2 cm langer Riß; ansonsten ist das Gewebe hart, von gelbbrauner Farbe.
    Pathologisch-anatomische Diagnose: Haemangiosarkom et cirrhosis hepatis, Metastase in die linke Lunge, Ruptur des Lebertumors und Ausblutung in die Peritonealhöhle, hämorrhagischer Schock«; siehe: Schmidt, K. und Batora, J., *Z. ärztl. Fortb.* 70, S. 1020.
20. Tribukh, S. R. et al., *Gig. Sanit*, 10, 38 (1949), *Abstract in World Med.* 7, 453 (1950); Filatova, V. S., et al., *Gig. Fr. Prof. Zabol* 1, 6 (1958).
21. Viola, P. L., *Cancer Res.* 31, 516 (1971), Vortrag auf dem 10. Internationalen Krebskongreß, Houston/Texas 22. 5. 1970.
22. Gibt es eine Kanzerogenitätsschwelle für Vinylchlorid? Die Giftwirkungen von Vinylchlorid werden nicht von der Substanz selbst, sondern von Umsetzungsprodukten ausgelöst, die durch Stoffwechselleistungen vor allem der Leber gebildet werden. Der Hauptweg des Metabolismus verläuft über die Bil-

dung eines Epoxids. Dieses Epoxid ist außerordentlich reaktionsfähig, sein direkter Nachweis ist bislang nicht gelungen. Es kann auf verschiedene Weise weiterreagieren:

1. Hydrolyse zu einem Diol
2. Bindung an Glutathion unter Elimination des Chlors
3. thermische Umlagerung zu Chloracetaldehyd und weitere Oxidation zu Chloressigsäure
4. direkte Reaktion mit essentiellen und nuclephilen Zellbestandteilen, vor allem Nukleinsäuren.

Die ersten drei Wege sind als Entgiftungsreaktion aufzufassen, der letztere Reaktionsmechanismus dürfte für die akuten und chronischen Giftwirkungen verantwortlich sein. Bemerkenswert ist, daß bei Zugabe von VC-Dosen Glutathion in der Leber schneller verbraucht wird als es nachgebildet werden kann. Der Glutathionsgehalt der Leber wird verringert und daraus ist geschlossen worden, daß von einer gewissen Schwelle an die reaktiven Zwischenstufen mit DNA und RNA reagieren können. Der Glutathiongehalt der Leber wurde bei 10, 50, 150, 250, 1000 und 2000 ppm VC gemessen. Bereits bei 50 ppm zeigte sich eine Absenkung des Glutathiongehaltes, diese Absenkung nahm mit größerem VC-Angebot zu. Bei 10 ppm ergab sich keine Absenkung. Unterhalb von 25 ppm konnte bislang kein Angiosarkom im Tierversuch erzeugt werden. Daher könnte die biologische Schwelle einer Erzeugung von Angiosarkomen bei ca. 25 ppm angenommen werden. Aus diesen Feststellungen darf aber keineswegs auf eine Ungefährlichkeit des VC unterhalb 25 ppm geschlossen werden, wie man weiß, ist Glutathion Inhibitor auch für andere gefährliche Chemikalien, zum Beispiel alkylierende Substanzen und andere chlorierte Kohlenwasserstoffe. So ist nachgewiesen, daß der metabolische Umsatz von VC durch Zusatz von Chlorkohlenwasserstoffen, aber auch Alkohol gehemmt wird. Wenn man nun bedenkt, daß zum Beispiel die Vorbelastung durch chlorierte Kohlenwasserstoffe nicht unbeträchtlich ist – so liegt der Gehalt des Fettgewebes des Menschen in der Bundesrepublik Deutschland an PCB bei 5,3 ppm, der Gehalt an VC, aber auch an Styrol, kann bis zu 1 ppm betragen – dann darf man feststellen, daß die Schwelle, bei der Vinylchlorid das Glutathion überspielt, bei Anwesenheit solcher Chemikalien sicherlich weit geringer als 25 ppm sein kann.

23. Bis 1970 lag der MAK-Wert in der Bundesrepublik bei 500 ppm VC.
24. Creech, J. L. und Sears, J. K., *J. Occ. Med.* 16, 150 (1974).
25. Fritz, M., »PVC – Kurzform für Krebs«, *U – das technische Umweltmagazin*, 4/1976, S. 16.
    Im übrigen waren bis Ende 1975 sechs, bis Ende 1976 acht VC-Krebstote in Deutschland gemeldet. Obwohl man 1974 schon von der Giftigkeit des Vinylchlorids wußte, von der Kanzerogenität zumindest ahnte, gab in diesem Jahr die Berufsgenossenschaft der chemischen Industrie ein Merkblatt »Gefährdung durch Vinylchlorid« heraus, in dem sie die Arbeiter darauf hinweist, »daß bisher nicht eindeutig geklärt ist, ob das monomere Vinylchlorid tatsächlich die alleinige Ursache für die sogenannte Vinylchloridkrankheit ist«; siehe: *Arbeitsmed. Sozialmed. Präventivmed.* 10/1974, S. 226.
26. Tabershaw, I. R. und Gaffey, W. R., »Mortality study of workers in the manufacture of vinyl chloride«, *J. Occ. Med.* 16, 509 (1974). Da die meisten Karzinogene auch mutagen sind, wurden Chromosomenuntersuchungen an PVC-Arbeitern durchgeführt und dabei tatsächlich Schäden festgestellt. Bei 95 Familien von PVC-Arbeitern diagnostizierte man 1976 eine deutlich erhöhte Zahl von Fehl- und Totgeburten; siehe: Infante, P. F. und Wagoner, J. K. et al., »Genetic risks of vinyl chloride«, *Lancet 1.* 734 (1976).
27. Moll, W., »Zur Vinylchlorid-Krankheit«, *Umwelthygiene* 8/1975, S. 235;
28. Fritz, M. in *U – das technische Umweltmagazin*, 4/1976, S. 16.
29. Gewerbeaufsichtamt Bonn: Brief v. 25. 9. 1968 an Josef Kurth, Sieglar-Oberlar; zitiert nach Anm. 30.
30. Eßlinger, H., »PVC-Erkrankungen in der Bundesrepublik Deutschland und der Fall Dynamit Nobel«, in: Levinson, C., *PVC zum Beispiel*, Reinbek 1975.

31. Manstein, B., *Strahlen*, Frankfurt 1977.
32. *Arbeitsmed. Sozialmed. Präventivmed.* Nr. 10/1974, S. 226.
33. Levinson, C., *PVC zum Beispiel*, Reinbek 1975.
34. Maltoni, C. und Lefemine, G., »Cancerogenicity bioassays of vinyl chloride«, *Env. Res.* 7, 387 (1974).
35. Ende 1974 waren in der Bundesrepublik 43 Fälle von Verdacht auf PVC-Erkrankungen aus der weiterverarbeitenden Industrie gemeldet, darunter 38 von DYNAMIT NOBEL, siehe: Berufsgenossenschaft der chemischen Industrie, Zusammenstellung über den Verfahrensstand bei VC-Erkrankungen, Stand 15. 9. 1974.
36. Biersack, H. H. et al., »Leberschäden durch Vinylchlorid« (Hrgb. Gutacker H. W. und Lelbach, W. K.), Baden-Baden 1977; siehe auch: Levinson, C., *PVC zum Beispiel*, Reinbek 1975, Pietruck, S., »Die Vinylchlorid-Krankheit«, *Selecta* Nr. 48 v. 1. 12. 1975.
37. Coybett, T. H., »Inhalation anesthetics – more vinyl chloride?« *Env. Res.* 9, 211 (1975), siehe auch Anm. 22.
In einem Fachblatt war damals zu Selikoffs Einschätzung des Problems zu lesen: »Sollte sich dieser Satz bestätigen, so stünde ein ganzer Chemiezweig vor dem wirtschaftlichen Ruin: Selbst ein Grenzwert von 25 ppm würde so hohe Investitionskosten erfordern, daß die Wettbewerbsfähigkeit für PVC-Erzeugnisse nicht mehr gegeben wäre. Schon aber spricht man von Werten von 2 bis 3 ppm« (*Naturw. Rundschau* 28, 1975) – eine völlig falsche Interpretation, wie sich später herausstellen sollte, siehe auch Anm. 44.
38. Thiess, A. M. und Frentzel-Beyme, R., in *J. Occ. Med.* 17, 430 (1975).
39. 1970 war der MAK-Wert auf 100 ppm, 1974 auf 50 ppm reduziert worden.
40. Wie erfinderisch Arbeiter zum Schutz ihrer eigenen Gesundheit sein können, wenn gesetzliche Regelungen und Meßinstrumente fehlen, zeigt ein Beispiel aus der frühen PVC-Produktion Nordrhein-Westfalens: Die Autoklavenreiniger ließen vor Reinigung jeweils einen Kanarienvogel in den Autoklaven.

Überlebte er, stiegen sie ein. Die Arbeiter konnten natürlich nicht wissen, daß sie sich so zwar vor der bekannten betäubenden Wirkung, nicht aber vor der für sie unbekannten Kanzerogenität schützen konnten; *Drucksache* 8/1933 des NRW-Landtags v. 28. 3. 1977.

41. In Wilhelmshaven soll eine 300000-Jahrestonnen-VC-Anlage (Jade-Werke) entstehen.

42. Der den Autoklaven verlassende PVC-Feststoff enthielt lange Zeit erhebliche VC-Mengen bis zu 50 kg/Tonne. Nur das aus dem Reaktionskessel direkt abgepumpte Rest-Vinylchlorid wurde in den Produktionskreislauf zurückgeführt. Der zwei- bis fünfprozentige Anteil von VC in PVC wurde in den nachfolgenden Aufarbeitungsstufen bis hin zum Produkt nach und nach emittiert; dazu siehe: Vahrenholt, F., »Die Entwicklung der Vinylchlorid-Emmission bei der PVC-Herstellung«, *Staub – Reinhaltung der Luft* 37, 416 (1977).

43. Das Battelle-Institut ermittelte an den Autobahnen im Spessart und in der Nähe von Würzburg Immissionskonzentrationen von 0,04 bzw. 0,03 ppm Vinylchlorid in der Luft; siehe Forschungsvorhaben LÜP 413118/III A 150 des Battelle-Instituts im Auftrage des Bundesministers des Innern, 1977.

44. Daß die Investitionen keine sonderliche wirtschaftliche Belastung waren, zeigt eine Überschlagsrechnung: Aufgewendet wurden von der PVC-Industrie etwa 100 Millionen Mark, davon können nach vergleichbaren Angaben der amerikanischen Firmen rund zwei Drittel, also 66 Millionen Mark direkt dem Bereich »Umweltschutz« zugerechnet werden. Nach Mitteilung der PVC-Hersteller betragen die jährlichen Gesamtkosten (kapitalabhängige Kosten und Betriebskosten) rund ein Drittel jährlich, also rund 22 Millionen Mark. Demgegenüber wird allerdings durch die Umweltschutzmaßnahmen ein beträchtlicher Teil Vinylchlorid zurückgewonnen, nach Angaben der PVC-Industrie rund 2,4 % des eingesetzten VCs. Bei einer Jahresproduktion von 1,1 Millionen Tonnen entspricht dies 26400 Tonnen, die einen Wert von 18,5 Millionen Mark darstellen (700 Mark/Tonne VC). Die jährliche Belastung redu-

ziert sich somit auf 3,5 Millionen Mark. Werden diese Kosten auf den Preis abgewälzt, ergibt sich eine Verteuerung von 1500 Mark/Tonne PVC auf 1503 Mark/Tonne, eine Preissteigerung von 0,2 %. Man sieht: Skepsis bei Wehklagen der Industrie über Kostensteigerungen durch Umweltschutzmaßnahmen ist geboten; siehe Vahrenholt, F., »Bedeutung des produktbezogenen Immissionsschutzes für die Luftreinhaltung«, *VDI-Bildungswerk* Nr. 3393, 1977.

45. Anschel, J., *J. Pharm. Ind.* 36, 530 (1974), spricht von einer Toten; Levinson, C., *PVC zum Beispiel*, Reinbek (1975), spricht von drei Toten.
46. Report on the Activities and findings of the Vinyl Chloride Task Force, EPA, Washington 1974, Anhang S. 28.
47. Infante, P. E., »Oncogenic and mutagenic risks in communities with PVC-production facilities«, *Ann. NY Acad. Sci.* 15, 502 (1975). Daß VC nicht nur kanzerogen, sondern auch mutagen ist, war zu erwarten, da dies für die meisten krebserregenden Substanzen gilt (siehe Anm. 26).
Im übrigen kosten bakterielle Testsysteme nicht mehr als rund 1000 Mark, um solche mutagenen Verdachtsmomente zu erhärten oder zu widerlegen. Bei einer Weltjahresproduktion von 10 Millionen Tonnen wäre ein solcher Test vor Inverkehrbringen des Produkts sicherlich nicht zuviel verlangt gewesen. Aber es mußten dreißig Jahre verstreichen, und noch nicht einmal die bekannten Haut- und Gefäßveränderungen reichten aus, um die Industrie zu solchen Tests zu veranlassen. Erst nach einigen Todesfällen wurde der öffentliche und werksinterne Druck so stark, daß umfassende toxikologische Tests vorgenommen wurden.
48. Anschel, J., *J. Pharm. Ind.* 36, 530 (1974).
49. Lange Zeit galt Vinylchchlorid als äußerst harmloses Gas. So hieß es noch 1970 in einem Standardwerk »Chemie und Toxikologie der Kunststoffe« (Lefaux): »Vinylchlorid ist ein verhältnismäßig wenig giftiges Gas. Es wirkt in höheren Konzentrationen leicht anästhetisch und hat Reizwirkungen auf die Augen.« Wegen der betäubenden Wirkung wurde VC sogar als

Narkosemittel verwendet und erst verboten, als sich nach Tierversuchen schwere Herzrhythmusstörungen gezeigt hatten; siehe dazu: Schmidt, K. und Batora, J. Z. *ärztl. Fortb.* 70, S. 1020. 1966 ließ das Bundesgesundheitsamt VC als Treibgas zu.

50. Williams, D. T. und Mills, W. F., *J. Ass. Off. Anal. Chem.* 58, 272 (1975).

51. Davids, P. und Lohrer, W., »Vinylchlorid-Emission aus PVC«, *Umwelt* 5/1977, S. 403. In den meisten heutigen Verpackungen, insbesondere den PVC-haltigen Bechern, Tüten und Flaschen ist der niedermolekulare Bestandteil Vinylchlorid (VC) nur noch in einer Konzentration enthalten, die unter der von der EG-Kommission in Brüssel im Mai 1978 verabschiedeten Höchstgrenze von 1 Milligramm VC je Kilogramm PVC liegt. Aus toxikologischer Sicht ist jedoch die langfristig, mittlere Aufnahme dieser Stoffe ebenso wichtig wie eine Überschreitung der oberen Werte. Es ist deshalb auch aus der Sicht der Verbraucher sehr genau zu prüfen, ob der mittlere VC-Gehalt zur Erreichung eines verbesserten Gesundheitsschutzes noch gesenkt werden kann. Die Wechselwirkungen von täglichem Nutzen und einem ständig steigenden Aufwand und Wert müssen deshalb beachtet werden; zitiert nach *informationsdienst ernährung – forschung – gesundheit*, v. 2. 3. 1978, S. 6.

52. Bis 1975 wurden allerdings noch Werte zwischen 2000 und 3000 ppm gemessen.

53. siehe: Henschler, D., »Metabolismus von Vinylchlorid« in »Leberschäden durch Vinylchlorid«, zitiert nach *ASP* 10/1974, S. 226; dazu ebenfalls: Brocke. W. et al., »Toxische Inhaltsstoffe in Kunststoffen und anderen organischen Produkten« in *Organische Verunreinigungen der Umwelt*, Berlin 1977.

54. Im Mai 1978 verabschiedete der Rat der EG eine Richtlinie über den VC-Gehalt in PVC-Artikeln; *ddp* v. 5. 6. 1978; siehe auch Anm. 51; siehe auch *Spiegel* v. 7. 11. 1977; *Umwelt* (BMI) Nr. 57 v. 26. 7. 1977.

55. *Chem. Eng.* 83, 61 (1976).

56. Eine mögliche Erklärung wäre auch, daß Styrol mit dem Aus-

gangsprodukt der Styrol-Produktion, Benzol, verunreinigt ist, und Benzol ja als Leukämie-erregende Chemikalie bekannt ist (siehe Anm. 114 S. 372).

57. Styrol ist ein unsymmetrisch substituiertes Äthylen. Der Toxikologe Henschler hat durch seine Versuche an unsymmetrischen Äthylenen nachgewiesen, daß diese mutagene Wirkung haben. Der Grund dafür liegt in der Tatsache begründet, daß diese Äthylene in den Zellen zu Epoxiden abgebaut werden, die leicht mit biologischem Material reagieren. Die amerikanischen Giftforscher Unilog und Garro vermuten, daß wegen der bekannten Beziehung zwischen Mutagenität und Kanzerogenität inhalierte Styroldämpfe zu einer potentiell kanzerogenen Substanz aktiviert werden könnte, weil eine mutagene Wirkung des Styrolepoxids im Bakterienversuch unverkennbar sei (siehe auch S. 29). Zu diesem Komplex auch die Anfrage des Abgeordneten Guerlin im Europäischen Parlament: »Sind der Kommission die Ergebnisse der Arbeiten bekannt, die Prof. Maltoni über Styrol durchgeführt hat, wobei er zum Schluß kommt, daß es sich um ein krebserzeugendes Monomer handelt? Antwort: Die Kommission verfolgt die Arbeiten von Prof. Maltoni sehr aufmerksam . . . aus den Ergebnissen kann nicht eindeutig geschlossen werden, daß Styrol krebserregend ist. Daher muß eine zweite Versuchsreihe an anderen Tieren als Ratten durchgeführt werden«; zitiert nach *Amtsblatt der Europ. Gemeinschaften* Nr. C 72/4 v. 22. 3. 1978.

58. Die Problemlösung ist dabei sicherlich nicht so einfach wie beim PVC, weil sich beim Erhitzen sauberen Polyvinylchlorids kein VC zurückbilden kann. Polystryrol dagegen kann wieder in Styrol zerfallen (depolymerisieren), so daß die Erhitzung von Styrol ein beachtliches Problem darstellt; siehe: Glenz, W., *Kunststoffe* 67, 165 (1977).

59. Auch Acrylnitril ist wie Styrol ein unsymmetrisch substituiertes Äthylen, so daß hier aus den unter Anm. 57 genannten Gründen ebenfalls ein »theoretischer« Krebsverdacht besteht.

60. Versuchstiere, deren Trinkwasser ein Jahr lang 100 bis 300 ppm Acrylnitril enthielt, entwickelten Tumore im Magen, Zentral-

nervensystem und im Ohr. Teratogene Effekte ergaben sich bei Rattenexperimenten: Bei Aufnahme von 25 mg Acrylnitril/kg Körpergewicht zeigten sich Mißbildungen am Fötus, insbesondere Skelett- und Kreislaufanomalien.

61. Von 470 Arbeitern – so ergab die DUPONT-Studie – waren innerhalb von 20 Jahren 16 an Lungen- und Dickdarmkrebs gestorben, zwei- bis dreimal so viel, wie nach der Statistik zu erwarten gewesen wäre; gefährlich können Acrylnitril und andere Kunststoffe im übrigen auch im Falle eines Brandes werden. Schon 1972 warnten amerikanische Chemiker der University of Wisconsin davor, daß beim Verbrennen von Polyacryl nennenswerte Mengen Blausäure entstehen. In zehn Blutproben von Opfern eines Flugzeugabsturzes stellte man tödliche Cyanidkonzentrationen fest, die die untersuchenden Chemiker zu der Vermutung veranlaßten, »daß Opfer von Wohnungsbränden manchmal eher an Vergiftungen als am Erstikkungstod gestorben sind«; siehe: *bild der wissenschaft* 8/1973. Auch Polyurethanhartschaum entwickelt bei der Verbrennung Produkte hoher Toxizität; siehe: *Science*, 187, 742 (1975).

61a. Köthe, R., *Die Zeit* v. 5. 8. 77, S. 45.

62. EPA-Statement zu Acrylnitril, Juli 1977.

63. »USA verbieten Plastikflaschen«, *dpa*-Meldung v. 1. 10. 1977.

63a. Dabei müßten nach Untersuchungen des amerikanischen Kunststoffverbandes SPI lediglich 614 Dollar pro Jahr und Beschäftigten aufgewandt werden, um den von der obersten Arbeitsschutzbehörde geforderten Schutz vor krebserregenden Substanzen zu erreichen. Das sind noch nicht einmal 100 DM pro Arbeiter im Monat!; siehe *Plast. Technol.* 4/78, S. 35.

63b. Chloropren wird als Gummi (Kabelmäntel, Schläuche, Transportbänder, Schuhe) und als Klebstoff verwendet; Sanotskij, J. v., »Aspects of the Toxicology of Chloroprene«, *Env. Health Persp.* 17, 85 (1976).

64. persönl. Mitteilung Professor W. Sandermann.

65. Der Anteil der Herbizide ist seit 1970 (56 %) stetig ansteigend und machte 1976 schon 67 % der insgesamt umgesetzten Wirkstoffmenge aus; siehe IPS-Statistik vom 11. 5. 1977; IPS-Jahresbericht 1977/78 v. 1. 4. 1978.

66. Die landwirtschaftliche Nutzfläche betrug 1970 13,578 Millionen ha, 1973 13,429 Millionen ha und 1974 13,344 Millionen ha; Angaben des Bundesministeriums für Ernährung, Landwirtschaft und Forsten (Referat Öffentlichkeitsarbeit) vom 21. 3. 1978.

67. Berechnet nach Angaben der IPS-Statistik vom 11. 5. 1977; siehe auch: *Umweltgutachten* 1974, Stuttgart, S. 113.

68. Carson, R., *Der stumme Frühling*, München 1968.

69. Acht Pflanzenschutzmittel-Hersteller betreiben in der Bundesrepublik Deutschland Forschung und Entwicklung. Nach Erhebungen des IPS haben diese Firmen im Jahre 1976 dafür rund 250 Millionen DM ausgegeben. Bezogen auf den Umsatz, beträgt dieser Anteil schätzungsweise 9 %, wobei die in ausländischen Produktionsstätten hergestellten Produktmengen miteinbezogen worden sind, die ein unmittelbares Ergebnis inländischer Forschung und Entwicklung sind. Die Ausgaben verteilen sich zu 33 % auf Synthese und Screening, zu 23 % auf Feldversuche und amtliche Prüfungen, zu 16 % auf Toxikologie, Rückstandsanalytik, Metabolismus und Umweltverhalten sowie zu 28 % auf Formulierung, Produktanalytik und chemische Entwicklung (Verfahrensausarbeitung); zitiert nach: IPS-Statistik v. 11. 5. 1977.

70. Toxaphen entsteht durch Chlorierung von Camphen.

71. Parlar, H. et. al., »A Contribution to the Structure of the Structure of Toxaphene components«, *Agr. Food Chem.* 25, 68 (1977); außerdem: persönl. Mitteilung Dr. H. Parlar vom 13. 7. 77.

72. Zitat nach Fernsehsendung »Gift im Griff?« NDR/RB/SFB-Sendung am 15. 12. 1977.

72a. Saleh, M. A. und Casida, J. E., Vortrag V-8, JUPAC-Pestizidkongreß, 24.–28. 7. 78, Zürich.

73. Toxaphen wird bei uns nur vertrieben, nicht hergestellt.

74. »Umweltgutachten 1974« des Rates von Sachverständigen für Umweltfragen.

75. 2,4,5-T (Trichlorphenoxyessigsäure) wird aus Trichlorphenol produziert, das ist jene Substanz, bei deren Produktion 1976 in

Seveso die Reaktion durchging. Auch das hiesige 2,4,5-T ist mit TCDD-Dioxin verunreinigt, allerdings nur mit maximal 0,1 ppm. Nachdem die BAYER AG nach dem Seveso-Unfall die Trichlorphenol-Produktion eingestellt hat, wird diese Verbindung, und damit das 2,4,5-T, nur noch von der Firma BOEHRINGER-INGELHEIM hergestellt. Vertrieben wird das Produkt in verschiedenen Ausführungen von den Firmen BASF, BAYER, CELAMERCK, SCHERING und BERGHOFF.

76. Gemeinsame Erklärung unabhängiger Wissenschaftler zum Einsatz chemischer Unkrautbekämpfungsmittel:
Die unterzeichneten Universitäts- und Hochschulprofessoren bringen hiermit ihre schweren Bedenken zum Ausdruck gegen die zunehmende Verwendung chemischer Unkrautbekämpfungsmittel, insbesondere in der Forstwirtschaft. Diese Herbizide sind in toxikologischer Hinsicht noch zu wenig erforscht, um ihre breite Anwendung ohne Widerspruch hinzunehmen. Die toxische Bedenklichkeit einiger herbizider Verbindungen, zum Beispiel von Aminotriazol, Paraquat, 2,4,5-Trichlorphenoxyessigsäure steht außer Frage; sie ist an Labor-Tieren einwandfrei nachgewiesen. Auch die Erfahrungen beim Einsatz von 2,4,5-T im Vietnamkrieg sprechen hierfür. Die Reduzierung des hochtoxischen Nebenbestandteils »Dioxin« im 2,4,5-T durch die Hersteller scheint nach neueren Untersuchungen die großen Bedenken gegen dieses Mittel nicht ausräumen zu können. Unter bestimmten Umständen wurde bei Anwendung von Chlorphenoxyessigsäure-Verbindungen die Nachkommenschaft geschädigt (Totgeburten und Mißbildungen). In der freien Natur kam es zu einem Massensterben von Rentieren (bei Vissträsk in Nordschweden, 1970) und zu einer tödlichen Spontanerkrankung von Davidshirschen (Karlsruher Zoo, 1971) nach Futteraufnahme von Pflanzen, die mit Wuchsstoff-Herbiziden behandelt worden waren. In beiden Fällen wurden Reste des 2,4,5-T-Mittels im Körper der verendeten Tiere gefunden. Mehrfach traten auch Bienenverluste nach Sprühaktionen mit Herbiziden ein.
Ganz unabhängig von diesen toxikologischen Bedenken ist die

steigende Herbizid-Anwendung in den Wäldern mit den Forderungen der Landschaftshygiene und Forstästhetik unvereinbar. Die vielfältigen Lebensgemeinschaften der Wälder werden durch solche chemischen Eingriffe empfindlich gestört. Es ist erwiesen, daß diese Mittel sogar in der näheren Umgebung von Naturschutz- und Wasserschutzgebieten sowie bekannter Kurbäder eingesetzt wurden.
Entgegen der Auffassung der Pflanzenschutz-Behörden und der Herstellerfirmen halten die Unterzeichneten die Ausbringung der Herbizide in der bisherigen Form (Spritzpersonal ohne Mund- und Augenschutz, Hubschrauber-Einsätze auf größeren Flächen) für fahrlässig und nicht vertretbar. In den Wäldern, die bisher noch am wenigsten mit Pestiziden belastet sind und als Erholungsraum sowie natürlicher Wasserspeicher zunehmend an Bedeutung gewinnen, sollten chemische Präparate zur Abtötung natürlicher Pflanzengesellschaften (forstlicher Ausdruck: »Kulturvorbereitungs- und Pflegemaßnahmen«) nicht verwendet werden, bis die Auswirkungen dieser Verbindungen und ihrer Abbauprodukte auf die Ökosysteme mit überzeugenden Prüfungsmethoden geklärt sind.
In den Vereinigten Staaten, Kanada und Schweden sind Wuchsstoff-Herbizide nur noch mit Einschränkungen zugelassen. In der Schweiz hat die Konferenz der Kantonsoberförster kürzlich beschlossen, im Wald grundsätzlich auf die Verwendung von chemischen Mitteln zur Unkrautbekämpfung zu verzichten. Dies scheint uns in ganz Mitteleuropa notwendig und auch erreichbar zu sein, zumal die waldbaulichen und organisatorischen Möglichkeiten zur Entschärfung des Unkrautproblems vielerorts nicht ausgeschöpft werden. Unterzeichnet von den Professoren:
An der Lan/Innsbruck (Zoologie, Pflanzenschutz, Umwelttoxikologie), Barner/Freiburg (Forstwissenschaft), Braun/Freiburg (Forstbotanik), Bruns/Berlin (Zoologie, Umweltschutz), Buchwald/Hannover (Landschaftspflege), Egger/Heidelberg (Botanik), Elster/Konstanz (Limnologie), Engelhardt/München (Landschaftsökologie), Goerttler/Heidelberg (Med. Pa-

thologie), Hildebrandt/Freiburg (Forstwissenschaft), Kühnelt/Wien (Zoologie, Ökologie), Kurir/Wien (Forstentomologie, Forstschutz), Leibundgut/Zürich (Forstwissenschaft, Waldbau), Marquardt, H./Freiburg (Forstbotanik, Genetik), Marquardt, P./Freiburg (Experimentelle Therapie), Mayer/Wien (Forstwissenschaft, Waldbau), Mitscherlich/Freiburg (Forstwissenschaft), Mohr/Freiburg (Pflanzenphysiologie), Oberdorfer/Freiburg (Pflanzensoziologie), Osche/Freiburg (Zoologie, Ökologie), Prodan/Freiburg (Forstwissenschaft), Schmitschek/Wien (Forstwissenschaft), Schäfer/Frankfurt (Ökologie), Schuphan/Mainz (Angew. Botanik), Sitte/Freiburg (Zellbiologie), Wahl/Marburg (Angew. Zoologie), Wellenstein/Freiburg (Forstwissenschaft), Wilmanns/Freiburg (Botanik), Tischler/Kiel (Ökologie, Zoologie), Lorenz/Seewiesen (Zoologie, Ökologie); zitiert nach: *Allg. Forst. Z. Nr.* 3/1974, S. 30.

77. Schreiben von Professor W. Madel an den Forst- und Holzwirt-Verlag vom 28. 9. 1973.
78. siehe: *Umschau* 21, 685 (1974).
79. Westing, A. H. und Lohs, K. H., World Armaments and Disarmaments, *SIPRI Yearbook* 1977, MIT-Press, Cambridge/Mass., S. 92; siehe auch: »The Problem of Chemical and Biological Warfare«, *SIPRI* Vol. 1, »The Rise of CB Weapons«, Stockholm 1971; Rose, S., *Gefahr aus der Retorte*, Olten 1969.
80. Man schätzt, daß etwa 110 bis 180 kg TCDD auf Vietnam »verteilt« wurden. Noch durch Dosen von 0,6 ng/kg Körpergewicht wurde in Laborversuchen jedes zweite Meerschweinchen getötet. Die Mißbildungen auslösende Fähigkeit beginnt bei 0,03 ng/kg. Im Mittel wurden in Vietnam 106 mg/ha aufgetragen. Berechnet man die durchschnittlich noch heute zu erwartende Menge an Dioxin in der Oberfläche bis zu einer Tiefe von 10 cm, so kommt man zu dem Wert von 80 mg/kg Boden, ein Verseuchungsgrad, der über der Konzentration an TCDD in der Zone B in Seveso liegt! Siehe: Westing, A. H. u. Lohs, K. H., in *Sipri Yearbook* 1977, Cambridge/Mass., S. 92.
81. Die zerstörten Mangrovengürtel werden nach Schätzungen des

National Research Council Committee, das der amerikanische Kongreß 1970 eingesetzt hat, ein Jahrhundert benötigen, um unter natürlichen Bedingungen ihren ursprünglichen Bestand wieder zu erreichen.

82. Von einem Umweltschutzexperten eines bundesdeutschen Chemiekonzerns wurde im »Arbeitskreis hochtoxische Stoffe« des »Ausschusses für gefährliche Arbeitsstoffe« des Bundesarbeitsministeriums vorgetragen, daß nach seiner Kenntnis die TCDD-Verseuchung Vietnams nicht unbeabsichtigt erfolgte, sondern geplant war.

83. Die tödliche TCDD-Dosis bei Rhesusaffen beträgt etwa 50 Mikrogramm/kg Körpergewicht und die rein rechnerische Dosis in der Militärregion III betrug 350 Mikrogramm/kg Körpergewicht! Siehe Anm. 79.

84. Zwischen 1955 und 1961 betrug die Zahl der Leberkrebstoten 159, zwischen 1962 und 1968 791; siehe dazu: Neilands, B. J., *Naturwissenschaften*, 60, 177 (1973); Tung, T. T. »Le Cancer Primaire du Foie en Vietnam«, *Chirurgie* 99, 427 (1972).

85. Die genauen Angaben: Totgeburten 1962: 0,14 %, 1965: 1,34 %, 1966: 5,1 %, 1969: 7,5 %. 1966 begann auch der massive Einsatz von Herbiziden in Vietnam, die man im übrigen zuvor in den USA getestet hatte. Als Testareal wurde auf dem Luftwaffenstützpunkt Eglin im nordwestlichen Florida ein einst bewaldetes unbewohntes Gebiet von 60 ha Größe benutzt, das zwischen 1962 und 1964 mit rd. 40000 kg 2,4,5-T exponiert wurde. Das dort verwendete 2,4,5-T wies einen vergleichbar hohen Gehalt an Dioxin auf; die auf das Testareal ausgebrachte TCDD-Menge kann auf etwa 180 g Dioxin geschätzt werden. 12 Jahre nach Verseuchung dieses Areals wurden noch in allen Umweltproben erhebliche Mengen Dioxin nachgewiesen; dazu siehe: *Environmental Health Criteria für TCDD*, WHO, EHE/EHC/77.5, Entwurf 1977; Young, A. L., »Ecological Studies on a Herbicide equipment Test Area (TAC-52 A) Eglin«, *US Air Force Armament Laboratory Technic Report* No. AFATL-TR 74–12, 1974.

85a. 2,4,5-T-Restbestände der US-Armee wurden 1976 nach Brasilien verschifft. Doch der Gift-Tanker sank vor der Mündung des Rio de la Plata. Seitdem treten in der Küstenregion zahllose mysteriöse Vergiftungsfälle auf.

85b. Nach Untersuchungen des Genetikers Dr. Val Woodward von der University of Minnesota leiden heute – zehn Jahre nach den Entlaubungsaktionen – auch zahlreiche US-Veteranen an Dioxinschäden: Die Männer klagen über Libido-Verlust, Gefühllosigkeit in den Fingern, mysteriöse Hautausschläge und Abgeschlagenheit. Die Frauen der Soldaten brachten behinderte Kinder zur Welt und erlitten ungewöhnlich oft Fehlgeburten; zitiert nach *Frankfurter Allgemeine Zeitung* v. 19. 4. 1978.

86. Schriftliche Anfrage Nr. 35/77 von Herrn Waltmanns an die Kommission der Europäischen Gemeinschaften, betrifft: Pflanzenvertilgungsmittel 2,4,5-Trichlorphenoxyessigsäure; Nr. C 162/28 vom 11. 7. 1977.

87. Die Biologische Bundesanstalt ist apparativ erst seit Anfang 1978 in der Lage, TCDD-Spuren zu analysieren; Schreiben von Prof. G. Schumann an E. R. Koch v. 25. 3. 1977 und 31. 7. 1978.

88. Gemeinsame Stellungnahme der Biol. Bundesanst. Braunschweig und des BGA Berlin zum Einsatz von Wuchsstoffherbiziden im Forst, in *All. Forst. Z.* 976/1974; im Zusammenhang mit der Anwendung des Herbizids »Tormona« kritisierte das Stuttgarter Umweltministerium des Landes Baden-Württemberg in einer Mitteilung vom 23. 9. 1977 die Tatsache, daß Zulassungs- und Prüfungsverfahren für neue Pflanzenschutzmittel durch die Biologische Bundesanstalt und durch das Bundesgesundheitsamt »sehr problematisch« geworden seien. Bei der Prüfung der Herbizide würden zwar die gültigen Bestimmungen und gesetzlichen Regelungen zugrunde gelegt, der »Fall Tormona« zeige aber, daß der wissenschaftliche Erkenntnisstand über mögliche Umweltbeeinträchtigungen nicht ausreichend berücksichtigt werde; zitiert nach *Umwelt* (BMI) Nr. 59 v. 20. 12. 1977.

89. 2,4,5-T-Pressegespräch, Industrieverband Pflanzenschutz und Schädlingsbekämpfungsmittel, Frankfurt, 20. 9. 1973.

90. Kritische Bemerkungen zur Aussagekraft der »Gemeinsamen

Stellungnahme der Biol. BA und BGA«, persönl. Mitteilung von Professor G. Wellenstein, Freiburg.

91. siehe *Spiegel* Nr. 14/1977; Die Landesforstverwaltungen schreiben allerdings im Gegensatz zur Biologischen Bundesanstalt Voraussetzungen für die Anwendung von Tormona vor. Die Anwendung ist verboten:
1. in der Zeit vom 24. 8. bis zum 21. 9.,
2. zur Zeit der Beerenreife und -ernte,
3. bei möglicher Beeinträchtigung des Landschaftsbildes,
4. in ausgesprochenen Erholungsgebieten,
5. in Wasserschutzgebieten der Zone I und II,
6. bei der Gefahr der Abdrift,
7. bei Windgeschwindigkeiten von mehr als 5 m/sec,
8. bei Lufttemperaturen von mehr als 25 Grad im Schatten.
Außerdem muß der Mindestabstand zu nicht forstwirtschaftlich genutzten Flächen und zu Fischgewässern mindestens 150 m, zu empfindlichen Sonderkulturen mindestens 500 m betragen; zitiert nach »Stellungnahme zur Anwendung von 2,4,5-T bei der Unkrautbekämpfung im Forst«, *Mittlg. a. d. Biologische Bundesanstalt für Land- und Forstwirtschaft*, Heft 181, April 1978.

91a. Der Industrieverband Pflanzenschutzmittel reagierte unangemessen auf diesen Verdacht: »Abgesehen davon, daß es die Ausflügler sind, die einen auf Sonntagseindrücke getrimmten (oder besser: vom Waldbesitzer wohl gepflegten) Wald inklusive Bambiglück erwarten, gibt es andernorts namhafte Umweltschützer, die den Wald aus ökologischen Erwägungen gerade nicht in diesem Sinne in den Dienst der Menschen gestellt sehen wollen. Das ist jedoch etwas, was ein regierender Landwirtschaftsminister seinen Wählern nicht verkaufen will«, siehe: IPS-Informationen v. 11. 5. 1977.

92. »Dokumentation zur Gefährlichkeit der Anwendung von 2,4,5-T im Wald«, Landesanstalt für Ökologie, Landschaftsentwicklung und Forstplanung des Landes NRW, August 1977; siehe auch *Umwelt* (BMI) Nr. 56/1977.

93. Zum Problem der 2,4,5-T-Rückstände in Pflanzen und Tieren

siehe: Wellenstein, G. et al., »Das Rückstandsproblem nach Anwendung von Wuchsstoffherbiziden in der Forstwirtschaft«, *All. Forst Z.* 994 (1975); Olberg, R. et al., »Untersuchungen über 2,4,5-T-Rückstände auf Waldhimbeeren«, *Nachr. Bl. D. Pflschd.* 26, 66 (1974); Wellenstein, G., »Unerlaubt hohe Pestizidrückstände in Waldbeeren«, *Umschau* 75, 510 (1975) Arne, K., »Unkrautmittel und Wild«, *Z. Jagdwiss.*, 20, 68 (1974); Moffett, J. O. und Morton, H. L., »Toxicity of airplane applications of 2,4-D, 2,4,5-T and a cotton desiccant to colonies of honey bees«, *Am. Bee J.* 111, 382 (1971); Dustmann, J. H., »Wirkung von Tormona 80 auf Honigbienen«, *All. Forst Z.* 30, 978 (1975).

94. Die Biologische Bundesanstalt und das BGA erklären: »Die beobachteten erhöhten Rückstände von 2,4,5-T in Waldbeeren lassen wegen des gelegentlichen Verzehrs kein Gesundheitsrisiko erwarten«; nach Meinung Diethers Denekes ist dies eine »Verharmlosung der toxikologischen Gefahren für den Menschen« (siehe Anm. 92). Auf Denekes Bericht reagierte die Biologische Bundesanstalt im April 1978 mit einer eigenen Stellungnahme, in der die Vorwürfe nochmals pauschal zurückgewiesen werden. Die Biologische Bundesanstalt steht zu Tormona und den anderen 2,4,5-T-Präparaten: »Die in der Dokumentation angegebene Literatur und weitere Quellen enthalten keine sachlich neuen Informationen, die gegenwärtig zu einer Änderung der Beurteilung von 2,4,5-T im Rahmen des Zulassungsverfahrens durch die Biologische Bundesanstalt und das Bundesgesundheitsamt führen können«; siehe »Stellungnahme zur Anwendung von 2,4,5-T bei der Unkrautbekämpfung im Forst«, *Mittlg. a. d. Biologische Bundesanstalt für Land- und Forstwirtschaft*, Heft 181, April 1978.

95. 1972 erkrankten zwei Kinder nach dem Genuß besprühter Waldhimbeeren in Sigmaringen, außerdem ein Mann im Zerf im Trierer Hochwald; persönl. Mitteilung von Professor G. Wellenstein vom 23. 5. 1977.

96. Vergiftungen von Waldarbeitern nach Einatmen von 2,4,5-T-Sprühnebel sind wiederholt aufgetreten; siehe Klimmer, O. R., Pflanzenschutz- und Schädlingsbekämpfungsmittel, 1971.

97. Duthweiler, G., »Vietnam-Entlaubungsgift auch in Niedersachsen«, unveröff. Erfahrungsbericht einer Sprühaktion mit Tormona 80 am Rande des Naturschutzgebietes Saupark in Südniedersachsen, März 1977.
98. zitiert nach »Schlaffe Triebe – Gift im Wald«, *DM* 9/1975, S. 69.
99. Die Einstufung der Pflanzenschutzmittel in eine der drei Giftklassen fällt allerdings nicht in den Zuständigkeitsbereich der Biologischen Bundesanstalt und des Bundesgesundheitsamtes, sondern wird vom Ausschuß Arzneimittel-, Apotheker- und Giftwesen der Arbeitsgemeinschaft der Leitenden Medizinalbeamten der Länder, Unterausschuß Giftverordnung, vorgenommen.
100. Die unsachgemäße und unbedachte Anwendung von Herbiziden ist auch immer wieder Ursache folgenschwerer Verseuchungen gewesen. So wurde im Sommer 1971 im östlichen Missouri/USA eine Pferderennbahn mit Abfallölen zur Unkrautvernichtung besprüht – Tage später erkrankten zahlreiche Rennpferde: sie zeigten typische Vergiftungserscheinungen wie Gewichtsverlust, Haarauswurf, Ödembildung, Darmkolik, Hämaturie sowie Lähmungserscheinungen. Der zeitliche Zusammenhang zwischen dem Besprühen der Rennbahn mit Abfallölen und den Tiererkrankungen ließ den Verdacht einer Vergiftung durch Stoffe aus dem Altöl aufkommen. Langwierige analytische und bioexperimentelle Untersuchungen führten schließlich zu dem Ergebnis, daß der Rennbahnboden mit 2,4,5-Trichlorphenol in einer Konzentration von etwa 5000 ppm und mit TCDD in einer Konzentration von über 30 ppm vergiftet war.
Wie sich später herausstellte, waren zwei weitere Pferderennbahnen ebenfalls mit dem gleichen Abfallprodukt behandelt worden. Das Resultat dieser unsachgemäßen Verwertung von Altölen war: Tod von über 60 Rennpferden, 5 Fohlen, Dutzenden von Haustieren, Hunderten von Vögeln und Nagetieren, Erkrankungen mehrerer Erwachsener, Krankenhausaufenthalt für ein Kind.

Vergleich von Schätzzahlen der bisher bekannt gewordenen Umweltkontaminationen durch TCDD:

Region	freigesetzte Dioxinmenge (kg)	Kontaminierte Fläche (ha)	Applikationsrate (g/ha)
Missouri	22	0,15	147000
Vietnam	150	1500000	0,1
Florida	0,2	37,25	4,9
Seveso	2,5	320	7,8

101. Ohne Behandlung durch Holzschutzmittel würden jährlich Verluste in Höhe von ein bis zwei Milliarden Dollar entstehen, nach: *Chem. & Eng. News* v. 14. 11. 1977, S. 26.
102. Verzeichnis der Prüfzeichen für Holzschutzmittel, Schriften des Instituts für Bautechnik, Reihe A, Heft 3, April 1976; außerdem: Schreiben C. Schuster, Geschäftsführer des Verbandes der Holzschutzmittel-Industrie, v. 15. 2. 1977.
103. Für PCP gibt es zwei wichtige Herstellungsverfahren: Bei dem Alkaliverfahren (Hexachlorbenzol + Alkali bei ca. 140 Grad Celsius) entsteht PCP mit bis zu 1 g Octachlordibenzodioxin pro kg. In einem zweiten Verfahren wird PCP durch Chlorierung aus Phenol bei ca. 200 Grad Celsius hergestellt. Dieses Pentachlorphenol, das in der Bundesrepublik hauptsächlich im Handel ist, enthält bis zu 15 % niedrige chlorierte Phenole (hauptsächlich Tetrachlorphenol), die sich später in toxische Dioxine umwandeln können; dazu siehe: Sandermann, W., *Naturwissenschaften* 61, 208 (1974).
104. Fallbeschreibung »Burgmüller/Herrsching« durch Dr. Hans Tombergs vom Bundesgesundheitsministerium, Bonn.
105. Statement Dr. Harun Parlar in *Bilder aus der Wissenschaft*/ARD-Sendung des NDR vom 10. 3. 1977; siehe auch : Parlar, H. und Gebefügi, I., »Vorkommen und Verhalten von Pentachlorphenol in geschlossenen Räumen«, Vortrag im Bundesgesundheitsamt am 21. 10. 1976; Gebefügi, I. et al., *Chemosphere* 4, 227 (1976).

106. zitiert nach *Schöner Wohnen*: »Holzschutz in der Wohnung – Für Menschen gefährlich?«, Gespräch mit Professor Friedhelm Korte und Dr. Harun Parlar (1977); siehe auch Gebefügi, I. und Parlar, H., »Zur Risikoabschätzung von Pentachlorphenol in der Umwelt«, *GSF-Berichte* Ö 414, Februar 1978.
107. Brandt, M., Schmidt, E., Schmidt, F. W., »Chronische Lebererkrankungen durch langjährige Intoxikation im Haushalt mit Pentachlorphenol«, Vortrag auf dem 83. Internistenkongreß 1977, Wiesbaden.
108. *Frankfurter Rundschau* vom 12. 10. 1977, siehe auch *Die Welt* und *dpa* vom 12. 10. 1977.
109. Presseverlautbarung des Bundesministeriums für Jugend, Familie und Gesundheit vom 15. 12. 1977; dazu auch Schreiben des Bundesministeriums vom 3. 1. 1978, Az: 354-5700/K; Das Thema »Pentachlorphenol« war auch Gegenstand einer schriftlichen Frage des Abgeordneten Ollesch (FDP) (Drucksache 8/1288 Frage B 92) an die Bundesregierung, für die der Parl. Staatssekretär im Bundesministerium für Jugend, Familie und Gesundheit, Fred Zander, am 8. 12. 1977 u. a. antwortete: »Die Bundesregierung ist davon überzeugt, daß pentachlorphenolhaltige Holzimprägniermittel Gesundheitsschäden verursachen können, wenn sie nicht sach- und bestimmungsgemäß angewendet werden.« Das allerdings wird noch nicht einmal von den Herstellern bezweifelt!
110. Roberts, H. J., *Southern Med. J.*, 56, 632 (1963).
111. siehe medizinisches Lexikon Pschyrembel 1972, S. 47.
112. Behrbohm, P., »Über Gefahren beim Umgang mit chlorierten Phenolen«, *Das Deutsche Gesundheitswesen*, Nr. 14, S. 614, 1959. Bereits 1951 wurden zahlreiche Pentachlorphenolvergiftungen von Arbeitern bei der PCP-Verarbeitung aus Frankreich gemeldet, darunter zwei Todesfälle; Truhaut, R. et al., *Med. Trav. Secur. Soc.* 13, 567 (1952).
113. Presseverlautbarung des Bundesministeriums für Jugend, Familie und Gesundheit vom 9. 2. 1978.
114. WHO Environmental Health Criteria Programme EHE/EHC 77.5 1977.

115. »Durch die berufliche Arbeit bei der Herstellung chlorierter Phenole kam es in den letzten Jahren in mindestens 3 westdeutschen Betrieben zu Gruppenerkrankungen an Akne mit langwierigem Verlauf und weiteren Gesundheitsstörungen ... die Arbeiter dieses Betriebes waren mit der Herstellung von Pentachlorphenol beschäftigt ... Aufgrund der Befunde ... die insgesamt über 100 Erkrankte umfaßten, ergibt sich ein charakteristisches Krankheitsbild ... Von den 31 Arbeitern dieses Hamburger Betriebes befinden sich 5 Jahre nach Aufhören der gewerblichen Exposition noch 9 in ärztlichen Betreuung wegen Residuen ihrer Akne, einer anhaltenden neuromuskulären Schwäche der Beinmuskular vasovegetativer Labilität, insbesondere aber ausgeprägte psychopathologische Störungen ... In allen 3 deutschen Gruppen von Chlorphenol-Vergiftungen wurden Leberschäden festgestellt ... in allen Gruppen wurden mehrere Fälle von chronischer Emphysem-Bronchitis und Mykardschäden gefunden; zitiert nach Bauer, H. et al., *Archiv für Gewerbepath. u. hypg.* 18, 538 (1961);
Über Einzelfälle berichten außerdem:
Bergner, H. et al., *The Canadian Med. Ass. K.* 92, 448 (1965);
Gordon, D., *Med. J. of Australia*, 485 (1965);
Knudsen, I. et al., *Toxicol*, 2, 141 (1974);
Mason, M. F. et al., *J. Pharmac. Exp. Therp.* 76, 136 (1965).
Angesichts der Fülle von Publikationen, die einen Zusammenhang zwischen chronischen Erkrankungen und einer PCP-Vergiftung darlegen, zeugt es schon von einem erheblichen Maß an Ignoranz, wenn der »Verband der Chemischen Industrie« in einer Stellungnahme (»Statement Pentachlorphenol« v. 21. 2. 1978) behauptet: »Chronische Schäden (Berufskrankheiten), insbesondere Leber- und Nierenschäden oder Blutbildveränderungen, sind beim gewerblichen Umgang mit PCP während des seit über 40 Jahren praktizierten Einsatzes als Konservierungsmittel auf den verschiedensten Gebieten nicht bekannt geworden.«
116. Deichmann, W. et al., *J. Pharmac. Exp. Therp.* 76, 104 (1942).
117. Hoben, H. J. et al., »A study of inhalation of Pentachlorphenol

by rats«, *Bull. Env. Cont. Toxic.* 15, 463 (1976); siehe auch: Knudsen, I. et al., *Toxic.* 2, 141 (1974).

118. siehe MAK-Liste 1977, Harald Boldt Verlag, Boppard; während auch in den USA 500 Mikrogramm/m^3 vorgeschrieben sind, liegt der Wert in der UdSSR lediglich bei 100 Mikrogramm/m^3.

119. Nach der Arbeitsstoffverordnung vom 8. 9. 1975 werden besondere Sicherheitshinweise für den Umgang mit PCP gegeben:
    1. unter Verschluß aufbewahren und nicht in die Hände von Kindern gelangen lassen,
    2. bei der Arbeit nicht essen oder rauchen,
    3. Behälter dicht verschlossen lassen,
    4. von Nahrungsmitteln fernhalten,
    5. Staub und Dämpfe nicht einatmen,
    6. Berührung mit Haut und Augen vermeiden,
    7. bei der Arbeit Schutzkleidung, Schutzbrille und undurchlässige Handschuhe tragen,
    8. nach der Arbeit sofort Hände waschen,
    9. verschmutzte Gegenstände und Fußboden gründlich mit Wasser reinigen,
    10. bei Unwohlsein Arzt aufsuchen.

120. *Weser-Kurier* v. 27. 1. 1978, »Nicht nur für Würmer gefährlich?«.
    Holzschutzmittel mit über 10 % PCP werden in die Giftklasse II eingestuft; Im übrigen haben mittlerweile alle Bundesländer durch Erlaß die Hersteller verpflichtet, PCP-haltige Produkte mit dem Hinweis zu versehen: *Großflächige Verwendung in Innenräumen kann zu Gesundheitsschäden führen! Nicht in Räumen anwenden, die zum Aufenthalt von Menschen bestimmt sind!*; siehe z. B. Gesetz- und Verordnungsblatt für das Land Hessen, Teil 1, v. 30. 3. 1978.

121. *Weser-Kurier* v. 31. 1. 1978, »Brückner warnt vor Holzschutzmitteln«.

122. Kritik wird auch an den Meßmethoden geübt: Es sei wirklich frappierend, kritisiert Dr. Harun Parlar die Industrie, daß man

sich nie um das Problem gekümmert habe. Dies nicht nur aus der Sicht des Toxikologen, sondern auch aus der des Chemikers. »Die messen ja noch mit Methoden, die 50 Jahre alt sind! Das ist eigentlich unvorstellbar!« (Parlar).

123. Prüfbericht der Medizinischen Tierklinik der Universität München an die Firma Desowag vom 1. 3. 1965. Die weiteren Gutachten: von Ministerialrat Prof. Koelsch, München, vom 14. 10. 1933, von Prof. Kurt Wagner von der Tierärztlichen Hochschule Hannover vom 24. 4. 1953 und 3. 9. 1955.

124. Schreiben an die Firma Desowag: vom Kinderkrankenhaus Borgfelde/Hamburg 27. 6. 1952, vom Kinderkrankenhaus Park Schönfeld Kassel 7. 9. 1953, von den Krankenanstalten Landshut 23. 2. 1963, vom St. Elisabeth-Krankenhaus in Neuwied 7. 4. 1972; In einer Fragebogen-Aktion ermittelte der Fachbereich Holztechnik und Innenarchitektur der Fachhochschule Rosenheim im Jahre 1974 eine Vielzahl von gesundheitlichen Schäden durch Holzschutzmittel – nicht nur bei Kindern, sondern auch bei Tischlern, Malern und Holzarbeitern.

125. »Gesundheitlich bedenkliche Holzschutzmittel?«, *VDI-Nachrichten* 7/1978 v. 17. 12. 1978; Inzwischen hat Desowag-Bayer eine Alternative ohne PCP auf den Markt gebracht, die allerdings noch nicht das DIN-Zeichen des Instituts für Bautechnik trägt.

125a. Nach dem (noch nicht rechtskräftigen) Urteil des Landesgerichts München wurden »die geltend gemachten Erkrankungen durch die chemische Verbindung Pentachlorphenol verursacht, die aus dem Holzschutzmittel ›Sadolin PX 65‹ stammt«; siehe Urteil des Landgerichts München II, verkündet am 21. 12. 1977, Az.: 30 4277/75.

Das Gericht kritisierte vor allem auch die Tatenlosigkeit des Produzenten, der nie selbst Untersuchungen über die Toxizität des PCPs durchführen ließ: »Nachdem die Beklagte selbst keine Testuntersuchungen durchgeführt, sondern sich nur darauf verlassen hatte, daß PCP seit 1934 als Holzschutzmittel in den USA eingesetzt wird, mußten diese wissenschaftlichen Veröffentlichungen für die Beklagte höchste Alarmstufe bedeuten und zu sofortigen Überprüfungen und Tests auch gerade bezüglich einer Langzeitwirkung führen. Selbst wenn damals noch nicht eindeutig geklärt war, ob PCP in Holzschutzmitteln durch Inhalation und Hautkontakt Krankheiten hervorrufen würde, bestand doch diese Möglichkeit, die sofort zu überprüfen war. Insbesondere war nun von den Firmen, die PCP in ihren Produkten verarbeiteten, eindeutig zu klären, bis zu welchen Mengen und in welchen Verbindungen PCP tatsächlich gefährlich sein konnte. Bis zu dieser Klärung hätte das Mittel auch eventuell aus dem Handel gezogen werden müssen, weil alles unternommen werden muß, um eventuellen Schäden vorzubeugen. Angesichts der möglichen Lebensgefahr, die ohne weiteres erkennbar war, stellt dies auch keine unzumutbare Forderung dar. Wirtschaftliche Interessen spielen nämlich eine um so geringere Rolle, je größer die Gefahr und je höherwertiger das gefährdete Rechtsgut ist; bei akuter Gefahr für Leben und Gesundheit sind sie bedeutungslos«; Gerichtsurteil v. 21. 12. 1977, Landgericht München II.

126. dazu siehe *VDI-Nachrichten* vom 17. 2. 1978, *Frankfurter Allgemeine Zeitung* v. 22. 6. 1977 »Holzschutzmittel jetzt ohne Chlorphenol« sowie Professor Friedhelm Korte im Gespräch mit *Schöner Wohnen* (1977).

127. Allein die erstmalige Darstellung der PCP-Problematik in der ARD-Fernsehsendung des NDR *Bilder aus der Wissenschaft* am 10. 3. 1977 (Autoren: Detlef Boldt, Andreas Jacobsen, Egmont R. Koch) führte zu einer Flut von Hunderten besorgter Zuschaueranfragen.

128. persönl. Mitteilung Professor Karlheinz Ballschmiter. Eine gegenwärtige Untersuchung führt das BGA mit der Firma OKAL durch; als Mitglied des Ortschaftsrates von Ulm-Mähringen sorgte Ballschmiter im übrigen dafür, daß in der Ausschreibung für einen Kindergarten-Neubau folgende Zusatzbedingung gestellt wurde: »Bei einer Behandlung der Holzteile im Innern dürfen keine pentachlorphenolhaltigen Anstrichmittel verwendet werden.« Nach langem Hin und Her setzte sich Ballschmiter schließlich durch; dazu siehe: *Die Zeit* Nr. 11 v. 10. 3. 1978.

129. In technischen PCP wurden bis zu 0,25 ppm TCDD gefunden, 1 bis 100 ppm HCDD (Hexachlordibenzdioxin) und 3 bis 100 ppm OCDD (Octachlordibenzdioxin). Die Mißbildungen hervorrufende HCDD-Konzentration (Teratogenität) beginnt bei einer 100mal höheren Dosis als beim Seveso-Gift TCDD, die Embryo-Toxizitätsschwelle liegt gar nur um den Faktor 10 höher; dazu siehe: Sandermann, W., *Naturwissenschaften* 61, 207, (1974); Jensen, S. und Renberg, L., *Env. Health Persp.* 5, 37 (1973); Buser, H. R., *Journ. Chromat.* 129, 303 (1976); Buser, H. R. und Bosshardt, H. P., *Journ. Ass. Anal. Chem.* 59, 562 (1976); Arsenault, R. D., *Amer. Wood-Preservers. Ass.* 1976; Johnson, R. L. et al., *Env. Health Persp.* 9/1973, S. 171; Firestone, D. et al., *J. of the AOAC,* 55, 85 (1972); Alliot, H., »Chlordioxins in Pentachlorphenol«, *Chem. & Eng. News* vom 21. 3. 1977, S. 7.
130. Stehl, H., »The Stability of Pentachlorphenol and Chlorinated Dioxins to Sunlight, Heat and Combusion«, *Am. Chem. Society: Chlorodioxins – origin and fate,* 1973; siehe auch: *Wood Preservation News Sheet* Nr. 140, Juli 1975.
131. Nilsson, C. A., »Studies of Polychlorinated 2-Phenoxyphenols precurssons of the chlorinated Dibenzo-p-Dioxine«, Dept. of Org. Chem., University of Umea, Sweden 1977.
132. Bevenue, A. und Beckmann, H., *Residue Reviews,* 19, 83 (1967), Chau, A.S.Y. und Coburn, J. A., *Journal of the AOAC,* 57, 389 (1974), Wyllie, J. A. et al., *Pest. Monit. J.* 9, 150 (1972); Neueren amerikanischen Untersuchungen zufolge sind die mittlerweile bei jedermann zu diagnostizierenden PCP-Spuren im Urin ebenfalls auf Holzschutzmittel zurückzuführen, wobei die Fachleute den gleichen Weg über die Kuhhäute in die Nahrungskette vermuten; siehe Ranga Rao, K., *Pentachlorphenol,* New York 1978.
133. Barthel, W. F. et al., *J. of the AOAC,* 59, 562 (1976); Bosshardt H. P., »Dioxine: heimtückische Gifte in unserer Umwelt, *Neue Zürcher Zeitung* v. 12. 2. 1973, S. 33.
134. Langeveld, van H. E., *J. of the AOAC* 58, 19 (1975).
135. Schreiben der Firma DYNAMIT NOBEL, Troisdorf, an Egmont R. Koch v. 1. 3. 1977.

136. Durch Erhitzen über 300 Grad Celsius entstehen aus:

2,4,5-Trichlorphenolat	1 % Dioxine
2,4-Dichlorphenolat	3 % Dioxine
2,3,4,6-Tetrachlorphenolat	15 % Dioxine
Pentachlorphenolat	80 % Dioxine

nach: Langer, H. G. et al., *Env. Health Persp.* 5 (1973); Karlheinz Ballschmiter kam in einem Gutachten für den NDR vom März/1977 zu folgenden Meßergebnissen bei Holzschutzmitteln:

Sodovac + Sadolin PX 65	5–10 % Pentachlorphenol, bis zu 5 % Tetrachlorphenol, einige ppm Trichlorphenol, einige ppm chlor. Dioxine;
Xylamon	5–10 % Pentachlorphenol, einige ppm chlor. Dioxine;

dazu siehe auch: Ahling, B. und Johannson, L., *Chemosphere* 7, 425, 1977; Ahling, B. und Lindskog, A., *Chemosphere* 8, 461, 1977.

136a. Gebefügi, J. und Parlar, H., »Zur Risikoabschätzung von Pentachlorphenol in der Umwelt«, *GSF-Bericht* Ö 414 v. Februar 1978.

137. Schreiben der Firma Dow Chemical Europe an Egmont R. Koch v. 3. 10. 1977.

138. Sendeniederschrift *Bilder aus der Wissenschaft* v. 10. 3. 1977; dazu außerdem: Gutachten von Professor Karlheinz Ballschmiter für den NDR vom März 1977.

Die Industrie, vornehmlich Desowag–Bayer, wollte freilich die von Ballschmiter bekanntgegebenen Ergebnisse nicht wahrhaben und stellte in einer internen Mitteilung an die Vertreter, Fachberater und Verkaufsförderer v. 14. 3. 77, aber auch in öffentlichen Verlautbarungen die Behauptung auf »der befragte Wissenschaftler hat bei seinen Versuchen auch kein TCDD finden können«. Diese Verdrehung der Tatsachen weist Ballschmiter energisch zurück und sieht »keine Veranlassung, Aussagen meinerseits zurückzunehmen« (Schreiben an Egmont R. Koch vom 19. 10. 1977).

139. Beim Verbrennen von Holz, das mit PCP behandelt worden ist, entstehen zusätzlich chlorierte Dioxine. So bilden sich im Laborversuch aus 3,7 Gramm Sägemehl, das mit 73 Milligramm PCP imprägniert war, 0,73 Milligramm Heptachlordibenzdioxin (1 %) und 0,47 Milligramm Octachlordibenzdioxin (0,64 %); nach: Jensen, S. und Remberg, L., *Env. Health Persp.* 5, 37 (1973). Auch kann sich beim Verbrennen Hexachlorbenzol, ein anderes Umwelt-Gift, bilden.
140. Sendeniederschrift »Gift im Griff?« (Autoren: Egmont R. Koch und Andreas Jacobsen), NDR/RB/SFB v. 15. 12. 1977.
141. persönl. Mitteilung Professor Hans Paul Bosshardt.
142. Akisada, T., *Japan Analyst* 14, 101 (1965); Barthel, W. F., *J. of the AOAC* 52, 294 (1969); Bevenue, A. und Beckmann, H., *Residue Reviews,* 19, 83 (1967); Chau, A. S. Y. und Coburn, J. A., *J. of the AOAC* 57, 389 (1974); Goto, S. et al., *Bull-Agr. Chem. Ins. Sta. Japan* 6, 19 (1963); Rudling, L., *Water Research* 4, 533 (1970).
143. persönl. Mitteilung Professor Wilhelm Sandermann; siehe auch Sendeniederschrift »Gift im Griff?«, NDR/RB/SFB v. 15. 12. 1977.
144. Sandermann, W., *Naturwissenschaften* 61, 207 (1974).
145. Nach Angaben der chemischen Industrie: 1972 48 Tonnen, 1973 50 Tonnen, 1974 57 Tonnen.
146. dazu siehe auch Bericht über die Stalinon-Affäre in *Ullmanns Encyklopädie der technischen Chemie*, Bd. 20, »Zinn«.
147. Sandermann berichtet auch über den Vorschlag eines deutschen Chemiekonzerns, PCBs als Holzschutzmittel einzusetzen oder – eine andere Idee – radioaktiven Müll aus Atomkraftwerken. Gegenüber solcherlei Unsinn darf man sich eine mögliche Lösung des Problems durch amerikanische Versuche erhoffen, das Holz selbst durch chemische Reaktionen gegen den Befall von Schädlingen zu schützen. Die Strategie zielt darauf ab, durch Ester-, Acetat- und Ätherbildung mit den Hydroxylgruppen der Zellulose-Kette die Angriffspunkte der Mikroorganismen (eben die Hydroxylgruppen) zu stabilisieren, das Holz somit gewissermaßen gegen Mikrobenbefall zu immunisieren oder zu versiegeln.

148. Dr. Hans Beck in einem Statement in der Fernsehsendung *Bilder aus der Wissenschaft* am 10. 3. 1977; dazu auch: Schreiben von Beck an die DESOWAG–BAYER GMBH vom 6. 4. 1977.

149. PBBs enthalten gegenüber den PCBs anstelle des Chlors das chemisch verwandte Halogen Brom. PBBs stehen auch in Persistenz und Toxizität den PCBs nicht nach.

150. Getty, S. M. et al., »PBB Toxicosis: an environmental accident«, *CRC Critical Revies in Environmental Control*, 7, 309 (1977). Der materialle Schaden wird im übrigen mit über 100 Millionen Dollar beziffert; dazu siehe: *Toxic Material News*, 4, 250 (1977); ob allerdings *alle* beobachteten Symptome auf die PBB-Verseuchung zurückzuführen sind, ist nach neuen Studien nicht mehr absolut gesichert; siehe *New Scientist* v. 20. 4. 1978, S. 133.

151. zitiert nach *Spiegel*, Nr. 35/1976, S. 123.

151a. Vogt, H. H., »Umweltkatastrophe in Michigan«, NDR 28. 2. 1978.

152. *Science News*, Vol. 112 (1977).

153. Kesst, A. F., PBB, Michigan, Chem. Corp. Monograph, Detroit, September 1974.

154. Auch Kanada bereitet ein Verbot von PBB vor; siehe dazu: *Chemoecology*, Jan. 1978, S. 7.

154a. Amerikanischen Untersuchungen zufolge gibt es für Kleinkinder, die diese Pyjamas tragen, ein Krebsrisiko von etwa einem Prozent. Seit dem Verkaufsverbot in den USA versucht der amerikanische Fabrikant, seine Pyjamas Marke »Katz'n Jama« in Europa abzusetzen; siehe *Die Welt* v. 1. 6. 1978.

154b. zitiert nach EG-Studie »Major chemical hazards«, ENV/223/74 – ERev, S. 69, 1978.

154c. Rede des Parlamentarischen Staatssekretärs im BMFT, Erwin Stahl, auf dem Ökologie-Forum in Hamburg am 18. 1. 1978; zitiert nach BMFT-Mitteilungen v. 10. 5. 1978, S. 50.

155. Vortrag von G. Hartkopf zum Thema »Schwerpunkte der Umweltpolitik der Bundesregierung in der 8. Legislaturperiode«, Hamburg 18. 1. 1978; allerdings macht eine Untersuchung des Bundesministeriums deutlich, daß in den diversen Program-

men der vier Parteien SPD, FDP, CDU und CSU die Bereiche »Umweltchemikalien«, »Schadstoffbilanzen« und »Höchstmengen in Lebensmitteln/Pflanzenschutzmitteln« eine nur sehr untergeordnete Rolle spielen. So haben *alle* Parteien zum Problem der Umweltchemikalien buchstäblich nichts zu sagen – die entsprechenden Spalten zeichnen sich durch gähnende Leere aus. Ist dies symptomatisch dafür, welche Bedeutung die vier Parteien diesen Problemen beimessen? (Die Untersuchung »Parteien zum Umweltschutz« ist in *Umwelt* (BMI) Nr. 56/1977 erschienen.)

156. Vortrag von G. Hartkopf im Rahmen der Fachgruppentagung der Deutschen Gesellschaft für Mineralölwissenschaft und Kohlechemie, Köln, 6. 10. 1977.

157. *Umschau* 77, 718 (1977).

158. Gesetzliche Grundlagen der Umweltchemikalienproblematik in anderen Chemie-Nationen (außer Großbritannien):
Schweiz: Bundesgesetz über den Verkehr mit Giften (Giftgesetz) vom 21. März 1969 (SR 814.80).
Schweden: Gesetz über gesundheits- und umweltgefährliche Produkte vom 27. April 1973 (SFS 1973: 329).
Belgien: Königlicher Beschluß über die Maßnahmen des Kampfes gegen Gefahren und Belästigungen bei der Arbeit, die durch gefährliche Stoffe und Zubereitungen hervorgerufen werden und zur Ergänzung der Titel II und III der allgemeinen Arbeitsschutzverordnung vom 3. Oktober 1973 (Moniteur Belge, S. 131337).
Japan: Gesetz über die Prüfung chemischer Stoffe und zur Regelung über Herstellung und dergleichen vom 16. Oktober 1973 (Gesetz S. 117).
Kanada: Environmental Contaminants Act. vom 2. Dezember 1975 (Canada Gazette Part III 1/12, Chapter 72).
Norwegen: Gesetz über die Kontrolle von Produkten vom 11. Juni 1976 (Parliamentary Bill No. 51, 1974–1975).
USA: Toxic Substances Control Act vom 11. Oktober 1976 (Public Law 94 – 469).
Frankreich: Gesetz über die Kontrolle chemischer Produkte vom 12. Juli 1977 (Loi No. 77.771).

159. Jänicke, M. und Weidner, H., »Optische Täuschungen im Umweltschutz«, *Umschau* 77, 722 (1977).
160. *Frankfurter Allgemeine Zeitung* v. 20. 7. 1977.
161. dazu G. Hartkopf: »Mir ist wohlbekannt, daß die Industrie sowohl in dem Mangel an exakten Wirkungskriterien und Bewertungsmaßstäben einerseits als auch in der Ungewißheit über die Eingriffsschwelle für staatliche Maßnahmen andererseits große Unsicherheitsfaktoren für eine langfristige Produktenplanung, aber auch für die Planung von Großanlagen sieht. Diese Unsicherheiten müssen Staat und Industrie in gemeinsamer Anstrengung sich bemühen zu verringern«; zitiert aus der Rede Hartkopfs, Köln 6. 10. 1977. Die Notwendigkeit einer Umweltchemikaliengesetzgebung hat die chemische Industrie freilich immer bestritten: »Während nationale und übernationale Behörden – wie könnte es anders sein – auf ein Anzeige-, ja womöglich gar eine Zulassungs- oder Genehmigungsverfahren für neue chemische Stoffe hinarbeiten, vertritt die chemische Industrie in der Bundesrepublik das Prinzip der unternehmerischen Selbstverantwortung. Dafür spricht nicht nur der einer freiheitlichen Wirtschaftsordnung und demokratischem Denken allein angemessene Grundsatz »Soviel Staat wie notwendig – so wenig Staat wie möglich«. Dafür spricht vor allem der ebenso simple wie wichtige ›Sachverstand in eigener Sache‹«; zitiert nach *Chem. Ind.* XXVIII/Juli 1976, S. 393; zu den wirtschaftlichen Aspekten siehe auch Schmidt-Bleek, F. und Bonberg, W., »Potential risks for nontariff barriers to trade with chemicals«, Intern. Konf. z. Kontr. v. Chem., Stockholm, 13. 4. 78.

Seit kurzem hat die Europäische Chemieindustrie ein Ökologie- und Toxikologie-Zentrum (Ecetoc) ins Leben gerufen, das derzeit 35 Mitgliedsfirmen hat, davon 11 aus der Bundesrepublik. Aufgabe des Instituts, das keine eigenen Forschungslabors unterhält, soll die Koordination der Arbeiten seiner Mitglieder sein, um das Wissen über toxikologische und ökologische Auswirkungen von Chemikalien zu erweitern. Sitz der Ecetoc ist Brüssel; siehe: *Frankfurter Allgemeine Zeitung* v. 29. 3, 1978.
161a. Die Toxikologie-Kommission der DFG, deren Vorsitzender

Henschler ist, hat einzelne Elemente des Prüfschemas, das sich an der letalen Dosis der Substanzen, also an den akuten und nicht an ihren langfristigen Wirkungen orientiert, scharf kritisiert und als »revisionsbedürftig« zurückgewiesen; zitiert nach Flöhl, R., »Gesundheitsgefährdende Chemikalien am Arbeitsplatz«, *Frankfurter Allgemeine Zeitung* v. 3. 5. 1978.

Scharfe Kritik übte auch der Koordinationsausschuß von Chemie- und Fabrikarbeitergewerkschaften der EG (ICEF) an dem deutschen Vorschlag:

»Den von der Bundesregierung eingebrachten Gegenvorschlag (kurz Stufenplan genannt), der z. Zt. von der EG diskutiert wird, können wir auf der Grundlage der jetzigen Mengenschwellen aus arbeits-, umwelt- und gesundheitspolitischen Erwägungen nicht akzeptieren. Außerdem sind wir der Meinung, daß die vorgesehene Regelung zur Bewertung des gesundheitlichen Risikos von Umweltchemikalien und Arbeitsstoffen die Schutzaspekte nicht hinreichend berücksichtigt«, Resolution der ICEF v. 24./25. 5. 1978, Brüssel.

162. Jänicke, M. und Weidner, H., in *Umschau* 77, 722 (1977). Nach der vom Bundesministerium des Innern angestrebten Umweltchemikalienregelung soll allerdings zum Teil auch die Prüfung bereits vermarkteter Substanzen im Einzelfäll möglich werden.

163. Rehbinder, E., »Definitionen, Ziele und Maßnahmen im Recht der Umweltchemikalien«, Nov. 1977, Umweltbundesamt, Berlin.

164. Auch das 2. Arzneimittelgesetz wurde im übrigen ähnlich durch die Chemie-Lobby verwässert; siehe auch: G. Hartkopf im *Bonner Generalanzeiger* v. 7. 10. 1977; Jänicke, M. und Weidner, H., »Optische Täuschungen im Umweltschutz«, in *Umschau* 77, 722 (1977); Weidner, H., »Von der Schadstoffbeseitigung zur Risikoverminderung«, Beilage zur Wochenzeitung *Das Parlament*, Nov. 1977; Jänicke, M. »Blauer Himmel über den Industriestädten – eine optische Täuschung«, Referat zum Kongreß der Deutschen Vereinigung für Politische Wissenschaft vom 4. bis 7. 10. 1977 in Bonn.

Wohin mit den Chemikalien?

1. siehe *Frankfurter Allgemeine Zeitung* v. 13. 7. 1978, S. 5; *Der Spiegel* v. 17. 7. 1978, S. 149.
2. *dpa*-Meldung vom 19. Januar 1978.

2a. Toluol besitzt allerdings kein hohes Giftrisiko: MAK-Wert 200 ppm oder 750 mg/m³, siehe MAK-Liste, Ausgabe 1977, Harald Boldt Verlag, Boppard, S. 34.

3. MAK-Wert 0,1 mg/m³ mit erhöhtem Risiko der Hauptresorption, siehe MAK-Liste, Ausgabe 1977, Harald Boldt Verlag, Boppard, S. 36.
4. *ap*-Meldung vom 24. 1. 1978; im übrigen zählen organische Zinnverbindungen zu den giftigsten Stoffen überhaupt, sie können zum Beispiel schwere Augenschäden bis hin zur Blindheit hervorufen (siehe auch S. 252!).
5. zitiert nach *Spiegel* Nr. 35/1976, S. 122.
6. zitiert nach dem Umweltbericht der hessischen Landesregierung für das Jahr 1976, S. 21.
7. *Chem. & Eng. News* vom 19. 12. 1977, S. 15.
8. *dpa*-Bericht »15 000 Liter Rohöl verseuchen Bäche und Abwässergräben« v. 27. 1. 1978.
9. Bekanntmachung der Neufassung der Verordnung über die Beförderung gefährlicher Güter auf der Straße, v. 28. 9. 1976, *Bundesgesetzblatt* Jg. 1976, Teil 1.
10. siehe auch Manuskript der ARD-Fernsehsendung des NDR *Bilder aus der Wissenschaft* v. 10. 3. 1977, Beitrag »Gefahren aus der Retorte« (Autoren: Detlef Boldt, Andreas Jacobsen, Egmont R. Koch).
11. »Traubensaft im Chemikalientank«, *Weser Kurier* v. 26./27. 3. 1977.
12. Absatz 9 des § 8 in der genannten Verordnung lautet vollständig:

    »Die Warntafeln müssen verdeckt oder entfernt sein, wenn keine gefährlichen Güter geladen sind und, sofern sie in Tanks befördert werden, sobald das Nettogewicht der geladenen Güter – ausgenommen gefährliche Güter in Tanks – die in Absatz 1

Nr. 1 angegebenen Gewichtsgrenzen unterschreitet. Für das Anbringen, Verdecken und Entfernen der Warntafeln einschließlich der in Anhang B. 5 vorgeschriebenen Kennzeichennummern ist der Fahrzeugführer verantwortlich.«

13. »Transportskandal von Ravensburg weitet sich aus«, in *Weser Kurier* v. 28. 3. 1977.

14. Schreiben von Dr. Werner Krum, BOEHRINGER INGELHEIM, v. 18. 2. 1977.

14a. Anfang 1978 ereigneten sich dabei zwei der schlimmsten Transport-Katastrophen: In Waterly/Tennessee entgleisten zwei Propan-Kesselwagen und explodierten. Vierzehn Menschen kamen ums Leben und 47 wurden schwer verletzt (22. 2. 1978). Vier Tage später entgleiste in Youngstown/Florida ein ganzer Chemie-Zug: Zahllose Kesselwagen mit Ammoniumnitrat, Terpentin und Chlor schlugen leck. Dabei entwichen u. a. riesige Chlorgasschwaden – acht Menschen starben, 114 mußten mit zum Teil schweren Verätzungen in die Krankenhäuser eingeliefert werden (26. 2. 1978). Als Folge der beiden schweren Chemie-Transportunfälle nahmen sich die US-Behörden umgehend des Problems an; siehe *Chem. & Eng. News* v. 27. 3. 1978, S. 19.

15. »Die Giftfässer waren kaputt«, *Weser Kurier* v. 30. 7. 1977.
Der amerikanische Chemieverband MCA hat inzwischen eine »heiße« Telefonleitung eingerichtet (CHEMTREC). Diese gebührenfreie Telefonauskunft ist rund um die Uhr besetzt und hat Daten über 17000 Chemikalien und Chemieprodukte gespeichert. Einzelne Branchen wie die Chlor-, die Pestizid-, die Blausäure- und die Vinylchlorid-Industrie sahen sich veranlaßt, eigene Sicherheitssysteme aufzubauen.
Obwohl bei uns im Verhältnis zur Größe des Landes und zur Potenz der Chemieindustrie kaum weniger Chemikalien kreuz und quer durch die Republik transportiert werden, haben sich die einzelnen Industriezweige hierzulande bislang so gut wie keine Gedanken über ein vergleichbares Notfall-System gemacht; siehe *Chem. & Eng. News* v. 27. 3. 1978.

16. »Transport gefährlicher Güter in den Häfen«, in *Umwelt* (BMI) Nr. 58 v. 26. 9. 1977.

17. »Verordnung über gefährliche Seefrachtgüter« v. 4. 1. 1960, (Änderung v. 22. 7. 1975), *Bundesgesetzblatt* II. S. 9, bzw. *Bundesgesetzblatt* I. S. 2041.
18. »Internationale Beförderung gefährlicher Güter, Welche Länder gehören zu welchem Abkommen?« in *Gesetze und Verordnungen*, Zeitschrift *Gefährliche Ladung* 1/77, S. 4.
    Vom 24. bis 27. 4. 1978 trafen sich in Hamburg rund 300 Schiffahrtsexperten aus 17 Ländern, um auf dem 5. Symposium für den Transport gefährlicher Güter auf See und auf Binnenwasserstraßen ihre Erfahrungen auszutauschen. Das Spektrum der Themen reichte von den Gefahren der Tankschiffe, der Sicherheit von und in Häfen, dem Risiko der Meeresverschmutzung durch flüssige Kohlenwasserstoffe und chemische Industrieprodukte bis hin zu den Problemen der Gefahrenabschätzung und Unfallmaßnahmen. Ziel der Tagung war aber auch, noch mehr als die bislang 30 Nationen zur Anwendung des IMDG zu bewegen. Das Ergebnis der Tagung wurde an die IMCO (der UNO angeschlossen) weitergeleitet; *Die Welt* v. 9. 5. 1978.
19. Rolf-Jürgen Bode, »Gefährliche Güter im Land-, Wasser- und Luftverkehr«, in Zeitschrift *Gefährliche Ladung* v. 1. 4. 1976.
20. »Orange Book«, Sales-No. 76 VIII. 2 UN, New York 1976.
21. »Bedrohliche Giftwolke: Brennender Frachter als Zeitbombe vor Hollands Küste« in *Weser Kurier* v. 1. 9. 1977.
22. *Die Zeit* Nr. 6 v. 3. 2. 1978; allerdings liefen nach Angaben eines im Auftrage des *Stern* arbeitenden Untersuchungsteams 95 Fässer vor der Bergung aus, 17 Gifttonnen blieben für immer auf dem Grund der Adria; siehe »Das Geheimnis in Luke 2«, *Stern* Nr. 18/1978, S. 243.
23. *dpa*-Meldungen vom 6. 1. 1973, 11. 1. 1973 u. 12. 1. 1973.
24. siehe auch Manuskript der ARD-Fernsehsendung des NDR *Bilder aus der Wissenschaft* v. 10. 3. 1977, Beitrag »Gefahren aus der Retorte« (Autoren: Detlef Boldt, Andreas Jacobsen, Egmont R. Koch).
25. siehe *Spiegel* 40 v. 1. 10. 1973, S. 29.
26. persönl. Mitteilung Dr. Werner Krum, BOEHRINGER-INGELHEIM.

27. *Frankfurter Rundschau* v. 15. 4. 1966.
28. *dpa* v. 7. 12. 1970; *Spiegel* Nr. 40 v. 1. 10. 1973.
29. Sontheimer, H., »Chemische Parameter der Gewässerverschmutzung«, *Chemie in unserer Zeit*, Dez. 1972, S. 175; siehe auch Anm. Nr. 160, S. 380 und S. 148.
30. Stiegele, P., Klee, O., »Kein Trinkwasser für morgen«, Stuttgart 1973; siehe auch *Spiegel* Nr. 22 v. 28. 5. 1973, S. 46.
31. *Spiegel* Nr. 28 v. 9. 7. 1973, S. 41.
32. siehe: »Trinkwasser« in *bild der wissenschaft* Nr. 1/1977, S. 45.
33. Die Trink- und Brauchwassergewinnung erfolgte 1969 noch zu 12 % aus Quellen und Brunnen, zu 53 % aus dem Grundwasser und zu 35 % aus Oberflächenwasser; 1975 mußte er zu 53 % aus Oberflächengewässern gewonnen werden, während das Grundwasser nur noch 37 % und Quellen und Brunnen nur noch 10 % des Bedarfs deckten; zitiert nach »Schadstoffeintrag in Gewässern« in *Naturw. Rundschau* Nr. 10/1976, S. 365.
34. siehe: »Trinkwasser« in *bild der wissenschaft* Nr. 1/1977.
35. zitiert nach: *Spiegel* Nr. 22 v. 28. 5. 1973, S. 49.
35a. Die Güteeigenschaften des Trinkwassers sind durch die Trinkwasserverordnung v. 31. 1. 1977 festgelegt, *BGBl.* I, S. 453; in der EG existiert bereits eine Richtlinie des Rates v. 16. 6. 1975 für Qualitätsforderungen an Oberflächenwasser für die Trinkwassergewinnung in den Mitgliedsstaaten; *Amtsblatt* L 194/34 v. 25. 5. 1975.
36. siehe: *Stuttgarter Zeitung* v. 6. 10. 1972 »Freisprüche im Phenol-Prozeß; die merkwürdige, ja bisweilen groteske Art, wie damals vor Gericht Umweltverstöße behandelt wurden, illustrieren die nachfolgenden Zitate (aus o. g. Beitrag in der *Stuttg. Ztg.*):
In Wiesbaden dokumentierte der Gerichtsvorsitzende Schirmer seine Resignation mit dem Satz: »Wenn wir Ernst machen wollten mit dem Umweltschutz, dann müßte die gesamte Industrie ihre Produktion einstellen«, und an anderer Stelle: »Unter blauem Himmel werden wir alle wohl kaum sterben.« Die dritte Erkenntnis: Ein Gefühl der Ohnmacht gegenüber den Industriegiganten liefert den Umweltverschmutzern Partei-

gänger. In Wiesbaden meinte ein Verteidiger: »Auf lange Sicht betrachtet, geht ohnehin alles kaputt.« Die vierte Erkenntnis: Einseitiges Produktionsdenken hat die Fachleute der Industrie unfähig gemacht, die Dimension der Umweltkrise abzuschätzen. In Wiesbaden entschuldigte ein Vertreter der CHEMISCHEN WERKE ALBERT gelegentliche Phenolunfälle mit der launigen Feststellung: »Einer Hausfrau kocht ja auch mal die Milch über!«

37. siehe: *dpa*-Meldungen vom 3. 7. 1973 und 5. 7. 1973.

38. siehe: *bild der wissenschaft* Nr. 1/1977, S. 52.

39. zitiert nach *bild der wissenschaft* Nr. 1/1977, S. 43; siehe auch Engelhardt, H. et al., *Chem. Ing. techn.* 47, 401 (1975).

39a. Frage des CDU/CSU-Abgeordneten Hermann Biechele an die Bundesregierung: »Sind Informationen zutreffend, daß neuere Untersuchungen der Landesanstalt für Wasser und Abfall, Düseldorf, ergeben haben, daß krebserregende Substanzen, für deren Einleitung nachweislich Chemiebetriebe und Kokereien verantwortlich sind, sich in relativ hohen Konzentrationen in Rhein, Lippe und Emscher finden, bedeuten diese Konzentrationen eine aktuelle Gefahr für Menschen, und welche Maßnahmen sind gegebenenfalls nach Meinung der Bundesregierung erforderlich, um diese Gefahr abzuwehren?«
Dr. Gerhart Baum, Bundesminister des Innern, FDP, seinerzeit noch Parlamentarischer Staatssekretär, antwortete für die Regierung:
»In den Mitteilungen der Landesanstalt für Wasser und Abfall, Nordrhein-Westfalen, Düsseldorf, Heft Oktober 1976 bis März 1977, werden für die Mündungsbereiche von Emscher und Lippe Gehalte an polycyclischen aromatischen Kohlenwasserstoffen angegeben, die den unteren Grenzwert von 0,001 mg/l, der nach der EG-Richtlinie über die Qualitätsanforderungen an Oberflächenwasser für die Trinkwassergewinnung noch zulässig ist, um etwa das 11fache bzw. 5fache überschritten. Einige dieser Verbindungen sind als krebserregende Substanzen bekannt. Eine aktuelle Gefahr für Menschen geht jedoch von den relativ hohen Gehalten dieser Stoffe nicht aus, da

weder aus der Emscher noch aus dem Unterlauf der Lippe Trinkwasser gewonnen wird.

Im Rhein wird der genannte Grenzwert im wesentlichen eingehalten. Die Wassergewinnung aus dem Rhein für die öffentliche Wasserversorgung wird durch die erhöhten Gehalte an polycyclischen aromatischen Kohlenwasserstoffen in Emscher und Lippe nicht gefährdet, wie auch von Wasserwerken bestätigt wurde. Auf Anfrage teilte das Ministerium für Ernährung, Landwirtschaft und Forsten des Landes Nordrhein-Westfalen mit, daß Anstrengungen im Gange seien, in Frage kommende Einleitungen aus Industriebetrieben, die die erhöhten Gehalte der genannten Substanzen in Emscher und Lippe verursachen, zu sanieren«; zitiert aus: *Gesunde Medizin* vom 2. 2. 78, S. 43 (siehe auch Anm. 160a, S. 381).

40. siehe: *dpa*-Meldungen vom 22. 6. 1975 und 25. 8. 1975 sowie »Gestank ist nicht zu rechtfertigen« in *Frankfurter Allgemeine Zeitung* v. 2. 4. 1976.
41. siehe Sandermann, W., »Polychlorierte aromatische Verbindungen als Umweltgifte«, in *Naturwissenschaften* 61/1974, S. 211.
42. siehe auch: *bild der wissenschaft* Nr. 1/1977, S. 53, »Abwassergesetz«.
43. siehe: *Spiegel* Nr. 33 v. 9. 8. 1971, S. 29.
44. *dpa*-Meldung v. 20. 3. 1974 »Arsenschlamm-Spediteure für seriös gehalten«.
45. *dpa*-Meldung v. 16. 5. 1974 »Freiheitsstrafen im Arsenschlamm-Prozeß«.
46. *dpa*-Meldung v. 21. 7. 1975 »Geringere Strafen in der Neuauflage des Bochumer Giftmüll-Prozesses«, siehe auch: *Spiegel* Nr. 40 v. 1. 10. 193, S. 24.
47. siehe: *Spiegel* Nr. 40, v. 1. 10. 1973, S. 27.
48. »Bericht über Vorfälle mit problematischen Sonderabfällen«, Umweltbundesamt FB. III, Nov. 1976.

48a. Das Abfallbeseitigungsgesetz (AbfG) wurde am 5. 1. 1977 novelliert, *Bundesgesetzblatt* I, S. 41; infolge des AbfG wurden folgende Rechtsvorschriften erlassen: Abfallnachweis- und

Abfallbeförderungsverordnung v. 29. 7. 1974, *Bundesgesetzblatt* I, S. 1574 und S. 1581, Verordnung zur Bestimmung von Abfall nach § 2.2 AbfG (»Sonderabfälle«) v. 24. 5. 1977, *Bundesgesetzblatt* I, S. 773; dazu auch die Verordnung über Betriebsbeauftragte für Abfall v. 26. 10. 1977, *Bundesgesetzblatt* I, S. 1913.

49. Von insgesamt 74 Vorfällen in den Jahren 1969 bis 1975 wurden 51, also mehr als Zweidrittel, nach Erlaß des Abfallbeseitigungsgesetzes registriert. Es wurde an Fällen aufgedeckt: 1969 (1), 1970 (3), 1971 (14), 1972 (5), 1973 (5), 1974 (43), 1975 (3); dazu siehe: UBA-Bericht Nov. 76 unter Anm. 48.
50. dazu vgl. auch *Spiegel* Nr. 20 v. 13. 5. 1974, S. 66.
51. *dpa*-Meldungen vom 23. 12. 1975 und 10. 11. 1976.
52. *Spiegel* Nr. 35 v. 24. 9. 1973.
53. *Spiegel* Nr. 40 v. 1. 10. 1973: *VDI-Nachrichten* v. 10. 10. 1973 »Giftmüll in Hessen«.
54. Hommel, G., *Handbuch der gefährlichen Güter*, Berlin–Heidelberg–New York, 1973/74.
55. *dpa*-Meldung »Giftmüll-Prozeß« v. 23. 12. 1975.
56. Zwischen 1969 und 1975 hat es in Baden-Württemberg insgesamt 22 und damit die meisten Giftmüllskandale gegeben; Bayern steht mit 9 Fällen nach NRW und Hessen auf dem 4. Platz; zitiert nach: »Bericht über Vorfälle mit problematischen Sonderabfällen«, Umweltbundesamt FB III, Nov. 1976.
57. *Stuttgarter Zeitung* v. 10. 6. 1974 »Zwei auf Müllplatz spielende Kinder an Vergiftung gestorben«.
58. *Spiegel* Nr. 40 v. 1. 10. 1973.
58a. Kuntze, R., »Verantwortung von Industrie und Gewerbe«, *Das Parlament* v. 27. 5. 1978.
59. Schreiben v. BOEHRINGER-INGELHEIM v. 16. 2. 1977.
60. persönl. Mitteilung Dr. Werner Krum, BOEHRINGER-INGELHEIM.
61. persönl. Mitteilung d. Wasseruntersuchungsamtes Hildesheim.
62. Telex des Oberkreisdirektors d. Landkreises Hildesheim (70) 867-12/1 hat folgenden Wortlaut: »Der Landkreis Hildesheim hat mit Bescheid vom 19. 4. 1973 der VfI – Verbrennungsgesell-

schaft für Industrieabfälle mbH – die Zustimmung erteilt, feste Abfallstoffe der Firma Boehringer in der Sonderabfalldeponie in Hoheneggelsen einzulagern.
Das zuständige nieders. Wasseruntersuchungsamt Hildesheim teilt dazu mit, daß nach den dort vorliegenden Unterlagen in den Abfallstoffen kein »TCDD« enthalten ist.
Über Anlieferungszeit und Menge könnte der Regierungspräsident Hannover im Zuge des Begleitscheinverfahrens Auskunft geben«; Anmerkung: Der Regierungspräsident konnte darüber keine Auskunft geben, weil nach seinem Bekunden zum damaligen Zeitpunkt ein Begleitscheinverfahren noch nicht existierte.

63. Telex der Verwertungsgesellschaft für Industrierückstände mbH vom 8. 3. 1977.
64. persönl. Mitteilung Ulrich Happel, seinerzeit Leiter der Panorama-Redaktion beim NDR.
65. persönl. Mitteilung Prof. Karlheinz Ballschmiter, Ulm.
66. siehe: *Weser Kurier* v. 19. 10. 1977, »Chemiebetrieb ausgewiesen«.
67. siehe: *Die Welt* v. 7. 10. 1977, »Jetzt hat Schweden seinen Gift-Skandal«.
68. siehe: *Weser Kurier* v. 20. 12. 1977, »Giftmüll-Skandal in Schweden weitet sich immer mehr aus«.
69. Mangold, K., »Sonderabfälle schadlos beseitigen«, *Umschau* Nr. 11/1976, S. 344.
70. Magnesiumkrätze: feiner Magnesiumstaub, Rückstand der Metallgewinnung.
71. »Verordnung über den Betriebsbeauftragten für Abfall«, in *Umwelt* (BMI) Nr. 58, S. 15.
72. siehe zum Beispiel *VDI-Nachrichten* v. 15. 3. 1974 »Sondermüll im hessischen Bergwerk«.
73. »Sickerwässer aus Mülldeponien in Abhängigkeit vom Deponiealter«, *Umwelt* (BMI) Nr. 56.
74. zitiert nach *Spiegel* Nr. 40 v. 1. 10. 1973.
75. »Beim Sondermüll liegt Bayern vorn«, *Umwelt-Journal* '76, VCI, Frankfurt.

76. Mangold, K., »Sonderabfälle schadlos beseitigt«, in *Umschau* Nr. 11/1976.

77. Zunächst vertraten die Länder »übereinstimmend die Meinung, daß dem Umweltbundesamt keine Informationen über einzelne sogenannte Giftmüllskandale überlassen werden sollten, auch wenn anerkannt wird, daß in der ... Publikation die Einzelfälle nicht mehr lokalisierbar sein werden.« Protokoll der 26. LAG-Sitzung Abfallbeseitigung vom 27. 11. 1975, S. 60/61.

78. siehe: *Lehrbuch der Militärchemie*, Berlin 1969; Koch, E. R. und Keßler, W., »Umwelt ohne Grenzen – Chemische Kampfstoffe«, NDR-Hörfunk, 3. Programm, 16. 11. 1972.

79. Lampe, B., »In Munster-Nord will niemand vom alten Lost-Lager wissen«, *Die Welt* vom 7. 8. 1970; siehe auch: »Abschlußprotokoll über Entgiftungsmaßnahmen auf dem Truppenübungsplatz Munster Nord (Raubkammer) vom 4. 11. 1960«, Besprechung im BMVtdg., Abt. U, Bonn; Nolte, H.: »Auf Tuchfühlung mit Tabun«, *Weser Kurier* v. 8. 7. 1970.

80. Schreiben des Leiters der Munitionsräumgruppe Niedersachsen an den Regierungspräsidenten vom 24. 7. 1972.

81. »Abschlußbericht« des Leiters der Entgiftung Raubkammer an den Truppenübungsplatzkommandeur vom 13. 4. 1960.

82. Mitteilung des Informations- und Pressezentrums des Bundesverteidigungsministeriums zur Bundestagsdebatte vom 2. Juni 1970.

82a. Von 245 ehemaligen Lost-Arbeitern, die in der Zeit von 1935 bis 1945 in der Heeresmunitionsanstalt in Munster beschäftigt waren, starben bis 1974 114, davon allein 40 an Krebs und 38 an typischen Erkrankungen der Atmungsorgane. 80% der noch lebenden Lost-Werker waren durch schwere Gesundheitsschäden in der Erwerbsfähigkeit wesentlich beeinträchtigt. Die Tumorindikationszeit lag bei durchschnittlich etwa 22 Jahren. Lost-ähnliche Stoffe werden heute noch zur Behandlung chronisch-entzündlicher Erkrankungen angewandt: Experten scheint »die Anwendung ... nicht mehr vertretbar«; zitiert nach Weiß, A. und Weiß, B. in *Deutsche Medizinische Wochenzeitschrift*, 17, 919 (1975).

83. Koch, E. R. und Keßler, W., »Umwelt ohne Grenzen – Chemische Kampfstoffe«, NDR, 3. Programm, 16. 11. 1972; siehe auch: Lampe, B., »In Munster Nord will niemand vom alten Lost-Lager wissen«, *Die Welt* v. 7. 8. 1970; Drucksache 1361 des Deutschen Bundestages, 2. Wahlperiode, 29. 4. 1955.
84. D'hein, W. P., »Nach 30 Minuten Lebensgefahr« in *Stern* Nr. 23/1975, S. 164.
85. Gutachten der deutschen Sachverständigen über die auf dem Truppenübungsplatz bestehende Kampfstoffgefährdung, Dezember 1954, Anhang zur Drucksache 1361 des Deutschen Bundestages v. 29. 4. 1955.
86. Abschlußbericht des Leiters der Entgiftung Raubkammer an den Truppenübungsplatzkommandeur mit einer Karte 1 : 25 000 v. 13. 4. 1960.
87. Schreiben v. Wilfried Lackert, Niedersächsisches Ministerium des Innern, v. 31. 7. 1972 an Egmont R. Koch.
88. Koch, E. R. und Keßler, W., »Umwelt ohne Grenzen – Chemische Kampfstoffe«, NDR, 3. Programm, 16. 11. 1972; außerdem persönl. Mitteilung von Oberforstmeister Sadowski.
89. Schreiben des Leiters der Munitionsräumgruppe Niedersachsen an den Regierungspräsidenten, Dez. 201, vom 24. 7. 1972; dazu auch: Schreiben des damaligen Bundesverteidigungsministers Georg Leber an Egmont R. Koch vom 1. 3. 1973.
90. Asmus, H. und Dose, J., »Senfgas bereitet immer mehr Sorgen«, *Die Welt* vom 12. 8. 1970; Ulrich, K. L., »Viel Geheimniskrämerei um die versenkte Gasmunition«, *Frankfurter Allgemeine Zeitung* v. 27. 8. 1970; Ende 1977 wurde im übrigen die internationale Konvention zur Verhütung von Meeresverschmutzung von 1972 nationales deutsches Recht. Danach ist das Einbringen und Einleiten von Stoffen in die hohe See (Nord- und Ostsee) sowie die Vernichtung oder Beseitigung von Abfällen in Verbrennungsanlagen auf dem Meer nur noch mit besonderer Erlaubnis gestattet. Abfälle dürfen nur noch ins Meer abgeleitet werden, wenn sichergesellt ist, daß die lebende Tier- und Pflanzenwelt des Meeres nicht gefährdet ist; zitiert nach *Umweltzeitung* Nr. 9/1978, S. 2.

91. Nach schwedischen Untersuchungen (Höveding) wurden versenkt:

Datum	Name	Gewicht (BRT)
1. Ostsee		
17. 10. 1945	Balkan	2269
1945	Drau	5145
17. 10. 1945	Emmy Friedrich	5066
16. 3. 1946	Hugo Ollendorf	1876
16. 3. 1946	Karl Leonhardt	6042
1945	Oderstrom	1511
17. 10. 1945	Olga Siemens	3347
4. 10. 1945	Patagonia	5898
4. 10. 1945	Pillau	1308
31. 12. 1946	Schwabenland	8188
2. Nordsee		
17. 5. 1947	Dessau	5933
4. 10. 1945	Duisburg	2675
1946	Gertrud Fritzen	1906
17. 10. 1945	Jantje Fritzen	6594
16. 10. 1946	Lotte	2116
12. 10. 1946	Ludwigshafen	1923
4. 10. 1945	Luise Schröder	1327
1945	Sesostris	2013
1945	Tagila	2683
17. 11. 1945	Taurus	1158

92. »DGB protestiert gegen Giftversenkung im Meer«, *ddp*-Meldung vom 18. 8. 1970.

93. »Gefahren aus der Retorte«, NDR-Fernsehen *Bilder aus der Wissenschaft*, Statement des Umweltbundesamtes, Berlin, 10. 3. 1977.

94. siehe Pielow-Statement in Fernsehsendung »Gift im Griff?«, NDR/RB/SFB-Sendung am 15. 12. 1977.

95. *Umweltjournal* '76, herausgegeben vom Verband der Chemischen Industrie, Frankfurt.

96. siehe Werbeprospekt der Westdeutschen Abfallbeseitigungsgesellschaft (Westab) unter dem Titel »Aktiver und kombinierter Umweltschmutz – Die praktische Lösung Ihres Abfall- und Abwasserproblems«.

97. »Das Abfallschiff ›Vulcanus‹ wird im Atlantik gereinigt«, *Frankfurter Allgemeine Zeitung* v. 4. 1. 1978; siehe auch: WESTAB-Werbeprospekt wie unter Anm. 96 angegeben.
98. *Frankfurter Allgemeine Zeitung* v. 4. 1. 1978.
99. Müller, W. et al., »Modellstudie zur Abfallbeseitigung«, *GSF-Berichte* Ö 104, Jan. 1974.
100. Müller, W. und Korte, F., »Polychlorierte Biphenyle«, *Chemie in unserer Zeit*, 7, 112 (1973).
101. Der MAK-Wert für PCBs beträgt 0,5–1 mg/m^3.
102. Olie, K. et al., »Chlorodibenzo-p-dioxins and Chlorodibenzofurans are Trace Components of Fly Ash and Flue Gas of Some Minicipal Incinerators in the Netherlands«, *Chemosphere* 8, 455 (1977); Die Untersuchung war auch Anlaß einer schriftlichen Anfrage (Nr. 424/77) an die Kommission der Europäischen Gemeinschaften v. 19. 7. 1977, in der der Abgeordnete Baas wissen wollte, ob die Kommission die Erkenntnisse zu überprüfen und gegebenenfalls bestimmte Maßnahmen zu treffen beabsichtigt, »um die Umwelt vor den Folgen dieses äußerst schädlichen Giftgases zu bewahren?«
Antwort: Die Kommission hält engen Kontakt zu den Forschern, falls sich die Untersuchungsergebnisse bestätigen, werde man womöglich »die zuständigen Behörden der Mitgliedstaaten . . . alarmieren«.
103. siehe *Smog*, Informationen über Umwelt- und Gesundheitsschutz, v. 11. 12. 1977.
104. »Saubere Müllverbrennungsanlage«, *Umschau* 75, 580 (1975).
105. BMFT-Mitteilungen, »Neue Förderungsmaßnahmen Abfallwirtschaft«, 1977.
106. siehe z. B. *Umschau* Nr. 11/1976.
107. siehe *Umwelt* (BMI) Nr. 57/1977, S. 71.
108. siehe *Umwelt* (BMI) Nr. 59/1977, S. 44.

Der sogenannte chemische Fortschritt

1. siehe auch *Medical Tribune* Nr. 7 v. 17. 2. 1978.
2. Traube, K., »Müssen wir umschalten?«, Reinbek 1978.
3. Jungk, R., »Der Atomstaat«, München 1977.
4. siehe z. B.: Antwort der Bundesregierung auf die kleine Anfrage der Abgeordneten Dürr u. a., Drucksache 8/924 »Risiken bei der Neukombination von Genen«, 22. 9. 1977; *Chem. & Eng. News* v. 19. 12. 1977, S. 15; *Die Zeit* v. 2. 6. 1977; *Science News* v. 2. 4. 1977, S. 217; *bild der wissenschaft* Nr. 12/1977; Bericht des ad hoc-Sachverständigenausschusses »Sicherheitsrichtlinien für Forschungsarbeiten über die in-vitro Neukombination von Nukleinsäuren« des BMFT; *Time* v. 18. 4. 1977; Goodfield, J., »Playing God«, London 1977.
5. Jänicke, M. und Weidner, H., »Optische Täuschungen im Umweltschutz«, *Umschau*, 77, 722 (1977).
6. zitiert nach *Spiegel* Nr. 35/1976, S. 124.

Bildquellenverzeichnis

S. 25 J. Althoff, Hannover; S. 49, 51, 67, 72, 73 dpa; S. 95 H. W. Karp, Hamburg; S. 109 A. Jacobsen, Hamburg; S. 111 BASF, Ludwigshafen; S. 127 Keystone; S. 135 Dittmann/Stern; S. 143 Moldvay/Stern; S. 151 dpa; S. 163 F. Korte, Attaching; S. 187 A. Jacobsen, Hamburg; S. 215 G. Veltman, Bonn, Verlag Witzstrock, Baden-Baden; S. 232, 233 dpa; S. 235 Air Loyd, Siegburg, nach Umschau, Frankfurt; S. 273 upi; S. 277 Frey/Stern; S. 287 Reinartz/Stern; S. 293 privat; S. 297 WESTAB, Duisburg; S. 303 privat; S. 307 WESTAB, Duisburg.

Personenverzeichnis

Stichwortverzeichnis